BATENDO À PORTA DO CÉU

LISA RANDALL

Batendo à porta do céu

O bóson de Higgs e como a física moderna ilumina o universo

Tradução
Rafael Garcia

1ª reimpressão

Copyright © 2011 by Lisa Randall
Copyright do prefácio © 2012 by Lisa Randall
Todos os direitos reservados

Grafia atualizada segundo o Acordo Ortográfico da Língua Portuguesa de 1990, que entrou em vigor no Brasil em 2009.

Título original
Knocking on Heaven's Door: How Physics and Scientific Thinking Illuminate the Universe and the Modern World

Capa
Marcos Kotlhar

Foto de capa
Cortesia do CERN

Preparação
Cacilda Guerra

Índice remissivo
Luciano Marchiori

Revisão
Luciane Helena Gomide
Carmen T. S. Costa

Dados Internacionais de Catalogação na Publicação (CIP)
(Câmara Brasileira do Livro, SP, Brasil)

Randall, LIsa
  Batendo à porta do céu : O bóson de Higgs e como a física moderna ilumina o universo / Lisa Randall ; tradução Rafael Garcia.
— 1ª ed. — São Paulo : Companhia das Letras, 2013.

  Título original: Knocking on Heaven's Door: How Physics and Scientific Thinking Illuminate the Universe and the Modern World.
  ISBN 978-85-359-2365-8

  1. Cosmologia - Obras populares 2. Física - Obras populares I. Título.

13-11013   CDD-530

Índice para catálogo sistemático:
1. Física   530

[2020]
Todos os direitos desta edição reservados à
EDITORA SCHWARCZ S.A.
Rua Bandeira Paulista, 702, cj. 32
04532-002 — São Paulo — SP
Telefone: (11) 3707-3500
www.companhiadasletras.com.br
www.blogdacompanhia.com.br
facebook.com/companhiadasletras
instagram.com/companhiadasletras
twitter.com/cialetras

Sumário

Lista de figuras 7
Prefácio à segunda edição 11
Introdução 17

PARTE I — A REALIDADE EM ESCALA

1. O que é tão pequeno para você é tão grande para mim . . 33
2. Destrancando segredos 62
3. Vivendo num mundo material 79
4. Procurando respostas 102

PARTE II — A MATÉRIA EM ESCALA

5. Magical Mistery Tour 115
6. "Ver" para crer 145
7. A borda do universo 167

PARTE III — MAQUINÁRIO, MEDIDAS E PROBABILIDADE

8. Um anel para a todos governar 185

9. O retorno do anel 204
10. Buracos negros que devorarão o mundo 232
11. Negócio arriscado 246
12. Medida e incerteza 275
13. Os experimentos CMS e ATLAS 292
14. Identificando partículas 324

PARTE IV — MODELAGEM, PREVISÃO E ANTECIPAÇÃO
DE RESULTADOS

15. Verdade, beleza e outros equívocos científicos 345
16. O bóson de Higgs 366
17. O próximo modelo nº 1 396
18. De baixo para cima ou de cima para baixo 436

PARTE V — O UNIVERSO EM ESCALA

19. De dentro para fora 451
20. O que é tão grande para você é tão pequeno
para mim 470
21. Visitantes das trevas 491

PARTE VI — RECAPITULAÇÃO

22. Pensar globalmente e agir localmente 515

Conclusão 532

Agradecimentos 541
Notas 545
Índice remissivo 555

Lista de figuras

1. Cartum da série XKCD 41
2. Segmentos de linhas. 46
3. A torre Eiffel vista de diferentes escalas 48
4. Temperatura e pressão. 53
5. Três interpretações sobre a luz 59
6. Imagem da capela de Scrovegni 66
7. O experimento de Galileu com o plano inclinado. 68
8. Ilusão de óptica 70
9. Fases de Vênus 74
10. Sistemas cosmológicos 76
11. Representação do sublime. 82
12. "Física do suflê" 94
13. Panorama das escalas pequenas 120
14. Tamanho do átomo versus comprimento
    de onda da luz visível. 126
15. Um átomo 127
16. Valência dos quarks em um próton 132
17. Produção de matéria e antimatéria 135

18. Figura mais completa de um próton 136
19. Unificação das forças 139
20. Experimento de Rutherford 150
21. Experimento de alvo fixo versus colisor 154
22. Diferenças entre colisores 165
23. O Modelo Padrão da física de partículas 170
24. O LHC em sua localidade 191
25. Esquema dos anéis do LHC 194
26. Corte transversal do ímã criodipolar 198
27. A conexão defeituosa na barra de transmissão 223
28. Linha do tempo do LHC 228
29. Por dentro da caverna do ATLAS 293
30. Visitando o CMS 294
31. Observando o tubo do raio 295
32. Os detectores ATLAS e CMS 299
33. Gráfico do detector CMS 301
34. Simulação de um evento no detector ATLAS 303
35. Visitando o CMS 307
36. O cristal de tungstato de chumbo 310
37. Parte do ATLAS ECAL 311
38. O detector de múons do CMS em construção 313
39. Gráfico do detector ATLAS 315
40. O Modelo Padrão mais detalhado 325
41. Jatos de partículas 332
42. Identificação de partículas do Modelo Padrão no LHC ... 333
43. Assinatura do quark bottom 334
44. Decaimento do bóson W 337
45. Medindo a massa do W 338
46. Resumo visual do Modelo Padrão 340
47. Esculturas de Richard Serra 353
48. Símbolos religiosos 354
49. A catedral de Chartres e o teto da capela Sistina 354

50. Assimetria na arte japonesa. 355
51. Modos de produção do bóson de Higgs. 384
52. Decaimento de um Higgs pesado em bósons W. 386
53. Decaimento de um Higgs leve em um quark bottom
e sua antipartícula. 387
54. O problema da hierarquia na física de partículas. 392
55. Contribuição de partículas virtuais para a massa
do bóson de Higgs. 393
56. Slide de conferência com diferentes modelos. 397
57. Tabela do Modelo Padrão supersimétrico. 399
58. Contribuições supersimétricas para a massa do bóson de
Higgs. 401
59. Decaimento do squark. 407
60. Produção e decaimento do squark no lhc. 407
61. "Universo corda bamba". 413
62. "Brana no chuveiro". 415
63. Cordas aberta e fechada. 416
64. Mundo brana. 417
65. "Aspersor de gravidade". 420
66. Partícula de Kaluza-Klein a partir de grandes
dimensões extras. 422
67. A geometria encurvada e o gráviton. 425
68. Redimensionando a geometria encurvada. 426
69. Produção e decaimento de partícula kk em geometria
encurvada. 430
70. Panorama de grandes escalas. 454
71. Desvios para o vermelho e para o azul. 461
72. "Universo balão". 462
73. Espaços encurvados. 477
74. Gráfico circular das densidades de energia no universo. . 479
75. Lente gravitacional. 483
76. O Aglomerado da Bala. 484

77. Expansão do universo com o tempo. 487
78. Três maneiras de detectar matéria escura 493
79. Os resultados do DAMA 506
80. Os resultados do PAMEL a 510
81. Problema dos nove pontos 528
82. Pensando fora da caixa 528

Prefácio à segunda edição

Após o lançamento da primeira edição deste livro, no outono de 2011, teve prosseguimento um ano que prometia ser empolgante para a física. O prefácio abaixo é o trecho de um pequeno e-book que escrevi para atualizar o estado da física de partículas, intitulado *Higgs Discovery: The Power of Empty Space* [A descoberta do Higgs: O poder do espaço vazio].

Em 4 de julho de 2012, junto com muitas outras pessoas que estavam grudadas em seus computadores mundo afora, tomei conhecimento de que uma nova partícula tinha sido descoberta no Grande Colisor de Hádrons (tradução de Large Hadron Collider, conhecido pela sigla LHC), perto de Genebra. Num evento que era alvo de muita publicidade, e que foi mesmo estonteante, os porta-vozes do CMS (sigla de Compact Muon Solenoid [Solenoide Compacto de Múons]) e do ATLAS (acrônimo de A Toroidal LHC ApparatuS [Um Aparato Toroidal do LHC]), os dois maiores experimentos do LHC, anunciaram que havia sido encontrada uma partícula relacionada ao mecanismo de Higgs, pelo qual partículas elementares adquirem massa. Eu estava perplexa. Aquilo era de fato uma descoberta, não apenas uma pista ou uma evidência parcial. Finalmente, existiam dados suficientes para atender ao rigoroso padrão que os experimentos de física de partículas requerem para alegar a existência de uma nova partícula. O acúmulo e a análise de evidências suficientes foram ainda mais impressionantes se levarmos em conta que a data do anúncio havia sido determinada com antecedência para coincidir com um grande congresso internacional de física, que ocorria naquela mesma semana na Austrália. E, o que era ainda mais empolgante, aquela partícula se parecia um bocado com a partícula chamada bóson de Higgs.

Um bóson de Higgs não é apenas uma nova partícula, mas um novo tipo de partícula. A emoção dessa descoberta, em especial, é que ela não foi apenas a confirmação de uma expectativa definida. Ao contrário do que ocorreu com muitas descobertas de partículas durante meu tempo de carreira na física (as quais praticamente sabíamos de antemão que tinham de existir), nenhum físico poderia garantir que um bóson de Higgs seria encontrado na faixa de energia que os experimentos cobrem hoje — se é que ele viria a ser encontrado algum dia. A maioria pensava que algo como o bóson de Higgs deveria estar presente na natureza, mas não sabíamos com certeza se suas propriedades permitiriam que ele fosse descoberto nesse ano. Alguns físicos, entre os quais Stephen Hawking, até perderam apostas quando a partícula foi encontrada.

Essa descoberta confirma que o Modelo Padrão da física de partículas é consistente. O Modelo Padrão descreve os componentes conhecidos mais elementares da matéria, como quarks, léptons (como o elétron) e as três forças não gravitacionais com as quais eles interagem — o eletromagnetismo, a força nuclear forte e a força nuclear fraca. A maioria das partículas do Modelo Padrão possui massas maiores que zero, que conhecemos por meio de muitas medições. O Modelo Padrão, que inclui essas massas, faz previsões consistentes para todos os fenômenos conhecidos envolvendo partículas, com nível de precisão melhor que 1%. Mas a origem das massas dessas partículas ainda não era conhecida. Se atribuíssemos massas às partículas logo de cara, a teoria seria inconsistente e faria previsões sem sentido, como a probabilidade de partículas energéticas interagirem ser maior do que um. Algum ingrediente novo seria necessário para permitir a existência daquelas massas. Esse novo ingrediente é o mecanismo de Higgs. E a partícula que foi encontrada provavelmente é o bóson de Higgs, que sinaliza a existência do mecanismo e diz como ele é implementado. À medida que a estatística for melhorada, o que significa obter informações adicionais depois que o experimento operar por mais tempo, aprenderemos mais sobre o que está por trás do mecanismo de Higgs e, portanto, do Modelo Padrão.

Apesar de o anúncio de uma descoberta de fato ter ocorrido, ele foi feito com a cautela que aprendi a esperar de anúncios em física de partículas. Como as medições haviam identificado um número de eventos do bóson de Higgs apenas um pouco acima do necessário para reivindicar uma descoberta, elas certamente ainda não haviam produzido dados suficientes para medir todas as propriedades e interações da partícula recém-descoberta. Será preciso mais acurácia para garantir que ela é um único bóson de Higgs, com as propriedades exatas que se esperam de tal partícula. Um desvio em relação às expectativas poderia ter sido ainda mais interessante do que algo que se encaixasse perfeitamente nas previsões. Teria sido uma evidência conclusiva para uma nova teoria física subjacente, além do modelo simples que implementa o mecanismo de Higgs no qual as pesquisas atuais se baseiam. Esse é o tipo de coisa que mantém teóricos como eu alertas à medida que tentamos encontrar os elementos subjacentes da matéria e suas interações. Medições precisas são, em última instância, aquilo que nos diz como devemos prosseguir em nossas hipóteses. O bóson de Higgs é de fato uma partícula muito especial, e queremos saber o máximo que pudermos sobre ela, afinal.

O que quer que tenha sido descoberto — seja *o* bóson de Higgs, seja a implementação do mecanismo de Higgs que parece ser particularmente a mais simples, ou algo mais elaborado —, sem dúvida é algo muito novo. O interesse do público e da imprensa foi muito gratificante, indicando uma sede por conhecimento e por avanços científicos compartilhada por boa parcela da humanidade. Afinal de contas, a descoberta é parte da história da evolução do universo, pois, quando sua simetria inicial foi quebrada, partículas adquiriram massa, átomos se formaram, estruturas foram criadas e, enfim, nós surgimos.

Não conhecemos nenhuma implicação prática para o bóson de Higgs. Por incrível que pareça, porém, ninguém sabia para que servia o elétron quando ele foi descoberto. O mesmo se aplica à mecânica quântica, que foi crucial para semicondutores e para a atual indústria de eletrônicos. Então, a falta de ideias sobre aplicações práticas não chega a ser uma surpresa.

Mas sabemos que a descoberta é boa para ativar a curiosidade humana e para recompensar nossa habilidade de perguntar — e responder — questões fundamentais e profundas. As sociedades acompanham o avanço da ciência com o avanço da educação e, em geral, com uma economia bem-sucedida que deriva direta ou indiretamente de desenvolvimentos científicos. Afinal de contas, métodos poderosos de computação, inovações magnéticas importantes e eletrônica de precisão foram necessários para construir o LHC e para fazer seus experimentos funcionarem. A tecnologia de ímãs supercondutores desenvolvida para aceleradores é hoje usada em aparelhos médicos e industriais. E a internet foi desenvolvida no CERN (sigla de Conseil Européen pour la Recherche Nucléaire [Organização Europeia para a Pesquisa Nuclear]) para permitir a transferência eficiente de informações entre os colaboradores em diferentes países. Avanços técnicos em engenharia — junto com os avanços matemáticos e teóricos que inspiram os estudantes e o público — ajudam as sociedades a avançar. Mas os cientistas realmente descobriram uma nova partícula — uma partícula que nos diz algo sobre o poder do espaço vazio. Ela fora prevista quase cinquenta anos antes com base em considerações teóricas e na necessidade de tornar o Modelo Padrão consistente. E foi comprovada por meio de uma engenharia e de técnicas experimentais heroicas. A descoberta da partícula é tremendamente empolgante. É também inspiradora. Apreciemos isso por enquanto.

Introdução

Estamos equilibrados sobre o horizonte das descobertas. Os maiores e mais empolgantes experimentos em física de partículas estão em andamento, e vários dos físicos e astrônomos mais talentosos do mundo estão se concentrando em suas implicações. Aquilo que os cientistas encontrarem na próxima década fornecerá pistas que, no fim, podem mudar nossa visão sobre a constituição fundamental da matéria e até do espaço em si — e podem simplesmente nos mostrar um quadro mais abrangente da natureza da realidade. Aqueles entre nós que estão concentrados nesses avanços não acreditam que eles venham a ser meros incrementos pós-modernos. Aguardamos descobertas que podem introduzir no século XXI um paradigma diferente sobre a construção essencial do universo — alterando o quadro de sua arquitetura com base em ideias que permanecem armazenadas.

O histórico dia 10 de setembro de 2008 registrou os primeiros testes do LHC (Large Hadron Collider), o Grande Colisor de Hádrons. Apesar de seu nome ser literal e sem inspiração, o mesmo não se pode dizer da ciência que esperamos que ele atinja, que deve se provar espetacular. O "grande" se refere ao colisor, não aos hádrons. O LHC contém um enorme túnel circular subterrâneo de 26,6 quilômetros[1] que se estende desde as montanhas Jura até o lago de Genebra e cruza a fronteira franco-suíça. Campos elétricos dentro desse túnel aceleram dois feixes de bilhões de prótons (partículas pertencentes à classe dos chamados hádrons — daí o nome do colisor) ao longo de sua trajetória circular —, dando cerca de 11 mil voltas por segundo.

O colisor abriga aquele que, em muitos aspectos, é o maior e mais impressionante experimento já projetado. O objetivo é realizar estudos detalhados sobre a estrutura da matéria em distâncias nunca medidas e a energias mais altas do que todas já exploradas. Essas energias devem gerar uma gama de partículas fundamentais exóticas e revelar interações que ocorreram na evolução precoce do universo — cerca de um trilionésimo de segundo após o instante do big bang.

O projeto do LHC levou a engenhosidade e a tecnologia a seus limites, e sua construção lidou com ainda mais barreiras. Para grande frustração dos físicos e de todos os outros interessados em uma melhor compreensão da natureza, uma conexão por solda malfeita provocou uma explosão apenas nove dias após os auspiciosos primeiros testes do colisor. Mas, quando ele voltou ao trabalho, no outono de 2009 — funcionando melhor do que qualquer um ousaria prever —, uma promessa feita há um quarto de século emergiu como realidade.

Na primavera daquele mesmo ano, quando eu estava visitando Pasadena, na Califórnia, os satélites Planck e Herschel foram lançados da Guiana Francesa. Descobri o horário com um grupo de empolgados astrônomos no Caltech (sigla de California Institute of Technology [Instituto de Tecnologia da Califórnia]), que então se encontraram às 5h30 da manhã do dia 13 de maio para testemunhar aquele evento remotamente. O Herschel permitirá vislumbrar a formação de estrelas, e o Planck fornecerá detalhes sobre a radiação residual do big bang — trazendo informações frescas sobre a história inicial de nosso universo. Lançamentos como esse em geral são emocionantes, mas muito tensos, uma vez que de 2% a 5% deles falham, destruindo anos de trabalho em instrumentos científicos especializados que acabam caindo de volta sobre a Terra. Felizmente, esse lançamento em particular ocorreu bem, e as informações recebidas ao longo do dia atestaram seu sucesso. Ainda assim, teremos de esperar vários anos antes de esses satélites fornecerem seus dados mais valiosos sobre as estrelas e o universo.

A física agora fornece um núcleo sólido de conhecimento sobre como o universo funciona ao longo de uma vasta extensão de distâncias e energias. Estudos teóricos e experimentais equiparam cientistas com uma compreensão mais profunda dos elementos e de outras estruturas, indo do minúsculo ao gigantesco. Ao longo do tempo, deduzimos uma história detalhada e abrangente sobre como as peças se encaixam. Teorias conseguem descrever como o cosmo evoluiu a partir de pequenos constituintes que formaram os átomos, que então coalesceram em estrelas abrigadas em galáxias e em estruturas maiores espalhadas pelo universo, e como algumas estrelas então explodiram e criaram elementos pesados que entraram em nossa galáxia e em nosso sistema solar e que são essenciais para a formação da vida. Usando os resultados do lhc e de missões de satélites como as que foram mencionadas, os físicos de hoje esperam construir sobre essa sólida e extensa base algo para expandir nossa compreensão para distâncias menores e energias maiores, e atingir uma precisão maior do que a já obtida. É uma aventura. Temos metas ambiciosas.

É provável que você já tenha ouvido definições científicas claras e aparentemente precisas, em especial quando elas são contrastadas com sistemas de crença como a religião. Entretanto, a história real da evolução da ciência é complexa. Apesar de preferirmos pensar sobre ela — pelo menos era o meu caso quando comecei — como um reflexo confiável da realidade externa e das regras que ditam o funcionamento do mundo físico, a pesquisa atual quase inevitavelmente ocorre em um estado de indeterminação em que esperamos estar fazendo progressos, mas dos quais na verdade ainda não temos certeza. O desafio encarado pelos cientistas é perseverar com ideias promissoras e ao mesmo tempo questioná-las para certificar sua veracidade e suas implicações. A pesquisa científica inevitavelmente envolve, no limite, um equilíbrio difícil e delicado de ideias que às vezes entram em conflito e competem entre si, mas que com frequência são empolgantes. O objetivo é expandir as fronteiras do conhecimento. Mas de início a interpretação correta desse malabarismo de dados, conceitos e equações pode ser incerta para todos — mesmo para aqueles envolvidos mais ativamente.

Minha pesquisa se concentra na teoria de partículas elementares (o estudo dos menores objetos que conhecemos), que bebe tanto da teoria de cordas quanto da cosmologia — o estudo do que existe de maior. Meus colegas e eu tentamos entender o que está no cerne da matéria, o que está no universo afora, e como se conectam, por fim, as propriedades e quantidades fundamentais que os experimentalistas descobrem. Físicos teóricos, como eu, não fazem aqueles experimentos que determinam quais teorias se aplicam ao mundo real. Em vez disso, procuramos prever possíveis resultados que os experimentos podem ter e tentamos ajudar a imaginar modos inovadores de testar ideias. No futuro em vista, as questões a que tentamos responder não terão influência sobre aquilo que as pessoas comem no jantar todo dia. Mas esses estudos, eventualmente, poderão nos contar algo sobre quem somos e de onde viemos.

Batendo à porta do céu discorre sobre nossa pesquisa e sobre as questões científicas mais importantes com que nos deparamos.

Novos avanços na física de partículas e na cosmologia têm o potencial de levar a uma revisão radical em nossa compreensão do mundo: sua constituição, sua evolução e as forças fundamentais que movem essa operação. Este livro descreve a pesquisa experimental no Grande Colisor de Hádrons e estudos teóricos que tentam antecipar o que ela vai encontrar. Também descreve pesquisa em cosmologia — como procedemos ao tentar deduzir a natureza do universo, sobretudo a da matéria escura escondida pelo universo.

Mas *Batendo à porta do céu* também tem um escopo maior. Aborda questões mais gerais, pertinentes a qualquer investigação científica. Além de descrever as fronteiras da pesquisa de hoje, tornar mais clara a natureza da ciência está no cerne do tema deste livro. Ele narra como procedemos ao decidir quais são as questões corretas a apresentar, por que cientistas nem sempre entram em acordo sobre elas, e como as ideias científicas corretas acabam prevalecendo. Explora as maneiras reais com que a ciência avança e os aspectos nos quais ela contrasta com outras maneiras de buscar a verdade, mostrando alguns dos princípios filosóficos da ciência e descrevendo estágios intermediários nos quais não sabemos quem está certo e aonde vamos chegar. E, de modo igualmente importante, mostra como ideias e métodos científicos podem ser aplicados fora da ciência, encorajando processos de decisão mais racionais em outras esferas também.

Batendo à porta do céu é dirigido ao leitor leigo e interessado que deseja ter maior compreensão sobre os experimentos e teorias físicas atuais e quer apreciar a natureza da ciência moderna — bem como os princípios do pensamento científico sólido. Com frequência, as pessoas não entendem realmente o que é a ciência e o que podemos esperar dela. Este livro é minha tentativa de corrigir algumas dessas concepções erradas — e talvez arejar um pouco de minha frustração com a maneira como a ciência é compreendida e aplicada hoje.

Os últimos poucos anos me trouxeram experiências únicas e conversas que me ensinaram um bocado, e eu gostaria de compartilhá-las como pontos de partida para explorar algumas dessas ideias importantes. Apesar de eu não ser especialista em todas as áreas que cubro e de não existir espaço suficiente para fazer justiça a todas elas, minha esperança é que este livro conduza os leitores a direções mais produtivas, enquanto elucida alguns avanços empolgantes pelo caminho. Ele também deve ajudar os leitores a identificar as fontes de informação — ou a falta de informação — científica mais confiáveis quando buscarem mais respostas no futuro. Algumas das ideias aqui apresentadas podem parecer muito básicas, mas uma compreensão mais detalhada do raciocínio que dá base à ciência moderna ajuda a fundamentar uma melhor abordagem, tanto para a pesquisa quanto para assuntos importantes com os quais o mundo moderno se depara no presente.

Nestes tempos cheios de "*prequels*" em cartaz nos cinemas, *Batendo à porta do céu* pode ser descrito como a história da origem de meu livro anterior, *Warped Passages* [Passagens encurvadas], combinada com uma atualização sobre onde estamos agora e o que estamos antecipando. Ele preenche as lacunas — indo desde o mais básico sobre a ciência que dá suporte a novas ideias e descobertas — e explica por que estamos ansiosos à espera do surgimento de novos dados.

O livro se alterna entre detalhes da ciência feita hoje e reflexões sobre os temas e conceitos fundamentais que integram a ciência, mas também são úteis para compreender o mundo de maneira mais abrangente. A parte I, os capítulos 11 e 12 da parte II, os capítulos 15 e 18 da parte III, e a parte VI (Recapitulação) falam mais sobre o pensamento científico, enquanto o restante dos capítulos se concentra mais na física — onde estamos hoje e como chegamos lá. De certa forma, há dois livros em um só, mas ambos são lidos da melhor maneira quando juntos. Para algumas pessoas, a física moderna pode parecer muito afastada de nosso dia a dia para ser relevante ou mesmo para ser compreendida com facilidade, mas uma apreciação do embasamento filosófico e metodológico que guia nosso pensar pode aclarar tanto a relevância do pensamento científico quanto a ciência em si, como veremos em muitos exemplos. No sentido contrário, só é possível dominar os elementos básicos do pensamento científico com um pouco de ciência de verdade para assentar as ideias. Leitores com mais gosto por uma ou por outra podem escolher pular algum dos itens do menu, mas quando juntos os dois compõem uma refeição mais equilibrada.

Um mantra a ser repetido ao longo do livro será a noção de escala. As leis da física fornecem um arcabouço consistente sobre como as descrições teóricas e físicas estabelecidas se encaixam para formar um conjunto coerente, desde os comprimentos infinitesimais explorados hoje no LHC até o enorme tamanho do cosmo.[2] A rubrica de escala é crítica para nosso pensamento, bem como para fatos e ideias específicos que vamos encontrar. Teorias científicas estabelecidas se aplicam a escalas acessíveis. Mas essas teorias se tornam absorvidas por outras mais precisas e mais fundamentais à medida que incorporamos conhecimento fresco obtido sobre distâncias previamente inexploradas — pequenas ou grandes. O primeiro capítulo enfoca o elemento que define a escala, explicando como a categorização por comprimento é essencial à física e ao modo como novos avanços científicos se apoiam nos anteriores.

A parte I também apresenta e contrasta diferentes maneiras de abordar o conhecimento. Pergunte às pessoas o que passa por

23

sua mente quando pensam sobre ciência, e as respostas talvez sejam tão variadas quanto os indivíduos que você questionou. Alguns vão insistir que ela fornece declarações rígidas e imutáveis sobre o mundo físico. Outros vão defini-la como um conjunto de princípios que estão sendo constantemente substituídos. Outros ainda podem responder que a ciência é apenas mais um sistema de crença, que, em termos qualitativos, não é distinto da filosofia ou da religião. E todas as respostas estarão erradas.

A natureza evolutiva da ciência está no cerne daquilo que explica por que há tanta controvérsia sobre essa questão, mesmo dentro da própria comunidade científica. Essa parte apresenta um pouco da história que informa como a pesquisa de hoje está enraizada nos avanços intelectuais do século XVII e então continua com um punhado de aspectos menos destacados sobre o debate entre ciência e religião — um confronto que, de certa maneira, se originou naquela época. Ela também analisa a visão materialista da matéria e suas implicações espinhosas para a questão da relação entre ciência e religião, bem como o problema sobre quem deve responder a questões fundamentais e como proceder para tanto.

A parte II se volta à constituição física do mundo material. Ela mapeia o terreno para a jornada científica do livro, passeando da matéria em escalas familiares até descer às menores que existem, enquanto vai segmentando-as de acordo com a escala. Essa trilha nos levará de um território reconhecível até tamanhos submicroscópicos cuja estrutura interna só pode ser investigada por aceleradores de partículas gigantes. A seção é concluída com uma introdução para alguns dos maiores experimentos sendo realizados hoje — o Grande Colisor de Hádrons e sondagens astronômicas sobre o universo inicial —, que devem ampliar os limites extremos de nossa compreensão.

Como qualquer acontecimento empolgante, essa empreitada ousada e ambiciosa tem o potencial de alterar radicalmente nossa visão de mundo científica. Na parte III, vamos começar a nos aprofundar nas operações do LHC e explorar como essa máquina cria feixes de prótons e os faz colidir para produzir novas partículas que devem nos mostrar algo sobre as menores escalas ao alcance. Essa seção também explica como os experimentalistas vão interpretar aquilo que for encontrado.

O CERN (bem como *Anjos e demônios*, o estrondoso sucesso de Hollywood hilariamente deturpador) fez muito pela publicidade do ramo experimental da física de partículas. Bastante gente já ouviu falar do acelerador de partículas gigante que vai colidir prótons energéticos que estarão concentrados em uma região mínima de espaço para criar formas de matéria jamais vistas. O LHC está operando agora e está prestes a mudar nossa visão sobre a natureza fundamental da matéria e até mesmo do próprio espaço. Mas não sabemos ainda o que ele vai encontrar.

Ao longo de nossa jornada científica, vamos refletir sobre a incerteza científica e sobre o que medições podem realmente nos mostrar. A pesquisa científica, por natureza, se situa no limite daquilo que conhecemos. Experimentos e cálculos são projetados para reduzir ou eliminar o maior número possível de incertezas e para determinar com precisão quais são aquelas que restam. Ainda assim, apesar de soar paradoxal, na prática, a ciência está carregada de incerteza. A parte III examina como os cientistas lidam com os desafios intrínsecos às suas difíceis explorações e como todos podem se beneficiar do pensamento científico ao interpretar e compreender declarações feitas em um mundo cada vez mais complexo.

A parte III também trata de buracos negros no LHC e de como o temor que se levantou sobre eles contrasta com alguns perigos reais a que nos expomos hoje em dia. Vamos levar em consideração questões importantes sobre análise de custo-benefício e de risco, e sobre a melhor maneira de abordá-las — dentro e fora do laboratório.

A parte IV descreve a busca pelo bóson de Higgs e por modelos específicos, que são chutes calculados sobre o que existe e são alvos pesquisados pelo LHC. Se os experimentos do grande colisor confirmarem algumas ideias propostas por teóricos — ou mesmo se revelarem algo jamais previsto —, os resultados vão mudar a maneira como pensamos sobre o mundo. Essa seção explica o mecanismo de Higgs, responsável por conferir massa às partículas elementares, e o problema da hierarquia, que nos sugere esperar encontrar algo mais. Ela também investiga modelos que lidam com esse problema e com as exóticas partículas novas que eles preveem, como aquelas associadas à supersimetria ou a dimensões espaciais extras.

Além de apresentar hipóteses específicas, essa parte explica como físicos procedem ao construir modelos e aborda a eficácia de princípios que os guiam, como "verdade por meio da beleza" e "de cima para baixo" contra "de baixo para cima". Ela explica o que o LHC está procurando, mas também como os físicos antecipam aquilo que vão encontrar. Descreve como os cientistas tentarão conectar os dados aparentemente abstratos que o LHC vai produzir a algumas das ideias profundas e fundamentais que investigamos hoje.

Após nossa viagem de pesquisa ao interior da matéria, vamos olhar para fora na parte V. Enquanto o LHC investiga as menores escalas da matéria, satélites e telescópios exploram as maiores escalas no cosmo — estudando a taxa com que sua expansão se acelera — e também investigam detalhes da radiação que existe como relíquia dos tempos do big bang. Esta era pode testemunhar novos avanços impressionantes em cosmologia, a ciência de como o universo evoluiu. Nessa seção, vamos explorar o universo até as maiores escalas e discutir a conexão entre a física de partículas e a cosmologia, bem como a evasiva matéria escura e as buscas experimentais a ela relacionadas.

A recapitulação final, na parte VI, reflete sobre a criatividade e sobre os ricos e variados elementos mentais que compõem o pensamento criativo. Ela examina como tentamos responder às grandes questões com atividades aparentemente menores nas quais nos envolvemos no dia a dia. Vamos concluir com alguns pensamentos finais sobre por que a ciência e o pensamento científico são tão importantes hoje, e sobre a relação simbiótica entre a tecnologia e o pensamento científico que produziu muito do progresso no mundo moderno.

Com frequência sou lembrada de quão complicado pode ser para não cientistas apreciar as ideias — por vezes remotas — que a ciência moderna aborda. Esse desafio se tornou claro durante meu encontro com uma classe de universitários após uma palestra pública que dei sobre física e dimensões extras. Quando fui avisada de que todos eles tinham uma mesma questão ainda pendente, imaginei que se tratasse de alguma confusão sobre dimensões, mas descobri que eles queriam saber qual era minha idade. A falta de interesse não é o único desafio, porém — e os estudantes na verdade continuaram a se envolver com as ideias científicas. Ainda assim, não se pode negar que a ciência fundamental muitas vezes é abstrata, e pode ser difícil justificá-la — um fardo que tive de suportar numa audiência parlamentar sobre a importância da ciência básica à qual compareci no outono de 2009 com Dennis Kovar, diretor de física de altas energias no Departamento de Energia dos Estados Unidos; Pier Oddone, diretor do Laboratório do Acelerador Nacional Fermi (Fermilab); e Hugh Montgomery, diretor do Laboratório Jefferson, uma instalação de física nuclear. Aquela foi a primeira vez em que estive em salas do governo desde que meu congressista, Benjamin Rosenthal, me levara consigo como finalista do Torneio Westinghouse de Ciência de ensino médio, muitos anos antes. Ele generosamente me forneceu mais do que a mera fotografia oficial que os outros finalistas tinham recebido.

Durante minha visita mais recente, pude apreciar mais uma vez os escritórios onde se faz política. A sala dedicada ao Comitê de Ciência e Tecnologia da Câmara dos Representantes fica no edifício Rayburn. Os deputados se sentaram ao fundo e nós, as "testemunhas", nos sentamos de frente para eles. Havia placas com citações inspiradoras afixadas na parede, acima da cabeça dos deputados, a primeira das quais dizia: "Quando não há visão, o povo não tem freio. Provérbios 29,18".

Ao que tudo indica, o governo americano precisa se referir às Escrituras mesmo numa sala do Congresso explicitamente dedicada à ciência e à tecnologia. De qualquer maneira, a frase expressa um sentimento nobre e preciso, que todos deveríamos querer aplicar.

A segunda placa trazia uma frase mais secular, de Tennyson: "Pois mergulhei no futuro tão profundamente quanto o olho humano consegue enxergar/ Tive a visão do mundo e das maravilhas que viriam a ocorrer".

Esse também é um pensamento legal para ter em mente quando descrevemos nossos objetivos de pesquisa.

A ironia é que a sala era disposta de forma que as "testemunhas" do mundo científico — que já nutriam simpatia por essas frases — ficavam de frente para as placas. Os deputados, do outro lado, sentavam-se abaixo das palavras, então não podiam vê-las. O deputado Lipinski, que num discurso de abertura disse que as descobertas inspiram mais questões — e maiores questionamentos metafísicos —, admitiu que costumava notar as placas, mas que elas estavam agora numa posição muito fácil de esquecer. "Poucos de nós olham lá para cima." Ele expressou gratidão por ter sido lembrado disso.

Deixando de lado a decoração, nós, cientistas, nos voltamos à tarefa em pauta — explicar o que faz de nossa era um momento tão empolgante e sem precedentes para a física de partículas e a cosmologia. Apesar de as questões dos deputados terem sido ocasionalmente pontuais e céticas, pude apreciar a resistência que eles costumam enfrentar ao explicar a seu eleitorado por que parar de financiar trabalhos científicos seria um erro — mesmo diante de incertezas econômicas. Suas dúvidas variavam de detalhes sobre o propósito de experimentos específicos a assuntos mais abrangentes sobre o papel da ciência e o rumo que ela está tomando.

Entre uma e outra ausência dos deputados, que de tempos em tempos tinham de sair para votar, demos alguns exemplos dos benefícios colaterais que se acumularam por meio do avanço da ciência fundamental. Mesmo a ciência feita com pretensão de pesquisa básica com frequência se prova útil de outras maneiras. Falamos sobre como Tim Berners-Lee concebeu a internet como um meio de físicos em diferentes países colaborarem de maneira mais rápida com seus experimentos conjuntos no CERN. Discutimos aplicações médicas, como a tomografia por emissão de pósitrons (*positron emission tomography*, PET Scan), uma maneira de observar a estrutura interna do corpo usando a antipartícula do elétron. Explicamos o papel da produção de ímãs supercondutores em escala industrial, que foram desenvolvidos para colisores, mas agora são usados também para produzir imagens por ressonância magnética. Por fim, a formidável aplicação da teoria da relatividade geral para previsões precisas, entre elas o sistema de posicionamento global (*global position system*, GPS) que usamos todos os dias em carros.

Sem dúvida a ciência significativa não tem necessariamente um benefício imediato em termos práticos. Mesmo que haja, raras vezes temos consciência disso no momento da descoberta. Quando Benjamin Franklin descobriu que relâmpagos eram eletricidade, ele não sabia que a eletricidade logo mudaria a cara do planeta.

E quando Einstein trabalhava na relatividade geral, ele não previu que ela seria usada em quaisquer dispositivos práticos.

Então, a posição que defendemos naquele dia dizia respeito primariamente não a aplicações específicas, mas à importância vital da ciência pura. Embora o status da ciência nos Estados Unidos possa ser precário, muitas pessoas já reconhecem seu valor. A visão que a sociedade tem sobre o universo, o tempo e o espaço mudou com Einstein — conforme atesta a letra original de "As Time Goes By", citada em *Warped Passages*.[3] Nossa própria linguagem e nossos pensamentos mudam à medida que nossa compreensão do mundo físico se desenvolve e novas maneiras de pensar progridem. Aquilo que cientistas estudam hoje, e como o fazemos, será crítico para nossa compreensão do mundo e para uma sociedade mais reflexiva e robusta.

Vivemos hoje numa era extraordinariamente empolgante para a física e a cosmologia, com algumas das investigações mais ousadas já propostas. Por meio de um vasto conjunto de explorações, *Batendo à porta do céu* toca em nossas diferentes maneiras de entender o mundo — por meio da arte, da religião e da ciência —, mas com foco sobre os objetivos e métodos da física moderna. Por fim, os diminutos objetos que estudamos são necessários para descobrirmos quem somos e de onde viemos. As estruturas de grande escala, sobre as quais esperamos aprender mais, podem jogar luz sobre nosso ambiente cósmico e sobre a origem e o destino do universo. Este livro é sobre o que esperamos encontrar e sobre como pode acontecer. A jornada deve ser uma aventura intrigante — então, bem-vindo a bordo.

PARTE I

A REALIDADE EM ESCALA

1. O que é tão pequeno para você é tão grande para mim

Entre as muitas razões pelas quais escolhi entrar para a física estava o desejo de fazer alguma coisa que pudesse ter impacto permanente. Se eu iria investir tanto tempo, energia e comprometimento, queria que fosse em nome de algo com uma bandeira de longevidade e verdade. Como a maioria das pessoas, eu pensava sobre avanços científicos como ideias que resistiam ao teste do tempo.

Minha amiga Anna Christina Büchmann estudou inglês na faculdade enquanto eu me formava em física. Ironicamente, ela estudou literatura pela mesma razão que me deixei levar pela matemática e pela ciência. Ela amava o modo como uma história inspirada se conservava por séculos. Quando, muitos anos depois, discutimos o romance *Tom Jones*, de Henry Fielding, descobri que a edição que eu tinha lido e apreciado tanto era aquela para a qual ela ajudara a produzir notas quando estava na pós-graduação.[1]

Tom Jones foi publicado 250 anos atrás, mas seus temas e sua sagacidade ressoam até hoje. Durante minha primeira visita ao Japão, li o muito mais antigo *Genji Monogatari* [Conto de Genji] e fiquei maravilhada com a atualidade de seus personagens também, apesar dos mil anos que se passaram desde que Murasaki Shikibu escreveu sobre eles. Homero criara a *Odisseia* cerca de 2 mil anos antes. E, a despeito de sua idade e de seu contexto tão diferentes, continuamos a saborear o conto da jornada de Odisseu e suas descrições atemporais sobre a natureza humana.

Cientistas quase nunca leem textos científicos velhos — muito menos os antigos. Em geral, deixamos isso para historiadores e críticos literários. Não obstante, aplicamos o conhecimento que foi adquirido ao longo do tempo, tenha ele vindo de Newton no século XVII ou de Copérnico mais de cem anos antes. Podemos negligenciar os livros, mas temos cuidado em preservar as ideias importantes que eles podem conter.

A ciência decerto não é a declaração estática de leis universais que todos ouvimos na escola elementar. Nem é um conjunto de regras arbitrárias. A ciência é um corpo de conhecimento em evolução. Muitas das ideias que investigamos hoje se provarão erradas ou incompletas. As descrições científicas sem dúvida mudam quando cruzamos fronteiras que circunscrevem aquilo que sabemos e quando nos aventuramos em territórios mais remotos onde podemos vislumbrar pistas para verdades mais profundas.

O paradoxo com o qual os cientistas têm de brigar é que, apesar de almejarmos a permanência, com frequência investigamos ideias que dados experimentais ou uma melhor compreensão nos forçarão a mudar ou descartar. O núcleo sólido do conhecimento que foi testado e reconhecido é sempre cercado de uma fronteira amorfa de incertezas que constituem o domínio da pesquisa atual. As ideias e sugestões que nos empolgam hoje serão logo esquecidas se forem invalidadas por trabalhos mais abrangentes e mais convincentes amanhã.

Quando o candidato republicano à presidência dos Estados Unidos Mike Huckabee se alinhou à religião contra a ciência — em parte porque "crenças" científicas mudam, enquanto cristãos têm como sua autoridade um Deus eterno e imutável —, ele não estava totalmente errado em sua caracterização. O universo evolui, e nosso conhecimento científico sobre ele também. Ao longo do tempo, cientistas descascam camadas de realidade para expor aquilo que está além da superfície. Ampliamos e enriquecemos nossa compreensão à medida que sondamos escalas cada vez mais remotas. O conhecimento avança, e a região inexplorada recua, quando alcançamos essas distâncias difíceis de acessar. As "crenças" científicas, então, evoluem de acordo com nosso conhecimento expandido.

Contudo, mesmo quando a tecnologia aprimorada torna possível aumentar o alcance das observações, não necessariamente abandonamos as teorias que foram bem-sucedidas em suas previsões dentro das distâncias e energias, ou velocidades e densidades, que eram acessíveis no passado. As teorias científicas crescem e se expandem para absorver um conhecimento aumentado, ao mesmo tempo que retêm as partes confiáveis de ideias que as antecederam. A ciência, então, incorpora o velho conhecimento bem estabelecido a um quadro mais abrangente que emerge de uma faixa maior de observações experimentais e teóricas. Tais mudanças não necessariamente significam que as velhas regras estejam erradas, mas elas podem indicar, por exemplo, que essas regras já não são aplicáveis em escalas pequenas, quando novos componentes são revelados. O conhecimento pode, portanto, abraçar velhas ideias enquanto se expande com o tempo, mesmo que talvez sempre reste mais a ser explorado. Assim como viajar pode ser fascinante — mesmo que você nunca visite cada lugar do planeta (muito menos do cosmo) —, ampliar nossa compreensão da matéria e do universo enriquece nossa existência. O que permanece desconhecido serve para inspirar futuras investigações.

Meu próprio campo de pesquisa, a física de partículas, investiga distâncias cada vez menores para estudar componentes cada vez mais diminutos da matéria. A atual pesquisa experimental e teórica tenta expor o que a matéria esconde — aquilo que está abrigado mais em seu interior. Apesar da famosa analogia com a boneca russa *matrioshka*, com elementos similares replicados em escalas sucessivamente menores, a matéria não é assim. O que torna interessante a investigação de distâncias cada vez menores é que as regras podem mudar quando alcançamos novos domínios. Novas forças e interações podem aparecer em escalas cujo impacto era muito pequeno para ser detectado nas distâncias maiores investigadas em um momento anterior.

A noção de escala, que diz aos físicos qual faixa de tamanhos ou de energias é relevante para uma pesquisa em particular, é crítica para a compreensão do progresso científico, bem como para muitos outros aspectos do mundo à nossa volta. Ao separar o universo em diferentes tamanhos compreensíveis, aprendemos que as leis da física que funcionam melhor não são necessariamente as mesmas para todos os processos. Temos de relacionar conceitos que se aplicam melhor em uma escala àqueles que são mais úteis em outra. Categorizar dessa maneira nos permite incorporar tudo aquilo que conhecemos dentro de um quadro consistente, ao mesmo tempo que permite mudanças radicais em descrições sobre diferentes comprimentos.

Neste capítulo, veremos como a repartição por escala — qualquer escala é relevante — ajuda a aclarar nosso pensamento — tanto o científico como os demais — e por que as propriedades sutis dos blocos que compõem a matéria são tão difíceis de perceber em distâncias com as quais lidamos em nosso dia a dia. Ao fazer isso, também discutiremos o significado de "certo" ou "errado" em ciência, e por que mesmo as descobertas que parecem radicais não necessariamente levam a mudanças drásticas nas escalas com as quais já estamos familiarizados.

É IMPOSSÍVEL

É comum as pessoas confundirem conhecimento científico em evolução com ausência total de conhecimento e equipararem uma situação na qual estamos descobrindo novas leis da física a uma total falta de regras confiáveis. Uma conversa com o roteirista Scott Derrickson durante uma recente visita à Califórnia me ajudou a cristalizar a origem de alguns desses desentendimentos. Na época, Scott estava trabalhando em roteiros de filme que propunham conexões entre ciência e fenômenos que, ele suspeitava, cientistas talvez descartassem como sobrenaturais. Decidido a evitar maiores gafes, ele queria mostrar algum respeito pela ciência em suas imaginativas ideias de histórias, submetendo-as ao escrutínio de uma física — naquele caso, eu. Marcamos então um almoço num café ao ar livre para compartilhar nossos pensamentos, além do prazer que uma tarde ensolarada de Los Angeles proporciona.

Sabendo que roteiristas com frequência fazem caracterizações erradas da ciência, Scott queria que suas histórias sobre fantasmas e viagens no tempo fossem escritas com uma dose razoável de credibilidade científica. O desafio particular que ele encarava como roteirista era a necessidade de apresentar à sua audiência não apenas novos fenômenos interessantes, mas também alguns que pudessem ser de fato traduzidos para a tela de cinema. Embora não fosse treinado em ciência, Scott era perspicaz e receptivo a novas ideias. Expliquei-lhe então por que, apesar da engenhosidade e do valor de entretenimento de alguns argumentos de suas histórias, os limites físicos os tornavam cientificamente insustentáveis.

Scott respondeu que existem alguns fenômenos que já foram considerados impossíveis por cientistas, mas que depois acabaram se revelando verdadeiros. "Os cientistas também não desacreditavam antes daquilo que a relatividade nos conta agora?" "Quem diria que a aleatoriedade teria algum papel nas leis fundamentais da física?" Apesar de seu grande respeito pela ciência, Scott ainda se perguntava se, dada sua natureza evolutiva, os cientistas não estariam errados às vezes sobre as implicações e limitações de suas descobertas.

Alguns críticos podem ir ainda mais longe, afirmando que, embora os cientistas possam prever muitas coisas, a confiabilidade dessas previsões é invariavelmente suspeita. Céticos insistem, a despeito das evidências científicas, que sempre pode haver uma "pegadinha" ou um subterfúgio. Talvez as pessoas possam voltar da morte e atravessar um portal para a Idade Média ou para a Terra Média. Esses questionadores simplesmente não confiam nas alegações da ciência de que certas coisas são, sem sombra de dúvida, impossíveis.

Contudo, apesar da sabedoria de manter a mente aberta e reconhecer que novas descobertas estão por vir, há uma profunda falácia embutida nessa lógica. O problema se torna claro quando dissecamos o significado de declarações como aquelas mencionadas e, em particular, quando aplicamos a noção de escala. Essas questões ignoram o fato de que, mesmo que sempre existam distâncias inexploradas ou faixas de energia nas quais as leis da física podem mudar, conhecemos muito bem as leis da física nas escalas humanas. Tivemos ampla oportunidade de testar essas leis ao longo dos séculos.

Quando conheci a coreógrafa Elizabeth Streb no Museu Whitney, onde ambas participamos de um painel sobre criatividade, ela também subestimava a robustez do conhecimento científico em escalas humanas. Elizabeth formulou uma questão similar àquela de Scott: "Poderiam as pequenas dimensões propostas por físicos, encurvadas num tamanho inimaginavelmente pequeno, afetar o movimento de nosso corpo?".

O trabalho dela é maravilhoso, e seu questionamento das

suposições básicas sobre dança e movimento é fascinante. Mas a razão pela qual não podemos determinar se novas dimensões existem, ou qual seria seu papel caso elas existam, é que elas seriam muito pequenas ou muito encurvadas para que sejamos capazes de detectá-las. Com isso, quero dizer que ainda não detectamos sua influência em nenhuma quantidade que observamos até agora, mesmo com medições extremamente detalhadas. Só se as consequências das dimensões extras forem fenômenos físicos muito maiores é que elas podem influenciar de maneira discernível o movimento de alguém. Se elas de fato tivessem um impacto significativo, já teríamos observado esses efeitos. Portanto, sabemos que os fundamentos da coreografia não vão mudar, mesmo quando nossa compreensão da gravidade quântica for aprimorada. Seus efeitos são largamente suprimidos em relação a qualquer coisa perceptível na escala humana.

No passado, quando cientistas se davam conta de que estavam errados sobre alguma coisa, em geral era porque ainda não tinham explorado distâncias, velocidades ou energias muito grandes ou muito pequenas. Isso não significava que, como os luddistas, eles tivessem fechado a mente para a possibilidade de progresso. Significava apenas que confiavam nas mais atualizadas descrições matemáticas do mundo e nas previsões bem-sucedidas sobre objetos e comportamentos então observáveis. Fenômenos que eles acreditavam ser impossíveis podiam ocorrer, e às vezes ocorriam, em distâncias ou velocidades que esses cientistas ainda não tinham experimentado — ou testado. Mas, é claro, eles não poderiam conceber ideias e teorias que em última análise prevaleceriam em regimes de pequenas distâncias e energias enormes com as quais ainda não estavam familiarizados.

Quando nós, cientistas, dizemos que sabemos algo, queremos dizer apenas que temos certas ideias e teorias cujas previsões foram bem testadas *dentro de certa faixa de distâncias e energias*. Essas ideias e teorias não são necessariamente leis eternas nem as leis físicas mais fundamentais. São regras que se aplicam tão bem quanto experimentos podem testá-las, dentro de um alcance de parâmetros disponível com a tecnologia atual. Isso não significa que essas leis jamais serão superadas por outras novas. As leis de Newton são instrumentais e corretas, mas deixam de ser aplicáveis no caso de fenômenos que envolvem velocidades próximas ou iguais à da luz, aos quais as teorias de Einstein são aplicáveis. As leis de Newton são ao mesmo tempo corretas e incompletas. Elas podem ser aplicadas ao longo de um domínio limitado.

A tecnologia mais avançada que ganhamos por meio de melhores medições, na verdade, é um aprimoramento que ilumina novos e diferentes conceitos de base. Sabemos de muitos fenômenos que os antigos não poderiam ter deduzido ou descoberto com suas técnicas observacionais mais limitadas. Então, Scott estava certo em dizer que em alguns casos os cientistas estavam errados — pensando fenômenos impossíveis que no fim se revelariam perfeitamente verdadeiros. Mas isso não quer dizer que não existam regras. Fantasmas e pessoas que viajam no tempo não aparecem em nossas casas, e criaturas alienígenas não emergem de repente de nossas paredes. Dimensões extras de espaço podem existir, mas elas têm de ser muito pequenas e encurvadas ou ocultas à nossa visão para que possamos explicar por que ainda não se notou evidência de sua existência. Fenômenos exóticos podem de fato ocorrer. Mas tais fenômenos acontecerão apenas em escalas difíceis de observar, que estão cada vez mais longe de nossa percepção geral ou de nossa compreensão intuitiva. Se eles permanecerem inacessíveis para sempre, não serão tão interessantes para cientistas. E serão menos interessantes também para autores de ficção se não tiverem nenhum impacto observável em nosso cotidiano.

Coisas estranhas são possíveis, mas aquelas nas quais os não físicos estão compreensivelmente mais interessados são as que podemos observar. Como Steven Spielberg apontou numa discussão sobre um filme de ficção científica que ele estava cogitando, um mundo estranho que não pode ser apresentado numa tela de cinema — e cujos personagens em um filme jamais possam vivenciar — não é tão interessante para um espectador. (A figura 1 é uma divertida evidência.) Só um novo mundo que possamos acessar, e do qual tenhamos consciência, é que seria interessante. Mesmo que ambas requeiram imaginação, as ideias abstratas e a ficção são diferentes e têm objetivos diferentes. As ideias científicas podem se aplicar a regimes que são remotos demais para interessar a um filme, ou a nossas observações diárias, mas são essenciais para nossa descrição do mundo físico.

Figura 1. Uma tira da série XKCD que captura a natureza oculta das pequenas dimensões extras encurvadas.

CONVERSÕES ERRADAS

Apesar dessa separação nítida por distâncias, com frequência as pessoas tomam atalhos para tentar entender a ciência difícil e o mundo. E isso pode facilmente levar a uma aplicação exagerada das teorias. Não se trata de um fenômeno novo. No século XVIII, quando cientistas estavam tentando entender o magnetismo em laboratórios, alguns deles criaram a noção de "magnetismo animal" — um "fluido vital" magnético hipotético presente em seres animados. Foi preciso uma comissão real francesa convocada por Luís XVI em 1784, que incluía Benjamin Franklin e outros, para desacreditar a hipótese formalmente.

Hoje, costumam-se fazer extrapolações deturpadas como essa sobre a mecânica quântica — quando pessoas tentam aplicá-la em escalas macroscópicas nas quais suas consequências normalmente se misturam e não deixam assinatura mensurável.[2] É perturbador o número de pessoas que confiam em ideias como as do best-seller *O segredo*, de Rhonda Byrne, sobre como pensamentos positivos atraem riqueza, saúde e felicidade. Inquietante em igual medida é a seguinte declaração de Byrne: "Nunca estudei ciência ou física na escola, mas quando li livros complexos sobre física quântica os compreendi perfeitamente porque queria compreendê-los. O estudo da física quântica me ajudou a ter uma compreensão mais profunda de *O segredo*, em um nível energético".

Mesmo Niels Bohr, pioneiro da mecânica quântica e ganhador do prêmio Nobel, notou que, "se a mecânica quântica não o deixa completamente confuso, é porque você não a entendeu". Aqui vai outro segredo (tão bem protegido quanto aqueles publicados num best-seller): a mecânica quântica é notavelmente incompreendida. Nossa linguagem e intuição derivam de um raciocínio clássico, que não leva em conta a mecânica quântica. Mas isso não significa que qualquer fenômeno bizarro seja possível dentro da lógica quântica. Mesmo sem termos uma compreensão mais profunda e fundamental, sabemos usar a mecânica quântica para fazer previsões. A mecânica quântica jamais dará suporte ao "segredo" de Byrne sobre o chamado princípio de atração entre pessoas e objetos ou fenômenos distantes. A essas grandes distâncias, a mecânica quântica não desempenha esse tipo de papel. A mecânica quântica não tem nada a ver com muitas das ideias atormentadas atribuídas a ela. Não posso afetar um experimento apenas olhando-o. A mecânica quântica não diz que não existem previsões confiáveis. E muitas medições são restritas por limitações práticas, não pelo princípio da incerteza.

Essas falácias foram o tópico principal de uma surpreendente conversa que tive com Mark Vicente, diretor de *Quem somos nós?* — filme que é uma tortura para cientistas —, no qual pessoas afirmam que a influência humana tem importância em experimentos. Eu não sabia para onde essa conversa nos levaria, mas tinha tempo para jogar fora, já que estava parada na pista do aeroporto de Dallas/Fort Worth esperando mecânicos consertarem uma avaria na asa do avião (a princípio descrita como pequena demais para ser considerada importante, mas depois "medida por tecnologia" antes da decolagem, como um membro da tripulação prestativamente nos informou).

Mesmo com o atraso, percebi que, qualquer que fosse a duração da conversa com Mark, eu precisaria saber o que ele pensava de seu próprio filme — com o qual eu tinha familiaridade devido ao número de pessoas em minhas palestras que faziam perguntas disparatadas, baseadas em coisas que tinham visto nele. A resposta de Mark me pegou de surpresa. Foi uma extraordinária mudança de opinião. Ele me confidenciou que de início havia abordado a ciência com noções preconcebidas, que não questionara o suficiente, mas que ele agora via seus pensamentos mais como algo de natureza religiosa. Mark por fim concluiu que aquilo que ele tinha apresentado em seu filme não era ciência. Alocar fenômenos quânticos em nível humano talvez tenha dado uma satisfação superficial a muitos espectadores do filme, mas isso não o tornou correto.

Mesmo que novas teorias requeiram suposições radicalmente diferentes — o que sem dúvida foi o caso da mecânica quântica —, experimentos e argumentos científicos válidos determinaram em algum momento que elas eram verdadeiras. Não era mágica. O método científico, junto com dados e com a busca por economia e consistência, mostrou aos cientistas como estender seu conhecimento além daquilo que é intuitivo em escalas prontamente acessíveis até ideias diferentes que se aplicam a fenômenos que não o são. A próxima seção mostra como a noção de escala liga distintos conceitos teóricos de maneira sistemática e nos permite incorporá-los a um todo coerente.

TEORIAS EFETIVAS

Por razões em grande parte aleatórias, nosso tamanho é mais ou menos intermediário, em termos de potências de dez, na escala entre os menores comprimentos imagináveis e a enormidade do universo.[3] Somos muito grandes comparados à estrutura interna da matéria e seus minúsculos componentes, ao mesmo tempo que somos extremamente pequenos em comparação com estrelas, galáxias e a extensão do universo. Os tamanhos que mais compreendemos são simplesmente aqueles mais acessíveis a nós — por meio de nossos cinco sentidos ou pelas ferramentas de medição mais rudimentares. Compreendemos distâncias maiores por meio de observações combinadas à dedução lógica. A variedade de tamanhos parece envolver quantidades cada vez mais abstratas e difíceis de rastrear à medida que nos distanciamos de escalas diretamente visíveis e acessíveis. Mas a tecnologia, combinada à teoria, nos permite estabelecer a natureza da matéria em uma vasta gama de tamanhos.

As teorias científicas conhecidas se aplicam a essa enorme faixa — cobrindo desde distâncias tão pequenas quanto aquelas exploradas pelo Grande Colisor de Hádrons até as enormes escalas de comprimento de galáxias e do cosmo. E, para cada tamanho possível de objetos, ou da distância entre eles, diferentes aspectos das leis da física se tornam relevantes. Os físicos têm de lidar com a abundância de informações que se aplica a essa enorme extensão. Apesar de as leis mais básicas da física, que se aplicam a distâncias pequenas, serem no fim as responsáveis por aquelas que são relevantes em escalas maiores, elas não necessariamente são o modo mais eficiente para fazer um cálculo. Quando a subestrutura ou o embasamento extra são irrelevantes a uma resposta precisa o bastante, buscamos uma forma mais prática de calcular e queremos aplicar regras mais simples de maneira eficiente.

Um dos aspectos mais importantes da física é que ela nos diz como identificar a faixa de escalas relevante a uma dada medição ou previsão — de acordo com a precisão que temos à disposição — e como calculá-las conforme essa precisão. A beleza dessa forma de analisar o mundo é que podemos nos concentrar em escalas que são relevantes para aquilo em que estamos interessados, identificando os elementos que operam nessas escalas, e descobrir e aplicar as regras que regem a relação entre esses componentes. Os cientistas arredondam ou até mesmo ignoram (às vezes de modo involuntário) processos físicos que ocorrem em escalas imensuravelmente pequenas quando formulam teorias ou preparam cálculos. Selecionamos fatos relevantes e suprimimos detalhes, quando podemos nos livrar deles, para enfocar as escalas mais úteis. Essa é a única maneira de lidar com um conjunto de informações impossivelmente denso.

Quando apropriado, faz sentido ignorar minúcias para podermos nos concentrar no tópico de interesse e não ocultá-lo com detalhes não essenciais. Uma palestra recente de Stephen Kosslyn, professor de psicologia de Harvard, me fez lembrar o modo como os cientistas — e todo mundo — preferem seguir as informações. Num experimento de ciência cognitiva que realizou com a plateia, ele nos pediu para rastrear segmentos de linhas que apresentava na tela um após o outro. Cada um dos segmentos poderia ir para "norte", "sudeste" etc., e juntos eles formavam uma linha em

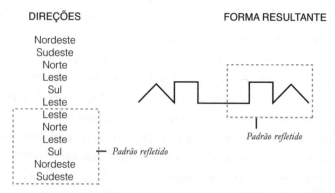

Figura 2. Você pode escolher como seu componente um segmento de reta individual ou uma unidade maior, como o grupo de seis segmentos que aparece duas vezes.

zigue-zague. (Veja a figura 2.) Ele pediu que fechássemos os olhos e disséssemos o que tínhamos visto. Apesar de nosso cérebro nos permitir acompanhar só alguns poucos segmentos individuais de cada vez, percebemos que podíamos recordar sequências mais longas ao agrupá-las em sequências repetidas. Ao pensar na escala de uma forma, em vez de um segmento de linha individual, podíamos manter a figura em nossa mente.

Para quase tudo aquilo que vê, ouve, degusta, cheira ou toca, você tem a chance de examinar detalhes ao olhar muito de perto, ou de examinar o "quadro geral" com suas outras prioridades. Ao observar uma pintura, degustar um vinho, ler filosofia ou planejar uma viagem, você automaticamente divide seus pensamentos em categorias de interesse — sejam elas categorias de tamanho, sabor, ideias ou distâncias — e categorias que você não considera relevantes ao momento.

A utilidade de enfocar questões pertinentes e ignorar estruturas pequenas demais para serem relevantes é aplicável em muitos contextos. Pense sobre o que você faz quando usa o MapQuest ou o Google Maps em seu iPhone. Se estiver viajando para muito longe, você primeiro vai querer ter uma ideia de qual é seu destino. Depois, quando já tiver o quadro geral, pode dar zoom para obter um mapa com maior resolução. Você não precisa das informações mais detalhadas em sua primeira observação. Deseja apenas ter uma noção da localidade. Mas, conforme começar a mapear os detalhes de seu trajeto — e conforme sua resolução se tornar mais fina ao procurar uma exata rua que precisa ver —, você vai se importar com os detalhes em escala mais fina que não eram essenciais em sua primeira exploração.

É claro que o grau de precisão requerido determina a escala que você escolhe. Tenho amigos que não dão muita atenção à localização do hotel quando visitam a cidade de Nova York. Para eles, a gradação em caracteres para os quarteirões da cidade é irrelevante. Mas, para qualquer um que conheça Nova York, esses detalhes importam. Não é suficiente saber se você vai ficar no centro da cidade. Nova-iorquinos querem saber se estão abaixo ou acima da rua Houston, a leste ou oeste do parque de Washington Square, ou mesmo se estão a dois ou cinco quarteirões de distância.

Apesar de a escolha precisa de escala ser diferente entre indivíduos, ninguém usa um mapa completo dos Estados Unidos para encontrar um restaurante. Seria impossível exibir os detalhes necessários numa tela de computador usando uma escala tão maior. Por outro lado, você não precisa dos detalhes da planta baixa do restaurante apenas para saber onde ele fica. Para qualquer questão, é preciso escolher a escala relevante. (Veja a figura 3 para ter outro exemplo.)

De maneira similar, em física fazemos categorizações por tamanho para que possamos nos concentrar nas questões de interesse. O tampo de nossa mesa pode parecer sólido — e para muitos propósitos podemos tratá-lo como tal —, mas na realidade é feito de átomos e moléculas que, em conjunto, agem como uma superfície dura e impenetrável que encontramos em escalas que viven-

TORRE EIFFEL
Escala muito pequena Escala relevante Escala grande demais

Figura 3. Diferentes informações se tornam mais óbvias quando vistas em diferentes escalas.

ciamos em nosso dia a dia. Esses átomos não são sequer indivisíveis. Eles são compostos de núcleos e elétrons. E os núcleos são feitos de prótons e nêutrons, que, por sua vez, são estados agrupados de objetos mais fundamentais chamados quarks. Ainda assim, não precisamos saber sobre quarks para entender as propriedades de átomos e elementos (o campo da ciência conhecido como física atômica). As pessoas estudaram física atômica durante anos antes de ter qualquer pista sobre estruturas subjacentes. E quando biólogos estudam uma célula, eles também não precisam saber sobre quarks dentro de prótons.

Lembro-me de me sentir um pouco enganada quando meu professor de ensino médio, após dedicar meses às leis de Newton, disse à classe que essas leis estavam erradas. Mas meu professor não estava exatamente certo em sua afirmação. As leis de movimento de Newton funcionam dentro das distâncias e velocidades que eram observáveis em seu tempo. Newton pensava sobre leis físicas válidas, dada a precisão com que ele (ou qualquer um de seu tempo) podia fazer medições. Ele não precisava dos detalhes da relatividade geral para fazer previsões bem-sucedidas acerca daquilo que podia ser medido na época. Nem nós precisamos, quando fazemos o tipo de previsão relacionado a corpos grandes e velocidades e densidades relativamente baixas dentro das quais as leis de Newton são aplicáveis. Quando físicos ou engenheiros estudam órbitas planetárias hoje, eles também não precisam saber a composição detalhada do Sol. As leis que regem o comportamento dos quarks tampouco afetam de maneira perceptível as previsões sobre os corpos celestes.

Entender os componentes mais básicos quase nunca é a maneira mais eficiente de entender as interações em grandes escalas, nas quais pequenas estruturas têm papel diminuto. Teríamos dificuldade em fazer progressos em física atômica ao estudar os quarks, que são ainda menores. E só quando precisamos saber propriedades mais detalhadas dos núcleos é que a subestrutura dos quarks se torna relevante. Na ausência de precisão intangível, podemos fazer química e biologia molecular com segurança ao ignorar a subestrutura de um núcleo. Não importa o que aconteça na escala da gravidade quântica, ela não mudará os movimentos de dança de Elizabeth Streb. A coreografia só depende de leis da física clássica.

Todo mundo, incluindo os físicos, se contenta em usar uma descrição simples quando os detalhes estão além de nossa resolução. A física formaliza essa intuição e organiza categorias em termos da distância ou da energia relevantes. Para qualquer problema dado, usamos aquilo que chamamos de uma *teoria efetiva*. A teoria efetiva se concentra em partículas e forças que têm "efeitos" nas distâncias em questão. Em vez de delinear partículas e interações em termos de parâmetros imensuráveis para descrever um comportamento mais fundamental, formulamos nossas teorias, equações e observações em termos de coisas que são de fato relevantes às escalas que podemos detectar.

A teoria efetiva que aplicamos em grandes distâncias não entra em detalhes sobre a teoria física que se aplica a escalas de distância menor. Ela lida apenas com coisas que você espera poder medir ou ver. Se algo está além da resolução das escalas com as quais se está trabalhando, você não precisa de sua estrutura detalhada. Essa prática não se configura como fraude científica. Trata-se de uma maneira de eliminar o acúmulo de informações supérfluas. É uma forma "efetiva" de obter respostas precisas de modo eficiente e acompanhar aquilo que está em seu sistema.

A razão pela qual teorias efetivas funcionam é que é seguro ignorar o desconhecido, desde que ele não cause diferenças mensuráveis. Se o único fenômeno desconhecido ocorre em escalas, distâncias ou resoluções em que a influência ainda é indiscernível, não precisamos saber sobre elas para fazer previsões bem-sucedidas. Fenômenos além de nosso alcance técnico atual, por definição, não terão quaisquer consequências mensuráveis a não ser aquelas que já foram levadas em conta.

É por isso que, mesmo sem conhecerem fenômenos tão substanciais quanto a existência de leis relativísticas de movimento, ou uma descrição de mecânica quântica de sistemas atômicos e subatômicos, as pessoas ainda são capazes de fazer previsões precisas. Isso é bom, já que não somos capazes de pensar sobre tudo de uma vez. Jamais chegaríamos a algum lugar se não pudéssemos suprimir detalhes irrelevantes. Quando nos concentramos em questões que podemos testar por meios experimentais, nossa resolução finita torna esse aglomerado de informações em todas as escalas algo não essencial.

Coisas "impossíveis" podem acontecer — mas apenas em ambientes que ainda não observamos. Suas consequências são irrelevantes nas escalas que conhecemos — ou pelo menos nas escalas que exploramos até agora. Aquilo que está acontecendo nessas distâncias pequenas permanece oculto até ferramentas com maior resolução serem desenvolvidas para observação direta ou até medições precisas o suficiente diferenciarem e identificarem a teoria subjacente por meio dos minúsculos aspectos distintivos que ela fornece em distâncias maiores.

Os cientistas podem legitimamente ignorar qualquer coisa pequena demais para ser observada quando fazem previsões. Não apenas é impossível distinguir as consequências de objetos pequenos demais e seus processos, mas também os efeitos físicos dos processos nessas escalas só são de interesse quando determinam parâmetros fisicamente mensuráveis. Os físicos, portanto, caracterizam os objetos e propriedades em escalas mensuráveis numa teoria efetiva e os usam para fazer ciência relevante às escalas à mão. Quando você de fato sabe os detalhes de pequenas distâncias, ou a microestrutura de uma teoria, pode derivar quantidades na descrição efetiva a partir de uma estrutura fundamental mais detalhada. De outra maneira, essas quantidades são apenas aspectos desconhecidos para serem experimentalmente determinados. As quantidades observáveis em maior escala na teoria efetiva não estão dando a descrição fundamental, mas são um modo conveniente de organizar observações e previsões.

Uma descrição efetiva pode resumir as consequências de qualquer teoria de distâncias menores que reproduza observações de grande escala mas cujos efeitos diretos sejam pequenos demais para ver. Isso nos dá a vantagem de estudar e avaliar processos usando menos parâmetros do que precisaríamos se levássemos em conta cada detalhe. Esse conjunto menor é plenamente suficiente para caracterizar os processos que nos interessam. Além disso, o conjunto de parâmetros que usamos é *universal* — eles são os mesmos quaisquer que sejam os processos físicos subjacentes mais detalhados. Para saber seus valores, temos apenas de medi-los em um dos muitos processos aos quais eles se aplicam.

Ao longo de uma vasta gama de comprimentos e energias, uma única teoria é aplicável. Após seus poucos parâmetros terem sido determinados por medições, tudo o que for apropriado a essa faixa de escalas pode ser calculado. Isso fornece uma série de elementos e regras que podem explicar um grande número de observações. Em cada época, a teoria que acreditamos ser a fundamental deve ser uma teoria efetiva — uma vez que nunca temos uma resolução infinitamente precisa. Ainda assim, confiamos na teoria efetiva porque ela consegue prever muitos fenômenos aplicáveis ao longo de uma vasta faixa de escalas de energia e comprimento.

Teorias efetivas em física não apenas mantêm um registro das informações de curtas distâncias como também podem resumir efeitos de grandes distâncias cujas consequências podem ser minúsculas demais para observar. Por exemplo, o universo em que vivemos é ligeiramente curvo — de uma maneira que Einstein nos ensinou que seria possível quando desenvolveu sua teoria da gravidade. Essa curvatura se aplica a escalas maiores envolvendo a estrutura de grande escala do espaço. Contudo, podemos compreender de forma sistemática por que os efeitos de tal curvatura são pequenos demais para importar à maioria das observações e dos experimentos que realizamos localmente, em escalas muito menores. Só quando incluímos a gravidade em nossa descrição da física de partículas é que precisamos considerar esses efeitos — que são pequenos demais para ter importância em muito do que vou descrever. Nesse caso, também, a teoria efetiva apropriada nos diz como resumir os efeitos da gravidade em alguns poucos parâmetros desconhecidos que devem ser determinados em termos experimentais.

Um dos aspectos mais importantes de uma teoria efetiva é que, enquanto descreve o que podemos ver, ela também categoriza aquilo que está faltando, seja em pequena ou grande escala. Com qualquer teoria efetiva, podemos determinar quão grande é o efeito que a dinâmica subjacente desconhecida (ou conhecida) pode ter sobre uma medição em particular. Mesmo antes de novas descobertas em diferentes escalas, podemos determinar em termos matemáticos o tamanho máximo da influência que qualquer nova estrutura possa ter sobre a teoria efetiva na escala com a qual estamos trabalhando. Como exploraremos adiante no capítulo 12, só quando a física subjacente é descoberta é que alguém entende por completo as limitações da teoria efetiva.

Um exemplo familiar de uma teoria efetiva pode ser a termodinâmica, que diz como geladeiras ou motores funcionam e foi desenvolvida muito antes da teoria atômica ou quântica. O estado termodinâmico de um sistema é bem caracterizado por sua pressão, sua temperatura e seu volume. Apesar de sabermos que fundamentalmente o sistema consiste em um gás de átomos e moléculas — de estrutura muito mais detalhada do que as três quantidades citadas podem descrever —, para muitos propósitos podemos nos concentrar nessas três quantidades ao caracterizar o comportamento prontamente observável do sistema.

Temperatura, pressão e volume são quantidades reais que podem ser medidas. A teoria por trás das relações entre eles é plenamente desenvolvida e pode ser usada para fazer previsões bem-sucedidas. A teoria efetiva do gás não faz menção à estrutura molecular subjacente. (Veja a figura 4.) O comportamento desses elementos subjacentes determina a temperatura e a pressão, mas os

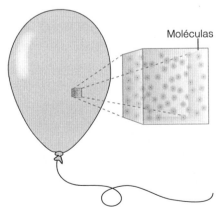

Figura 4. Pressão e temperatura podem ser compreendidas num nível mais fundamental em termos das propriedades físicas de moléculas individuais.

cientistas se contentaram em usar essas três quantidades para fazer cálculos mesmo depois de átomos e moléculas serem descobertos.

Uma vez que a teoria fundamental é compreendida, podemos relacionar temperatura e pressão às propriedades dos átomos subjacentes e entender também quando a descrição termodinâmica deve falhar. Mas ainda podemos usar a termodinâmica para uma grande variedade de previsões. Na verdade, muitos fenômenos só são compreensíveis de um ponto de vista termodinâmico, uma vez que precisaríamos de um poder de processamento e memória computacional muito grande, bem além daquele que existe, para acompanhar as trajetórias de todos os átomos individuais. A teoria efetiva é a única maneira de entender hoje alguns fenômenos físicos importantes que são pertinentes à *matéria condensada* sólida e líquida.

Esse exemplo nos ensina outro aspecto crítico de teorias efetivas. Às vezes usamos a palavra "fundamental" como um termo relativo. Na perspectiva da termodinâmica, a descrição molecular e atômica é fundamental. Mas, a partir de uma descrição da física de partículas que detalha os quarks e elétrons dentro de átomos, o átomo é um *composto* — algo feito de elementos menores. Seu uso, da perspectiva da física de partículas, é uma teoria efetiva.

A descrição científica de uma progressão limpa como essa, que vai do bem compreendido a regimes na fronteira do conhecimento, se aplica melhor a áreas como a física e a cosmologia, em que temos um entendimento claro das unidades funcionais e sua relação. Teorias efetivas não necessariamente funcionam em áreas mais novas, como a biologia de sistemas, nas quais as relações entre atividades no nível molecular e em níveis mais macroscópicos, bem como os mecanismos de retroalimentação, ainda precisam ser compreendidas em sua totalidade.

De um jeito ou de outro, a ideia de teoria efetiva se aplica a uma vasta gama de conceitos científicos. As equações matemáticas que governam a evolução de espécies não vão mudar em reação a novos resultados da física. Discuti isso com o biomatemático Martin Nowak ao responder a uma de suas questões. Ele e seus colegas podem caracterizar os parâmetros independentemente de qualquer descrição mais fundamental. Eles podem por fim recorrer a quantidades mais básicas — físicas ou não —, mas isso não muda as equações que os biomatemáticos usam para representar a evolução do comportamento de populações ao longo do tempo.

Para os físicos de partículas, as teorias efetivas são essenciais. Isolamos sistemas simples em diferentes escalas e os relacionamos uns aos outros. Na verdade, a própria invisibilidade da estrutura subjacente, que nos permite enfocar escalas observáveis e ignorar efeitos mais fundamentais, mantém interações subjacentes tão bem escondidas que apenas com enormes recursos e tremendo esforço podemos desentocá-las. A pequenez dos efeitos de teorias mais fundamentais sobre escalas observáveis é a razão pela qual a física de hoje é tão desafiadora. Precisamos explorar escalas menores de maneira direta ou fazer medições com cada vez mais precisão se quisermos perceber os efeitos da natureza mais fundamental da matéria e de suas interações. Só com tecnologia avançada podemos acessar escalas muito pequenas ou extremamente vastas. É por isso que precisamos conduzir experimentos elaborados — como aqueles no Grande Colisor de Hádrons — para fazer avanços hoje.

FÓTONS E LUZ

A história das teorias sobre a luz é um ótimo exemplo do modo como as teorias efetivas são usadas à medida que a ciência evolui, com algumas ideias sendo descartadas enquanto outras são mantidas como aproximações adequadas em seus domínios especificados. Desde o tempo dos gregos antigos, as pessoas estudam a luz usando a óptica geométrica. Trata-se de um dos tópicos nos quais qualquer aspirante à pós-graduação em física é testado durante o GRE, exame que é um pré-requisito aos candidatos. Essa teoria pressupõe que a luz se desloca em raios ou linhas, explicando como esses raios se comportam quando atravessam diferentes meios, e também como são usados e detectados por instrumentos.

O estranho é que virtualmente ninguém — pelo menos ninguém em Harvard, onde estudei e hoje leciono — estuda hoje a óptica clássica e geométrica. Talvez um pouco da óptica geométrica seja ensinado no ensino médio, mas decerto não é grande parte do currículo.

A óptica geométrica é um tópico fora de moda. Teve seu momento de glória muitos séculos atrás com o famoso *Opticks*, de Newton, e durou até o século XIX, quando Sir William Rowan Hamilton, notável matemático e físico irlandês do século XIX, fez aquela que talvez tenha sido a primeira previsão matemática real de um novo fenômeno.

A teoria clássica de óptica ainda se aplica a áreas como fotografia, medicina, engenharia e astronomia, e é usada para desenvolver novos espelhos, telescópios e microscópios. Cientistas de óptica clássica dão conta de diferentes exemplos de vários fenômenos físicos. Entretanto, eles estão apenas aplicando a óptica — e não descobrindo novas leis.

Em 2009, tive a honra de ser convidada a dar a palestra Hamilton na Universidade de Dublin — uma palestra que muitos de meus mais respeitados colegas tinham proferido antes de mim. Ela foi batizada em homenagem a Sir William Rowan Hamilton, e confesso que o nome de Hamilton é tão onipresente na física que, tolamente, não o liguei de início a uma pessoa real, que de fato era irlandesa. Mas eu estava fascinada por muitas áreas da matemática e da física que Hamilton tinha revolucionado, entre elas a óptica geométrica.

A comemoração do Dia de Hamilton é mesmo incrível. As atividades da data incluem uma passeata até o canal Real em Dublin, onde todos param na ponte Broom para ver o membro mais jovem do grupo reescrever as mesmas equações que Hamilton, na empolgação da descoberta, gravou na borda da ponte muitos anos atrás. Visitei o College Observatory de Dunsink, onde o físico viveu, e pude ver as polias e a estrutura de madeira de um telescópio de dois séculos. Hamilton chegou lá após sua graduação no Trinity College em 1827, quando se tornou chefe de astronomia e astrônomo real da Irlanda. Uma piada local conta que, apesar de seu talento matemático prodigioso, na verdade ele não tinha conhecimento ou interesse em astronomia, e que, a despeito de seus muitos avanços teóricos, ele pode ter atrasado a astronomia observacional na Irlanda em cinquenta anos.

O Dia de Hamilton, contudo, presta homenagem às muitas realizações desse grande teórico. Elas incluem avanços em óptica e dinâmica, a invenção da teoria matemática dos *quatérnios* (uma generalização dos números complexos), bem como demonstrações definitivas do poder preditivo da matemática e da ciência. O desenvolvimento dos quatérnios não foi pouca coisa. Eles são importantes para o cálculo de vetores, que embasam a maneira como estudamos matematicamente todos os problemas tridimensionais. Eles também são usados agora em computação gráfica e, portanto, na indústria do entretenimento e nos video games. Qualquer um com um PlayStation ou um Xbox deveria agradecer a Hamilton pela diversão proporcionada.

Entre suas numerosas e substanciais contribuições, Hamilton fez avançar o campo da óptica. Em 1832, ele mostrou que a luz incidindo a um certo ângulo sobre um cristal com dois eixos independentes seria refratada para formar um cone oco de raios emergentes. Fez, então, previsões sobre refrações cônicas de luz *interna* e *externa* em um cristal. Num tremendo — e talvez inédito —

triunfo da ciência matemática, essa previsão foi verificada por seu colega e amigo Humphrey Lloyd. Confirmar a previsão matemática de um fenômeno jamais observado era algo e tanto, e Hamilton foi sagrado cavaleiro por sua realização.

Quando visitei Dublin, os locais descreveram com orgulho esse avanço matemático — realizado puramente com a óptica geométrica. Galileu foi pioneiro de experimentos e da ciência observacional, e Francis Bacon foi um defensor inicial da *ciência indutiva* — que prevê o que vai acontecer com base naquilo que já ocorreu. Mas, no que se refere a usar a matemática para descrever um fenômeno jamais visto, é provável que a previsão de Hamilton sobre a refração cônica tenha sido a primeira. Por essa razão, no mínimo, sua contribuição para a história da ciência não pode ser ignorada.

Apesar da importância da descoberta de Hamilton, porém, a óptica geométrica clássica já não é mais um tema de pesquisa. Todos os fenômenos importantes já foram elucidados há muito tempo. Logo após a época de Hamilton, na década de 1860, o cientista escocês James Clerk Maxwell, com seus colaboradores, desenvolveu uma descrição eletromagnética da luz. A óptica geométrica, apesar de ser claramente uma aproximação, não deixa de ser ainda uma boa descrição para uma onda com comprimento curto o suficiente para que efeitos de interferência sejam irrelevantes, e para que a luz seja tratada como um raio linear. Em outras palavras, a óptica geométrica ainda é uma teoria efetiva, válida dentro de um sistema limitado.

Isso não significa que preservamos todas as ideias já desenvolvidas. Às vezes ideias se revelam apenas erradas. A descrição inicial da luz feita por Euclides, ressuscitada no mundo islâmico no século IX por Al-Kindi, que tratava a luz como algo emitido por nossos olhos, é um exemplo disso. Apesar de outros, como o matemático persa Ibn Sahl, terem usado essa falsa premissa para descrever de maneira correta fenômenos como a refração, a teoria de Euclides e Al-Kindi — que precede a ciência e os métodos científicos modernos — estava incorreta. Ela não foi absorvida por teorias futuras. Foi simplesmente abandonada.

Newton não antecipou um aspecto diferente da teoria da luz. Ele desenvolveu uma teoria "corpuscular" que era inconsistente com a teoria da luz como onda desenvolvida por seu rival Robert Hooke em 1664 e por Christian Huygens em 1690. O debate entre eles durou um longo tempo. No século XIX, Thomas Young e Augustin-Jean Fresnel mediram a interferência da luz, provando numa verificação clara que a luz tinha propriedades de uma onda.

Avanços posteriores em teoria quântica demonstraram que Newton também estava correto, em certo sentido. A mecânica quântica agora nos diz que a luz é de fato composta de partículas individuais, chamadas *fótons*, responsáveis por comunicar a força eletromagnética. Mas a teoria moderna de fótons é baseada em quanta de luz, as partículas individuais das quais a luz é feita, que têm uma propriedade notável. Mesmo uma partícula individual de luz, um fóton, age como uma onda. Essa onda determina a probabilidade de um único fóton ser encontrado em qualquer região do espaço. (Veja a figura 5.)

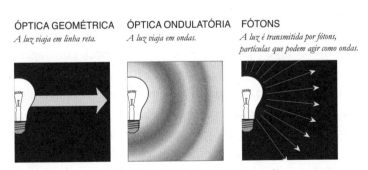

Figura 5. A óptica geométrica e as ondas foram precursoras de nossa compreensão mais moderna da luz e ainda são aplicáveis sob condições apropriadas.

A teoria corpuscular de Newton reproduz resultados da óptica. Ainda assim, os corpúsculos de Newton, que não têm nenhuma natureza de onda, não são o mesmo que os fótons. Até onde sabemos agora, a teoria de fótons é a descrição mais básica e correta da luz, que consiste em partículas que também podem acomodar uma descrição em onda. A mecânica quântica f .nece a descrição hoje mais fundamental sobre o que é a luz e sobre como ela se comporta. Ela está fundamentalmente correta e sobrevive.

A mecânica quântica agora é uma área muito mais de fronteira do que a óptica. Se as pessoas ainda consideram que a óptica pode produzir ciência nova, elas estão pensando sobretudo em novos efeitos possíveis apenas com a mecânica quântica. A ciência moderna, apesar de não mais fazer avançar a ciência da óptica clássica, abrange o campo da óptica quântica, que estuda as propriedades de mecânica quântica da luz. Os lasers são explicados pela mecânica quântica, assim como os detectores de luz tipo fotomultiplicadores e as células fotovoltaicas que convertem luz solar em eletricidade.

A física de partículas moderna também engloba a teoria da eletrodinâmica quântica (*quantum electrodynamics*, QED), de Richard Feynman e outros, que inclui não apenas a mecânica quântica, mas também a relatividade especial. Com a QED, estudamos partículas individuais tais como fótons — partículas de luz —, além de elétrons e outras partículas que possuem carga elétrica. Podemos compreender de que forma tais partículas interagem e a taxa com que podem ser criadas e destruídas. A QED é uma das teorias com amplo uso em física de partículas. Ela também faz as previsões mais precisamente verificadas de toda a ciência. Está a uma grande distância da óptica quântica, mas ainda assim ambas são verdadeiras em seus domínios de validade apropriados.

Todas as áreas da física revelam a ideia de teoria efetiva em funcionamento. A ciência evolui quando velhas ideias são incorporadas por teorias mais fundamentais. As ideias velhas ainda valem e podem ter aplicações práticas. Mas elas não são domínio da ciência de ponta. Apesar de o fim deste capítulo ter se concentrado em um exemplo particular, a interpretação física da luz ao longo dos séculos, toda a física se desenvolveu dessa mesma maneira. A ciência procede com incerteza nos limites, mas está avançando metodicamente como um todo. Teorias efetivas em dada escala ignoram com legitimidade os efeitos que provaram não fazer diferença para qualquer medição em particular. A sabedoria e os métodos que adquirimos no passado sobrevivem. Mas as teorias evoluem à medida que entendemos melhor uma faixa maior de distâncias e energias. Os avanços nos permitem vislumbrar novas ideias sobre aquilo que explica fundamentalmente os fenômenos que vemos.

Entender essa progressão nos ajuda a interpretar melhor a natureza da ciência e apreciar algumas das maiores questões que os físicos (e outros) levantam hoje. No próximo capítulo, veremos que, em muitos aspectos, a metodologia do presente começou no século XVII.

2. Destrancando segredos

Os métodos que cientistas usam hoje são a última encarnação de uma longa história de medições e observações ao longo do tempo para verificar e — com igual importância — descartar ideias científicas. A necessidade de ir além de nossa apreensão intuitiva do mundo para avançar em nossa compreensão se reflete em nossa própria língua. A raiz de idiomas românicos para o verbo "pensar" — *pensum* — vem do verbo latino "pesar". Falantes de inglês também falam em "pesar" ideias.

Muitas das ideias formadoras que conduziram a ciência à sua expressão moderna foram desenvolvidas na Itália no século XVII, do qual Galileu foi um personagem-chave. Foi ele um dos primeiros a desenvolver e apreciar plenamente as *medições indiretas* — aquelas feitas com um dispositivo intermediário — e também a projetar e usar experimentos como meio de estabelecer a verdade científica. Além disso, ele concebeu experimentos mentais abstratos que o ajudaram a criar e a formular suas ideias de modo consistente.

Quando visitei Pádua na primavera de 2009, descobri muitas ideias inspiradas de Galileu que mudaram a ciência de maneira fundamental. Um dos motivos de minha visita era um congresso de física que Fabio Zwirner, professor de física, tinha organizado. O outro era receber a cidadania honorária da cidade. Adorei juntar-me a meus colegas físicos participantes tanto quanto ao estimado grupo de colegas "cidadãos", entre os quais os físicos Steven Weinberg, Stephen Hawking e Ed Witten. E, como bônus, tive a chance de aprender um pouco de história da ciência.

A viagem aconteceu num ano auspicioso, já que 2009 marcava o quadrigentésimo aniversário das primeiras observações celestes de Galileu. Os cidadãos de Pádua estavam particularmente atentos à data, pois ele lecionava na universidade local na época de sua pesquisa mais importante. Para comemorar suas famosas observações, Pádua (bem como Pisa, Florença e Veneza — outras cidades que tiveram papel proeminente na vida científica de Galileu) tinha organizado exposições e cerimônias em sua homenagem. Os eventos de física ocorreram num auditório no Centro Culturale Altinate (ou San Gaetano), o mesmo prédio que abrigou a fascinante exposição que comemorava as muitas realizações concretas de Galileu, destacando seu papel transformador de definir o significado atual da ciência.

A maioria das pessoas que encontrei apreciava as realizações de Galileu e transmitia seu entusiasmo por avanços científicos modernos. O interesse e o conhecimento do prefeito de Pádua, Flavio Zanonato, impressionaram mesmo os físicos locais. Ele não apenas se envolveu em conversas científicas num jantar após a palestra pública que proferi, mas, durante a palestra em si, surpreendeu a audiência com uma questão astuta sobre o fluxo de carga no LHC.

Como parte da cerimônia de cidadania, o prefeito me deu a chave da cidade. A chave era fantástica — fazia jus a meu imaginário cinematográfico de como tal coisa seria. Grande, prateada e finamente esculpida, instigou um de meus colegas a perguntar se ela tinha saído de uma história de Harry Potter. Era uma chave cerimonial — na verdade, não servia para abrir nada. Ainda assim, era um belo símbolo de entrada para uma cidade — e também, na minha imaginação, para um rico e detalhado portal do conhecimento.

Além da chave, Massimilla Baldo-Ceolin, professora da Universidade de Pádua, concedeu-me uma medalha veneziana comemorativa, conhecida como *osella*. Nela fora gravada uma frase de Galileu que também está exposta no departamento de física da universidade: "*Io stimo più il trovar un vero, benché di cosa leggiera, che 'l disputar lungamente delle massime questioni senza conseguir verità nissuna*". Isso se traduz como "Mais estimo encontrar uma verdade sobre qualquer assunto leve do que entrar numa disputa longa sobre as máximas questões sem atingir verdade nenhuma".

Compartilhei essas palavras com muitos colegas na conferência, uma vez que esse ainda é um princípio que nos guia. Avanços criativos com frequência se originam de problemas tratáveis — um ponto ao qual retornarei mais adiante. Nem todas as questões às quais respondemos têm implicações radicais imediatas. Ainda assim, mesmo avanços que parecem incrementais vez ou outra levam a grandes mudanças em nossa compreensão.

Este capítulo descreve como as observações atuais apresentadas ao longo do livro estão enraizadas em acontecimentos que ocorreram no século XVII e como os avanços fundamentais feitos naquela época criaram a definição que empregamos até hoje para a natureza da teoria e de experimentos. As grandes perguntas são, de certa forma, as mesmas que cientistas têm feito nos últimos quatrocentos anos, mas as pequenas perguntas que nos fazemos agora evoluíram de forma tremenda, em razão de avanços tecnológicos e teóricos.

A CONTRIBUIÇÃO DE GALILEU PARA A CIÊNCIA

Os cientistas batem à porta do céu na tentativa de cruzar o limiar que separa o conhecido do desconhecido. A cada momento, começamos com um conjunto de regras e equações para prever fenômenos que hoje podemos medir. Mas estamos sempre tentando nos mover para sistemas que ainda não fomos capazes de explorar com experimentos. Com tecnologia e matemática, abordamos de maneira sistemática questões que no passado eram assunto de mera especulação ou fé. Com mais e melhores observações, e com arcabouços teóricos aperfeiçoados para abarcar novas medições, os cientistas desenvolvem uma compreensão mais abrangente do mundo.

Compreendi melhor o papel de Galileu em desenvolver essa maneira de pensar quando explorei Pádua e seus marcos históricos. A capela de Scrovegni é um dos locais mais famosos da cidade, abrigando afrescos de Giotto datados do início do século XIV. Essas pinturas são notáveis por muitas razões, mas, para os cientistas, a imagem extremamente realista da passagem do cometa Halley em 1301 (no alto da *Adoração dos magos*) é maravilhosa. (Veja figura 6.) O cometa era sem dúvida visível a olho nu quando a pintura foi feita.

Mas essas imagens não eram científicas ainda. Minha guia turística apontou uma imagem celeste do Palazzo della Ragione, que lhe haviam dito ser a Via Láctea. Ela indicou, porém, que um guia mais especializado depois lhe explicara a razão anacrônica da interpretação. Na época em que a pintura fora feita, as pessoas apenas ilustravam aquilo que viam. Pode ter sido um céu estrelado, mas não era nada tão bem definido como nossa galáxia. A ciência, conforme a entendemos hoje, ainda estava por vir.

Antes de Galileu, a ciência apoiava-se em observações não mediadas e pensamento puro. A ciência aristotélica era o modelo com o qual as pessoas tentavam entender o mundo. A matemática

Figura 6. Giotto pintou a cena acima, que aparece na capela de Scrovegni, no começo do século XIV, quando o cometa Halley estava visível a olho nu. (© Superstock Fineart/ Other Images)

poderia ser usada para fazer deduções, mas as premissas subjacentes eram extraídas da fé ou elaboradas de acordo com observações diretas.

Galileu se recusou explicitamente a basear sua pesquisa em um *mondo di carta* (mundo de papel) — ele queria ler e estudar o *libro della natura* (livro da natureza). Ao atingir essa meta, ele mudou a metodologia de observação e, além disso, reconheceu o poder dos experimentos. Entendeu como construir e usar essas situações artificiais para fazer deduções sobre a natureza da lei física. Com experimentos, Galileu testava hipóteses sobre as leis da natureza que ele poderia comprovar — ou refutar, algo de igual importância.

Alguns de seus experimentos envolviam planos inclinados: as superfícies planas que figuram de modo tão proeminente — e causam um pouco de aborrecimento — em manuais introdutórios de física. Para Galileu, os planos inclinados não eram apenas um problema inventado para aulas, o que às vezes parecem ser aos estudantes de introdução à física. Eram uma maneira de estudar a velocidade de corpos em queda, alongando a descida de objetos na horizontal e ajudando a tirar medidas mais cuidadosas de como eles "caíam". Ele media o tempo com um cronômetro de água, mas, astutamente, também tinha instalado sinos em pontos específicos. Assim, podia usar seu ouvido musical acurado para estabelecer a velocidade das bolas rolando para baixo, como mostra a figura 7. Com esse e outros experimentos de movimento e gravidade, Galileu, junto com Johannes Kepler e René Descartes, lançou as fundações para as famosas leis da mecânica clássica desenvolvidas por Newton.

A ciência de Galileu também foi além daquilo que ele podia observar. Ele elaborou experimentos mentais — abstrações baseadas naquilo que ele de fato via — para fazer previsões que se aplicariam a experimentos que ninguém na época poderia realizar. Talvez sua mais famosa previsão seja a de que os objetos — na ausência de resistência — caem todos com a mesma aceleração. Mesmo sem poder simular a situação idealizada, ele previu o que ocorreria. Galileu entendia o papel da gravidade nos objetos caindo em direção à Terra, mas também sabia que a resistência do ar os desacelerava. A boa ciência envolve compreensão de todos os fatores que podem entrar em uma medição. Experimentos mentais e experimentos físicos de verdade ajudaram-no a entender melhor a natureza da gravidade.

Numa coincidência histórica interessante, Newton, um dos grandes físicos a dar continuidade a essa tradição, nasceu no ano da morte de Galileu. (Stephen Hawking expressou alegria numa palestra ao dizer que seu nascimento ocorrera precisamente três séculos depois.) A tradição de projetar experimentos mentais ou físicos, interpretá-los e entender suas limitações perdura até hoje entre os cientistas, quaisquer que sejam seus anos de nascimento.

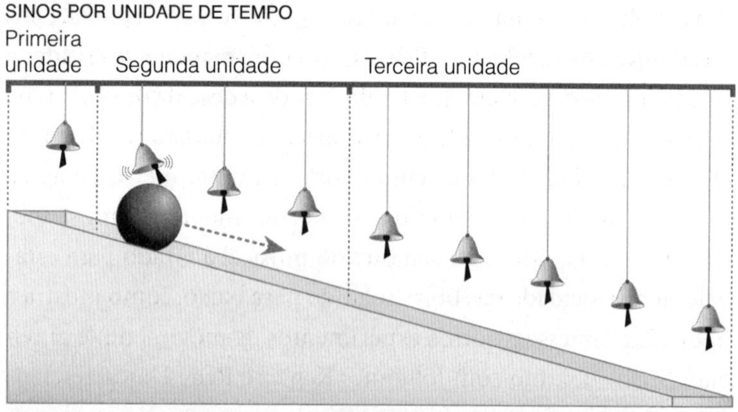

SINOS POR UNIDADE DE TEMPO
Primeira
unidade   Segunda unidade   Terceira unidade

Figura 7. Galileu mediu quão rápido uma bola descia em um plano inclinado usando sinos para registrar sua passagem.

Os experimentos hoje são mais sutis e contam com tecnologia muito mais avançada, mas a ideia de criar um aparato para confirmar ou descartar previsões a partir de hipóteses é aquilo que continua a definir a ciência e seus métodos nas pesquisas atuais.

Somando-se aos experimentos — as situações artificiais que Galileu criava para testar hipóteses —, uma contribuição sua que mudou o jogo na ciência foram a compreensão e a aposta no potencial da tecnologia para fazer avançar as observações do universo tal qual ele se apresenta. Com experimentos, ele pôde ir além do intelecto e da razão pura. E com novos dispositivos, foi além das observações não filtradas.

Muito da ciência inicial dependia de observações diretas não intermediadas. As pessoas tocavam ou viam objetos com seus próprios sentidos, não por um dispositivo mediador que alterasse imagens de alguma forma. Tycho Brahe, que entre outras coisas descobriu uma supernova e mediu com acurácia as órbitas dos planetas, fez as últimas observações astronômicas famosas antes de Galileu entrar em cena. Tycho usava instrumentos de medição precisos, como grandes quadrantes, sextantes e esferas armilares.

Ele projetou instrumentos com uma precisão sem precedentes, e pagou por sua construção, tornando possível fazer medições que eram acuradas o bastante para permitir a Kepler deduzir as órbitas elípticas. Ainda assim, todas as medições feitas por Tycho Brahe se baseavam em observações feitas a olho nu, sem lentes ou qualquer outro dispositivo intermediário.

Galileu tinha um olhar artístico treinado e um ouvido musical perspicaz — era, afinal, filho de um teórico musical e alaudista —, mas, o que é notável, soube reconhecer que as observações mediadas pela tecnologia poderiam aprimorar suas já formidáveis faculdades. Ele tinha confiança de que as medições indiretas feitas com ferramentas observacionais, tanto nas escalas grandes quanto nas pequenas, poderiam ir muito além daquelas feitas apenas com suas faculdades, sem ajuda.

A mais conhecida aplicação de tecnologia feita por Galileu foi o uso de telescópios para explorar as estrelas. Seu uso desse instrumento mudou a maneira como fazemos ciência, a maneira como pensamos sobre o universo e a maneira como vemos a nós mesmos. Galileu não inventou o telescópio. Ele havia sido inventado na Holanda em 1608 por Hans Lippershey, que o usava para espionar outras pessoas. Galileu foi um dos primeiros a se dar conta de que o dispositivo era uma ferramenta poderosa para observações do cosmo. Ele aprimorou a luneta inventada na Holanda desenvolvendo um telescópio capaz de multiplicar imagens por um fator de vinte. Um ano após ter sido presenteado com um brinquedo de Carnaval, ele o tornara um instrumento científico.

As observações de Galileu com dispositivos intermediários foram uma ruptura radical com os modos anteriores de medição, e isso representou um grande avanço, essencial para toda a ciência moderna. De início as pessoas ficaram desconfiadas de tais observações indiretas. Mesmo hoje, há quem se mostre cético em relação à realidade das observações feitas com grandes colisores de prótons, aos dados de computadores em satélites ou ao registro de telescópios. Mas os dados digitais catalogados por esses dispositivos são tão reais quanto qualquer coisa que possamos observar diretamente — e, em muitos aspectos, são até mais precisos. Afinal de contas, nossa audição vem de oscilações do ar vibrando nossos tímpanos, e nossa visão vem de ondas eletromagnéticas que incidem nas retinas e são processadas pelo cérebro. Isso significa que também somos um tipo de tecnologia — uma tecnologia que não é muito confiável para isso, conforme qualquer um que já tenha experimentado uma ilusão de óptica pode atestar. (Veja a figura 8 para um exemplo.) A beleza das medições científicas é que podemos, sem ambiguidade, deduzir aspectos da realidade física, entre eles a natureza das partículas elementares e suas propriedades, a partir de experimentos como aqueles que físicos conduzem hoje com grandes e precisos detectores.

Apesar de, instintivamente, observações feitas sem auxílio, apenas com nossos olhos, parecerem mais confiáveis e abstrações gerarem desconfiança, a ciência nos ensina a transcender essa inclinação por demais humana. As medições que fazemos com instru-

Figura 8. Nossos olhos nem sempre são o mecanismo mais confiável para verificar a realidade externa. Aqui há dois tabuleiros de xadrez iguais, mas os pontos naquele à direita fazem os quadrados parecerem muito diferentes.

mentos que projetamos são mais confiáveis do que as feitas a olho nu, e podem ser aprimoradas e confirmadas por meio de repetição.

Em 1611, a Igreja aceitou a proposição radical de que medições indiretas são válidas. Como conta Tom Levenson em seu livro *Measure for Measure* [Medida por medida],[1] as autoridades científicas estabelecidas da Igreja tiveram de decidir se observações por telescópio eram confiáveis. O cardeal Robert Bellarmine pressionou acadêmicos eclesiásticos a decidir a questão e, em 24 de março de 1611, os quatro matemáticos-chefes da Igreja concluíram que as descobertas de Galileu eram válidas: o telescópio tinha de fato produzido observações precisas e confiáveis.

Outro medalhão comemorativo de latão que os paduanos compartilharam comigo representava a natureza essencial da realização de Galileu. Em um lado está a figura de apresentação do telescópio à *Signoria* da República de Veneza e ao doge, Leonardo Dona. O outro lado tem uma inscrição notando que o ato "marca o verdadeiro nascimento do telescópio astronômico moderno" e inicia "uma revolução na percepção humana do mundo além do planeta Terra", "um momento histórico que cruza as fronteiras da astronomia, fazendo (deste) um dos pontos iniciais da ciência moderna".

As vantagens observacionais de Galileu desencadearam uma explosão de mais descobertas. Enquanto escrutinava o cosmo vezes sem conta, ele encontrou novos objetos que a olho nu estavam além do alcance. Viu estrelas que ninguém tinha visto antes, nas Plêiades e no resto do céu, espalhadas entre outras mais brilhantes. Galileu publicou suas descobertas no famoso livro *Sidereus Nuncius*, de 1610, que correu para concluir em apenas seis semanas. Ele havia feito sua pesquisa rapidamente e mandado imprimir o manuscrito, ávido por impressionar e ganhar o apoio de Cosme II de Médici, o grão-duque da Toscana — membro de uma das mais ricas famílias italianas —, antes que outra pessoa com um telescópio pudesse publicar algo.

As inspiradoras observações de Galileu provocaram uma explosão de entendimento. Ele apresentava um tipo de questão diferente: "como" em vez de "por quê". As descobertas detalhadas que eram possíveis apenas com seu telescópio naturalmente o levaram a concluir que isso irritaria o Vaticano. Observações específicas convenceram Galileu de que Copérnico estava correto. Para ele, a única visão de mundo que podia explicar de modo consistente todas as suas observações dependiam de uma cosmologia na qual o Sol, e não a Terra, seria o centro da galáxia, em torno do qual todos os planetas orbitavam.

As luas de Júpiter estavam entre as mais críticas dessas observações. Galileu podia ver as luas quando apareciam, desapareciam e se moviam de acordo com sua órbita em torno do planeta gigante. Antes dessa descoberta, a Terra estacionária parecia ser o óbvio e era a única maneira de explicar a órbita fixa da Lua. A descoberta das luas de Júpiter significou que este também carregava seus satélites, apesar de sua movimentação. Isso conferiu crédito à possibilidade de que talvez a Terra também estivesse se movendo, talvez orbitando um corpo central distinto — fenômeno que só viria a ser explicado depois, quando Newton desenvolveu sua teoria da gravidade e sua previsão de atração mútua de objetos celestes.

Galileu batizou as luas de Júpiter como "estrelas de Médici", em homenagem a Cosme II de Médici — demonstrando mais uma vez sua compreensão sobre financiamento, outro aspecto da ciência moderna. Os Médici, afinal, decidiram bancar a pesquisa de Galileu. Mais tarde, porém, quando a cidade de Florença concedeu-lhe financiamento por toda a sua vida, as luas foram rebatizadas de "satélites galileanos" em homenagem a seu descobridor.

Galileu também usou seu telescópio para observar os montes e vales da Lua. Antes de suas descobertas, acreditava-se que os céus tinham uma perfeição imutável e eram regidos por constância e regularidade absolutas. A visão aristotélica prevalente indicava que tudo que havia entre a Lua e a Terra seria imperfeito e inconstante, enquanto objetos celestes além de nosso planeta seriam supostamente esféricos e invariáveis — de essência divina. Cometas e meteoros eram considerados fenômenos atmosféricos como nuvens e ventos, e nosso termo "meteorologia" remonta a essa classificação. As observações detalhadas de Galileu implicavam que a imperfeição poderia se estender para além do domínio humano e sublunar. A Lua não era uma esfera perfeitamente lisa. Na verdade, era mais parecida com a Terra do que qualquer um ousaria supor. Com a descoberta da topografia texturizada da Lua, a dicotomia entre objetos terrestres e celestes foi posta em dúvida. A Terra já não seria mais única, e ganharia a aparência de um objeto celeste qualquer.

O historiador da arte Joseph Koerner me explicou que Galileu pôde empregar luz e sombra para identificar crateras em parte por causa de seu background artístico. Seu treinamento em perspectiva o ajudou a entender as projeções que via. Ele logo reconheceu as implicações dessas imagens, mesmo sem elas serem totalmente tridimensionais. Ele não estava interessado em mapear a Lua, mas em entender sua textura, e logo de cara entendeu aquilo que viu.

O terceiro conjunto de observações que validaram o ponto de vista de Copérnico está relacionado às fases de Vênus, ilustradas na figura 9. Essas observações são particularmente significativas em estabelecer que corpos celestes orbitavam o Sol. Não havia nada de óbvio em considerar a Terra única, e era evidente que Vênus não a circundava.

De uma perspectiva astronômica, a Terra não teria nada de especial. Os outros planetas se comportavam como o nosso, orbitando o Sol e possuindo satélites que os orbitavam. Além disso, mesmo além da Terra — esta, evidentemente, maculada pelos seres humanos — as coisas não eram todas de uma perfeição irreto-

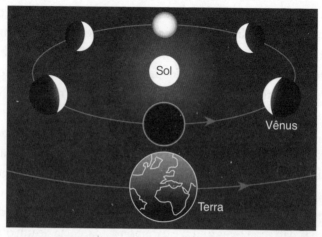

Figura 9. As observações de Galileu das fases de Vênus demonstraram que o planeta também deveria orbitar o Sol, invalidando o sistema ptolomaico.

cável. Até o Sol era coberto de manchas solares, também identificadas por Galileu.

Munido dessas observações, o astrônomo concluiu que não somos o centro do universo e que a Terra dá voltas em torno do Sol. A Terra não é o ponto focal. Galileu escreveu então essas conclusões radicais e, ao fazê-lo, desafiou a Igreja — apesar de mais tarde ele ter declarado rejeitar o copernicanismo, com o objetivo de reduzir sua punição para prisão domiciliar.

Como se suas observações e teorizações sobre o cosmo em grandes escalas não fosse suficiente, Galileu também alterou radicalmente nossa habilidade de perceber pequenas escalas. Ele reconheceu que dispositivos intermediários poderiam revelar fenômenos em pequena escala da mesma maneira que o faziam com grandes escalas, e impulsionou o conhecimento científico nas duas fronteiras. Além de suas famosas investigações astronômicas, ele apontou a tecnologia para dentro — para investigar o mundo microscópico.

Fiquei um pouco surpresa quando um jovem físico italiano, Michele Doro, que era meu guia para a exposição no San Gaetano, em Pádua, disse sem hesitação que Galileu tinha inventado o telescópio. Eu diria que, ao menos fora da Itália, o consenso é que ele foi inventado na Holanda. Cabe a cada um acreditar se foi Hans Lippershey ou Zacharias Janssen (ou seu pai). Se Galileu inventou ou não o telescópio (é quase certo que não), o fato é que ele construiu um microscópio e o usou para observar escalas pequenas. O instrumento podia ser usado para observar insetos com precisão jamais obtida. Em cartas a amigos e outros cientistas, Galileu foi o primeiro que conhecemos a escrever sobre o microscópio e seu potencial. A exposição exibia a primeira publicação a mostrar as observações sistemáticas que podiam ser feitas com um microscópio galileano: datada de 1630, ela ilustrava os estudos detalhados de Francesco Stelluti sobre abelhas.

A exposição também mostrava como Galileu estudou ossos — explorando como suas propriedades estruturais precisariam mudar com o tamanho. Ao que tudo indica, além de seus muitos outros insights, Galileu tinha uma consciência perspicaz do significado de escala.

A exposição não deixava dúvida de que Galileu compreendia plenamente os métodos e objetivos da ciência — o arcabouço conceitual quantitativo e preditivo que procura descrever objetos definidos, os quais agem seguindo regras precisas. Uma vez que essas regras tenham fornecido previsões bem testadas sobre o mundo, elas podem ser usadas para antecipar fenômenos futuros. A ciência busca a interpretação mais econômica e sucinta que possa explicar e prever uma dada observação.

A história da revolução copernicana também ilustra bem esse ponto. Na era de Galileu, Tycho Brahe, o grande astrônomo observador, chegou a uma conclusão diferente — e errada — a respeito da natureza do sistema solar. Ele defendeu uma estranha

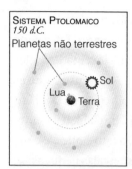  

Figura 10. Três propostas para descrever o cosmos: Ptolomeu postulou que o Sol, a Lua e os outros planetas circulavam a Terra. Copérnico (corretamente) sugeriu que todos os planetas orbitavam o Sol. Tycho Brahe postulou que planetas não terrestres orbitavam o Sol, que por sua vez orbitava a Terra ao centro.

forma híbrida do sistema ptolomaico, com a Terra no centro, e do copernicano, com os planetas orbitando o Sol. (Veja a figura 10 para uma comparação.) O universo de Tycho Brahe estava de acordo com as observações de então, mas não era a interpretação mais elegante. Para os jesuítas, porém, ele era mais satisfatório do que a visão de Galileu, uma vez que, segundo as premissas de Tycho Brahe — assim como a teoria ptolomaica, que ia contra as observações de Galileu —, a Terra não se moveria.[2]

Galileu corretamente reconheceu a natureza improvisada da interpretação de Tycho Brahe e chegou à conclusão certa e mais econômica. Robert Hooke, rival de Newton, notou mais tarde que tanto a teoria copernicana quanto a de Tycho Brahe se encaixavam nos dados de Galileu, mas uma delas era mais elegante, dizendo que, "a partir da proporção e harmonia do mundo, não se pode evitar abraçar os argumentos copernicanos".[3] Os instintos de Galileu sobre a verdade da teoria mais bela se revelaram corretos, e sua interpretação por fim prevaleceu quando a teoria da gravidade de Newton explicou a consistência do arranjo copernicano e previu órbitas planetárias. A teoria de Tycho Brahe, bem como a de

Ptolomeu, era um beco sem saída. Estava errada. Não foi absorvida por teorias posteriores porque não poderia ser. Diferentemente da situação com uma teoria efetiva, nenhuma aproximação da teoria verdadeira leva a essas interpretações não copernicanas.

Conforme mostrou o fracasso da teoria original de Tycho Brahe, e conforme a física newtoniana provou, o critério subjetivo da explicação mais sucinta também tem um papel importante em interpretações científicas iniciais. A pesquisa envolve a busca de leis e princípios subjacentes que abarcarão as estruturas e interações em observação. Uma vez que haja um número suficiente de observações, uma teoria que incorpore os resultados de maneira econômica, ao mesmo tempo que forneça um arcabouço subjacente preditivo, acaba vencendo. A cada dado momento, a lógica só nos transporta até certo ponto. Isso é algo de que os físicos de partículas estão dolorosamente cientes, enquanto esperamos os dados adicionais que vão determinar, no fim, em que podemos acreditar sobre a natureza subjacente do universo.

Galileu ajudou a criar as fundações sobre as quais todos os cientistas trabalham hoje. A progressão que ele e outros iniciaram nos ajuda a entender melhor a natureza da ciência e de algumas das maiores questões que os físicos se colocam hoje — em particular, se entendermos como observações indiretas e experimentos nos ajudam a confirmar as descrições físicas corretas. A ciência moderna é toda construída sobre insights que ele teve — a utilidade da tecnologia, de experimentos, da teoria e da formulação matemática — durante suas tentativas de casar observações com a teoria. Galileu identificou, de maneira crítica, a interação desses elementos na formulação de descrições físicas do mundo.

Hoje podemos ser mais livres em nossos pensamentos, permitindo a continuidade da revolução copernicana à medida que exploramos o exterior do cosmo e teorizamos sobre possíveis dimensões extras ou universos alternativos. Novas ideias continuam a tornar os seres humanos cada vez menos centrais, tanto literal quanto figurativamente. E observações e experimentos confirmarão ou rejeitarão nossas propostas.

Os métodos indiretos de observação que Galileu empregou encontram hoje sua expressão nos complexos detectores do Grande Colisor de Hádrons. Uma sala no final da exposição de Pádua mostrava a evolução da ciência até os tempos modernos e apresentava peças de experimentos do lhc. Nosso guia confessou que tinha ficado confuso com isso até se dar conta de que o lhc é o supremo microscópio, investigando distâncias menores do que aquelas jamais observadas.

À medida que entramos em novos regimes de precisão para medições e teorias, a compreensão de Galileu sobre como elaborar e interpretar experimentos continua a reverberar. Seu legado está presente quando usamos dispositivos para criar imagens invisíveis a olho nu e aplicamos suas ideias a respeito de como o método científico funciona, usando experimentos para confirmar ou refutar ideias científicas. Os participantes do congresso ocorrido em Pádua estavam pensando sobre o que poderia ser descoberto em breve e o que isso poderia significar, na esperança de que logo cruzemos novos limiares do conhecimento. Enquanto não chegamos lá, continuamos batendo à porta.

3. Vivendo num mundo material

Em fevereiro de 2008, a poeta Katherine Coles e o biólogo e matemático Fred Adler, ambos da Universidade de Utah em Salt Lake City, organizaram uma conferência interdisciplinar intitulada "O universo num grão de sal". O tema do encontro era o papel da escala em várias disciplinas — um assunto que poderia tirar proveito da vasta gama de interesses do diversificado grupo de palestrantes e espectadores. Dividindo nossas observações em categorias de diferentes tamanhos, de forma que ganhassem algum sentido ao serem organizadas e depois reencaixadas, era um tema para o qual nosso painel — composto de uma física, um crítico de arquitetura e um professor de inglês — poderia contribuir de maneira interessante.

Em sua apresentação de abertura, a crítica literária e poeta Linda Gregerson descreveu o universo como "sublime". Essa palavra captura com precisão o que faz do universo algo tão maravilhoso e ao mesmo tempo tão frustrante. Boa parte dele parece estar além de nosso alcance e de nossa compreensão, embora ainda pareça próximo demais para nos instigar — nos desafiar a penetrá-lo e compreendê-lo. O desafio para todas as abordagens de conhecimento é tornar os aspectos menos acessíveis do universo em algo mais imediato, mais compreensível e, por fim, menos estrangeiro. As pessoas querem aprender a ler e entender o livro da natureza e querem acomodar as lições dentro de um mundo compreensível.

A humanidade emprega diferentes métodos e se dirige com empenho a objetivos contrastantes na tentativa de desemaranhar os mistérios da vida e do mundo. As abordagens da arte, da ciência e da religião — apesar de talvez envolverem impulsos criativos comuns — oferecem meios e métodos distintos para preencher as lacunas de nosso entendimento.

Então, antes de retornar ao mundo da física moderna, o restante desta parte do livro contrasta esses vários modos de pensar, introduz um pouco do contexto histórico para o debate entre ciência e religião, e apresenta ao menos um aspecto desse debate que jamais será resolvido. Ao examinar esses assuntos, vamos explorar as premissas materialistas e mecanicistas da ciência — um aspecto essencial da abordagem científica para o conhecimento. O mais provável é que aqueles que estejam nas duas extremidades do espectro não mudem de ideia, mas ainda assim a discussão pode ajudar a identificar com precisão as raízes das diferenças.

A ESCALA DO DESCONHECIDO

O poeta alemão Rainer Maria Rilke capturou de maneira dramática o paradoxo no âmago de nossos sentimentos quando encaramos o sublime ao escrever: "Pois a beleza é nada mais que o princípio do terror, o qual ainda mal podemos suportar, e que tanto nos intimida com o sereno desdém com que nos ameaça aniquilar".[1] Em sua palestra em Salt Lake City, Linda Gregerson abordou o sublime em palavras sutis, iluminadoras e um tanto menos intimidantes. Ela falou sobre Immanuel Kant e sua distinção entre o belo, aquilo que "deveria nos fazer acreditar que somos feitos para este universo e ele para nós", e o sublime, que é muito mais assustador. Gregerson descreveu como as pessoas sentem "apreensão em avistar o sublime" porque este parece se "encaixar mal" — é menos adequado para interações e percepções humanas.

A palavra "sublime" reemergiu em 2009 em discussões sobre música, arte e ciência com meus colaboradores numa ópera baseada na física que tratava desses temas. Para nosso maestro, Clement Power, certas peças de música às vezes atingem um epítome de terror e de beleza simultâneos, com o qual outros o definiram. A música sublime, para Clement, estava num ápice além de seus poderes normais de compreensão, resistindo à explicação e à interpretação imediatas.

O sublime oferece escalas e apresenta questões que podem até estar além de nosso alcance intelectual. Por essas razões ele é tanto aterrorizante quanto atraente. O alcance do sublime muda com o tempo, à medida que as escalas com as quais estamos familiarizados passam a cobrir um domínio cada vez maior. Mas, a cada dado momento, ainda queremos vislumbrar ideias sobre o comportamento ou os eventos de escalas pequenas ou grandes demais para compreendermos de imediato.

Nosso universo é sublime em muitos aspectos. Ele estimula nossa imaginação, mas pode ser intimidador — ou mesmo aterrorizante — em sua complexidade. De qualquer forma, seus componentes se encaixam de forma maravilhosa. A arte, a ciência e a religião visam canalizar nossa curiosidade e nos iluminar ao empurrar as fronteiras de nosso conhecimento. De maneiras diferentes, elas prometem nos ajudar a transcender o estreito confinamento de nossa experiência individual e nos deixar adentrar — e compreender — o reino do sublime. (Veja a figura 11.)

Figura 11. O viajante sobre o mar de névoa *(1818), de Caspar David Friedrich, pintura icônica do sublime, um tema recorrente na arte e na música.*

A arte nos permite explorar o universo por meio de um filtro humano de percepções e emoções. Ela examina como nossos sentidos acessam o mundo e o que podemos aprender com essa interação — destacando o modo como as pessoas observam o universo à sua volta e participam dele. A arte é em grande parte uma função de seres humanos, dando-nos uma clara visão de nossas intuições e de como nós, pessoas, percebemos o mundo. Diferentemente da ciência, ela não está buscando verdades objetivas que transcendam interações humanas. A arte tem a ver com nossas reações físicas e emocionais ao mundo externo, alimentando de modo direto necessidades, capacidades e experiências internas que a ciência pode nunca atingir.

A ciência, por outro lado, procura verdades objetivas e verificáveis sobre o mundo. Está interessada nos elementos dos quais o universo é composto e em como esses elementos interagem. Apesar de estar se referindo a suas atividades de investigação forense, Sherlock Holmes descreveu a metodologia científica de maneira admirável em seu estilo único quando aconselhou o dr. Watson:

> A detecção é, ou deve ser, uma ciência exata e deve ser tratada de maneira igualmente fria e sem emoções. Você tentou tingi-las com romantismo, o que produz quase o mesmo efeito que criar uma história de amor e fuga sobre a quinta proposição de Euclides [...]. O único ponto que merecia menção neste caso era o curioso raciocínio analítico de causa e efeito, pelo qual consigo desvendá-lo.[2]

Sem dúvida, Sir Arthur Conan Doyle teria feito Holmes expressar uma metodologia similar para desvendar os segredos do universo. Os praticantes da ciência tentam impedir que limitações e preconceitos humanos embacem o quadro, para que possam confiar em si próprios em obter uma compreensão não enviesada da realidade. Eles o fazem com observações lógicas e coletivas. Cientistas tentam descobrir objetivamente como as coisas acontecem e quais arcabouços físicos podem explicar o que eles observam.

Como adendo, porém, alguém deveria avisar Sherlock de que ele está usando a lógica indutiva, não a dedutiva, assim como a maior parte dos cientistas e detetives quando tenta montar o quebra-cabeça de evidências. Cientistas e detetives trabalham de forma indutiva a partir de observações para tentar estabelecer um arcabouço consistente que se encaixe no fenômeno medido. Uma vez que a teoria esteja em seu lugar, cientistas e detetives fazem deduções também, para prever outros fenômenos e relações no mundo. Mas a essa altura — para os detetives, pelo menos — o trabalho já está feito.

Já a religião é outra abordagem que muitos empregam para responder ao desafio de relacionar os aspectos de difícil acesso do universo, como descritos por Gregerson. Sir Thomas Browne, autor britânico do século XVII, escreveu em seu *Religio Medici*: "Adoro me perder num mistério, perseguir minha razão até um *O altitudo*".[3] Para Browne e outros como ele, a lógica e o método científico são tidos como insuficientes para acessar toda a verdade — cuja abordagem eles confiam à religião. A distinção-chave entre ciência e religião bem pode ser o caráter das perguntas que elas escolhem responder. A religião tem perguntas que estão fora do reino da ciência. Ela pergunta "por quê", pressupondo que haja um propósito subjacente, enquanto a ciência pergunta "como". A ciência não depende de um objetivo fundamental da natureza, de maneira alguma. Essa é uma linha de questionamento que deixamos para a religião e a filosofia, ou então abandonamos.

Durante nossa conversa em Los Angeles, o roteirista Scott Derrickson me contou que uma frase do filme *O dia em que a Terra parou* (em 2008 ele dirigiu um *remake* da versão de 1951) o atormentou tanto que o fez pensar por dias a fio. A personagem de Jennifer Connelly, quando falava sobre a morte do marido, deveria ter comentado que "o universo é aleatório".

Scott ficou perturbado com essas palavras. Leis físicas subjacentes de fato incluem a aleatoriedade, mas sua função é expressar ordem para que ao menos alguns aspectos do universo possam ser considerados fenômenos previsíveis. Scott disse ter levado várias semanas após ter removido a fala para identificar a palavra que estava procurando — "indiferente". Meus ouvidos se aguçaram quando escutei a mesma frase na série de TV *Mad Men*, enunciadas pelo protagonista, Don Draper, num tom que a fez soar desagradável.

Mas um universo indiferente não é uma coisa ruim — ou boa, naquele caso. Os cientistas não procuram intenções ocultas da mesma maneira que a religião. A ciência objetiva simplesmente requer que tratemos o universo como indiferente. De fato, a ciência em sua posição neutra às vezes remove o estigma maligno de condições humanas ao apontar para suas origens físicas, em oposição às morais. Sabemos, por exemplo, que vícios e doenças mentais têm origens genéticas e físicas "inocentes", que podem encaixá-los em categorias de doenças isentas da esfera moral.

Ainda assim, a ciência não aborda todos os assuntos morais (embora também não os despreze, como às vezes se alega). E tampouco pergunta as razões para o comportamento do universo ou questiona a moralidade das relações humanas. Apesar de o pensamento lógico sem dúvida ajudar a lidar com o mundo moderno e de alguns cientistas investigarem hoje as bases fisiológicas das ações morais, o propósito da ciência, em termos mais amplos, não é determinar o status da moral humana.

A linha divisória nem sempre é precisa, e os teólogos podem às vezes fazer perguntas científicas, assim como os cientistas podem ter suas ideias desencadeadas por uma visão de mundo que os inspire — às vezes até por uma perspectiva religiosa. Além disso, como a ciência é feita por seres humanos, os estágios intermediários em que os cientistas ainda estão formulando suas teorias com frequência envolvem instintos não científicos, como a fé na existência de respostas ou emoções sobre certas crenças. Não é preciso dizer que isso funciona no sentido oposto também: artistas e teólogos podem ser guiados por observações e por uma compreensão de mundo científicas.

Mas essa divisão por vezes nebulosa não elimina as distinções entre seus objetivos finais. A ciência almeja um quadro físico capaz de prever e explicar como o mundo funciona. Os métodos e metas da ciência e da religião são intrinsecamente diferentes, com a ciência abordando a realidade física e a religião abordando desejos e necessidades psicológicos ou sociais.

Os objetivos separados não deveriam ser motivo de conflito — eles parecem até criar uma boa divisão de trabalho. Entretanto, as religiões nem sempre se limitam a oferecer propósito ou conforto. Muitas delas também tentam abordar a realidade externa do universo, como mostra a própria definição da palavra em inglês no *American Heritage Dictionary*: religião é "a crença num poder ou em poderes divinos ou sobre-humanos que devem ser obedecidos e reverenciados como criador(es) e regente(s) do universo". O site Dicionary.com diz que a religião é

> um conjunto de crenças sobre as causas, a natureza e o propósito do universo, sobretudo quando consideradas como criação de um agente — ou agentes — sobre-humano, normalmente envolvendo observações rituais e devocionais e a construção de um código moral que dita a moralidade das relações humanas.

Nessas definições, a religião cuida não apenas da relação das pessoas com o mundo — seja esta moral, seja emocional ou espiritual —, mas trata também do mundo em si. Isso deixa as visões da religião abertas à falseabilidade. Quando a ciência invade domínios de conhecimento que a religião tenta explicar, em geral surge desacordo.

Apesar do desejo de conhecimento que os humanos compartilham, pessoas com diferentes métodos para responder a questões, ou pessoas com diferentes objetivos, nem sempre se deram bem. E a busca da verdade nem sempre os separou de forma nítida em linhas que evitassem controvérsia. Quando as pessoas aplicam crenças religiosas ao mundo natural, a observação da natureza devolve respostas, e a religião precisa acomodar essas descobertas. Isso valia para a Igreja primitiva — que teve, por exemplo, de reconciliar o livre-arbítrio com os poderes infinitos de Deus — tanto quanto vale para pensadores religiosos de hoje.

A CIÊNCIA E A RELIGIÃO SÃO COMPATÍVEIS?

A ciência e a religião nem sempre se depararam com esse dilema. Antes da revolução científica, ambas coexistiam de modo pacífico. Na Idade Média, a Igreja Católica Romana permitia uma interpretação generosa das Escrituras, que durou até a Reforma ameaçar seu domínio. As evidências de Galileu para a teoria heliocêntrica copernicana, que contradiziam as afirmações da Igreja sobre os céus, foram particularmente problemáticas naquele contexto — a publicação de seus resultados não apenas desafiava ordens eclesiásticas, como questionava de forma explícita a autoridade da Igreja e sua exclusividade em interpretar as Escrituras. O clero, então, não tinha muito apreço por Galileu e suas alegações.

Mais recentemente, a história registrou várias outras ocasiões de conflito entre ciência e religião. A segunda lei da termodinâmica, segundo a qual o mundo caminha em direção ao aumento da desordem, pode decepcionar as pessoas que acreditam na criação de um mundo ideal por Deus. A teoria da evolução, é claro, cria problemas similares, tendo pouco tempo atrás desencadeado "debates" sobre o design inteligente. Mesmo o universo em expansão pode ser perturbador para quem acredita que vivemos num universo perfeito, apesar de Georges Lemaître, um padre católico, ter sido o primeiro a propor a teoria do big bang.

Um dos exemplos mais curiosos de um cientista confrontando sua fé foi o do naturalista inglês Philip Gosse. Ele encarou um dilema quando, no início do século XIX, percebeu que as camadas da Terra, que abrigam fósseis de animais extintos, contrariam a ideia de que o planeta pode ter apenas 6 mil anos de idade. Em seu livro *Omphalos*, ele resolveu seu conflito ao decidir que a Terra fora criada havia pouco — mas já incluía "ossos" e "fósseis" de animais que nunca tinham existido e outros sinais enganadores de sua (inexistente) história. Gosse concebeu um mundo em ordem funcional que exibia marcas de mudança, mesmo sem elas nunca terem ocorrido de verdade. Essa interpretação pode parecer tola, mas, da perspectiva técnica, funciona. Contudo, ninguém jamais pareceu levar essa interpretação muito a sério. O próprio Gosse passou a trabalhar com biologia marinha para evitar os irritantes testes de fé que os ossos de dinossauro lhe apresentavam.

Felizmente, a maioria das ideias científicas corretas ganha aparência menos radical e se torna mais aceitável com o tempo. No fim, as descobertas científicas costumam prevalecer. Hoje ninguém questiona o ponto de vista heliocêntrico ou a expansão do universo. Mas as interpretações literais ainda causam problemas como o de Gosse para os crentes que as levam muito a sério.

Uma leitura menos literal das Escrituras ajudou a evitar tais conflitos antes do século XVII. Conversando durante um almoço, a historiadora e estudiosa da religião Karen Armstrong me explicou como o atual conflito entre religião e ciência na verdade não existia no início. Antes, textos religiosos eram lidos em muitos níveis, de forma que a interpretação era menos literal, menos dogmática e, dessa forma, menos confrontativa.

No século V, Agostinho foi explícito sobre esse ponto de vista:

> Frequentemente um não cristão sabe algo sobre a Terra, os céus e outras partes do mundo, sobre os movimentos e órbitas das estrelas e mesmo suas dimensões e distâncias; e ele detém esse conhecimento com a certeza da razão e da experiência. Portanto, é ofensivo e vergonhoso para um descrente ouvir um cristão falar coisas sem sentido sobre esses assuntos, alegando que aquilo que se diz está baseado nas Escrituras. Devemos fazer tudo o que pudermos para evitar tal situação embaraçosa, do contrário o descrente verá apenas ignorância no cristão e rirá com desdém.[4]

Agostinho ainda foi além em seu argumento. Explicou que Deus deliberadamente introduziu enigmas nas Escrituras para dar às pessoas o prazer de desvendá-los.[5] Ele se referia tanto às palavras obscuras quanto às passagens que requerem interpretações metafóricas. Agostinho parece ter se divertido um pouco com o lógico e o ilógico de tudo isso, e tentou interpretar paradoxos básicos. Como poderia alguém apreciar ou entender por completo o plano de Deus, por exemplo — pelo menos na ausência de viagens no tempo?[6]

O próprio Galileu aderiu firmemente ao ponto de vista agostiniano. Numa carta a madame Cristina de Lorena, grã-duquesa da Toscana, ele escreveu: "Acredito em primeiro lugar que é correto dizer, e prudente afirmar, que a Bíblia Sagrada jamais pode dizer inverdades — sempre que seu significado correto for compreendido".[7] Alegou que até Copérnico se sentira da mesma maneira, afirmando que ele "não ignorou a Bíblia, mas sabia muito bem que, se sua doutrina fosse comprovada, ela não poderia contradizer as Escrituras quando estas fossem compreendidas corretamente".[8]

Em seu fervor, Galileu também escreveu, citando Agostinho, que

se alguém colocar a autoridade das Sagradas Escrituras em conflito com a razão clara e manifesta, aquele que o fizer não sabe o que provoca; pois o que ele confronta com a verdade não é o significado da Bíblia, que está além de sua compreensão, mas sim sua própria interpretação; não é aquilo que está na Bíblia, mas aquilo que ele encontrou em si próprio e imagina estar lá.[9]

A abordagem menos dogmática de Agostinho em relação às Escrituras pressupunha que o texto sempre tinha um significado racional. Qualquer contradição visível com as observações do mundo externo necessariamente representaria a má compreensão do leitor, mesmo se a explicação não estivesse manifesta. Agostinho via a Bíblia como um produto de revelação divina formulado por humanos.

Relendo a Bíblia, pelo menos em parte, como um reflexo das experiências subjetivas dos autores, a interpretação de Agostinho para as Escrituras se aproxima de certa maneira de nossa definição de arte. Se adotasse uma mentalidade agostiniana, a Igreja não precisaria recuar diante de descobertas científicas.

Galileu sabia disso. Para ele, e para outros que pensavam de maneira similar, a ciência não poderia estar em conflito com a Bíblia se as palavras fossem interpretadas corretamente. Qualquer conflito aparente reside não nos fatos científicos, mas na compreensão humana. Às vezes, a Bíblia pode ser incompreensível para os seres humanos e pode parecer contradizer nossas observações, mas, de acordo com a interpretação agostiniana, ela nunca está errada. Galileu era devoto e não acreditava ter autoridade para contradizer as Escrituras, mesmo quando a lógica lhe sugeria o contrário. Muitos anos depois, o papa João Paulo II ousou dizer que Galileu era um teólogo melhor do que aqueles que se opuseram a ele.

Mas Galileu também acreditava em suas descobertas. Numa espécie de provocação religiosa, ele avisou em tom premonitório:

> Tomem nota, teólogos, que, em vosso desejo de fazer das afirmações sobre a estabilidade do Sol e da Terra um assunto de fé, correis o risco de mais dia menos dia ter de condenar como hereges aqueles que declarariam que a Terra permanece parada e que o Sol muda de posição — digo mais dia menos dia já que por ora é possível que seja física ou logicamente provado que a Terra se move e o Sol fica parado.[10]

É evidente que as religiões cristãs nem sempre aderiram a essa filosofia, do contrário Galileu não teria sido preso e os jornais de hoje não trariam reportagens sobre a controvérsia em torno do design inteligente. Apesar de muitos praticantes de religiões terem crenças flexíveis, uma interpretação rígida de fenômenos físicos tende a se revelar problemática. Um entendimento literal das Escrituras é um ponto de vista arriscado para se manter. Ao longo do tempo, à medida que a tecnologia nos permite escalar novos regimes, a ciência e a religião terão mais domínios sobrepostos, e potenciais contradições podem se agravar.

Hoje, uma proporção significativa das populações religiosas do mundo tenta evitar tais conflitos ao adotar uma interpretação mais liberal de sua fé. Elas não necessariamente se apoiam numa interpretação estrita das Escrituras nem no dogma de qualquer fé em particular. Acreditam manter os princípios espirituais de suas vidas ao mesmo tempo que acolhem as descobertas da ciência rigorosa.

CORRELATOS FÍSICOS

O problema intrínseco é que as contradições entre ciência e religião são mais profundas do que quaisquer palavras ou frases específicas. Mesmo que não houvesse o problema da interpretação literal de qualquer texto em particular, a religião e a ciência se apoiam em doutrinas lógicas diferentes. A religião aborda questões sobre nosso mundo e sobre nossa existência por meio da intervenção de uma divindade exterior. Atos divinos — sejam eles aplicados a montanhas ou à sua consciência — não ocorrem dentro do arcabouço da ciência.

O contraste crucial é aquele entre a religião como experiência social ou psicológica e a religião baseada num Deus que nos influencia ativamente por meio de intervenção externa sobre o mundo. Afinal de contas, para algumas pessoas a religião é uma empreitada pessoal. Aqueles que a sentem dessa maneira devem apreciar as conexões sociais que surgem de sua afiliação a uma organização religiosa com mentes afins, ou os benefícios psicológicos de enxergar a si próprio no contexto de um mundo maior. A fé, para pessoas nessa categoria, tem a ver com sua prática e com o modo de vida que elas escolhem. É uma fonte de conforto, com um conjunto de objetivos compartilhado.

Muitas dessas pessoas veem a si mesmas como espiritualizadas. A religião realça sua existência, fornecendo contexto, significado e propósito, bem como um senso de comunidade. Elas não acreditam que explicar a mecânica do universo seja tarefa da religião. O que a religião aborda é seu sentimento pessoal de reverência e maravilhamento. Ela pode ajudá-las em suas interações com os outros e com o mundo. Muitas dessas pessoas argumentariam que a religião e a ciência podem coexistir perfeitamente.

Mas a religião, em geral, é mais do que um modo de vida e uma filosofia. A maioria das religiões envolve uma divindade que pode intervir de formas misteriosas, que vão além daquilo que as pessoas podem descrever ou que a ciência pode abarcar. Até para pessoas religiosas de mente mais aberta que acolhem os avanços científicos, é inevitável que tal crença introduza um dilema sobre como reconciliar essas atividades com os ditames da ciência. Mesmo abrindo espaço para um Deus ou para alguma entidade espiritual que em momento anterior tenha exercido sua influência como força criadora, é inconcebível, de uma perspectiva científica, que Deus possa continuar a intervir sem deixar algum rastro material de suas ações.

Para entender o conflito — e apreciar melhor a natureza da ciência —, precisamos compreender melhor o ponto de vista materialista segundo o qual a ciência se aplica a um universo material e influências ativas têm correlatos físicos. Embutida na visão científica está a ideia — introduzida no capítulo 1 — de que podemos identificar componentes da matéria em cada nível de estrutura. Aquilo que existe em grandes escalas é construído a partir de material em escalas pequenas. Ainda que não possamos explicar necessariamente tudo sobre as grandes escalas ao conhecer todos os elementos físicos subjacentes, esses componentes não deixam de ser essenciais. A composição material de um fenômeno que nos interessa nem sempre basta para explicá-lo, mas os fenômenos físicos correlatos são instrumentais para sua existência.

Algumas pessoas se voltam à religião para responder a questões difíceis por acreditarem que a ciência jamais dará conta delas. De fato, a visão científica materialista não significa que haja garantia de entendermos tudo — decerto não com base apenas no conhecimento de componentes básicos. Ao dividir o universo por escala, os cientistas reconhecem que dificilmente responderão a todas as perguntas de uma vez, e ainda que a estrutura fundamental seja essencial, ela não vai necessariamente responder a nossas perguntas de uma forma direta. Mesmo que saibamos mecânica quântica, ainda usamos as leis de Newton, pois elas nos mostram como uma bola trafega pelo campo gravitacional da Terra, algo que seria muito difícil derivar a partir de um quadro atômico. A bola precisa de átomos para existir, mas o quadro atômico não ajuda a explicar sua trajetória, ainda que ele seja compatível com esta.

Tal lição generaliza muitos fenômenos que encontramos em nosso dia a dia. Com frequência, podemos ignorar detalhes ou a constituição subjacente, mesmo que o material seja essencial. Não precisamos conhecer o funcionamento interno de um carro para dirigi-lo. Ao cozinhar, avaliamos se um peixe está tenro, se o interior de um bolo está assado, se o mingau está mole ou se um suflê cresceu. A menos que pratiquemos gastronomia molecular, é raro darmos atenção à estrutura atômica embutida que é responsável por essas transformações. Entretanto, isso não muda o fato de que a comida sem substância não é muito satisfatória. Os ingredientes de um suflê em nada se parecem com o produto final. (Veja a figura 12.) Ainda assim, as moléculas e os constituintes com os quais não nos importamos em nossa comida são essenciais à sua existência.

Da mesma forma, uma pessoa poderia ser pressionada a responder categoricamente o que é a música. Uma tentativa de descrever os fenômenos e nossa reação emocional a eles, porém, sem dúvida envolveria analisar a música num nível diferente daquele dos átomos e neurônios. Mesmo que captemos a música quando nossos ouvidos registram as ondas de som produzidas por um instrumento bem afinado, ela é muito mais do que a oscilação de átomos individuais que geram o som no ar ou a reação física de nossos ouvidos e nosso cérebro.

Ainda assim, a visão materialista continua a se sustentar, e seu substrato é essencial. A música surge das moléculas de ar. Sem a reação mecânica do ouvido ao fenômeno material, não há música. (No espaço, ninguém o ouviria gritar.) Acontece que, de alguma maneira, nossa percepção e nossa compreensão da música vão além dessa descrição materialista. Questões sobre como nós, humanos, percebemos a música não podem ser abordadas se enfocamos apenas as moléculas oscilantes. Entender a música envolve

Figura 12. Um suflê é muito diferente dos ingredientes que o compõem. De maneira similar, a matéria pode ter muitas propriedades diferentes — ou mesmo obedecer a leis físicas aparentemente diferentes — da matéria mais fundamental de que é composta.

considerar acordes, harmonias e a ausência de harmonia de formas que nunca fazem menção às moléculas ou à sua oscilação. Mas a música ainda assim requer essas oscilações, ou pelo menos a impressão sensorial que elas deixam em nosso cérebro.

Igualmente, compreender os componentes básicos de um animal é apenas um pequeno passo na direção de compreender os processos que constituem a vida. Decerto não entenderemos tudo sem um conhecimento melhor de como esses componentes se agregam para produzir os fenômenos com os quais temos familiaridade. A vida é um *fenômeno emergente* que vai além dos ingredientes básicos.

É provável que a consciência também se revele como algo dessa categoria. Apesar de não termos ainda uma teoria abrangente sobre a consciência, pensamentos e sensações remontam a propriedades elétricas, químicas e físicas do cérebro. Os cientistas podem observar fenômenos materiais mecânicos no cérebro associados a pensamentos e sensações, mesmo que ainda não consigam encaixar todos para ver como ele funciona. Essa visão material é essencial, mas não necessariamente é o bastante para entendermos todos os fenômenos em nosso mundo.

Não há garantia de que vamos entender a consciência em termos de suas unidades mais fundamentais, mas no fim poderemos descobrir princípios que se aplicam a uma escala maior, mais complexa e mais emergente. Com avanços científicos futuros, os cientistas entenderão melhor a química fundamental e os canais elétricos do cérebro, e então entenderão as unidades funcionais básicas. A consciência talvez seja explicada como um fenômeno que eles só compreenderão completamente ao identificar e estudar as peças compostas corretas.

Isso significa que não apenas os neurocientistas, que estudam a química básica do cérebro, têm chance de fazer progressos. Os psicólogos do desenvolvimento, que estudam como os processos mentais dos bebês se diferenciam dos nossos,[11] ou outros cientistas que investigam como o pensamento humano difere do de um cão, têm boas chances de progredir também. Assim como a música não é uma coisa só e tem muitos níveis e muitas camadas, acredito que a consciência também seja assim. E, ao responder a perguntas em um nível maior, podemos vislumbrar ideias tanto sobre a própria consciência quanto sobre quais são as perguntas corretas a fazer enquanto prosseguimos e estudamos os blocos que a compõem — nesse caso, a física e a química do cérebro. Assim como num adorável suflê, teremos de entender quais sistemas emergem. De um jeito ou de outro, nenhum pensamento ou ação humana vai ocorrer sem afetar alguns componentes físicos de nosso corpo.

Apesar de ser talvez menos misteriosa que a teoria da consciência, a física avança por meio do estudo de fenômenos em variadas escalas. Os físicos fazem perguntas diferentes quando estudam tamanhos disparatados e agregados diferentes. As perguntas com que nos deparamos ao enviar uma espaçonave a Marte são muito diferentes das que nos fazemos ao estudar a interação entre quarks. Em ambos os casos trata-se de questões legítimas para estudar, mas não extrapolamos diretamente uma da outra. De qualquer forma, a matéria que é enviada ao espaço é feita dos componentes fundamentais que esperamos compreender um dia.

Houve ocasiões em que ouvi pessoas zombarem da visão materialista empregada pela física de partículas, considerando-a reducionista e listando quais são os fenômenos dos quais não damos conta — ou não daremos. Às vezes elas se referem a processos físicos ou biológicos, como furacões ou o funcionamento do cérebro. Às vezes alguém fala de fenômenos espirituais — o que na hora me deixa um pouco perplexa, tentando entender o que a pessoa quis dizer, mas acabo concordando que jamais daremos conta de tais problemas. As teorias físicas abordam estruturas das maiores às menores escalas que podemos supor ou estudar com experimentos. Com o tempo, formamos um quadro interessante sobre como uma camada de realidade surge de outra. Os elementos básicos são essenciais à realidade, mas bons cientistas não afirmam que o conhecimento deles explicará tudo por si só. Explicações demandam mais pesquisas.

Mesmo que a teoria de cordas consiga explicar a gravidade quântica, a expressão "teoria de tudo" continuará sendo um nome inadequado para ela. Na eventualidade improvável de os físicos chegarem a essa teoria fundamental que abarca tudo, ainda teríamos de lidar com muitas questões sobre fenômenos em escalas maiores, que não serão respondidas apenas como o entendimento dos componentes básicos. Só quando os cientistas entenderem fenômenos coletivos que emergem em escalas maiores do que aquelas descritas pelas cordas elementares, esperamos explicar materiais supercondutores, ondas monstruosas no oceano e a vida. No processo de fazer ciência, abordamos os fenômenos escala por escala. Investigamos objetos e processos em escalas de distância maiores do que aquelas que poderíamos investigar se tentássemos acompanhar cada um de seus componentes.

Apesar de enfocarmos diferentes camadas de realidade para abordar diferentes questões, a visão materialista continua sendo essencial. A física e outras ciências dependem do estudo da matéria que existe no mundo. A ciência, em seu âmago, depende de objetos interagindo por meio de causas mecânicas e seus efeitos. Uma coisa se move porque uma força age sobre ela. Um motor funciona por meio do consumo de energia. Planetas orbitam o Sol por sofrerem influência gravitacional. De acordo com a perspectiva científica, por fim, o comportamento humano também requer processos físicos e químicos, mesmo que ainda estejamos longe de entender como isso funciona. Nossas escolhas morais, em última instância, também devem estar relacionadas, pelo menos em parte, aos nossos genes e à nossa história evolutiva. A constituição física tem um papel em nossas ações.

Podemos não abordar todas as questões vitais de uma vez, mas o substrato é sempre necessário a uma descrição científica. Para um cientista, elementos materiais mecânicos estão na base da descrição da realidade. Os correlatos físicos associados são essenciais a qualquer fenômeno no mundo. Mesmo que não bastem para explicar tudo, eles são necessários.

O ponto de vista materialista funciona bem para a ciência. Mas é inevitável que ele leve a conflitos lógicos quando a religião invoca Deus ou alguma entidade externa para explicar o comportamento das pessoas e do mundo. O problema é que, para seguir ao mesmo tempo a ciência e um Deus — ou qualquer espírito externo — que controla as atividades humanas ou o universo, a pessoa tem de lidar com a questão sobre a partir de que ponto a divindade intervém, e como ela o faz. De acordo com o ponto de vista materialista e mecanicista da ciência, se os genes que influenciam nosso comportamento resultam de mutações aleatórias que permitiram à nossa espécie evoluir, Deus só pode ser responsável por nosso comportamento se ele intervier fisicamente ao produzir mutações, ao que tudo indica aleatórias. Para guiar nossas atividades hoje, Deus teria de influenciar de forma ostensiva as mutações aleatórias que foram críticas para nosso desenvolvimento. Se Ele o fez, como o fez? Teria Ele aplicado uma força ou transferido energia? Estaria Deus manipulando processos elétricos em nosso cérebro? Estaria nos impelindo a agir de certa maneira, ou criando tempestades para um indivíduo em particular de modo que ele não possa chegar a seu destino? Num nível maior, se Deus dá propósito ao universo, como Ele aplica Sua vontade?

Muito disso tudo soa ridículo, mas o problema não é só esse. Essas perguntas não parecem ter nenhuma resposta razoável que seja consistente com a ciência tal qual a entendemos. Como essa "mágica de Deus" poderia funcionar?

Claramente, pessoas que querem acreditar que Deus pode intervir para ajudá-las ou para alterar o mundo terão de invocar o pensamento não científico em algum momento. Mesmo que a ciência não nos mostre como as coisas acontecem, sabemos que elas se movem e interagem. Se Deus não tem influência física, as coisas não vão se mover. Mesmo nossos pensamentos, que em última instância dependem de sinais elétricos trafegando em nosso cérebro, não serão afetados.

Se essas influências externas são intrínsecas à religião, o pensamento lógico e científico exige então que haja um mecanismo pelo qual essa influência seja transmitida. Uma crença religiosa ou espiritual envolve uma força invisível que, mesmo sendo indetectável, influencia ações e comportamentos humanos, ou então supõe que o próprio mundo produz uma situação na qual o crente não tem outra escolha senão manter a fé e abandonar a lógica — ou apenas ser indiferente.

Essa incompatibilidade me parece ser um impasse lógico crítico em métodos e na compreensão. Como mostrou Stephen Jay Gould, esses "magistérios não sobreposicionáveis" — o da ciência, cobrindo o universo empírico, e o da religião, que se estende ao questionamento moral — estão de fato sobrepostos e têm encarado esse paradoxo também. Apesar de os crentes poderem relegar este último à religião, e mesmo que a ciência não tenha ainda resposta para algumas questões profundas e fundamentais de interesse da humanidade, quando tratamos de substância e de atividade — seja dentro ou fora do cérebro, seja em referência a objetos celestes — estamos no domínio da ciência.

CONFLITOS RACIONAIS E CLÁUSULAS ESCAPISTAS IRRACIONAIS

Essa incompatibilidade, porém, não necessariamente perturba todos os crentes de uma religião. Tanto que, quando estava num avião indo de Boston para Los Angeles, sentei-me ao lado de um jovem ator que havia estudado biologia molecular, mas que tinha algumas opiniões surpreendentes sobre a evolução. Antes de se dedicar à carreira artística, ele fora coordenador de ensino de ciências por três anos em escolas urbanas. Quando o conheci, ele estava voltando da cerimônia de posse do presidente Barack Obama e transbordava de otimismo e entusiasmo, querendo tornar o mundo um lugar melhor. Além de continuar sua carreira bem-sucedida de ator, sua ambição era abrir escolas pelo mundo para ensinar ciências e metodologia científica.

Mas nossa conversa tomou um rumo surpreendente. O currículo que ele planejava deveria incluir pelo menos um curso sobre religião. Essa era uma parte importante da vida dele, e ele queria que as pessoas pudessem fazer seus próprios julgamentos. Mas essa não foi a maior surpresa. Ele passou então a explicar sua crença de que a humanidade descende de Adão e não tem macacos como ancestrais. Não consegui entender como um biólogo formado podia não acreditar na evolução. Essa inconsistência vai além de qualquer violação do universo materialista por intervenção direta de Deus que eu jamais tinha discutido. Ele me disse que podia aprender ciência e entender a lógica, mas que isso era apenas a maneira como o homem reúne as coisas — o que quer que isso signifique. Em sua mente, as conclusões lógicas "do homem" simplesmente não são o que são.

Essa interação reforçou minha ideia de por que sofreremos para responder a questões sobre a compatibilidade entre ciência e religião. A ciência empírica derivada da lógica e a natureza reveladora da fé são métodos completamente diferentes para tentar atingir a verdade. Só é possível derivar uma contradição de regras que são lógicas. A lógica tenta solucionar paradoxos, enquanto boa parte do pensamento religioso segue prosperando com eles. Se você acredita em verdades revelatórias, já está fora das regras da ciência, então não pode ter entrado em contradição. Um crente pode interpretar o mundo de uma maneira não racional que, de sua perspectiva, seja compatível com a ciência, o que significa aceitar a "mágica de Deus". Ou — como meu vizinho no avião — pode simplesmente aceitar viver com essa contradição.

Talvez Deus tenha uma forma de evitar as contradições lógicas, mas a ciência não tem. Os praticantes de religiões que querem aceitar explicações religiosas sobre como o mundo funciona ao mesmo tempo que acolhem o conhecimento científico são obrigados a confrontar um abismo entre as descobertas científicas e as influências imperceptíveis não avistadas — um vão que em linhas gerais não pode ser preenchido com o pensamento lógico. Eles não têm escolha a não ser abandonar por algum tempo as interpretações ilógicas (ou pelo menos as literais) em assuntos de fé — ou simplesmente desprezar as contradições.

De um jeito ou de outro, ainda é possível ser um cientista realizado. E a religião pode de fato ter benefícios psicológicos valiosos. Mas qualquer cientista religioso precisa encarar suas crenças sendo desafiadas todos os dias pela ciência. A parte religiosa de seu cérebro não pode agir ao mesmo tempo que a científica. Elas são simplesmente incompatíveis.

4. Procurando respostas

Ouvi pela primeira vez a expressão "batendo à porta do céu" [*knockin' on heaven's door*] ao escutar a canção de Bob Dylan quando ele a tocou num show com o Grateful Dead em Oakland, na Califórnia, em 1987. Não é preciso dizer que o título de meu livro quer dizer algo diferente da letra da música, que ainda ressoa com Dylan e Jerry Garcia cantando em minha mente. A frase também é diferente de sua origem bíblica, apesar de meu título brincar com essa interpretação. Em Mateus, a Bíblia diz: "Pedi e vos será dado; buscai e achareis; batei e vos será aberto; pois todo o que pede recebe; o que busca acha e ao que bate se lhe abrirá".[1]

De acordo com essas palavras, as pessoas podem buscar conhecimento, mas o objetivo supremo é ter acesso a Deus. A curiosidade delas sobre o mundo e seus questionamentos ativos são apenas pedras do passadouro para o Divino — o universo em si é secundário. Respostas podem estar por vir, ou um crente pode ser instigado a procurar a verdade mais ativamente. Sem Deus, porém, o conhecimento é inacessível ou não vale a pena. As pessoas não podem fazê-lo por conta própria — elas não são os árbitros finais.

O título do meu livro se refere à filosofia e aos objetivos diferentes da ciência. A ciência não trata de compreensão e crença passivas. E a verdade sobre o universo é um fim em si. Os cientistas abordam ativamente a porta do conhecimento — a fronteira do domínio que conhecemos. Questionamos e exploramos, e mudamos de opinião quando a lógica e os fatos nos forçam a fazê-lo. Confiamos apenas naquilo que podemos verificar por experimentos ou naquilo que podemos deduzir a partir de hipóteses confirmadas experimentalmente.

Nós, cientistas, conhecemos um tanto admirável sobre o universo, mas sabemos que resta muito mais a ser compreendido. Boa parte permanece além dos experimentos atuais — ou mesmo de quaisquer experimentos que jamais sonhamos fazer. Mas, apesar de nossas limitações, cada nova descoberta nos permite avançar mais um degrau em nossa subida rumo à verdade. Às vezes um único passo pode ter um impacto revolucionário na maneira como vemos o mundo. Ao mesmo tempo que reconhecemos que nossas ambiciosas aspirações nem sempre são satisfeitas, buscamos com afinco o acesso a uma compreensão mais rica, à medida que os avanços em tecnologia tornam mais ingredientes do mundo acessíveis a nosso olhar. Procuramos então teorias mais abrangentes que possam acomodar qualquer informação recém-adquirida.

A questão-chave então é: quem tem a capacidade — ou o direito — de buscar respostas? As pessoas investigam por conta própria ou confiam em autoridades superiores? Antes de entrar no mundo da física, esta parte do livro se conclui ao contrastar as perspectivas científica e religiosa.

QUEM MANDA?

Vimos que, no século XVII, a ascensão do pensamento científico fragmentou a atitude cristã diante do conhecimento, levando a um conflito entre diferentes arcabouços conceituais que perdura até hoje. Mas uma segunda origem da cisão entre ciência e religião tem a ver com autoridade. Aos olhos da Igreja, a alegação de Galileu, de ser capaz de pensar por conta própria e presumir a capacidade de compreender o universo de maneira independente, desviava-se demais da crença religiosa cristã.

Quando Galileu introduziu o método científico, ele rejeitou a lealdade cega a uma autoridade e passou a fazer observações e a interpretá-las por conta própria. Ele mudaria sua visão de acordo com observações. Ao fazê-lo, libertou toda uma nova maneira de abordar o conhecimento sobre o mundo, que levaria a uma compreensão e influência sobre a natureza muito maiores. Ainda assim, apesar da publicação de seus principais avanços (ou, mais precisamente, por causa dela), Galileu foi preso. Em sua conclusão sobre o sistema solar, sua abertura, dizendo que a Terra não é o centro, era ameaçadora demais para o poder religioso da época e sua interpretação estrita das Escrituras. Com Galileu e outros pensadores independentes que precipitaram a revolução científica, qualquer interpretação bíblica literal da natureza, da origem ou do comportamento do universo estava sujeita à refutação.

Galileu teve o azar de viver num momento especialmente ruim, já que suas declarações radicais coincidiram com o auge da Contrarreforma, a reação da Igreja Católica às ramificações protestantes. O catolicismo se sentiu seriamente ameaçado naquele momento, quando Martinho Lutero defendeu o pensamento independente e a interpretação das Escrituras por meio da leitura direta delas, e não pela aceitação sem questionamentos da interpretação da Igreja. Galileu apoiava a visão de Lutero e foi além. Ele rejeitou a autoridade e ainda contradisse de forma explícita a interpretação de textos religiosos.[2] Seus métodos científicos modernos eram baseados em observações diretas da natureza, que ele então tentava interpretar com as hipóteses mais econômicas capazes de dar conta dos resultados. Apesar da devoção de Galileu à Igreja Católica, na visão do clero suas ideias e seus métodos inquisitivos eram parecidos demais com o pensamento protestante. Sem querer, Galileu acabou entrando numa disputa de território.

Ironicamente, porém, a Contrarreforma também pode ter sido o que, sem querer, aproximou Copérnico de um universo heliocêntrico. A Igreja Católica quisera garantir que seu calendário fosse confiável, de modo que comemorações ocorressem sempre na época certa do ano e seus rituais fossem mantidos de forma apropriada. Copérnico foi um dos astrônomos aos quais a Igreja pedira para reformar o calendário juliano e torná-lo mais compatível com o movimento dos planetas e das estrelas. Foi justo essa pesquisa que o levou a fazer observações e propor suas alegações radicais.

Lutero, pessoalmente, não acolheu a teoria de Copérnico. Mas, de qualquer forma, quase ninguém a acolhera até que as observações avançadas de Galileu e, por fim, a teoria da gravidade de Newton a validassem mais tarde. Lutero aceitou, porém, outros progressos feitos na astronomia e na medicina, que considerava consistentes com uma apreciação da natureza de mentalidade mais aberta. Ele não foi propriamente um grande defensor da ciência, mas a Reforma criou uma nova maneira de pensar — uma atmosfera na qual novas ideias eram discutidas e aceitas —, o que encorajava métodos científicos modernos. Graças, em parte, ao advento da imprensa, ideias científicas e também religiosas puderam se disseminar com rapidez e diminuir a autoridade da Igreja Católica.

Lutero acreditava que as buscas científicas seculares potencialmente tinham tanto valor quanto as religiosas. Cientistas como o grande astrônomo Johannes Kepler também pensavam assim. Kepler escreveu a Michael Maestlin, seu ex-professor em Tübingen: "Eu queria me tornar teólogo, e por longo tempo estive inquieto. Agora, porém, veja como Deus está sendo celebrado na astronomia, por meio de meus esforços".[3]

Segundo essa visão, a ciência era uma maneira de reconhecer a natureza espetacular de Deus e daquilo que Ele criara, e também o fato de as explicações para o funcionamento das coisas serem ricas e variadas. A ciência se tornara uma forma de compreender melhor o universo racional e ordenado de Deus, e ainda de ajudar a humanidade. Notavelmente, os primeiros cientistas modernos, longe de rejeitar a religião, consideravam seus questionamentos como uma espécie de elogio à criação de Deus. Eles viam tanto o livro da natureza quanto o livro de Deus como caminhos para a edificação e para a revelação. O estudo da natureza por essa visão era um tipo de gratidão e reconhecimento perante seu criador.

Vez ou outra, ouvimos esse ponto de vista em tempos mais recentes também. O físico paquistanês Abdus Salam, ao ganhar o prêmio Nobel de 1979 por seu papel em criar o Modelo Padrão da física de partículas, disse em seu discurso:

> O Sagrado Profeta do islã enfatizou que a busca de conhecimento e das ciências é obrigatória para todo muçulmano, homem ou mulher. Ele ordenou a seus seguidores que procurassem o conhecimento mesmo que tivessem de viajar à China atrás dele. Aqui, sem dúvida, ele tinha em mente o conhecimento científico e não o religioso, bem como uma ênfase na internacionalização da busca científica.

POR QUE LIGAM PARA ISSO?

Apesar das diferenças essenciais descritas no último capítulo, algumas pessoas adeptas de crenças religiosas se contentam em acomodar as partes científica e religiosa de seu cérebro separadamente e continuam a ver a compreensão da natureza como uma forma de compreender Deus. Muitos que não buscam a ciência de maneira ativa também se contentam em deixar o progresso científico continuar sem amarras. Mesmo assim, a brecha entre ciência e religião ainda persiste para muita gente nos Estados Unidos e em outras partes do mundo. Às vezes ela se expande a ponto de motivar atos de violência e, no mínimo, interfere na educação.

Da perspectiva da autoridade religiosa, a ciência e outras coisas que desafiam a religião são alvo de suspeita por muitas razões, entre elas algumas que nada têm a ver com a lógica e a verdade. Para os que estão no comando, Deus pode sempre ser invocado como um trunfo que justifica seus pontos de vista. Questionamentos independentes de qualquer tipo são claramente uma potencial ameaça. Bisbilhotar os segredos de Deus pode sabotar ainda mais o poder moral da Igreja e a autoridade secular dos governantes na Terra. Tais questionamentos também prejudicariam a humildade e a lealdade comunitária, e poderiam até levar alguém a esquecer a importância de Deus. Não surpreende que às vezes as autoridades religiosas fiquem preocupadas.

Mas por que há indivíduos que se alinham a esse ponto de vista? Para mim, a questão real não é apontar as diferenças entre ciência e religião. Isso pode ser razoavelmente bem delineado, como argumentei no capítulo anterior. As questões importantes a se responder são: por que as pessoas se importam tanto? Por que há tantas pessoas que desconfiam dos cientistas e do progresso científico? E por que esse conflito sobre a autoridade emerge com tanta frequência e continua até hoje?

Por acaso fui incluída na lista de e-mails da Mesa-Redonda de Ciência, Arte e Religião de Cambridge, uma série de discussões entre afiliados de Harvard e do Instituto de Tecnologia de Massachusetts (Massachusetts Institute of Technology, MIT). A primeira à qual compareci, sobre o poeta seiscentista George Herbert e os Novos Ateus, ajudou a jogar alguma luz sobre essas questões.

Stanley Fish, acadêmico de letras que se tornou professor de direito, era o principal palestrante no evento. Ele começou seus apontamentos resumindo a visão dos Novos Ateus e seu antagonismo à fé religiosa. Novos Ateus é o nome atribuído a um grupo de autores conhecidos pelos ataques à religião com críticas e palavras duras em seus best-sellers, entre os quais estão Christopher Hitchens, Richard Dawkins, Sam Harris e Daniel Dennett.

Após um breve resumo das ideias desses pensadores, Fish prosseguiu criticando a falta de entendimento que eles demonstravam ter sobre a religião, uma abordagem pelo visto adequada para o receptivo público do local — por ser não crente, eu acreditava estar em minoria naquele debate. Fish sustentou que os Novos Ateus teriam um argumento mais forte se tivessem levado em conta os desafios à autoconfiança com os quais os fiéis religiosos têm de lidar.

A fé requer questionamento ativo, e muitas religiões exigem isso de seus praticantes. Ainda assim, várias delas, incluindo alguns ramos do protestantismo, impõem uma rejeição ou supressão da vontade independente. Nas palavras de Calvino:

> O homem tem uma inclinação natural à autoadmiração ilusória. Aqui está, então, aquilo que a verdade de Deus requer que busquemos ao examinar a nós próprios: ela requer um tipo de conhecimento que nos destitua de toda a confiança em nossa própria habilidade, nos prive de todas as ocasiões para ostentação e nos leve à submissão.[4]

Essas palavras em particular se aplicam primariamente a questões morais. Mas a crença na necessidade de orientação externa é anticientífica, e é difícil saber onde traçar limites.

A luta entre a sede de conhecimento e a desconfiança do orgulho humano reverbera ao longo da literatura religiosa, incluindo os poemas de Herbert que Fish e os participantes do encontro debateram. O colóquio em Cambridge ainda discutiu os conflitos internos de Herbert sobre sua relação com Deus e com o conhecimento. Para o poeta, a compreensão autoelaborada era sinal de um orgulho pecaminoso. Alertas similares aparecem nos escritos de John Milton. Apesar de crer firmemente na necessidade de questionamentos intelectuais robustos, em *Paraíso perdido* ele faz Rafael dizer a Adão que este não deveria questionar de maneira tão curiosa o movimento das estrelas, pois "elas não precisam de tua crença".

Surpreendentemente (ao menos para mim), notáveis representantes de nosso grupo de professores de Harvard e do MIT que compareceram ao evento aprovaram as tentativas de autorrenúncia de Herbert, acreditando que é algo bom suprimirmos nossas individualidades e nos alinharmos a uma força maior. (Qualquer um que conheça professores de Harvard e do MIT ficaria espantado com essa alegada negação do ego.)

Talvez a questão sobre se pessoas podem acessar a verdade por conta própria seja o problema real no cerne do debate a respeito de ciência e religião. É possível que as atitudes negativas que vemos hoje em dia em relação à ciência estejam em parte enraizadas nas crenças declaradamente extremas de Herbert e Milton? Não sei se aquilo que tanto discutimos trata de como o mundo surgiu ou trata de quem tem o direito de descobrir coisas e em quais conclusões devemos confiar.

O universo nos torna humildes. A natureza esconde muitos de seus mistérios mais interessantes. Mas os cientistas são arrogantes o suficiente para achar que podem solucioná-los. A busca por respostas seria uma blasfêmia ou mera presunção? Einstein e David Gross, outro físico ganhador do prêmio Nobel, descreveram os cientistas como seres numa luta contra Deus para descobrir respostas para grandes questões sobre como a natureza funciona. David decerto não quis dizer isso literalmente (e sem dúvida não de maneira humilde) — ele estava reconhecendo nossa milagrosa habilidade de intuir o mundo à nossa volta.

Esse legado de não confiar em nossa habilidade para descobrir coisas por conta própria continua em outros aspectos também, quando o vemos no humor, em filmes e em boa parte da política atual. O respeito pelos fatos e a sinceridade se tornaram algo fora de moda em nossa era tão irônica e às vezes anti-intelectual. O grau com que algumas pessoas prosseguem negando o sucesso da ciência pode ser incrível. Certa vez conheci numa festa uma pessoa que insistiu comigo enfaticamente que não acreditava na ciência. Perguntei-lhe então se ela tinha tomado o mesmo elevador que eu tomara para chegar ao 11º andar. Seu telefone funcionava? Como o convite eletrônico tinha chegado até ela?

Muitas pessoas ainda acham que levar os fatos e a lógica a sério é algo embaraçoso, ou no mínimo esquisito. Uma fonte de sentimento anti-intelectual e anticientífico pode residir no ressentimento contra o ato de vaidade de gente que se sente poderosa o suficiente para manejar o mundo. Aqueles que têm a sensação de que não temos o direito de assumir desafios intelectuais enormes acreditam que estes estão num domínio de poderes além dos que possuímos. Essa peculiar tendência antiego e antiprogresso ainda pode ser vista no playground e no clube.

Para alguns indivíduos, a ideia de que é possível decifrar o mundo é uma fonte de otimismo e leva a uma sensação de mais compreensão e influência. Mas, para outros, a ciência e as autoridades científicas que mais sabem e mais têm habilidade nessas áreas técnicas são fonte de medo. As pessoas se dividem entre as que se sentem qualificadas para se ocupar de atividades científicas e avaliar conclusões científicas, e aquelas que se sentem excluídas e impotentes diante do pensamento científico, e portanto veem tal busca como um ato de ego.

A maioria das pessoas quer se sentir capaz e quer experimentar o sentimento de pertencer a algo. A questão que cada indivíduo encara é se a religião ou a ciência oferecem uma sensação maior de controle sobre o mundo. Onde você encontra confiança, conforto e compreensão? Você prefere acreditar que pode descobrir as coisas por conta própria, ou ao menos confiar isso a outros colegas humanos? As pessoas querem respostas e querem uma orientação que a ciência ainda não é capaz de fornecer.

Mesmo assim, a ciência nos mostrou muito sobre a constituição do universo e sobre como ele funciona. Quando você reúne tudo aquilo que sabemos, o quadro que os cientistas deduziram no decorrer do tempo se encaixa milagrosamente bem. As ideias científicas levam a previsões corretas. Alguns de nós confiam em sua autoridade, e muitos reconhecem as lições marcantes que a ciência nos deu ao longo das eras.

Constantemente vamos além da intuição humana ao explorar regiões às quais não temos acesso imediato, e descobertas que tragam de volta a centralidade dos humanos em nossa descrição de mundo ainda estão por ser feitas. A revolução copernicana sempre se repete quando nos damos conta de que somos apenas um entre muitos conjuntos de objetos de um tamanho aleatório em um lugar aleatório dentro do que parece — do ponto de vista científico — um universo operando de maneira aleatória.

A curiosidade das pessoas e a capacidade de fazer progresso em direção a essa fome de informação tornam a humanidade de fato especial. Somos uma espécie equipada para responder a perguntas e cavar respostas sistematicamente. Perguntamos, interagimos, comunicamos, elaboramos hipóteses, fazemos abstrações e, com tudo isso, ganhamos uma visão mais rica do universo e de nosso lugar dentro dele.

Isso não significa que a ciência necessariamente vá responder a todas as perguntas. As pessoas que esperam da ciência a solução para todos os problemas humanos com certeza estão no caminho errado também. Mas isso significa, sim, que a busca da ciência foi e continuará sendo uma empreitada que vale a pena. Ainda não dispomos de todas as respostas. Mas as pessoas com inclinação científica, tenham ou não fé religiosa, tentam abrir o universo para encontrá-las. A parte II explora o que elas descobriram até agora e o que está no horizonte.

PARTE II
A MATÉRIA EM ESCALA

5. *Magical Mistery Tour*

Apesar de o antigo filósofo grego Demócrito ter tomado o rumo certo há 2500 anos, quando postulou a existência de átomos, ninguém poderia ter imaginado como os verdadeiros componentes elementares da matéria seriam quando fossem revelados. Algumas das teorias físicas que se aplicam a pequenas distâncias são tão contraintuitivas que mesmo as pessoas mais criativas e com mente mais aberta jamais as teriam imaginado se os experimentos não tivessem forçado os cientistas a aceitar suas novas e confusas premissas. Assim que os cientistas do século passado adquiriram a tecnologia para sondar a escala dos átomos, passaram a ver que a estrutura interna da matéria desafia expectativas, uma vez após a outra. As peças se encaixam de um modo mais mágico do que qualquer coisa que possamos ver num palco.

Qualquer ser humano teria dificuldade para criar uma imagem visual precisa daquilo que acontece nas escalas minúsculas que a física de partículas estuda hoje. Os componentes elementares que se combinam para formar a entidade que reconhecemos como matéria são muito diferentes daquilo que captamos por meio de nossos sentidos. Esses componentes operam segundo leis físicas estranhas a nós. À medida que as escalas se reduzem, a matéria parece ser governada por propriedades tão diferentes que dão a impressão de serem parte de universos inteiramente distintos.

Ao tentarmos compreender essa estranha estrutura interna, muitas confusões surgem da falta de familiaridade com a variedade de ingredientes que emergem em diferentes escalas ou com a variedade de tamanhos aos quais teorias distintas se aplicam mais prontamente. Para entender o mundo físico de maneira completa, precisamos saber o que existe e ter uma noção dos tamanhos e escalas descritos por diferentes teorias.

Mais adiante, exploraremos os diversos tamanhos relevantes ao espaço, a fronteira final. Antes disso, neste capítulo, vamos olhar para dentro, começando com as escalas familiares e terminando no interior profundo da matéria — a outra fronteira final. Desde as escalas de comprimento encontradas comumente até os mecanismos internos de um átomo (nos quais a mecânica quântica é essencial), e depois até a escala de Planck (em que a gravidade seria tão intensa quanto as demais forças), exploraremos aquilo que sabemos e o modo como tudo se encaixa. Vamos passear agora por essa formidável paisagem interna que muitos físicos empreendedores ajudaram a decifrar ao longo do tempo.

O UNIVERSO EM ESCALA

Nossa jornada começa em escalas humanas — aquelas que podemos ver e tocar em nosso dia a dia. Não é coincidência que a medida de um metro — e não a de um milionésimo de metro ou a de 10 mil metros — se aproxime do tamanho de uma pessoa. Um metro é cerca do dobro do tamanho de um bebê e metade do tamanho de um adulto. Seria estranho se a unidade básica que usamos para medições comuns fosse a de um centésimo do tamanho da Via Láctea ou a do comprimento da perna de uma formiga.

Ainda assim, uma unidade física definida em termos de qualquer ser humano em particular não seria muito útil se uma fita métrica não tivesse uma medida compreensível e com a qual todos concordássemos.[1] Então, em 1791, a Academia Francesa de Ciências estabeleceu um padrão. Um metro deveria ser definido como a distância de um pêndulo com meio ciclo de um segundo ou então como um décimo de milionésimo da distância de um meridiano da Terra ao longo de um quadrante (a distância do equador ao polo norte, por assim dizer).

Nenhuma das definições tem muito a ver com os humanos. Os franceses estavam apenas tentando encontrar uma medida objetiva com a qual nos sentíssemos familiarizados, e com a qual todos concordassem. Eles acabaram optando pela segunda definição, para evitar incertezas oriundas da variação da força da gravidade ao longo da superfície da Terra.

A definição foi arbitrária. Foi concebida para tornar a medida de um metro precisa e padronizada, de forma que se chegasse a um consenso sobre o que ela seria. Mas um décimo de milionésimo não era coincidência. Com a definição oficial francesa, um bastão ou uma régua de um metro é algo que se pode carregar confortavelmente com as mãos.

A maior parte de nós está mais perto de ter dois metros de altura em vez de apenas um, mas ninguém mede dez metros, nem mesmo três. O metro é uma escala humana, e quando objetos têm esse tamanho temos familiaridade em lidar com eles — desde que sejamos hábeis em observar e interagir com eles (devemos manter distância de crocodilos na escala de um metro). Conhecemos as leis aplicáveis da física uma vez que são as que testemunhamos em nossa vida diária. Nossa intuição é baseada na observação, por toda a vida, de objetos e pessoas cujos tamanhos são razoavelmente bem descritos em termos de metros.

Às vezes acho notável o quão restrita essa nossa zona de conforto pode ser. O jogador de basquete Joakim Noah é amigo de meu primo. Minha família e eu nunca nos cansamos de comentar sua altura. Podemos olhar para fotos ou marcas no batente da porta revelando sua altura em várias idades e apreciá-lo ao bloquear o arremesso de um jogador menor. Joakim é fascinantemente alto. Mas, na verdade, ele é apenas 15% mais alto do que a média dos seres humanos, e seu corpo funciona da mesma maneira que o de todo mundo. As proporções exatas podem ser diferentes, algumas vezes dando vantagens mecânicas, outras vezes não. Mas as regras que seus ossos e músculos seguem são as mesmas seguidas pelos nossos.

As leis do movimento de Newton, escritas em 1687, até hoje nos mostram o que acontece quando aplicamos força em uma determinada massa. Elas valem para os ossos em nosso corpo e para uma bola arremessada por Joakim. Com essas leis, podemos calcular a trajetória da bola que ele joga aqui na Terra ou prever a rota do planeta Mercúrio em sua órbita em torno do Sol. Em todos os casos, as leis de Newton nos mostram que o movimento vai continuar à mesma velocidade, a menos que uma força aja sobre o objeto. Essa força vai acelerar um objeto de acordo com sua massa. Uma ação provocará uma reação de igual proporção na direção oposta.

As leis de Newton funcionam admiravelmente dentro de uma gama bem compreendida de comprimentos, velocidades e densidades. As disparidades só aparecem em distâncias pequenas nas quais a mecânica quântica muda as regras, em velocidades extremamente altas às quais a relatividade se aplica, ou em densidades enormes, como as de um buraco negro, onde a relatividade geral passa a reinar.

Os efeitos de qualquer uma dessas novas teorias que suplantaram as leis de Newton são pequenos demais para serem observados em distâncias, velocidades ou densidades ordinárias. Mas, com determinação e tecnologia, podemos alcançar os regimes nos quais encontramos essas limitações.

VIAGEM PARA DENTRO

Temos de viajar muito adentro antes de encontrar novos componentes físicos e novas leis físicas. Mas há um bocado de coisas acontecendo no escopo de escalas entre um metro e o tamanho de um átomo. Muitos dos objetos com que nos deparamos em nosso cotidiano e na própria vida têm aspectos importantes que só podemos notar quando exploramos sistemas menores, nos quais diferentes comportamentos ou subestruturas se tornam proeminentes. (Veja a figura 13 para algumas escalas às quais nos referimos neste capítulo.)

É claro que muitos objetos com os quais estamos familiarizados são feitos simplesmente da união de múltiplas unidades de uma única entidade fundamental, com poucos detalhes ou qualquer estrutura interna de interesse. Esses sistemas extensivos crescem como um muro de tijolos. Podemos fazer muros maiores ou menores ao adicionar mais ou menos tijolos, mas a unidade funcional básica continua sendo a mesma. Um muro alto é, em diversos aspectos, igual a um muro baixo. Esse tipo de escalonamento é exemplificado em muitos sistemas grandes que crescem com o número de componentes elementares repetidos. Isso se aplica, por exemplo, a várias organizações grandes e a chips de memória de computador que são compostos de grande quantidade de transistores idênticos.

Um tipo diferente de escalonamento, que se aplica a outros tipos de grandes sistemas, é o crescimento exponencial, que ocor-

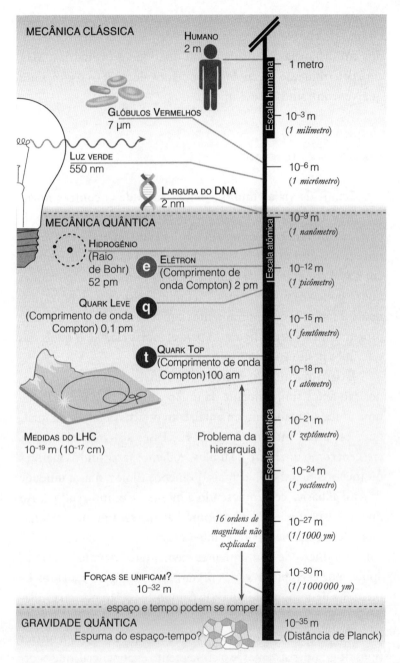

Figura 13. Um passeio pelas pequenas escalas e pelas unidades de comprimento usadas para descrevê-las.

re quando conexões, em vez de elementos fundamentais, determinam o comportamento de um sistema. Apesar de tais sistemas também crescerem com a adição de unidades similares, seu comportamento depende do número de conexões, não apenas do número de unidades básicas. Essas conexões não se estendem apenas a partes adjacentes, como acontece com tijolos, mas podem se estender a outras unidades ao longo do sistema. Exemplos disso são os sistemas neurais compostos de muitas conexões sinápticas, as células com muitas proteínas de interação e a internet, com um grande número de computadores conectados. Esse por si só é um assunto digno de estudo, e algumas formas de física também lidam com comportamentos macroscópicos emergentes relacionados.

Mas a física de partículas elementares não trata de sistemas complexos com múltiplas unidades. Ela se concentra em identificar os componentes elementares e as leis físicas às quais eles obedecem. Enfoca as quantidades físicas básicas e suas interações. Esses componentes menores são, claro, relevantes em comportamentos físicos complexos que envolvem muitos componentes interagindo de maneiras interessantes. Mas nosso foco aqui é identificar os menores componentes básicos e entender como eles se comportam.

Tanto com tecnologia quanto com sistemas biológicos, os componentes individuais de sistemas maiores têm estruturas internas também. Afinal de contas, computadores são construídos de microprocessadores, que por sua vez são feitos de transistores. E quando médicos examinam o interior de um corpo humano, encontram órgãos, vasos sanguíneos e tudo o mais que alguém encontraria numa dissecção. Isso tudo, por sua vez, é feito de células e de DNA, que só são visíveis com uso de tecnologia mais avançada. O funcionamento desses elementos internos não se parece em nada com aquilo que vemos quando observamos apenas a superfície. Os elementos mudam em escalas menores. E muda também a melhor descrição das regras que esses elementos seguem.

A história do estudo da fisiologia é, de certa forma, análoga à do estudo das leis físicas, e cobre algumas das escalas de comprimento interessantes para humanos. Então, antes de nos voltarmos para a física e o mundo externo, reflitamos um pouco sobre nós mesmos e sobre como alguns aspectos mais familiares do funcionamento interno do corpo foram compreendidos.

A clavícula é um exemplo interessante de algo que só pode ser entendido com uma dissecção. Em inglês, esse osso era chamado de *collarbone*, e possuía tal nome porque lembra uma gola — em inglês, *collar*. Mas, quando os cientistas investigaram o interior do corpo humano, viram que ele possui uma peça similar a uma chave [*clave*, em latim], o que deu a ele o outro nome pelo qual o conhecemos: clavícula — em inglês, *clavicle*.

A circulação do sangue e os sistemas capilares que conectam artérias e veias permaneceram igualmente incompreendidos até o início do século XVII, quando William Harvey fez meticulosos experimentos para explorar os detalhes de corações e redes de vasos sanguíneos em animais e humanos. Apesar de ser inglês, Harvey estudou medicina na Universidade de Pádua, onde aprendeu um bocado com seu mentor Hieronymus Fabricius, que também tinha interesse pelo fluxo de sangue, mas não entendia o papel das veias e de suas válvulas.

Harvey não apenas mudou nossa imagem dos objetos envolvidos no caso — artérias e veias carregando sangue por uma rede que se ramifica em capilares funcionando em escalas cada vez menores —, mas também descobriu um processo. O sangue é transferido repetidamente às células de uma maneira que ninguém havia previsto até que isso de fato fosse visto. Harvey descobriu mais que uma série de fatos — descobriu todo um novo sistema.

Contudo, ele ainda não tinha as ferramentas para descobrir em termos físicos o sistema capilar, algo que Marcello Malpighi conseguiu fazer apenas em 1661. As sugestões de Harvey haviam incluído hipóteses baseadas em argumentos teóricos que só mais tarde foram validados por experimentos. Apesar de Harvey ter feito ilustrações detalhadas, ele não podia atingir o mesmo nível de resolução que Leeuwenhoek e outros usuários do microscópio iriam atingir mais tarde.

Nosso sistema circulatório contém glóbulos vermelhos. Esses elementos internos medem apenas sete micrômetros — cerca de um centésimo de milésimo de um metro. Isso é cem vezes menor do que a espessura de um cartão de crédito — mais ou menos o tamanho de uma gotícula de névoa e dez vezes menor que algo visível a olho nu (o que, por sua vez, é um pouco menor do que a espessura de um fio de cabelo).

A circulação e o fluxo de sangue sem dúvida não são os únicos processos humanos que médicos decifraram ao longo do tempo. E a exploração das estruturas internas de seres humanos também não parou na escala do micrômetro. A descoberta de elementos e sistemas totalmente novos tem se repetido desde então em escalas cada vez menores, tanto em humanos como em sistemas físicos inanimados.

Com o tamanho de cerca de um décimo de mícron — 10 milhões de vezes menor que um metro —, encontramos o DNA, o bloco de construção fundamental dos seres vivos, o portador da informação genética. Esse tamanho é cerca de mil vezes maior que um átomo, mas já está na escala em que a física molecular (ou seja, a química) tem papel importante. Apesar de ainda não serem de todo compreendidos, os processos moleculares dentro do DNA estão por trás da abundante variedade de vida que cobre o planeta. Moléculas de DNA contêm milhões de nucleotídeos que, não surpreendentemente, explicam o papel significativo que a mecânica quântica das ligações atômicas tem na biologia.

O próprio DNA pode ser categorizado em diferentes escalas. Com sua estrutura molecular torcida e enrolada, o comprimento total do DNA humano pode ser medido em metros. Mas as tiras de DNA têm largura de apenas dois milésimos de mícron — ou dois nanômetros. Isso é menos do que a menor porta de transistor de um microprocessador atual, com cerca de trinta nanômetros. Um único nucleotídeo mede apenas 0,33 nanômetro de comprimento, e é comparável ao tamanho de uma molécula ‘e água. Um gene normalmente tem algo entre mil e 100 mil nucleotídeos. A descrição mais útil de um gene envolve diferentes tipos de questões em relação àquelas que usamos para um nucleotídeo individual. O DNA, portanto, opera de maneiras distintas em escalas distintas. Com ele, os cientistas respondem a diferentes perguntas e usam diferentes descrições em diferentes escalas.

A biologia lembra a física quando suas unidades menores dão origem a uma estrutura que enxergamos em escalas maiores. Mas a primeira envolve muito mais do que entender os elementos individuais de sistemas vivos. Seus objetivos são muito mais ambiciosos. Apesar de acreditarmos que, em última instância, as leis da física embasam os processos em operação no corpo humano, os sistemas biológicos funcionais são complexos e intrincados, exibindo com frequência comportamentos difíceis de antecipar. É tremendamente difícil desemaranhar suas unidades básicas e seus complicados mecanismos de retroalimentação — e a combinatória do código genético torna isso ainda mais complicado. Mesmo com o conhecimento sobre as unidades básicas, a tarefa das ciências emergentes complicadas, sobretudo aquela responsável pela vida, é descomunal.

Também os físicos nem sempre podem entender processos em escalas maiores partindo do entendimento da estrutura de subunidades individuais. A maioria dos sistemas físicos, porém, é mais simples do que os biológicos. Apesar de as estruturas compostas serem complexas e poderem ter propriedades diferentes das de suas unidades menores, os mecanismos de retroalimentação e as estruturas em evolução normalmente não têm um papel tão relevante. Para os físicos, encontrar o componente mais simples e mais elementar é um objetivo importante.

ESCALAS ATÔMICAS

Quando nos afastarmos dos mecanismos de sistemas vivos e reduzirmos ainda mais a escala para entendermos os elementos físicos básicos em si, o próximo comprimento no qual faremos uma pausa momentânea é o da escala atômica, cem picômetros, cerca de 10 bilhões (10^{10}) de vezes menor do que um metro. A escala precisa de um átomo é difícil de determinar, pois envolve elétrons, que circulam ao redor de um núcleo mas nunca ficam estáticos. Entretanto, é costume categorizar a distância média do elétron ao núcleo e rotular isso como sendo o tamanho do átomo.

As pessoas evocam imagens para explicar processos físicos nessas escalas pequenas, mas elas são necessariamente baseadas em analogias. Para descrever uma estrutura completamente diferente, que exibe comportamento estranho e contraintutitivo, não temos escolha a não ser aplicar descrições com as quais estamos familiarizados a partir de nossa experiência nas escalas de comprimento ordinárias.

Desenhar o interior de um átomo com fidelidade é impossível usando a fisiologia mais prontamente à nossa disposição — ou seja, com nossos sentidos e nossa habilidade manual em escala humana. A visão, por exemplo, se baseia em fenômenos que se tornam visíveis pela luz, composta de ondas eletromagnéticas. Essas ondas de luz — as do espectro óptico — têm comprimento que varia entre 380 e 750 nanômetros. Isso é muito maior que o tamanho de um átomo, que possui apenas cerca de um décimo de nanômetro. (Veja a figura 14.)

Figura 14. Um átomo individual é um simples ponto, mesmo comparado ao menor comprimento de onda da luz visível.

Isso significa que sondar o interior de um átomo com a luz visível para tentar vê-lo diretamente com os olhos é algo tão impossível quanto passar um fio numa agulha vestindo luvas de boxe. Os comprimentos de onda envolvidos nos forçam a implicitamente embaçar os tamanhos menores que essas ondas mais longas jamais teriam resolução para mostrar. Então, quando queremos de fato "ver" quarks ou mesmo um próton, estamos pedindo algo que, em essência, é impossível. Simplesmente não temos a capacidade de visualizar com precisão o que está lá.

Mas confundir nossa habilidade de imaginar fenômenos com nossa confiança em sua realidade é um erro que cientistas não podem se permitir. A incapacidade de ver ou de criar uma imagem mental não significa que não possamos deduzir os elementos físicos ou processos que estão acontecendo nessas escalas.

A partir de uma perspectiva hipotética da escala de um átomo, o mundo nos pareceria incrível, porque as regras da física são extremamente diferentes daquelas que se aplicam às escalas que marcamos em réguas com comprimentos familiares. O mundo de um átomo em nada se parece com aquilo que imaginamos quando visualizamos a matéria. (Veja a figura 15.)

Talvez a primeira e mais marcante observação que se deve fazer é que o átomo consiste primariamente em espaço vazio.[2] O núcleo, o centro de um átomo, é cerca de 10 mil vezes menor em

PARTES DO ÁTOMO

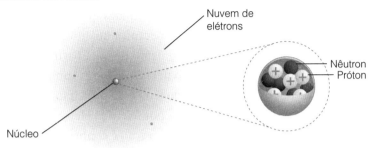

Figura 15. Um átomo é constituído de elétrons orbitando um núcleo central, que consiste em prótons positivamente carregados, cada um de carga um, e nêutrons neutros, com carga zero.

raio do que as órbitas dos elétrons. Um núcleo típico mede cerca de 10^{-14} metros, dez femtômetros. Um núcleo de hidrogênio, cerca de um décimo disso. O núcleo comparado ao raio de um átomo é tão pequeno quanto o Sol comparado ao sistema solar. A maior parte do átomo é vazia. O volume de um núcleo é um mero trilionésimo do volume de um átomo.

Não é isso que observamos ou tocamos quando batemos o punho numa porta ou bebemos líquido fresco por um canudo. Nossos sentidos nos levam a imaginar a matéria como algo contínuo. Ainda assim, em escalas atômicas, constatamos que a matéria é em sua maior parte desprovida de qualquer coisa substancial. Ela só nos parece sólida e contínua porque nossos sentidos arredondam tamanhos menores. Em escalas atômicas, não é.

Esse quase vazio da matéria não é de todo surpreendente na escala do átomo. Aquilo que provocou uma tempestade no mundo da física — e ainda intriga físicos e não físicos — é que mesmo as premissas mais básicas da física newtoniana deixam de valer nessas distâncias minúsculas. A natureza de onda da matéria e o princípio da incerteza — elementos-chave da mecânica quântica

— são críticos para entender elétrons atômicos. Eles não seguem curvas simples descrevendo as rotas definidas que costumamos ver desenhadas. De acordo com a mecânica quântica, ninguém pode calcular a localização e o momento de uma partícula com precisão infinita, um pré-requisito necessário para acompanhar a trajetória de um objeto ao longo do tempo. O princípio da incerteza de Heisenberg, desenvolvido por Werner Heisenberg em 1926, diz que a precisão com que a posição é conhecida limita a precisão máxima com a qual podemos calcular o momento.[3] Se os elétrons seguissem trajetórias clássicas, saberíamos a cada instante onde o elétron está, que direção segue e quão rápido é, de forma que poderíamos saber onde ele estará em qualquer instante futuro, contradizendo o princípio de Heisenberg.

A mecânica quântica nos diz que os elétrons não ocupam localizações fixas nos átomos, como o quadro clássico nos diria. Em vez disso, distribuições de probabilidade nos dizem qual é a chance de um elétron ser encontrado em qualquer ponto em particular no espaço, e tudo que sabemos são essas probabilidades. Podemos prever a posição média de um elétron como função do tempo, mas qualquer cálculo em particular está sujeito ao princípio da incerteza.

Tenha em mente que essas distribuições não são arbitrárias. Os elétrons não podem ter qualquer energia ou qualquer distribuição de probabilidade. Não há nenhuma boa maneira clássica de descrever a órbita de um elétron — ela só pode ser descrita em termos probabilísticos. Mas as distribuições de probabilidade são de fato funções precisas. Com a mecânica quântica, podemos escrever uma equação descrevendo a solução de onda para um elétron, e isso nos diz qual é sua probabilidade de estar em qualquer dado ponto no espaço.

Outra propriedade notável, da perspectiva de um físico newtoniano clássico, é que os elétrons em um átomo só podem ocupar níveis quantizados fixos de energia. As órbitas de elétrons dependem de suas energias, e aqueles níveis particulares de energia com suas probabilidades associadas precisam ser consistentes com as regras da mecânica quântica.

Os níveis quantizados de elétrons são essenciais para o entendimento do átomo. No início do século xx, uma pista importante de que as regras clássicas teriam de mudar de maneira radical era que, classicamente, os elétrons não seriam estáveis se estivessem circulando um núcleo. Eles iriam irradiar energia e rapidamente cair no núcleo ao centro. Isso não apenas trairia a essência de um átomo, mas também impediria a existência da estrutura da matéria a partir de átomos estáveis tais quais os conhecemos.

Em 1912, Niels Bohr se deparou com uma escolha desafiadora — abandonar a física clássica ou abandonar sua crença na realidade observada. Bohr sabiamente escolheu a primeira opção e reconheceu que as leis clássicas não se aplicam às pequenas distâncias ocupadas por elétrons em um átomo. Esse foi um dos insights cruciais que levaram ao desenvolvimento da física quântica.

Após desistir das leis de Newton, ao menos nesse regime limitado, Bohr pôde postular que os elétrons ocupavam níveis fixos de energia de acordo com uma condição de quantização que ele propôs, chamada *momento angular orbital*. Segundo Bohr, sua regra de quantização se aplicava a uma escala atômica. As regras eram diferentes das que usamos em escalas macroscópicas, como aquela na qual temos a Terra circulando o Sol.

Tecnicamente, a mecânica quântica ainda se aplica a esses sistemas grandes também. Mas os efeitos são pequenos demais para serem medidos ou percebidos. Quando observamos a órbita da Terra ou qualquer objeto macroscópico, a mecânica quântica pode ser ignorada. Os efeitos se arredondam em todas essas medições, de forma que qualquer previsão feita sai de acordo com sua contrapartida clássica. Conforme discutimos no primeiro capítulo, para medições em escalas macroscópicas as previsões clássicas em geral continuam sendo aproximações extremamente boas — tão boas que não é possível distinguir se a mecânica quântica é de fato a estrutura subjacente mais profunda. As previsões clássicas são análogas às palavras e imagens de altíssima resolução em uma tela de computador. Aquilo que as compõe é um grande conjunto de pixels, que funcionam como a subestrutura quanto-mecânica atômica. Mas as imagens e palavras costumam ser tudo aquilo que precisamos (ou queremos) ver.

A mecânica quântica constituiu uma mudança de paradigma que se tornou aparente apenas na escala atômica. Apesar da premissa radical de Bohr, ele não teve de abandonar o que havia sido descoberto antes. Ele não considerou que a física clássica newtoniana estivesse errada. Simplesmente pressupôs que as leis clássicas deixam de ser aplicáveis para elétrons num átomo. A matéria macroscópica, que consiste em tantos átomos que os efeitos quânticos não podem ser isolados, obedece às leis de Newton, pelo menos no nível em que qualquer um pode medir o sucesso de suas previsões. As leis de Newton não estão erradas. Nós não as abandonamos dentro do regime em que são aplicáveis. Mas na escala atômica elas teriam de falhar. E falharam de uma forma espetacular e observável, que levou ao desenvolvimento das novas regras da mecânica quântica.

FÍSICA NUCLEAR

Ao seguirmos nossa jornada escala abaixo até o núcleo em si, continuaremos vendo emergir diferentes descrições, bem como diferentes componentes básicos e até diferentes leis físicas. Mas o paradigma básico da mecânica quântica permanecerá intacto.

Dentro do átomo, exploraremos agora uma estrutura interna

com o tamanho de cerca de dez femtômetros, o tamanho nuclear de um centésimo de milésimo de nanômetro. Pelo que medimos até agora, os elétrons são fundamentais — isso significa que eles não parecem ser divisíveis em componentes menores. O núcleo, por outro lado, não é um objeto fundamental. Ele é composto de elementos menores, conhecidos como núcleons. Os núcleons podem ser prótons ou nêutrons. Os prótons têm carga elétrica positiva e os nêutrons são neutros, sem carga positiva nem negativa.

Uma forma de entender a natureza de prótons e nêutrons é reconhecer que eles tampouco são fundamentais. George Gamow, grande físico nuclear e popularizador da ciência, ficou tão entusiasmado com a descoberta de prótons e nêutrons que os considerou a "outra fronteira" final: ele não achava que qualquer outra subestrutura existisse. Em suas palavras:

> Em vez de um número tão grande de átomos "indivisíveis" da física clássica, terminamos com apenas três entidades essencialmente diferentes; prótons, elétrons e nêutrons [...]. Portanto, ao que tudo indica, chegamos ao fundo de nossa busca por elementos básicos dos quais a matéria é formada.[4]

Ele não enxergou longe o suficiente. Ou, para ser mais precisa, não enxergou perto o suficiente. Existem de fato mais subestruturas — componentes mais elementares do que prótons e nêutrons —, mas encontrar os elementos mais fundamentais seria um desafio. Seria preciso estudar escalas de comprimento menores do que o tamanho de um próton e um nêutron, o que requer energias mais altas ou sondas menores do que as que existiam quando Gamow fez sua imprecisa previsão.

Se quiséssemos então entrar no núcleo para ver nêutrons e prótons com o tamanho de um fermi — cerca de um décimo do núcleo em si —, encontraríamos objetos que Murray Gell-Mann e

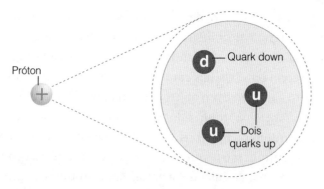

Figura 16. A carga de um próton é atribuída à valência de três quarks — dois quarks up e um quark down.

George Zweig suspeitavam existir dentro dos núcleons. Gell-Mann criativamente batizou essas unidades subestruturais de *quarks*, inspirado por um trecho de *Finnegans Wake*, de James Joyce ("três quarks para o sr. Mark"). Os quarks up e down dentro de um núcleo são os objetos mais fundamentais e de menor tamanho (dois *up* e um *down* são mostrados na figura 16) que uma força chamada *força nuclear forte* une para formar prótons e nêutrons.

Apesar de seu nome genérico, a força forte é uma força específica da natureza, que complementa as outras forças conhecidas: o eletromagnetismo, a gravidade e a força nuclear fraca, que discutiremos depois.

A força forte tem esse nome porque é forte — estou citando aqui uma frase realmente dita por um colega físico. Mesmo soando tolo, é verdade. É por isso que os quarks são sempre encontrados unidos em objetos como prótons e nêutrons, nos quais a influência direta da força nuclear forte se cancela. A força é tão forte que, na ausência de outras influências, os componentes fortemente interativos jamais serão encontrados distantes um do outro.

Ninguém jamais conseguiu isolar um único quark. É como se todos eles tivessem uma espécie de cola que se torna grudenta em grandes distâncias (as partículas que comunicam a força forte são, por esse motivo, conhecidas como glúons [de *glue*, "cola" em inglês]). Imagine uma tira de elástico cuja força restauradora só age quando você a estica. Dentro de um próton ou de um nêutron, os quarks são livres para se mover. Mas para afastar um quark até uma distância significativa é preciso energia adicional.

Apcsar de essa descrição ser de todo correta e honesta, é preciso ter cautela com a interpretação. É tentador imaginar os quarks como se estivessem unidos dentro de um saco com uma barreira palpável da qual eles não podem escapar. De fato, um modelo de sistemas nucleares, em essência, trata prótons e nêutrons precisamente dessa maneira. Mas esse modelo, diferentemente de outros que vamos encontrar mais adiante, não é uma hipótese sobre aquilo que na verdade acontece. Seu propósito é apenas fazer cálculos numa faixa de distâncias e energias na qual as forças são tão fortes que nossos métodos costumeiros não são aplicáveis.

Prótons e nêutrons não são linguiças. Não há um invólucro sintético em volta dos quarks em um próton. Os prótons são conjuntos estáveis de três quarks unidos pela força forte. Em razão das interações fortes, três quarks leves agem de modo coordenado como um único objeto, seja um nêutron ou um próton.

Outra consequência importante da força forte — e da mecânica quântica — é a criação de partículas adicionais virtuais dentro de um próton ou nêutron — partículas permitidas pela mecânica quântica que não duram para sempre, mas têm uma contribuição energética a cada dado momento. A massa de um próton ou nêutron — e também a energia, como Einstein mostrou na fórmula $E = mc^2$ — não é constituída apenas de quarks em si, mas também das ligações que os mantêm unidos. A força forte é como uma tira de elástico amarrada a duas bolas, mas com energia própria. Um "peteleco" na energia armazenada permite que novas partículas sejam criadas.

Contanto que o saldo de carga das novas partículas seja zero, essa criação de partículas a partir da energia de um próton não viola nenhuma lei física. Um próton de carga positiva, por exemplo, não poderia se transformar de repente num objeto neutro quando partículas virtuais são criadas.

Isso significa que, toda vez que é criado um quark — uma partícula com carga não zero —, é preciso que seja formado um *antiquark* — uma partícula com massa idêntica à de um quark mas com a carga oposta. Na verdade, um par de quark/antiquark pode ser tanto criado quanto destruído. Por exemplo, um quark e um antiquark podem produzir um fóton (a partícula que comunica a força eletromagnética), que por sua vez produz outro par de partícula/antipartícula. (Veja a figura 17.) Sua carga total é zero, portanto, mesmo com a criação e a destruição do par, a carga dentro de um próton nunca muda.

Além de quarks e antiquarks, o *mar do próton* (esse é o termo técnico) — que consiste em partículas virtuais criadas — também contém glúons. Estes são as partículas que comunicam a força forte. Eles são análogos ao fóton que partículas com carga elétrica trocam entre si para criar interações eletromagnéticas. Os glúons (há oito tipos diferentes) agem de maneira similar para comunicar a força nuclear forte. Partículas com a carga sobre a qual a força forte age trocam glúons entre si, e essa troca faz com que os quarks se atraiam ou se repilam.

Entretanto, diferentemente dos fótons — que não possuem carga elétrica e, portanto, não têm uma experiência direta com a força eletromagnética —, os glúons são eles próprios sujeitos à força forte. Então, enquanto os fótons transmitem forças ao longo de enormes distâncias — de forma que podemos ligar uma tv e captar sinais gerados a quilômetros de distância —, os glúons, assim como os quarks, não podem percorrer grandes distâncias,

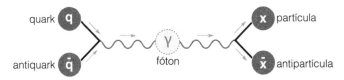

Figura 17. Quarks e antiquarks suficientemente energéticos podem aniquilar-se produzindo energia, que, em contrapartida, cria outras partículas carregadas e suas antipartículas.

pois acabam interagindo no meio do caminho. Eles unem objetos em escalas pequenas comparáveis ao tamanho de um próton.

Se obtivermos uma imagem granulada de um próton e enfocarmos apenas os elementos que carregam a carga dele, diríamos que um próton é primariamente composto de três quarks. Entretanto, o próton contém muito mais do que a *valência* dos três quarks — dois quarks up e um quark down — contribuindo para sua carga. Além dos três quarks responsáveis pela carga do próton está um mar de partículas virtuais — ou seja, pares de quark/antiquark e glúons. Quanto mais de perto examinamos um próton, mais pares virtuais quark/antiquark e glúons encontramos. A distribuição exata depende da energia com que o sondamos. A energias com as quais podemos colidir prótons hoje, vemos que uma parte substancial de sua energia é composta de glúons, quarks e antiquarks virtuais de diferentes tipos. Eles não são importantes para determinar a carga elétrica — a soma das cargas de todas essas coisas virtuais é zero. Entretanto, como veremos adiante, eles são importantes para previsões sobre as colisões entre prótons, quando precisamos saber exatamente o que está dentro de um próton e o que compõe sua energia. (Veja a figura 18 para a estrutura mais complicada dentro de um próton.)

Agora que baixamos até a escala dos quarks, unidos pela força nuclear forte, eu gostaria de poder contar o que acontece em escalas ainda menores. Há estrutura dentro de um quark? Ou

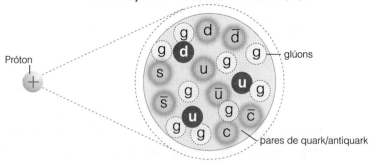

Figura 18. O LHC faz prótons colidirem a altas energias, cada um dos quais contém três quarks de valência mais muitos quarks virtuais e glúons que também podem participar das colisões.

mesmo dentro de um elétron? Por enquanto, ainda não temos evidência de tais coisas. Nenhum experimento até hoje produziu qualquer evidência de que haja mais subestruturas. Em termos de nossa jornada ao interior da matéria, quarks e elétrons são o fim da linha — por enquanto.

O Grande Colisor de Hádrons, porém, está explorando agora uma escala de energia mais de mil vezes maior — e, portanto, uma distância mil vezes menor — do que as escalas associadas à massa do próton. O LHC atinge seus objetivos ao colidir dois feixes de prótons acelerados a energias extremamente altas — mais altas do que jamais se atingiu antes aqui na Terra. Esses feixes consistem em alguns milhares de conjuntos de 100 bilhões de prótons cada um, alinhados com precisão, ou colimados, em pequenos pacotes que circulam no túnel circular. Há 1232 ímãs supercondutores localizados ao longo do anel para manter os prótons dentro do tubo do feixe enquanto campos elétricos os aceleram a altas energias. Outros ímãs (392, para ser exata) reorientam os feixes de forma que parem de trafegar um sobre o outro e colidam.

Então — e esse é o ponto onde toda a ação ocorre —, esses ímãs guiam os dois feixes de prótons que circulam o anel até uma rota precisa, para que colidam numa região menor que a espessura de um fio de cabelo. Quando essa colisão acontece, parte da energia dos prótons acelerados é convertida em massa — segundo nos diz a famosa fórmula de Einstein $E = mc^2$. A partir dessas colisões, com a energia que elas liberam, novas partículas elementares podem ser criadas, mais pesadas do que quaisquer outras já vistas.

Quando os prótons se encontram, quarks e glúons às vezes se chocam com um bocado de energia numa região muito concentrada — como se existissem pedras dentro de dois balões colidindo. O LHC fornece uma energia tão alta que os componentes individuais dos prótons em colisão também entram em choque. Entre eles estão os dois quarks up e o quark down responsáveis pela carga do próton. Mas, nas energias do LHC, partículas virtuais carregam uma boa fração da energia do próton também. No colisor, além dos três quarks que contribuem para a carga do próton, o "mar" virtual de partículas também entra em colisão.

Quando isso acontece — e esta é a chave para toda a física de partículas —, o número de partículas pode mudar, e seus tipos também. Novos resultados do Grande Colisor de Hádrons devem nos ensinar mais sobre distâncias e tamanhos menores. Além de nos revelar algo sobre possíveis subestruturas, eles devem nos revelar outros aspectos dos processos físicos que podem ser relevantes em distâncias menores. Hoje, as energias do LHC são a fronteira final para experimentos sobre pequenas distâncias — e o serão por pelo menos um bom tempo.

ALÉM DA TECNOLOGIA

Terminamos aqui nossa jornada introdutória para as menores escalas acessíveis com tecnologias já consolidadas ou mesmo imaginadas. Contudo, as atuais limitações humanas em nossa habilidade exploratória não restringem a natureza da realidade. Aparentemente, será difícil desenvolver tecnologias para explorar escalas muito menores. Apesar disso, podemos tentar deduzir a estrutura e a interação nessas distâncias por meio de argumentos teóricos e matemáticos.

Trilhamos um longo caminho desde os gregos. Agora reconhecemos que, sem evidências experimentais, é impossível estarmos certos sobre aquilo que existe nessas escalas minúsculas que também gostaríamos de compreender. Mesmo na ausência de medições, porém, pistas teóricas podem guiar nossa exploração e sugerir como a matéria e as forças se comportariam em escalas ainda menores. Podemos investigar oportunidades capazes de ajudar a explicar e ligar os fenômenos que ocorrem em escalas mensuráveis, mesmo que os componentes fundamentais não sejam diretamente acessíveis.

Não sabemos ainda qual de nossas ideias especulativas vai se revelar correta, se é que alguma delas vai. Mas, mesmo sem acesso experimental direto às distâncias muito pequenas, as escalas que já observamos impõem uma restrição àquilo que pode existir de maneira consistente — uma vez que, no fim das contas, é a teoria subjacente que tem de explicar aquilo que vemos. Ou seja, resultados experimentais, mesmo em escalas de distâncias maiores, afunilam as possibilidades e nos motivam a especular em certas direções específicas.

Como ainda não exploramos essas energias, não sabemos muito sobre elas. Especula-se até a existência de um *deserto*, um hiato de energias ou comprimentos interessantes, entre as do LHC e as que se aplicam a distâncias muito menores e a energias muito maiores. Provavelmente, isso é falta de imaginação ou de dados funcionais. Para muitos, porém, a próxima escala interessante tem a ver com a *unificação*.

Uma das especulações mais intrigantes sobre distâncias menores consiste na unificação das forças em pequenas distâncias. Esse é um conceito que desperta a imaginação tanto do público quanto dos cientistas. De acordo com tal cenário, o mundo que vemos ao redor falha em nos revelar uma teoria fundamental subjacente que, de maneira simples e bela, possa incorporar todas as forças (ou, pelo menos, todas à exceção da gravidade). Muitos físicos têm perseguido intensamente essa unificação desde que a existência de mais de uma força foi compreendida.

Entre essas especulações, uma das mais interessantes foi feita em 1974 por Howard Georgi e Sheldon Glashow. Em baixas energias, observamos três forças não gravitacionais distintas com diferentes intensidades (as forças eletromagnética, nuclear fraca e nuclear forte). O que eles sugerem é que, a altas energias, existe apenas uma força, possuindo uma única intensidade. (Veja a figura 19.)[5] Essa força foi chamada de força unificada porque engloba três forças conhecidas. A especulação foi batizada de GUT, sigla de

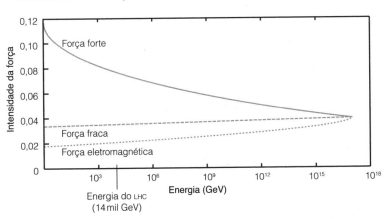

Figura 19. A altas energias, as três forças não gravitacionais podem ter a mesma intensidade e, portanto, poderiam ser unificadas em uma única força.

Grand Unified Theory [Grande Teoria Unificada], porque Georgi e Glashow acharam que seria engraçado.*

A possibilidade de a intensidade das forças convergir parece ser mais do que uma especulação à toa. Cálculos usando mecânica quântica e relatividade especial indicam que pode ser esse o caso.[6] Mas a escala de energia em que isso ocorreria está muito além das energias que podemos estudar com experimentos em colisores. A distância na qual a força unificada passaria a operar é de cerca de 10^{-30} centímetros. Mesmo que esse tamanho esteja muito além de qualquer coisa que consigamos observar diretamente, podemos procurar consequências indiretas da unificação.

Uma delas é o decaimento de prótons. De acordo com a teoria de Georgi e Glashow — que introduz novas interações entre quarks e léptons —, prótons devem decair. Dada a natureza bastante específica de sua proposta, os físicos poderiam calcular a taxa com que isso ocorreria. Até agora, nenhuma evidência experimental da unificação foi encontrada, descartando sua sugestão específica. Isso não significa que ela esteja necessariamente incorreta. A teoria pode ser mais sutil do que a que eles propuseram.

O estudo da unificação demonstra que podemos estender nosso conhecimento além de escalas que observamos de modo direto. Às vezes temos sorte, e experimentos inteligentes sugerem que é possível testar se a extrapolação está de acordo com os dados ou se foi ingênua demais. No caso de Grandes Teorias Unificadas, os experimentos de decaimento de prótons permitiram aos cientistas estudar indiretamente as interações em distâncias pequenas demais para observação direta. Esses experimentos lhes permitiram testar a proposta. Uma lição desse exemplo é que às vezes alcançamos insights interessantes sobre a matéria e as forças. Ao especularmos sobre escalas de distância que parecem remotas de-

---

* Em inglês, *gut* significa "intestino". (N. T.)

mais para serem relevantes à primeira vista, podemos criar novas maneiras de estender as implicações de nossos experimentos a energias maiores e fenômenos mais gerais.

A próxima (e última) parada em nossa jornada teórica é a distância conhecida como *comprimento de Planck*, mais precisamente 10^{-33} centímetros. Para termos uma noção de quão minúscula é essa distância, basta imaginarmos que, comparado a um próton, o comprimento de Planck é tão pequeno quanto um próton comparado à largura do estado americano de Rhode Island [sessenta quilômetros]. Nessa escala, mesmo algo tão fundamental quanto nossas noções básicas de tempo e espaço deve falhar. Não podemos sequer imaginar um experimento hipotético para sondar distâncias menores do que o comprimento de Planck. É a menor escala que somos capazes de imaginar.

A incapacidade de sondar experimentalmente a distância de Planck pode ser mais do que um sintoma dos limites de nossa imaginação, de nossa tecnologia ou mesmo de nosso dinheiro. A inacessibilidade das distâncias pequenas pode ser na verdade uma restrição imposta pelas leis da física. Como veremos no próximo capítulo, a mecânica quântica diz que investigar distâncias pequenas é algo que requer altas energias. Mas, quando a energia presa numa região pequena passa a ser grande demais, a matéria colapsa para formar um buraco negro. A partir desse ponto, a gravidade passa a dominar, e adicionar mais energia ao sistema torna o buraco negro maior — não menor. O mesmo ocorre nas situações macroscópicas com que estamos acostumados, nas quais a mecânica quântica tem papel limitado. Simplesmente não sabemos como explorar qualquer distância menor do que o comprimento de Planck. Reunir mais energia não adianta. É bastante provável que ideias tradicionais não mais se apliquem a esse tamanho minúsculo.

Há pouco tempo, proferi uma palestra na qual expliquei o estado atual da física de partículas e expus nossas sugestões para a possível natureza de dimensões extras. Após o evento, alguém me lembrou de uma declaração minha que eu já havia esquecido, sobre as limitações de nossa noção de espaço-tempo. Eu tinha sido questionada sobre como poderia conciliar especulações acerca de dimensões extras com a ideia da ruptura do espaço-tempo.

As especulações sobre a ruptura do espaço, e possivelmente do tempo, aplicam-se apenas ao invisivelmente pequeno comprimento de Planck. Como ninguém jamais observou escalas menores do que 10^{-17} centímetros, o requisito de uma boa geometria suave em distâncias mensuráveis não foi violado. Mesmo que a própria noção de espaço se rompa abaixo da escala de Planck, isso ainda é muito menor do que os comprimentos que exploramos. Não há inconsistência até agora, pois uma estrutura suave e reconhecível é o que emerge ao vermos, em escalas observáveis maiores, um arredondamento daquilo que ocorre. Afinal de contas, diferentes escalas em geral exibem comportamentos muito distintos. Einstein falava sobre geometrias contínuas para o espaço de grande escala. Mas sua ideia pode ruir em escalas menores — desde que elas sejam tão pequenas e causem efeitos tão desprezíveis nas escalas mensuráveis que os novos ingredientes mais fundamentais deixem de ter impacto perceptível observável.

Independentemente de o espaço-tempo sofrer ou não uma ruptura, existe um aspecto crítico revelado por nossas equações sobre o comprimento de Planck. A essa distância, a gravidade — cuja intensidade é minúscula ao agir sobre partículas fundamentais em distâncias que podemos medir — se tornaria uma força poderosa, comparável em intensidade às outras forças que conhecemos. No comprimento de Planck, nossa formulação padrão para a gravidade, usando a teoria da relatividade geral de Einstein, deixaria de ser aplicável. Diferentemente de distâncias maiores para as quais sabemos fazer previsões confirmadas por medições, a mecânica quântica e a relatividade são inconsistentes quando aplicamos a esse regime minúsculo as teorias que costumamos usar. Não sabemos nem mesmo como tentar fazer previsões. A relatividade geral é baseada em uma geometria espacial clássica contínua. No comprimento de Planck, flutuações quânticas podem criar uma espuma de espaço-tempo com estruturas demais para que nossa formulação convencional da gravidade possa ser aplicada.

Para lidar com previsões físicas na escala de Planck, precisamos de um novo arcabouço conceitual que combine a mecânica quântica e a gravidade numa única teoria mais abrangente conhecida como *gravitação quântica*. As leis da física que funcionam com mais eficiência na escala de Planck devem ser muito diferentes daquelas que se provaram eficazes em escalas observáveis. A compreensão dessa escala pode até envolver uma mudança de paradigma tão fundamental quanto a transição da mecânica clássica para a quântica. Mesmo que não possamos fazer medições nessas distâncias minúsculas, temos a chance de aprender sobre a teoria fundamental da gravidade, do espaço e do tempo por meio de especulações teóricas cada vez mais avançadas.

A candidata mais popular a tal teoria é conhecida como *teoria de cordas*. Originalmente, a teoria de cordas foi formulada como uma teoria para substituir partículas fundamentais por cordas fundamentais. Sabemos agora que envolve também outros objetos fundamentais além das cordas (sobre os quais aprenderemos mais no capítulo 17), e seu nome é às vezes substituído por um termo mais abrangente (mas menos bem definido): *teoria-M*. Essa teoria é hoje a sugestão mais promissora para lidar com o problema da gravitação quântica.

A teoria de cordas, porém, apresenta enormes desafios conceituais e matemáticos. Ninguém sabe ainda como formulá-la para responder a todas as questões que esperamos ver uma teoria de gravitação quântica abordar. Além disso, é provável que a escala das cordas em 10^{-33} centímetros esteja além do alcance de qualquer experimento que podemos conceber.

Então, é válido questionar se as pesquisas sobre teoria de cordas são uma maneira razoável de gastar tempo e recursos. Com frequência me perguntam isso. Por que alguém estudaria uma teoria com tão pouca chance de gerar consequências experimentais? Alguns físicos acreditam que sua consistência matemática e física é razão suficiente. Essas pessoas creem poder repetir o tipo de êxito que Einstein teve quando desenvolveu a teoria da relatividade geral, apoiado sobretudo em investigações puramente teóricas e matemáticas.

Outra motivação para estudar a teoria de cordas, que acredito ser muito importante, é que ela pode fornecer — e já forneceu — novas maneiras de pensar sobre ideias que se aplicam a escalas mensuráveis. Duas dessas ideias são a *supersimetria* e as teorias de *dimensões extras*, que serão abordadas no capítulo 17. Essas teorias de fato possuem consequências experimentais quando abordam problemas da física de partículas. Na verdade, se algumas determinadas teorias extradimensionais se mostrarem corretas e explicarem fenômenos nas energias do LHC, até mesmo evidências para a teoria de cordas poderiam aparecer em energias muito mais baixas. A descoberta da supersimetria ou de dimensões extras não provaria que a teoria de cordas está correta. Mas provaria a importância de trabalhar com ideias abstratas, mesmo aquelas sem consequências experimentais diretas. E ela seria também, claro, um testemunho da utilidade dos experimentos que sondam até as ideias que de início parecem abstratas.

6. "Ver" para crer

Os cientistas só puderam decifrar a composição da matéria quando foram desenvolvidas ferramentas que permitiam ver seu interior. A palavra "ver" se refere não a observações diretas, mas a técnicas indiretas que as pessoas usam para sondar os tamanhos minúsculos inacessíveis a olho nu.

Raramente é fácil. Entretanto, apesar dos desafios e dos resultados contraintuitivos que os experimentos às vezes revelam, a realidade é real. As leis da física, mesmo em escalas pequenas, podem culminar em consequências mensuráveis que se tornam acessíveis a pesquisas mais inteligentes. Nosso conhecimento atual sobre a matéria e sobre como ela interage é o cume de muitos anos de inovações, insights e desenvolvimentos teóricos que nos permitem interpretar de maneira consistente toda uma variedade de resultados experimentais. Por meio de observações indiretas, das quais Galileu foi pioneiro há vários séculos, físicos deduziram o que está presente no cerne da matéria.

Vamos explorar agora o estado atual da física de partículas, além dos insights teóricos e das descobertas experimentais que nos trouxeram para onde estamos hoje. É inevitável que a descrição tenha o aspecto de uma lista, pois vou enumerar os ingredientes que compõem a matéria tal qual a conhecemos e contar como foram descobertos. A lista é muito mais interessante quando nos lembramos do comportamento desses diversos ingredientes em diferentes escalas. A cadeira na qual você está sentado é, em última instância, redutível a esses elementos, mas ir daqui até ali envolve uma grande cadeia de descobertas.

Quando falava sobre uma de suas teorias, Richard Feynman explicou, em tom malicioso: "Se vocês não gostarem dela, vão para outro lugar — talvez para algum universo onde as regras sejam mais simples [...]. Vou lhes mostrar o ponto de vista dos humanos que deram tudo de si para entender isso. Se não gostarem, sinto muito".[1] Você pode achar que algumas das coisas nas quais acreditamos são malucas ou enfadonhas demais para serem aceitas. Mas isso não vai mudar o fato de que é assim que a natureza funciona.

PEQUENOS COMPRIMENTOS DE ONDA

Pequenas distâncias parecem estranhas porque não são familiares. Precisamos de sondas minúsculas para observar o que está acontecendo nas menores escalas. A página (ou tela) que você lê agora tem uma aparência muito diferente daquilo que reside no cerne da matéria. Isso porque o próprio ato de olhar tem a ver com observar luz visível. Essa luz é emitida por elétrons em órbitas ao redor dos núcleos no centro de átomos. Como ilustrado na figura 14, seu comprimento de onda nunca é curto o suficiente para nos deixar sondar os núcleos.

Precisamos ser mais inteligentes — ou mais brutos, dependendo do ponto de vista — para detectar o que está acontecendo na escala minúscula de um núcleo. Comprimentos de onda curtos são necessários. Isso não deve ser algo difícil de acreditar. Pense numa onda imaginária com comprimento igual ao do universo. Nenhuma interação com ela traria informações suficientes para localizar qualquer coisa no espaço. A menos que essa onda tenha oscilações menores, que possam decompor estruturas no universo, não temos como usar esse enorme comprimento de onda como guia para determinar que algo está em certo lugar. É como cobrir uma pilha de coisas com uma rede e perguntar onde está sua carteira na bagunça debaixo dela. Você não conseguirá encontrá-la, a menos que tenha resolução suficiente para observar ali dentro em escalas menores.

Quando se trata de ondas, é preciso que picos e vales tenham o espaçamento correto — variações na escala de qualquer coisa que estejamos tentando decompor — para podermos identificar onde algo está, qual é seu tamanho ou que forma tem. Podemos imaginar um comprimento de onda do tamanho daquela rede. Se tudo o que sei é que algo está dentro dela, só posso afirmar com certeza que algo está dentro de uma região cujo tamanho é o da rede com a qual o capturei. Qualquer outra afirmação requer uma rede menor ou alguma outra maneira de procurar por variações numa escala mais sensível.

A mecânica quântica nos diz que as ondas caracterizam a probabilidade de se encontrar uma partícula em qualquer posição dada. Elas podem ser ondas associadas à luz. Ou podem ser ondas que a mecânica quântica diz serem secretamente transportadas por qualquer partícula individual. O comprimento delas nos diz qual resolução se pode esperar obter ao usar uma partícula ou radiação para sondar distâncias pequenas.

A mecânica quântica também indica quais comprimentos pequenos de onda requerem altas energias, pois ela relaciona frequências a energias. Ondas com frequências maiores e comprimentos menores carregam mais energia. A mecânica quântica, então, conecta altas energias a pequenas distâncias, mostrando que só experimentos operando a altas energias podem sondar o interior da matéria. Essa é a razão fundamental pela qual usamos máquinas para acelerar partículas a altas energias quando queremos sondar o cerne fundamental da matéria.

As relações entre ondas na mecânica quântica nos mostram que altas energias nos permitem sondar distâncias pequenas e as interações que ocorrem ali. Só com energias maiores, e portanto comprimentos de onda menores, podemos estudar esses tamanhos menores. A relação de incerteza da mecânica quântica nos diz que uma distância pequena está ligada a um grande momento linear. Isso se combina com conexões entre energia, massa e momento fornecidas pela relatividade especial para tornar essas conexões precisas.

Acima de tudo, Einstein nos ensinou que energia e massa são interconversíveis. Quando partículas colidem, suas massas podem se transformar em energia. A altas energias, então, podemos produzir matéria mais pesada, já que $E = mc^2$. Essa equação significa que uma energia maior — E — permite a criação de partículas mais pesadas com maior massa — m. E essa energia é ecumênica — capaz de criar qualquer tipo de partícula que seja cinematicamente acessível (que seja leve o suficiente).

Isso nos diz que as energias maiores que exploramos hoje estão nos levando a tamanhos menores, e as partículas que são criadas são nossa chave para entender as leis fundamentais da física que se aplicam a essas escalas. Quaisquer novas partículas ou interações de alta energia que surgem em pequenas distâncias carregam pistas para decodificar a estrutura do chamado Modelo Padrão da física de partículas, que descreve nossa atual compreensão dos elementos mais básicos da matéria e suas interações. Vejamos agora algumas descobertas-chave do Modelo Padrão e os métodos que usamos para avançar um pouco mais em nosso conhecimento.

AS DESCOBERTAS DOS ELÉTRONS E DOS QUARKS

Cada um dos destinos de nossa viagem inicial pelo átomo — os elétrons circulando um núcleo e os quarks colados pelos glúons dentro de prótons e nêutrons — foi descoberto experimentalmente por sondagens cada vez mais energéticas e, portanto, em distâncias menores. Já vimos que os elétrons de um átomo estão ligados ao núcleo pela atração mútua gerada por suas cargas opostas. A força atrativa dá ao sistema interligado — o átomo — energia mais baixa do que os ingredientes carregados isolados. Portanto, para isolar e estudar elétrons, é preciso adicionar energia para ionizá-los — ou seja, libertá-los, arrancando-os. Uma vez isolados os elétrons, os físicos podem estudá-los para entender melhor suas propriedades, como sua carga e sua massa.

A descoberta do núcleo, a outra parte do átomo, foi ainda mais surpreendente. Em um experimento análogo aos experimentos de partículas de hoje, Ernest Rutherford e seus alunos atiravam núcleos de hélio (então chamados partículas alfa, já que os núcleos ainda não tinham sido descobertos) em uma fina folha de ouro. As partículas alfa revelaram ter energia suficiente para que Rutherford investigasse a estrutura interna do núcleo. Ele e seus colegas descobriram que as partículas alfa atiradas na folha às vezes se desviavam em ângulos maiores do que os que eles teriam antecipado. (Veja a figura 20.) Eles esperavam um desvio pequeno como se estivessem atravessando lenços de papel, mas descobriram que a dispersão ocorria como se bolas de gude estivessem batendo umas nas outras. Nas palavras do próprio Rutherford:

Foi a coisa mais incrível de toda a minha vida. Foi quase tão incrível quanto você atirar uma bala de quarenta centímetros em um lenço de papel e vê-la ricochetear de volta para atingi-lo. Ao pensar sobre isso, percebi que essa dispersão para trás deve ser o resultado de uma única colisão, e quando fiz cálculos vi que era impossível ter algo dessa ordem de magnitude, a não ser em um sistema no qual a maior parte da massa do átomo estivesse concentrada em um núcleo diminuto. Foi então que tive a ideia de um átomo com um centro maciço diminuto portando uma carga.[2]

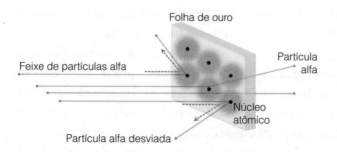

Figura 20. O experimento de dispersão de partículas alfa (que hoje sabemos serem núcleos de hélio) em uma folha de ouro. A dispersão inesperadamente ampla de algumas das partículas demonstrou a existência de massas concentradas no centro de átomos — os núcleos atômicos.

A descoberta experimental dos quarks dentro de prótons e nêutrons usou métodos similares ao de Rutherford em alguns aspectos, mas precisou de energias ainda maiores do que as das partículas alfa que ele usara. Essas energias demandaram um acelerador de partículas que pudesse acelerar os elétrons e os fótons que eles irradiam até energias altas o suficiente.

O primeiro acelerador de partículas circular foi batizado de *cíclotron*, devido à trajetória circular ao longo da qual as partículas eram aceleradas. Ernest Lawrence construiu o primeiro cíclotron na Universidade da Califórnia em 1932. Ele tinha menos de trinta centímetros de diâmetro e era bastante fraco para os padrões de hoje. Não chegava nem perto de produzir a energia necessária para descobrir quarks. Esse marco só foi alcançado após uma série de aprimoramentos na tecnologia de aceleradores (que felizmente trouxeram umas poucas descobertas importantes ao longo do caminho).

Muito antes de os quarks e a estrutura interna do núcleo poderem ser explorados, Emilio Segrè e Owen Chamberlain receberam o prêmio Nobel de 1959 pela descoberta de antiprótons no Bevatron do Laboratório Lawrence Berkeley em 1955. O Bevatron era um acelerador mais sofisticado do que um cíclotron e podia produzir prótons com uma energia superior a seis vezes a de sua massa de repouso — mais que o suficiente para criar pares de próton-antipróton. O raio de prótons do Bevatron bombardeava alvos e (por meio da mágica da fórmula $E = mc^2$) produzia matéria exótica, que incluía antiprótons e antinêutrons.

A antimatéria tem um papel importante na física de partículas, então façamos um breve desvio para explorar esse formidável oposto da matéria que observamos. Como a soma das cargas de partículas de matéria e de antimatéria é zero, ambas podem se aniquilar quando se encontram. Por exemplo, antiprótons — uma forma de antimatéria — podem combinar-se com prótons para produzir energia pura, de acordo com a equação $E = mc^2$.

O físico britânico Paul Dirac foi o primeiro a "descobrir" matematicamente a antimatéria em 1927, quando tentou encontrar a equação que descrevia o elétron. A única equação que ele podia escrever de maneira consistente com princípios de simetria conhecidos implicava a existência de uma partícula com a mesma massa, mas com carga oposta — uma partícula que ninguém tinha visto antes.

Dirac quebrou a cabeça antes de se render à equação e admitir que essa misteriosa partícula tinha de existir. O físico americano Carl Anderson descobriu o pósitron em 1932, reafirmando uma declaração de Dirac: "A equação era mais esperta do que eu".

Os antiprótons, bem mais pesados, só viriam a ser descobertos mais de vinte anos depois.

A descoberta dos antiprótons era importante não só para estabelecer sua existência, mas também para demonstrar uma simetria entre matéria e antimatéria nas leis da física essenciais aos mecanismos do universo. O mundo, afinal, é feito de matéria, não de antimatéria. A maior parte da massa de matéria ordinária é conferida por prótons e nêutrons, não por suas antipartículas. Essa assimetria entre matéria e antimatéria é crítica para o mundo tal qual o conhecemos. Mas não sabemos como ela se originou.

A DESCOBERTA DOS QUARKS

Entre 1967 e 1973, Jerome Friedman, Henry Kendall e Richard Taylor lideraram uma série de experimentos que estabeleceram a existência de quarks dentro de prótons e nêutrons. Seu trabalho foi feito num acelerador linear que, diferentemente dos cíclotrons e Bevatrons circulares, acelerava elétrons numa linha reta. O instituto do acelerador foi batizado de Centro do Acelerador Linear Stanford (Stanford Linear Accelerator Center, SLAC), localizado em Palo Alto, Califórnia. Os elétrons que o SLAC acelerava irradiavam fótons. Esses fótons energéticos — portanto, com comprimento de onda curto — interagiam com quarks dentro dos núcleos. Friedman, Kendall e Taylor mediam a mudança da taxa de interação à medida que a energia de colisão aumentava. Se não houvesse estrutura interna, a taxa deveria cair. Com estrutura, a taxa também cairia, mas bem mais lentamente. Assim como na descoberta do núcleo feita por Rutherford muitos anos antes, o projétil (nesse caso, o fóton) se dispersaria de maneira diferente se o próton fosse uma bolha sem estrutura interna.

Ainda assim, mesmo com experimentos realizados na energia necessária, identificar os quarks não foi algo tão direto. A tecnologia e a teoria tiveram ambas de progredir até o ponto em que a assinatura experimental pudesse ser antecipada e compreendida. Experimentos inspirados e análises teóricas feitas pelos físicos James Bjorken e Richard Feynman mostraram que as taxas estavam de acordo com as previsões baseadas em estruturas dentro dos núcleos, demonstrando então que havia sido descoberta uma estrutura dentro de prótons e nêutrons — ou seja, os quarks. Friedman, Kendall e Taylor ganharam o prêmio Nobel de 1990 por sua descoberta.

Ninguém esperava poder usar os próprios olhos para observar um quark e suas propriedades. Os métodos eram necessariamente indiretos. Ainda assim, medições confirmaram a existência dos quarks. O acordo entre propriedades previstas e medidas, bem como a primazia da natureza explanatória da hipótese dos quarks, confirmou sua existência.

Ao longo do tempo, físicos e engenheiros desenvolveram tipos melhores de aceleradores que operavam em escalas cada vez maiores, acelerando partículas a energias cada vez mais altas. Aceleradores maiores e melhores foram produzindo partículas cada vez mais energéticas, que eram usadas para sondar estruturas em distâncias cada vez menores. As descobertas que eles faziam foram estabelecendo o Modelo Padrão, à medida que cada um de seus elementos ia sendo descoberto.

EXPERIMENTOS DE ALVO FIXO VERSUS COLISÕES DE PARTÍCULAS

O tipo de experimento que descobriu os quarks, no qual um feixe de elétrons acelerados incidia sobre matéria estática, é conhecido como experimento de *alvo fixo*. Ele envolve um único feixe de elétrons orientado em direção à matéria. Um alvo de matéria é fácil de atingir.

Os aceleradores com energias mais altas de hoje são diferentes. Eles envolvem colisões de dois feixes de partículas, ambos acelerados a altas energias. (Veja a figura 21 para uma comparação.) Como se pode imaginar, esses feixes têm de ser altamente focados numa região pequena para garantir colisões. Isso reduz de maneira significativa o número de colisões que se pode esperar, pois um feixe tem uma chance muito maior de colisão ao incidir sobre um pedaço de matéria do que ao encontrar outro raio.

Mas as colisões de feixe contra feixe têm uma grande vantagem. Elas podem atingir energias muito maiores. Einstein saberia dizer por que experimentos de alvo fixo são preteridos em favor de colisores. Isso tem a ver com aquilo que se chama *massa invariável* do sistema. Apesar de Einstein ser famoso por sua teoria da "relatividade", ele achava que um nome melhor teria sido "*Invariantentheorie*" [teoria da invariância]. O real sentido de sua pesquisa era encontrar uma maneira de evitar ser enganado por um referencial

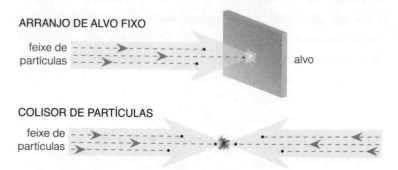

Figura 21. Alguns aceleradores de partículas criam interações entre um feixe de partículas e um alvo fixo. Outros fazem partículas de um feixe se chocarem com as de outro.

em particular — encontrar as quantidades invariáveis que caracterizam um sistema.

Essa ideia talvez seja mais familiar quando relacionada a quantidades como o comprimento. O comprimento de um objeto estático não depende de sua orientação no espaço. Um objeto tem um tamanho fixo que nada tem a ver com você ou com suas observações. Já as coordenadas dele dependem de um conjunto arbitrário de eixos e direções que você impõe.

De maneira similar, Einstein mostrou como caracterizar eventos de uma maneira que isso não dependesse da orientação ou do movimento de um observador. A massa invariante é uma medida da energia total. Ela lhe diz quão maciço pode ser um objeto criado com a energia de seu sistema.

Para determinar a quantidade de massa invariante, podemos fazer a pergunta: se o sistema estiver parado — ou seja, se não tiver momento linear ou velocidade alguma —, quanta energia ele terá? Se um sistema não tem momento, a equação $E = mc^2$ é aplicável. Portanto, saber a energia para um sistema em repouso é equivalente a saber sua massa invariante. Quando o sistema não está em repouso, precisamos usar uma versão mais complicada de sua fórmula, que depende do valor do momento linear além da energia.

Suponha que dois feixes colidam com a mesma energia e com momentos lineares de igual grandeza, mas de valores opostos. Quando eles colidem, a soma dos momentos é zero. Isso significa que todo o sistema está em repouso. Portanto, toda a energia — a soma da energia das partículas em dois feixes individuais — pode ser convertida em massa.

Um experimento de alvo fixo é bem diferente. Um raio tem momento linear grande, mas o alvo em si não tem nenhum. Nem toda a energia está disponível para fazer novas partículas, pois o sistema combinado do alvo com o feixe de partículas que o atinge ainda está se movendo. Em razão desse movimento, nem toda a energia da colisão pode ser transferida para novas partículas, já que parte dela sobra como energia cinética associada ao movimento. Isso significa que a energia disponível cresce pouco, acompanhando a raiz quadrada do produto da energia entre o raio e o alvo. Significa, por exemplo, que, se multiplicarmos a energia de um feixe de prótons por cem e ele colidir com .n próton em repouso, a energia disponível para fazer novas partículas aumentaria apenas por um fator de dez.

Isso nos mostra que há uma grande diferença entre uma colisão de alvo fixo e uma de feixe contra feixe. A energia de colisões de feixe contra feixe é bem maior — muito maior que o dobro daquela da colisão de feixe contra alvo, algo que talvez você estivesse presumindo. Seu palpite estaria baseado em um pensamento newtoniano, que não se aplica a partículas relativísticas num feixe viajando quase à velocidade da luz. A diferença no saldo de energia de colisões de alvo fixo comparada à de colisões entre feixes é muito maior do que esse palpite poderia supor, pois, em velocidades próximas à da luz, a relatividade entra em ação. Quando queremos atingir altas energias, não temos escolha a não ser recorrer a colisores de partículas, que aceleram dois feixes de partículas a altas energias antes de estes colidirem. Acelerar dois feixes ao mesmo tempo permite atingir uma energia muito maior, e portanto rende colisões muito mais ricas.

O LHC é um exemplo de colisor. Ele põe em choque dois feixes de partículas guiadas por ímãs para que sigam um na direção do outro. Os principais parâmetros determinantes da capacidade de um colisor como esse são o tipo de partículas que colidem, sua energia após a aceleração e a luminosidade da máquina (a intensidade combinada dos feixes de partículas e, assim, o número de eventos que ocorrem).

TIPOS DE COLISORES

Uma vez que concluímos que dois feixes em colisão fornecem energia maior (e, portanto, exploram distâncias menores) do que experimentos de alvo fixo, a próxima pergunta é: o que usar numa colisão? Isso leva a algumas escolhas interessantes. Em particular, temos de decidir quais partículas acelerar para que participem da colisão.

É uma boa ideia usar matéria que esteja facilmente disponível aqui na Terra. Em princípio, podemos colocar duas partículas instáveis em colisão, como as partículas chamadas *múons*, que decaem com rapidez para a forma de elétrons. Outras são os quarks pesados, como o *quark top*, que decaem na forma de matéria mais leve.

Nesse caso, precisaríamos antes produzir essas partículas em laboratório, pois elas não estão prontamente disponíveis. Mesmo que conseguíssemos criá-las e acelerá-las antes de seu decaimento, teríamos de assegurar que a radiação do decaimento possa ser desviada de maneira segura. Nenhum desses problemas é necessariamente insuperável, sobretudo no caso dos múons, que têm sido estudados como possíveis componentes de feixes de partículas. Mas eles sem dúvida apresentam desafios adicionais, que partículas estáveis não trazem.

Então, optemos pela escolha mais direta: partículas estáveis que não decaem e estão disponíveis aqui na Terra. Isso significa usar partículas leves, ou pelo menos configurações de partículas leves interligadas, como os prótons. Também é preciso que as partículas tenham carga, de forma que possam ser aceleradas com um campo elétrico. Isso deixa como opções restantes os prótons e os elétrons — partículas convenientemente abundantes.

Qual devemos escolher? Ambos têm suas vantagens e desvantagens. Os elétrons têm a vantagem de render ótimas colisões limpas. Afinal de contas, eles são partículas fundamentais. Quando o elétron colide com alguma coisa, sua energia não está fragmentada em um monte de subestruturas. Até onde sabemos, um elétron é composto apenas de si mesmo. Como não se divide, podemos rastrear com mais precisão o que ocorre após sua colisão com algo.

O mesmo não se pode dizer dos prótons. Lembre-se de que eles são compostos de três quarks unidos pela força nuclear forte, com um intercâmbio de glúons entre os quarks que "cola" a coisa toda. Discutimos isso no capítulo 5. Quando um próton colide a altas energias, a interação na qual você está interessado — aquela que produz certa partícula pesada — em geral envolve apenas uma partícula individual dentro do próton, como um único quark.

Esse quark certamente não carrega toda a energia do próton. Então, mesmo que o próton seja muito energético, o quark terá em geral muito menos energia. Ele pode ter, ainda assim, um bocado de energia, mas não tanto quanto teria se um próton pudesse conceder toda a sua energia a esse único quark.

Além disso, colisões envolvendo prótons são muito bagunçadas. Isso acontece porque as outras coisas que estão nele continuam por ali, mesmo que não estejam envolvidas na colisão de altíssima energia que nos importa. Todas as partículas remanescentes continuam interagindo por meio de interações fortes (providencialmente batizadas), o que significa gerar um alvoroço que cerca (e oculta) a interação na qual estamos interessados.

Então, por que alguém iria querer colidir prótons? A razão é que um próton é mais pesado que um elétron. Sua massa, de fato, é cerca de 2 mil vezes a de um elétron. Isso é algo que se revela útil quando tentamos acelerar um próton a altas energias. Para obter essas energias enormes, campos elétricos movem partículas ao longo de um anel, de forma que elas podem ser aceleradas cada vez mais a cada volta sucessiva. Mas partículas aceleradas se irradiam, e, quanto mais leves são, mais elas o fazem.

Mesmo que a colisão de elétrons a energias altíssimas seja algo que adoraríamos fazer, elas não devem ocorrer muito em breve. Podemos acelerar elétrons a energias superaltas, mas eles irradiam uma fração significativa de sua energia quando são acelerados ao longo de um círculo. (Por isso o SLAC, de Palo Alto, que acelerava elétrons, era um colisor linear.) Então, em termos de energia pura e de potencial de descoberta, os prótons acabam vencendo. Eles podem ser acelerados a energias altas o suficiente para que até mesmo os quarks e glúons, seus subcomponentes, carreguem mais energia que um elétron acelerado.

Na verdade, os físicos aprenderam um bocado sobre partículas nos dois tipos de colisores — os de prótons e os de elétrons. Os colisores com um feixe de elétrons não operam com as energias elevadas que os melhores aceleradores de prótons já obtiveram. Mas os experimentos em colisores com raios de elétrons atingiram medições mais precisas do que as pessoas que trabalham em colisores de prótons jamais poderiam sonhar. Em particular, nos anos 1990, experimentos atingiram uma precisão espetacular ao verificar as previsões do Modelo Padrão da física de partículas no SLAC e também no CERN, com o Grande Colisor Elétron-Pósitron (tradução de Large Electron-Positron collider, LEP) (nunca paro de admirar esses nomes sem graça).

Esses experimentos de *medições eletrofracas precisas* exploraram os diversos processos que podem ser previstos com o conhecimento das interações eletrofracas. Eles mediram, por exemplo, as massas dos portadores da força fraca, as taxas de decaimento em diferentes tipos de partículas e assimetrias nas partes frontal e traseira dos detectores, que revelam ainda mais coisas sobre a natureza das interações fracas.

As medições eletrofracas precisas aplicam a ideia de teoria efetiva. Uma vez que os físicos realizem experimentos suficientes para determinar alguns poucos parâmetros do Modelo Padrão, como o poder de interação de cada uma das forças, tudo o mais pode ser previsto. Eles avaliam a consistência de todas as medições e procuram desvios que possam mostrar se algo está faltando. Em vista de tudo, as medições indicam que o Modelo Padrão funciona extraordinariamente bem — tão bem que ainda não temos as pistas para saber o que está além dele. Seja o que for, tem efeitos pequenos no nível de energia do LEP.

Isso nos mostra que obter mais informações sobre partículas pesadas e interações de altas energias requer a investigação direta de processos em energias bem maiores do que as atingidas pelo LEP e pelo SLAC. Colisões de elétrons simplesmente não atingem as energias que acreditamos serem necessárias para indicar o que confere massa às partículas e por que elas têm as massas que têm — pelo menos no futuro próximo. Isso demandará colisões de prótons.

É por isso que os físicos decidiram acelerar prótons em vez de elétrons dentro do túnel que foi construído nos anos 1980 para abrigar o LEP. O CERN acabou encerrando as operações do LEP para abrir caminho às preparações de sua nova empreitada colossal, o LHC. Como os prótons não irradiam tanta energia para fora, o LHC os acelera a altas energias de maneira bem mais eficiente. Suas colisões são mais bagunçadas do que as que envolvem elétrons, e os desafios experimentais são muitos. Mas com prótons no feixe temos a chance de atingir energias altas o suficiente para nos mostrar diretamente as respostas que temos procurado por várias décadas.

PARTÍCULAS OU ANTIPARTÍCULAS?

Ainda temos mais uma pergunta a responder, porém, antes de decidirmos o que usar numa colisão. Afinal de contas, colisões envolvem dois feixes. Concluímos que altas energias exigem que um feixe consista em prótons. Mas o outro feixe deve ser feito de partículas — ou seja, prótons — ou de suas antipartículas — no caso, antiprótons? Prótons e antiprótons têm a mesma massa, portanto irradiam à mesma taxa. Outros critérios precisam ser usados para decidir entre um e outro.

Claramente, os prótons são mais numerosos. Não vemos muitos antiprótons por aí, já que eles se aniquilariam com os abundantes prótons ao nosso redor, transformando-se em energia ou em outras partículas elementares. Por que então alguém consideraria usar feixes de antipartículas? O que se ganha com isso?

A resposta pode ser: um bocado. Primeiro, a aceleração seria mais simples, já que o mesmo campo magnético pode ser usado para mover prótons e antiprótons em direções opostas. Mas a razão mais importante tem a ver com as partículas que poderiam ser produzidas.

Partículas e antipartículas têm massas iguais, mas cargas opostas. Isso significa que uma partícula e sua antipartícula em rota de colisão carregam exatamente a mesma carga de energia pura — ou seja, nenhuma. De acordo com $E = mc^2$, isso significa que uma partícula e sua antipartícula podem se transformar em energia, que, por sua vez, pode criar qualquer outro par de partícula e antipartícula, desde que elas não sejam pesadas demais e tenham interação forte o suficiente com o par inicial de partícula-antipartícula.

Essas partículas criadas podem em princípio ser partículas novas e exóticas com cargas diferentes daquelas do Modelo Padrão. Uma partícula e uma antipartícula em colisão não têm carga elétrica líquida, e uma partícula exótica somada à sua antipartícula também não. Então, mesmo que as cargas das partículas exóticas sejam diferentes daquelas do Modelo Padrão, uma partícula e uma antipartícula juntas têm carga zero e podem, a princípio, vir a ser produzidas.

Apliquemos esse raciocínio aos elétrons. Se pusermos em colisão duas partículas com cargas iguais, como dois elétrons, produziríamos apenas objetos que carregam a mesma carga que entrou no cômputo. Isso poderia produzir um único objeto de carga líquida dois, ou dois objetos como elétrons, cada qual com carga um. O que é bastante restritivo.

Colisões entre partículas de mesma carga são muito limitadas. Colisões entre partículas e antipartículas, por outro lado, abrem muitas novas portas que não estariam abertas se colidíssemos apenas partículas. Em razão do maior número de possíveis novos estados finais, colisões elétron-pósitron têm potencial bem maior do que colisões elétron-elétron. Por exemplo, colisões envolvendo elétrons e suas antipartículas — ou seja, pósitrons — já produziram partículas sem carga, como o bóson Z, um *bóson de calibre* (era assim que o LEP funcionava), e também todos os pares de partícula-antipartícula leves o suficiente para serem gerados. Apesar de pagarmos um preço extra para usar antipartículas em colisores — pois elas são difíceis de armazenar —, temos um retorno alto quando as novas partículas exóticas que esperamos descobrir têm cargas diferentes das partículas que colidem.

Recentemente, colisores poderosos usavam um raio de prótons e outro de antiprótons. Isso, claro, requer uma maneira de produzir e armazenar antiprótons. O armazenamento eficiente de antiprótons foi uma das grandes realizações do CERN. Quando o CERN construiu o colisor elétron-pósitron, o LEP, o laboratório já havia produzido raios de prótons e antiprótons com altas energias.

As mais importantes descobertas com a colisão de prótons e antiprótons no CERN foram os bósons de calibre eletrofracos que comunicam a força eletrofraca, pela qual Carlo Rubbia e Simon van der Meer receberam o prêmio Nobel de 1984. Assim como as outras forças, a força fraca é comunicada por partículas. Nesse caso, elas são conhecidas como *bósons de calibre fracos* — os *bósons vetoriais W*, de carga positiva ou negativa, e o Z, de carga neutra. Essas três partículas são responsáveis pela força nuclear fraca. Ainda imagino os *W* e o Z como "bósons vetoriais sangrentos", conforme um físico britânico bêbado exclamou certa vez ao invadir os quartos onde outros físicos e estudantes visitantes — incluindo eu mesma — estavam hospedados no verão. Ele estava preocupado com o domínio americano e aguardava ansioso a primeira grande descoberta europeia. Quando os bósons vetoriais *W* e Z foram descobertos no CERN nos anos 1980, o Modelo Padrão da física de partículas, do qual a força fraca era um componente essencial, foi confirmado por meios experimentais.

O método que Van der Meer desenvolveu para armazenar antiprótons foi crítico para o sucesso desses experimentos. Era, claro, uma tarefa difícil, já que tudo o que antiprótons querem é encontrar prótons para aniquilar. Na técnica de Van der Meer, conhecida como *resfriamento estocástico*, os sinais elétricos de um conjunto de partículas moviam um dispositivo que "chutava" para fora qualquer partícula com momento linear particularmente alto. Isso fazia o conjunto resfriar, de forma que as partículas não se movessem rápido demais e, portanto, não escapassem de imediato ou atingissem o recipiente, tornando possível até que antiprótons fossem estocados.

A ideia de um colisor de próton-antipróton não se restringiu à Europa. O colisor desse tipo com maior energia foi o Tevatron, construído em Batavia, no estado americano de Illinois. O Tevatron alcançava uma energia de dois teraelétrons-volt (equivalente a cerca de 2 mil vezes a energia de repouso do próton).[3] Prótons e antiprótons colidiram para produzir outras partículas que pudemos estudar em detalhe. A descoberta mais importante do Tevatron foi o quark *top*, a mais pesada partícula do Modelo Padrão, e a última a ser encontrada.

O Grande Colisor de Hádrons, porém, é diferente do primeiro colisor do CERN e do Tevatron. (Veja a figura 22 para um resumo dos tipos de colisores.) Em vez de prótons e antiprótons, o LHC colide dois feixes de prótons. A razão pela qual opta por dois feixes de prótons em vez de um de prótons e outro de antiprótons é sutil, mas é algo que vale a pena entender. As colisões mais oportunísticas são aquelas nas quais o saldo de carga das partículas em choque é zero. Esse é o tipo de colisão que já discutimos. É possível produzir qualquer coisa junto de sua antipartícula (desde que haja energia suficiente) quando o saldo de carga é zero. Se dois elétrons se aproximam, a carga elétrica líquida daquilo que for produzido será de menos dois, o que descarta muitas possibilidades. Você pode imaginar que colocar dois prótons em colisão seja uma ideia igualmente ruim. Afinal de contas, a carga líquida de dois prótons é de mais dois, o que não parece uma grande melhora.

Se os prótons fossem partículas fundamentais, isso estaria absolutamente correto. Como vimos no capítulo 5, porém, eles são feitos de subunidades. Contêm quarks que são unidos por glúons. Ainda assim, se os três quarks de *valência* — dois quarks up e um quark down — que determinam sua carga fossem tudo o que existe num próton, ainda não seria bom: as cargas de dois quarks de valência também nunca dão soma zero.

Contudo, a maior parte da massa do próton não vem da massa dos quarks que ele contém. Sua massa é primariamente conferida pela energia envolvida em mantê-lo unido. Um próton viajando com alto momento linear contém um bocado de energia. Com toda essa energia, os prótons contêm um mar de quarks, antiquarks e glúons com soma de cargas igual a zero.

Portanto, quando consideramos colisões entre prótons, temos de ser um pouco mais cuidadosos em nosso raciocínio do que quando consideramos elétrons. Eventos interessantes resultam de subunidades colidindo. As colisões envolvem a carga das subunidades, e não a dos prótons. Mesmo que o mar de quarks e

COMPARAÇÃO ENTRE DIFERENTES COLISORES

ACELERADOR, ANO DE INAUGURAÇÃO E LABORATÓRIO/ LOCAÇÃO	PARTÍCULAS EM COLISÃO	FORMA	ENERGIA TAMANHO
COLISOR LINEAR STANFORD (SLC) 1989 *SLAC / Menlo Park, Califórnia (Estados Unidos)*	elétron e pósitron	Linear $e^- \cdots \blacktriangleright \blacktriangleleft \cdots e^+$	100 GeV 3,2 km
TEVATRON 1983 *Fermilab/ Batavia, Illinois (Estados Unidos)*	próton e antipróton	Circular $p \blacktriangleright \blacktriangleleft \bar{p}$	1960 GeV 6,3 km
GRANDE(S) COLISOR(ES) ELÉTRON- -PÓSITRON (LEP/LEP2)* 1989/2000 *CERN/ Genebra, Suíça*	elétron e pósitron	Circular $e^- \blacktriangleright \blacktriangleleft e^+$	90 GeV/ 209 GeV 26,6 km
GRANDE COLISOR DE HÁDRONS (LHC) 2008 *CERN/ Genebra, Suíça*	próton e próton	Circular $p \blacktriangleright \blacktriangleleft p$	7000 GeV- 14 000 GeV 26,6 km

* O LEP foi aprimorado para LEP2

Figura 22. Comparação entre diferentes tipos de colisores mostrando suas energias, as partículas em colisão e a forma do acelerador.

glúons não contribua para a carga elétrica líquida do próton, ele contribui para sua composição. Quando prótons colidem, pode ser que um dos três quarks de valência do próton atinja outro quark de valência, e o saldo de carga da colisão não seja zero. Quando a carga elétrica líquida do evento não desaparece, eventos interessantes envolvendo a soma correta de cargas podem ocorrer vez ou outra, mas a colisão não terá a capacidade tão ampla quanto as colisões de carga elétrica líquida zero têm.

Mas muitas colisões interessantes vão ocorrer por causa do mar virtual, que permite a um quark atingir um antiquark, ou a um glúon atingir outro glúon, rendendo colisões que não possuem carga líquida. Quando prótons se chocam, um quark dentro de um próton pode bater num antiquark dentro de outro, mesmo que isso não seja o que acontece na maior parte do tempo. Todos os processos que podem ocorrer, incluindo aqueles gerados na colisão entre mares de partículas, têm um papel dentro do LHC. Essas colisões de mares, na verdade, se dão com mais frequência à medida que os prótons são acelerados a energias maiores.

A carga total do próton não determina quais partículas são feitas, já que o resto do próton apenas segue em frente, evitando a colisão. As peças dos prótons que não colidem carregam para longe o restante das cargas elétricas, que simplesmente somem adiante no tubo do feixe. Essa era a resposta sutil à pergunta feita pelo prefeito de Pádua. Ele havia perguntado onde a carga do próton vai parar durante uma colisão no LHC. Isso tem a ver com a natureza composta do próton e com a alta energia que garante que apenas os menores elementos que conhecemos — quarks e glúons — colidam diretamente.

Como apenas peças do próton colidem e como essas peças podem ser partículas virtuais que colidem com saldo de carga zero, a escolha de um colisor próton-próton — em detrimento de um próton-antipróton — não é tão óbvia. No passado, o ônus de produzir antiprótons para obter eventos interessantes era compensado, mas nas energias do LHC essa escolha não seria tão óbvia. Nas energias que ele vai atingir, uma fração significativa da energia de um próton é conferida pelos quarks, antiquarks e glúons do mar.

Os físicos e engenheiros do LHC escolheram o projeto que iria colidir dois feixes de prótons, em vez de um com prótons e outro com antiprótons.[4] Isso fez com que a produção de alta luminosidade — ou seja, de um número maior de eventos — se tornasse uma meta bem mais acessível. Fazer feixes com prótons é muito mais fácil do que com antiprótons.

Então, em vez de um colisor próton-antipróton, o LHC é um colisor próton-próton. Com suas muitas colisões — mais fáceis de atingir com prótons se chocando contra prótons —, ele tem enorme potencial.

7. A borda do universo

Em 1º dezembro de 2009, acordei relutantemente às seis da manhã no hotel Marriot, perto do aeroporto de Barcelona, para pegar um avião. Estava lá para assistir à estreia espanhola de uma opereta — para a qual eu havia escrito o libreto — sobre física e descoberta. O fim de semana havia sido muito prazeroso, mas eu estava exausta e ávida por chegar em casa. Apesar disso, atrasei-me um pouco por causa de uma agradável surpresa.

O título da matéria principal de um jornal que o hotel deixara em minha porta naquela manhã era "Esmagador de átomos bate recorde". Em vez da costumeira manchete relatando algum desastre horrível ou alguma curiosidade efêmera, uma matéria sobre o recorde de energia que o Grande Colisor de Hádrons havia atingido alguns dias antes era a notícia mais importante do dia. O entusiasmo do texto com esse marco do LHC era palpável.

Algumas semanas depois, quando os dois feixes de prótons com altas energias de fato colidiram, o *New York Times* publicou um artigo de primeira página intitulado "Colisor bate recorde, e Europa retoma liderança sobre os Estados Unidos".[1] A energia recorde relatada pelas notícias anteriores estaria destinada a ser apenas um ponto numa série de marcos a serem atingidos pelo equipamento nos anos seguintes.

O lhc está agora investigando as menores distâncias já estudadas. Ao mesmo tempo, observações de satélites e telescópios estão explorando as maiores escalas do cosmo, estudando a taxa de aceleração de sua expansão e investigando detalhes da velha radiação cósmica de fundo de micro-ondas remanescente da época do big bang.

Entendemos hoje um bocado sobre a constituição do universo. Mas, como costuma ser com o progresso, mais questões emergiram quando nosso conhecimento aumentou. Algumas expuseram lacunas cruciais em nossos arcabouços teóricos. Ainda assim, em muitos casos, compreendemos bem o bastante a natureza dos elos perdidos para que saibamos o que precisamos procurar, e como.

Observemos então mais de perto o que está no horizonte — quais experimentos estão sendo feitos e quais descobertas podemos antecipar. Este capítulo trata de algumas das principais investigações físicas e questões que o restante do livro vai explorar.

ALÉM DO MODELO PADRÃO NO LHC

O Modelo Padrão da física de partículas nos diz como fazer previsões sobre as partículas leves das quais somos feitos. Ele também descreve outras partículas mais pesadas com interações similares. Essas partículas pesadas interagem com a luz e com núcleos por meio das mesmas forças experimentadas pelas partículas que constituem nosso corpo e o sistema solar.

Os físicos conhecem bem o elétron e algumas partículas carregadas similares mais pesadas, chamadas *múon* e *tau*. Sabemos que essas partículas — os *léptons* — estão emparelhadas com partículas neutras (que não possuem carga e não experimentam interações eletromagnéticas diretamente) denominadas *neutrinos*, que interagem apenas por meio da prosaicamente batizada *força fraca*. A força fraca é responsável pela radiação via decaimento beta de nêutrons em prótons (e decaimento beta de núcleos em geral). Ela também rege alguns processos nucleares que ocorrem no Sol. Toda a matéria do Modelo Padrão experimenta a força fraca.

Também sabemos dos quarks, que são encontrados dentro de prótons e nêutrons. Os quarks experimentam tanto a força fraca quanto a eletromagnética, bem como a força nuclear forte, que mantém quarks leves unidos dentro de prótons e nêutrons. A força forte apresenta desafios de cálculo, mas entendemos sua estrutura básica.

Os quarks e os léptons, junto com as forças forte, fraca e eletromagnética, formam a essência do Modelo Padrão. (Veja a figura 23 para um sumário do Modelo Padrão da física de partículas.) Com esses ingredientes, os físicos têm conseguido prever os resultados de todos os experimentos de física de partículas até agora. Entendemos muito bem as partículas do Modelo Padrão e como agem suas forças.

Mas restam alguns quebra-cabeças grandes.

O principal desafio é saber como a gravidade se encaixa. Essa é uma grande questão que o LHC tem alguma chance de explorar, mas está longe de garantir uma resposta. A energia do colisor — mesmo sendo alta da perspectiva do que foi atingido antes aqui na Terra e do que é necessário para abordar alguns grandes quebra-cabeças que aparecem em seguida nesta lista — é baixa demais para responder em definitivo a perguntas relacionadas à gravitação quântica. Para fazê-lo, precisaríamos estudar os comprimentos infinitesimais em que tanto a mecânica quântica quanto efeitos gravitacionais podem emergir — e isso está longe do alcance do LHC. Se tivermos sorte, e a gravidade tiver um papel importante em

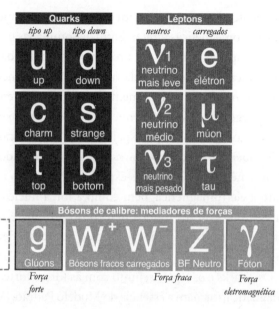

Figura 23. Os elementos do Modelo Padrão da física de partículas, que descrevem os elementos mais básicos da matéria e suas interações. Os quarks de tipo up e down experimentam as forças forte, fraca e eletromagnética. Léptons carregados experimentam as forças fraca e eletromagnética, enquanto neutrinos experimentam apenas a força fraca. Glúons, bósons de calibre fracos e o fóton comunicam essas forças. O bóson de Higgs ainda precisa ser encontrado.

abordar problemas de partícula que logo consideraremos relacionados à massa, então estaremos em uma posição bem melhor para responder a essa questão, e o LHC poderá revelar informações importantes sobre a gravidade e o espaço em si. De outro modo, testes experimentais de qualquer teoria quântica de gravitação — incluindo a teoria de cordas — estão provavelmente muito longe de nosso alcance.

Entretanto, a relação da gravidade com outras forças não é a única grande questão remanescente hoje. Outra lacuna crítica em nossa compreensão — que o LHC está sem dúvida destinado a resolver — é a maneira como as partículas fundamentais obtêm suas massas. Essa questão talvez soe estranha (a menos, claro, que você tenha lido meu primeiro livro), já que tendemos a pensar em massa como uma dádiva — uma propriedade intrínseca e inalienável da partícula.

Em certo sentido, isso está correto. A massa é uma das propriedades — junto com a carga e as interações — que definem uma partícula. Partículas sempre carregam energia não zero, mas a massa é uma propriedade intrínseca que pode ter muitos valores possíveis, incluindo zero. Um dos grandes insights de Einstein foi reconhecer que o valor da massa de uma partícula diz quanta energia ela possui em repouso. Mas nem sempre as partículas têm um valor de massa impossível de sumir. E todas aquelas que têm massa zero, como o fóton, nunca estão em repouso.

Contudo, a massa não zero de partículas elementares, que é uma propriedade intrínseca delas, é um grande mistério. Não apenas os quarks e os léptons, mas também os bósons de calibre fracos — as partículas que comunicam a força fraca — têm massa não zero. Experimentos já mediram essas massas, mas as regras físicas mais simples não as permitem. As previsões do Modelo Padrão funcionam se simplesmente assumimos que partículas têm suas massas. Mas, em primeiro lugar, não sabemos de onde elas vêm. É evidente que as regras mais simples não são aplicáveis, e algo mais sutil está em ação.

Os físicos de partículas acreditam que essas massas não perecíveis surgem apenas porque algo drástico ocorreu no universo primordial num processo mais conhecido como *mecanismo de Higgs*, assim nomeado em homenagem ao físico escocês Peter Higgs, um dos primeiros a mostrar como massas podem surgir. Porém, ao menos seis autores contribuíram com ideias similares, então talvez você ouça falar sobre o mecanismo de Englert-Brout--Higgs-Guralnik-Hagen-Kibble. Mas vou adotar o nome Higgs.[2]

A ideia, como quer que a batizemos, é que uma transição de fase (talvez como a transição de fase da água líquida borbulhando para se tornar vapor) ocorreu de forma a mudar a natureza do universo. Enquanto, no início, as partículas não tinham massa e se moviam por aí à velocidade da luz, mais tarde — após essa transição de fase envolvendo o chamado campo de Higgs — as partículas adquiriam massa e se moviam mais devagar. O mecanismo de Higgs mostra como partículas elementares deixam de ter massa zero, na ausência do campo de Higgs, para adquirir as massas não zero que medimos em experimentos.

Se os físicos de partículas estiverem corretos e o mecanismo de Higgs estiver atuando do universo, o LHC vai obter sinais indicadores que revelam a história do universo. Em sua implementação mais simples, a evidência é uma partícula — o epônimo *bóson de Higgs*. Em teorias físicas mais elaboradas, nas quais o mecanismo de Higgs está em ação de qualquer maneira, o bóson de Higgs pode estar acompanhado de outras partículas com mais ou menos a mesma massa, ou o Higgs pode ser totalmente substituído por alguma outra partícula.

Qualquer que seja a forma como o mecanismo de Higgs for implementado, esperamos que o LHC produza algo interessante. Pode ser um bóson de Higgs. Pode ser a evidência de uma teoria mais exótica como a *technicolor*, que discutiremos mais adiante. Ou pode ser algo totalmente não previsto. Se tudo correr como o planejado, os experimentos no colisor poderão discernir o que está implementando o mecanismo de Higgs. Não importa o que seja encontrado, a descoberta nos dirá algo interessante sobre como partículas adquirem suas massas.

O Modelo Padrão da física de partículas, que descreve os elementos mais básicos da matéria e suas interações, funciona lindamente. Suas previsões foram confirmadas muitas vezes com o mais alto nível de precisão. A partícula de Higgs é a última peça que falta do quebra-cabeça do Modelo Padrão.[3] Reconhecemos hoje que partículas têm massas. Mas, quando compreendermos o mecanismo de Higgs, saberemos como essas massas se materializam. Esse mecanismo, que será mais explorado no capítulo 16, é essencial para uma compreensão mais satisfatória da massa.

E há outro quebra-cabeça ainda maior na física de partículas em que o LHC deve ajudar. É provável que experimentos no Grande Colisor de Hádrons iluminem a solução para a questão conhecida como *problema da hierarquia da física de partículas*. O mecanismo de Higgs aborda a questão de como as partículas fundamentais adquirem massa. O problema da hierarquia questiona por que essas massas têm os valores que vemos.

Nós, físicos de partículas, não só acreditamos que as massas surgem desse chamado campo de Higgs, mas também acreditamos saber quando ocorre a transição de partículas sem massa para as com massa. Sabemos disso porque o mecanismo de Higgs dá massas a algumas partículas de uma maneira previsível, que depende apenas da intensidade da força nuclear fraca e da energia com a qual a transição ocorre.

A peculiaridade é que essa energia de transição não faz sentido de uma perspectiva teórica subjacente. Quando juntamos aquilo que sabemos da mecância quântica com a relatividade especial, na verdade podemos calcular as contribuições de massa para as partículas, e elas são muito maiores do que aquela que medimos. Cálculos baseados em mecânica quântica e relatividade especial nos mostram que, sem uma teoria mais rica, as massas deveriam ser muito maiores — precisamente 10 quadrilhões (ou 10^{16}) de vezes maiores. A teoria só se sustenta com uma enorme gambiarra que os físicos chamam, sem pudor, de "sintonia fina".

O problema da hierarquia em física de partículas consiste num dos grandes desafios para a descrição subjacente da matéria. Queremos saber por que as massas são tão diferentes daquelas que esperávamos. Cálculos de mecânica quântica nos levariam a crer que elas deveriam ser muito maiores do que a *escala de energia fraca* que determina suas massas. Nossa incapacidade de entender a escala de energia fraca na versão mais superficialmente simples do Modelo Padrão é uma verdadeira pedra no caminho até uma teoria completa.

O mais provável é que uma teoria mais interessante e mais sutil englobe o modelo mais ingênuo — a possibilidade que nós, físicos, achamos muito mais convincente do que uma teoria da natureza regulada por sintonia fina. Apesar do escopo ambicioso da questão sobre qual teoria resolve o problema da hierarquia, o Grande Colisor de Hádrons provavelmente jogará luz sobre ela. A mecânica quântica e a relatividade ditam não apenas contribuições para massas, mas também as energias nas quais novos fenômenos devem aparecer. Essa escala de energia será sondada pelo LHC.

Antecipamos que uma nova teoria interessante vai emergir do LHC. Tal teoria, que tratará desses mistérios sobre as massas, deverá ser revelada quando novas partículas, forças ou simetrias aparecerem. Esse é um dos grandes segredos que esperamos ver desmascarados no colisor.

A resposta em si é interessante. Mas é provável que também seja a chave para os insights profundos sobre outros aspectos da natureza. Duas das respostas mais convincentes sugeridas para o problema envolvem extensões de simetrias do espaço e do tempo ou revisões de nossa própria noção de espaço.

Cenários mais bem explicados no capítulo 17 nos dizem que o espaço deve conter mais do que as três dimensões que conhecemos: cima-baixo, frente-trás e esquerda-direita. Em particular, ele poderia conter dimensões totalmente invisíveis que possuam a chave para entender as propriedades das partículas e suas massas. Se for esse o caso, o LHC fornecerá evidência dessas dimensões na forma de partículas conhecidas como partículas *Kaluza-Klein*, que viajam através do espaço-tempo completo com mais dimensões.

Qualquer que seja a teoria a resolver o problema da hierarquia, ela deve fornecer evidências experimentais acessíveis na escala da energia fraca. Uma corrente lógica teórica conectará aquilo que encontrarmos no LHC com o que quer que resolva esse problema em última instância. Pode ser algo que já tenhamos antecipado ou algo não previsto, mas de qualquer modo será espetacular.

MATÉRIA ESCURA

Além desses problemas de física de partículas, o LHC também pode ajudar a iluminar a natureza da *matéria escura* do universo, a matéria que exerce influência gravitacional, mas não absorve nem emite luz. Tudo o que vemos — a Terra, a cadeira na qual você está sentado, seu periquito de estimação — é feito de partículas do Modelo Padrão, que interagem com a luz. Mas as coisas visíveis que interagem com a luz, e cuja interação compreendemos, constituem apenas 4% da densidade de energia do universo. Cerca de 23% de sua energia é incorporada por algo conhecido como matéria escura, mas que ainda precisa ser identificado.

A matéria escura é de fato matéria. Isso significa que ela se aglutina por meio da influência da gravidade e, portanto, junto com a matéria ordinária, contribui para formar estruturas — galáxias, por exemplo. Entretanto, diferentemente da matéria familiar, como aquela da qual nós e as estrelas somos feitos, ela não emite nem absorve luz. Como em geral vemos coisas por meio da luz emitida ou absorvida, a matéria escura é difícil de "ver".

Na realidade, o termo "matéria escura" é um nome inadequado. A chamada matéria escura não é exatamente escura. Coisas escuras absorvem luz. Podemos até ver coisas escuras onde a luz é absorvida. A matéria escura, por outro lado, não interage com luz de nenhum tipo, de nenhuma maneira observável. Falando em termos técnicos, a matéria "escura" é transparente. Mas continuarei a usar a terminologia convencional e me referir a essa nebulosa substância como escura.

Sabemos que a matéria escura existe por causa de seus efeitos gravitacionais. Mas sem vê-la diretamente não sabemos o que ela é. Seria composta de muitas pequenas partículas idênticas? Caso seja, qual é a massa da partícula e como ela interage?

Talvez em breve, porém, aprendamos bem mais. Notavelmente, o LHC pode de fato ter a energia correta para produzir partículas que podem ser a matéria escura. O critério-chave para a matéria escura é que o universo contém a quantia correta dela para exercer os efeitos gravitacionais medidos. Ou seja, a *densidade-relíquia* — a quantidade de energia armazenada que nossos modelos cosmológicos preveem ter sobrevivido até aqui — tem de bater com o valor medido. O fato surpreendente é que, com uma partícula estável cuja massa corresponda à escala da energia fraca que o LHC vai explorar (de novo por meio de $E = mc^2$), e cujas interações também envolvem partículas com essa energia, sua densidade-relíquia estará na região correta para ser a matéria escura.

O LHC poderia então não apenas fornecer insights sobre questões da física de partículas, mas também nos dar pistas sobre o que está hoje no universo lá fora e sobre como tudo começou, questões que foram incorporadas pela ciência da cosmologia, que nos diz como o universo evoluiu.

Assim como ocorre com as partículas elementares e suas interações, entendemos a história do universo surpreendentemente bem. Ainda assim, como no caso da física de partículas, ainda restam algumas grandes perguntas. Cito aqui as principais. O que é a matéria escura? O que é a entidade ainda mais misteriosa chamada de *energia escura*? O que alimentou o período de expansão exponencial do universo primordial conhecido como *inflação cosmológica*?

Esta é uma época especial para observações que podem nos dar as respostas para essas perguntas. As investigações sobre a matéria escura estão na linha de frente da sobreposição entre física de partículas e cosmologia. As interações de matéria escura com matéria ordinária — matéria para a qual podemos produzir detectores — são extremamente fracas, tão fracas que ainda estamos à procura de qualquer evidência de matéria escura que não seja seu efeito gravitacional.

As buscas atuais, então, são um salto de fé que pressupõe que a matéria escura, apesar de quase invisível, ainda interage fracamente — mas não de maneira impossivelmente fraca — com a matéria que conhecemos. Isso não é um mero palpite otimista. Baseia-se nos cálculos já mencionados, indicativos de que partículas estáveis, cujas interações são conectadas à escala de energia que o LHC vai explorar, têm a densidade correta para serem a matéria escura. Embora ainda não tenhamos identificado a matéria escura, esperamos ter uma boa chance de detectá-la no futuro próximo.

A maior parte dos experimentos de cosmologia, porém, não ocorre em aceleradores. Os experimentos dedicados a olhar de dentro para fora, na Terra e no espaço, são primariamente responsáveis por abordar e desenvolver nossa compreensão de potenciais soluções para questões cosmológicas.

Os astrofísicos, por exemplo, enviaram satélites ao espaço para observar o universo a partir de um ambiente não obscurecido pela poeira e por processos físicos e químicos na superfície da Terra ou perto dela. Telescópios e experimentos aqui na Terra nos dão mais insights em um ambiente que cientistas podem controlar de forma mais direta. Esses experimentos no espaço e na Terra deverão jogar luz sobre muitos aspectos da questão sobre como o universo se tornou o que é.

Esperamos que um sinal forte o suficiente em qualquer um desses experimentos (que vamos descrever no capítulo 21) nos permita decifrar os mistérios da matéria escura. Esses experimentos poderiam nos revelar a natureza da matéria escura e iluminar sua massa e suas interações. Enquanto isso, teóricos têm trabalhado duro sobre todos os possíveis modelos para a matéria escura e sobre como usar todas essas estratégias de detecção para aprender o que ela é de fato.

ENERGIA ESCURA

A matéria ordinária e a matéria escura ainda não representam a soma total da energia no universo — juntas, elas constituem apenas 27%. Ainda mais misteriosa que a matéria escura é a substância que constitui os outros 73%, que ficou conhecida como energia escura.

A descoberta da energia escura foi o mais intenso toque de despertar da física no fim do século xx. Apesar de não sabermos muitas coisas sobre a evolução do universo, temos uma compreensão espetacularmente bem-sucedida dela, a qual se baseia na chamada teoria do big bang, suplementada por um período de expansão exponencial do universo conhecido como inflação cosmológica.

Essa teoria está de acordo com uma série de observações, incluindo aquelas sobre a radiação de micro-ondas no céu — a radiação de fundo de micro-ondas remanescente do tempo do big bang. Originalmente, o universo era uma bola de fogo quente. Mas durante os 13,75 bilhões de anos de sua existência ele se diluiu e resfriou de modo substancial, deixando essa radiação muito mais fria, hoje com apenas 2,7 kelvin — apenas uns poucos graus Celsius acima do zero absoluto. Outras evidências para a teoria de expansão do big bang podem ser encontradas em detalhados estudos sobre a abundância de núcleos produzidos durante a evolução inicial do universo e em medições da expansão do universo em si.

As equações de base que usamos para entender como o universo evolui são equações que Einstein desenvolveu no começo do século xx e nos dizem como derivar o campo gravitacional de uma dada distribuição de matéria ou energia. As equações se aplicam ao campo gravitacional entre a Terra e o Sol, mas também ao universo como um todo. De qualquer maneira, para derivar as consequências dessas equações, precisamos conhecer a matéria e a energia que nos cercam.

A observação chocante foi que medições de características do universo requerem a presença dessa nova forma de energia que não é carregada pela matéria. Essa energia não é carregada por partículas ou outras coisas, e não se aglutina como matéria convencional. Ela não se dilui com a expansão do universo, e mantém uma densidade constante. A expansão do universo está se acelerando devagar como consequência dessa misteriosa energia, que reside ao longo de todo o universo, mesmo onde ele é vazio de matéria.

Einstein havia proposto originalmente tal forma de energia naquilo que ele chamou de *constante universal*, que depois acabou ficando conhecida como *constante cosmológica*. Logo em seguida, ele a considerou um erro e, de fato, sua intenção de usar isso para tentar explicar por que o universo seria estático era um equívoco. O universo de fato se expande, conforme Edwin Hubble mostrou pouco depois de Einstein propor sua ideia. A expansão não apenas é real, mas sua atual aceleração se deve aparentemente ao bizarro tipo de energia que Einstein havia postulado e logo descartado nos anos 1930.

Queremos compreender melhor essa misteriosa energia escura. Observações estão agora sendo projetadas para determinar se ela é justo o tipo de energia de fundo que Einstein propôs ou se é uma nova forma de energia que se altera com o tempo. Ou será isso algo totalmente não antecipado, algo sobre o qual nem sequer sabemos pensar?

OUTRAS INVESTIGAÇÕES COSMOLÓGICAS

Isso é apenas uma amostragem — ainda que importante — daquilo que estamos investigando agora. Além do que já descrevi, muito mais investigações cosmológicas se acumulam. Detectores de ondas gravitacionais vão procurar radiação gravitacional de buracos negros em fusão ou de outros fenômenos empolgantes que envolvem grandes quantidades de massa e energia. Experimentos de micro-ondas cósmicas nos dirão mais sobre a inflação. A investigação de raios cósmicos nos mostrará novos detalhes sobre o conteúdo do universo. E detectores de radiação infravermelha podem achar novos objetos no céu.

Em alguns casos, compreenderemos as observações bem o bastante para saber qual é o significado delas para a natureza da matéria e das leis físicas. Em outros, vamos levar muito tempo para entender as explicações. A despeito daquilo que acontece, o jogo entre teoria e dados nos levará a interpretações mais elevadas sobre o universo que nos cerca e expandirá nosso conhecimento para domínios hoje inacessíveis.

Alguns experimentos podem trazer resultados logo. Outros podem levar muitos anos. À medida que os dados surgirem, teóricos serão obrigados a revisar e, às vezes, até abandonar explicações sugeridas de modo que possamos aprimorar nossas teorias e aplicá-las de forma correta. Isso pode soar desencorajador, mas não é tão ruim quanto parece. Antecipamos com avidez as pistas que podem nos ajudar a responder a nossas perguntas enquanto resultados experimentais guiam nossas investigações e certificam que estamos progredindo — mesmo quando novos resultados sugerem que abandonemos velhas ideias. Nossas hipóteses são inicialmente enraizadas na elegância e na consistência teórica, mas, como veremos ao longo deste livro, em última instância é o experimento — e não a crença rígida — que determina o que está correto.

PARTE III

MAQUINÁRIO, MEDIDAS E PROBABILIDADE

8. Um anel para a todos governar

Não sou uma pessoa propensa a declarações exageradas, pois costumo achar que grandes acontecimentos e realizações falam por si. Essa relutância em dourar a pílula pode me trazer problemas nos Estados Unidos, onde as pessoas abusam tanto dos superlativos que elogiar algo sem um "íssimo" no fim pode soar como crítica por meio de um elogio fraco. Com frequência sou encorajada a inserir palavras de efeito ou advérbios em minhas declarações de apoio para evitar quaisquer desentendimentos. Mas, no caso do Grande Colisor de Hádrons, me arrisco a dizer que ele é, sem sombra de dúvida, uma realização estupenda. O LHC tem imponência e beleza acachapantes. Sua tecnologia é esmagadora.

Neste capítulo, embarcaremos em nossa exploração dessa máquina incrível. No capítulo seguinte, entraremos na montanha-russa da construção e, alguns capítulos depois, no mundo dos experimentos que registram o que o LHC cria. Mas, por enquanto, vamos nos concentrar na máquina em si, que isola, acelera e põe em colisão prótons energéticos que podem revelar novos mundos interiores, conforme esperamos.

O GRANDE COLISOR DE HÁDRONS

Na primeira vez que visitei o LHC, fui surpreendida pela sensação de reverência que ele inspirou em mim — mesmo eu já tendo visitado outros colisores e detectores de partículas muitas vezes antes. Sua escala era simplesmente diferente. Entramos, pusemos nossos capacetes, caminhamos pelo túnel da máquina, paramos num grande poço dentro do qual o detector ATLAS seria afinal instalado, e por fim chegamos ao aparato experimental em si. Ele ainda estava em construção, o que significa que o ATLAS não estava encoberto tal qual ficaria ao entrar em funcionamento — estava exposto, totalmente à vista.

Embora meu lado cientista tenha sido, a princípio, relutante em conceber esse milagre de precisão tecnológica como um projeto de arte — mesmo um dos grandes —, não pude resistir a sacar minha câmera e sair tirando fotos. A complexidade, a coerência e a magnitude, bem como as linhas e cores emaranhadas, são difíceis de transmitir em palavras. A impressão inspira simplesmente um maravilhamento.

Pessoas do mundo das artes tiveram reações similares. Ao visitar o local, a colecionadora de arte Francesca von Habsburg levou consigo um fotógrafo profissional, que produziu imagens tão bonitas que foram publicadas na revista *Vanity Fair*. Quando o cineasta Jesse Dylan, criado num mundo de cultura, visitou o LHC pela primeira vez, viu nele um notável projeto de arte — uma "realização culminante" cuja beleza ele gostaria de registrar. Jesse produziu um vídeo para transmitir suas impressões da grandiosidade dos experimentos e da máquina.

O ator e entusiasta da ciência Alan Alda, ao moderar um debate sobre o LHC, equiparou-o a uma das maravilhas do mundo antigo. O físico David Gross o compara às pirâmides. O engenheiro e empreendedor Elon Musk — cofundador do PayPal, dono da

Tesla (empresa que faz carros elétricos) e criador/diretor da SpaceX (que constrói foguetes para entregar maquinário e produtos à Estação Espacial Internacional) — disse que o LHC é "sem dúvida uma das maiores realizações da humanidade".

Ouvi tais declarações vindo de pessoas de todos os tipos. A internet, carros velozes, energia verde e viagens espaciais estão entre as áreas mais empolgantes e ativas da pesquisa aplicada hoje. Mas tentar entender as leis fundamentais do universo está numa categoria que por si só já surpreende e impressiona. Tanto amantes da arte quanto cientistas querem entender o mundo e decifrar suas origens. Podemos discutir sobre qual é a maior realização da humanidade, mas não creio que alguém questionaria que uma das coisas mais marcantes que fazemos é contemplar e investigar aquilo que está além do facilmente acessível. Só humanos encaram esse desafio.

As colisões que vamos estudar no LHC são como aquelas que aconteciam no primeiro trilionésimo de milissegundo após o big bang. Elas nos ensinarão sobre as pequenas distâncias e sobre a natureza da matéria e das forças nessa época tão incipiente. Podemos pensar no Grande Colisor de Hádrons como um supermicroscópio que nos permite estudar partículas e forças em tamanhos incrivelmente pequenos — da ordem de um décimo de milésimo de trilionésimo de um milímetro.

O LHC chega a essa minúscula sondagem ao promover colisões entre partículas com uma energia jamais atingida na Terra — até sete vezes a energia do melhor colisor precedente, o Tevatron, de Batavia, em Illinois. Como expliquei no capítulo 6, a mecânica quântica e seu uso de ondas nos dizem que essas energias são essenciais para investigar distâncias tão pequenas. E, além do aumento de energia, sua intensidade será cinquenta vezes maior que a do Tevatron, dando a ele muito mais chances de descobrir eventos raros que podem revelar o funcionamento interno da natureza.

Apesar de minha resistência a hipérboles, o LHC pertence a um mundo que só pode ser descrito com superlativos. Ele não é apenas grande: é a maior máquina já construída. Não é apenas frio: está a uma temperatura de 1,9 kelvin (1,9 grau Celsius acima do zero absoluto), necessária para os ímãs supercondutores operarem na mais fria região que conhecemos no universo — ainda mais fria do que o espaço sideral. O campo magnético não é apenas grande: os ímãs dipolos, que geram um campo magnético 100 mil vezes mais forte que o da Terra, são os mais fortes ímãs já produzidos em escala industrial.

E os extremos não terminam por aí. O vácuo dentro dos tubos que contêm os prótons é de dez trilionésimos de uma atmosfera, o mais completo vácuo produzido numa região grande como essa. A energia de colisões é a maior já gerada na Terra, permitindo que estudemos as interações mais antigas do universo primordial.

O LHC também abriga enorme quantidade de energia. O campo magnético em si possui o equivalente a duas toneladas de trinitrotolueno (TNT), e os feixes têm um décimo disso. Essa energia está embutida em um bilionésimo de grama de matéria, que em circunstâncias ordinárias é um mero ponto submicroscópico de material. Quando a máquina termina de usar o feixe, essa enorme energia é depositada num cilindro de composto de grafite com oito metros de comprimento e um metro de diâmetro, que está envolvido por mil toneladas de concreto.

Os extremos atingidos pelo LHC levam a tecnologia a seus limites. Eles não saem barato, e os superlativos se estendem igualmente ao custo. O preço de 9 bilhões de dólares atribuído ao colisor também o torna a mais cara máquina já construída. O CERN pagou cerca de dois terços de seu custo, com vinte países-membros tendo contribuído para o orçamento do CERN de acordo com seus recursos — enquanto a Alemanha entrou com 20%, países como a Bulgária tiveram participação de apenas 0,2%. O restante foi pago por Estados não membros, entre os quais Estados Unidos, Japão e Canadá. O CERN contribui para os experimentos em si com cerca de 20%, que são financiados por colaborações internacionais. Em 2008, quando a máquina estava essencialmente pronta, os Estados Unidos tinham mais de mil cientistas trabalhando no CMS e no ATLAS, tendo contribuído com 531 milhões de dólares ao longo da empreitada do LHC.

O INÍCIO DO LHC

O CERN, que abriga o LHC, é uma instalação de pesquisa com muitos programas simultâneos em operação. Seus recursos, porém, em geral são concentrados em um único programa adotado como carro-chefe. Nos anos 1980, esse programa era o colisor SpbarpS,[1] que encontrou os portadores das forças essenciais ao Modelo Padrão da física de partículas. Os experimentos de destaque que ocorreram em 1983 descobriram os bósons de calibre fracos — os dois bósons carregados W e o bóson neutro Z, que comunica a força fraca. Esses eram os ingredientes-chave que faltavam ao Modelo Padrão na época, e sua descoberta deu aos líderes do projeto do acelerador um prêmio Nobel.

Enquanto o SpbarpS ainda estava em operação, cientistas e engenheiros já planejavam um colisor conhecido como LEP, que iria promover colisões entre elétrons e suas antipartículas, os pósitrons, para estudar com grande nível de detalhamento as interações fracas e o Modelo Padrão. Esse sonho se tornou realidade nos anos 1990, quando o LEP, por meio de suas medições precisas, estudou milhões de bósons de calibre fracos, que ensinaram aos físicos um bocado sobre as interações físicas do Modelo Padrão.

O LEP era um colisor circular com 27 quilômetros de circunferência. Elétrons e pósitrons eram repetidamente impulsionados em seu anel à medida que davam voltas. Como vimos no capítulo 6, colisores circulares podem ser ineficientes quando aceleram partículas leves como elétrons, uma vez que essas partículas irradiam ao serem aceleradas num trajeto circular. Os feixes de elétrons com energia de cem gigaelétrons-volt no LEP perdiam cerca de 3% de sua energia cada vez que davam uma volta. Não era uma perda muito grande, mas, para quem quisesse tentar acelerar elétrons a uma energia maior ao longo desse túnel, a perda em cada rotação seria um empecilho. Aumentar a energia a um fator de dez faria a perda de energia crescer a um fator de 10 mil, o que tornaria o acelerador ineficiente demais para ser aceitável.

Por essa razão, quando o LEP estava sendo concebido, as pessoas já estavam pensando no projeto que seria o próximo carro-chefe do CERN — e que provavelmente operaria a uma energia ainda maior. Por causa das perdas inaceitáveis de energia dos elétrons, se o CERN fosse algum dia construir uma máquina de maior energia, ela exigiria feixes de prótons, que são muito mais pesados e, portanto, irradiam muito menos. Os físicos e engenheiros que desenvolveram o LEP estavam cientes dessa possibilidade mais desejável, então construíram nele um túnel grande o bastante para acomodar um possível colisor de prótons no futuro, depois de a máquina para elétrons-pósitrons ser por fim desativada.

Hoje, enfim, cerca de 25 anos depois, o feixe de prótons corre pelo túnel originalmente escavado para o LEP. (Veja a figura 24.) O Grande Colisor de Hádrons está com a programação atrasada em alguns anos e com o orçamento estourado em cerca de 20%. É uma pena, mas talvez haja uma boa razão para isso, já que é o maior, mais internacional, mais caro, mais energético e mais ambicioso experimento já construído. O roteirista e diretor James L. Brooks fez piada ao ouvir sobre os percalços e sobre a recuperação do LHC: "Conheço pessoas que levam mais ou menos esse mesmo

Figura 24. O local do Grande Colisor de Hádrons, com o túnel subterrâneo marcado em branco, e o lago de Genebra e montanhas ao fundo. (Cortesia do CERN.)

tempo para escolher papel de parede. Entender o universo deve ser um pouco mais emocionante do que isso. Mas é verdade que há papéis de parede incríveis por aí".

A IRMANDADE DOS ANÉIS

Prótons estão em todos os lugares ao nosso redor e dentro de nós. Em geral, porém, encontram-se agrupados em núcleos, cercados por elétrons, dentro de átomos. Eles não estão isolados dos elétrons e não estão colimados (alinhados em colunas) dentro dos feixes. Antes de encaminhar os prótons a seu destino final, os físicos do LHC os separam e os aceleram. Ao fazê-lo, usam alguns dos muitos extremos do colisor.

O primeiro passo ao preparar feixes de prótons é aquecer átomos de hidrogênio, o que os separa de seus elétrons e deixa os prótons isolados como núcleos, apenas. Campos magnéticos guiam esses prótons de forma a serem canalizados em feixes. O LHC então acelera os feixes por vários estágios em regiões distintas, com prótons viajando de um acelerador para o outro, aumentando sua energia antes de serem encaminhados para os feixes paralelos onde, por fim, podem colidir.

A fase de aceleração inicial ocorre no acelerador de partículas linear (*linear particle accelerator*, LINAC), que é um trecho de túnel linear ao longo do qual ondas de rádio aceleram prótons. Quando a onda de rádio atinge seu pico, o campo elétrico associado acelera os prótons. Os prótons são então desviados do campo para que não desacelerem quando o campo se reduz. Eles retornam então ao campo quando ele está no pico de novo, de forma que são repetidamente acelerados de um pico para o próximo. As ondas de rádio, em essência, impulsionam os prótons da mesma maneira que empurramos uma criança num balanço. Elas aceleram os prótons, aumentando sua energia, mas apenas um pouco nesse primeiro estágio.

No estágio seguinte, os prótons são empurrados por meio de ímãs dentro de uma série de anéis, onde são acelerados ainda mais. Cada um desses aceleradores funciona de maneira similar ao acelerador linear descrito no parágrafo anterior. Mas, como esses aceleradores são circulares, podem dar mais velocidade aos prótons, uma vez após a outra, à medida que vão circulando milhares de vezes. Esses aceleradores circulares, portanto, transferem um bocado de energia aos prótons.

Essa "irmandade dos anéis" que acelera os prótons antes de eles entrarem no grande anel do LHC é composta do intensificador síncrotron de prótons (*proton synchrotron booster*, PSB), que acelera prótons a 1,4 gigaelétron-volt, do síncrotron de prótons (*proton synchroton*, PS), que os leva a 26 gigaelétrons-volt de energia, e do supersíncrotron de prótons (*super proton synchrotron*, SPS), que eleva sua energia até a chamada energia de injeção, 450 gigaelétrons-volt. (Veja a figura 25 para acompanhar a jornada de um próton.) Essa é a energia que os prótons possuem quando entram no último estágio de aceleração, no túnel de 27 quilômetros.

Alguns desses anéis de aceleração são relíquias sobreviventes de projetos anteriores do CERN. O síncrotron de prótons, que é o mais antigo, comemorou suas bodas de ouro em novembro de 2009, e o intensificador síncrotron de prótons foi crítico para o maior projeto do CERN nos anos 1980, o LEP.

Após os prótons deixarem o SPS, tem início a *fase de injeção*, com vinte minutos de duração. Nesse momento, os prótons que emergem do SPS a 450 gigaelétrons-volt são impulsionados até sua energia total dentro do túnel do LHC. Os prótons no túnel viajam ao longo de dois feixes separados trafegando em direções opostas por tubos estreitos de 7,5 centímetros que se estendem pelos 27 quilômetros do anel subterrâneo do LHC.

O túnel de 3,8 metros de largura que hoje abriga os feixes de prótons foi construído nos anos 1980, mas é bem iluminado, possui ar-condicionado e é grande o suficiente para que se possa caminhar com conforto dentro dele, o que tive a oportunidade de fazer quando o LHC ainda estava em construção. Fiz apenas um passeio curto dentro do túnel durante minha visita ao colisor, mas que durou mais tempo do que os prótons acelerados a altas energias levam para circular o túnel inteiro — 89 milionésimos de segundo, viajando a 99,9999991% da velocidade da luz.

O túnel fica cerca de cem metros abaixo da superfície, com a profundidade precisa variando de cinquenta a 175 metros. Isso protege a superfície da radiação e também significa que o CERN não

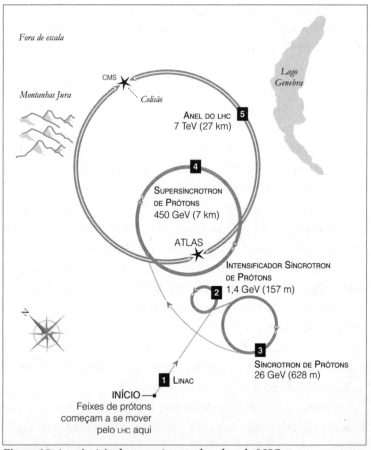

Figura 25. A trajetória de um próton acelerado pelo LHC.

precisou comprar (e destruir) todas as fazendas localizadas sobre o túnel durante a fase de construção. Direitos fundiários, porém, atrasaram sua escavação nos anos 1980, quando ele foi construído para o LEP. O problema é que, na França, proprietários de terra têm direito a toda a região abaixo de seus terrenos, até o centro da Terra — não apenas à superfície que semeiam. O túnel só pôde ser escavado após autoridades francesas abençoarem a operação assinando uma "Déclaration d'Utilité Publique" que tornou as rochas subjacentes — e, em princípio, também o magma sob elas — propriedade pública.

Os físicos debatem sobre se a razão para a inclinação na profundidade do túnel foi geológica ou se foi feita para evitar a radiação, mas o fato é que ela ajuda nas duas coisas. O terreno irregular era de fato uma limitação interessante para a localização e a profundidade do túnel. A região abaixo do CERN consiste sobretudo em um tipo de rocha compacta conhecida como molasso, mas sob os depósitos marinhos e fluviais há cascalho, areia e solo argiloso contendo água subterrânea, e esse não seria um bom lugar para construir um túnel. A inclinação mantém o túnel dentro da rocha boa. Ela também permitiu que uma das seções do túnel — no sopé das montanhas Jura, na borda do CERN — fosse um pouco menos profunda, tornando mais fácil (e mais barata) a entrada e saída de equipamentos por um poço nesse local.

Os campos elétricos para a aceleração final nesse túnel não estão arranjados de maneira precisamente circular. O LHC possui oito grandes arcos situados entre oito seções retas de setecentos metros. Cada um desses setores pode ser aquecido e resfriado de modo independente, o que é importante para reparos e para a instrumentação. Após entrar no túnel, os prótons são acelerados por ondas de rádio em cada uma das curtas seções retas, da mesma forma que haviam sido acelerados até a energia de injeção nos estágios anteriores. A aceleração ocorre dentro de *cavidades de radiofrequência* (RF) com sinais de quatrocentos mega-hertz, a mesma frequência de controles remotos que destrancam as portas de carros. Quando esse campo acelera um conjunto de prótons que entra em tal cavidade, ele aumenta a energia dos prótons em apenas 485 bilionésimos de um teraelétron-volt. Pode não parecer muito, mas os prótons orbitam o anel do LHC 11 mil vezes por segundo. São necessários apenas vinte minutos, portanto, para acelerar o raio de prótons de sua energia de injeção de 450 gigaelétrons-volt até a energia final de sete teraelétrons-volt cerca de quinze vezes maior. Alguns prótons são perdidos durante colisões, ou acabam desgarrados. A maioria deles, porém, continua circulando por metade de um dia antes de o feixe se esgotar e precisar ser descartado no solo para que possa ser substituído por prótons frescos recém-injetados.

Pelo projeto, os prótons que circulam no LHC não são distribuídos de maneira uniforme. Eles são enviados ao anel em conjuntos separados — 2808 deles —, cada um contendo 115 bilhões de prótons. Cada conjunto inicia o trajeto com dez centímetros de comprimento por um milímetro de largura e é separado do próximo por cerca de dez metros. Isso ajuda na aceleração, já que cada conjunto é acelerado em separado. Como bônus, agrupar os prótons dessa maneira garante que os conjuntos interajam em intervalos de pelo menos 25 a 75 nanossegundos, longos o suficiente para que cada colisão entre conjuntos seja registrada separadamente. Como há muito menos prótons em um conjunto do que em um feixe, o número de colisões que ocorrem ao mesmo tempo está sob controle muito maior, pois são os conjuntos, e não a totalidade de prótons do feixe, que colidem num dado momento.

ÍMÃS CRIODIPOLOS

Acelerar prótons a altas energias é mesmo uma realização impressionante. Mas o verdadeiro *tour de force* tecnológico na construção do LHC foi projetar e criar os ímãs dipolos de alto campo necessários para manter os prótons circulando no anel. Sem os dipolos, eles seguiriam em linha reta. Manter prótons energéticos circulando num anel requer um enorme campo magnético.

Em razão do tamanho do túnel existente, a maior dificuldade que engenheiros do LHC tiveram de superar foi a construção de ímãs tão fortes quanto possível e em escala industrial — ou seja, que pudessem ser produzidos em massa. O forte campo é necessário para manter os prótons de altas energias em suas trajetórias dentro do túnel que havia sido herdado do LEP. Manter a circulação de prótons mais energéticos requer ímãs mais fortes ou um túnel maior, para que os prótons continuem no caminho certo mesmo fazendo uma curva mais aberta. No LHC, o tamanho do túnel foi predeterminado, então a energia final foi definida pelo maior campo magnético que se pôde atingir.

O Supercolisor Supercondutor (Superconducting Super Collider, SSC) americano, caso tivesse sido completado, seria colocado em um túnel muito maior (que chegou até a ser parcialmente escavado), com 87 quilômetros de circunferência, e foi planejado com o objetivo de atingir quarenta teraelétrons-volt — quase três vezes a energia final do LHC. Essa energia vastamente maior teria sido possível porque a máquina foi projetada a partir do zero, sem a limitação de tamanho de um túnel já existente e sem a consequente necessidade de campos magnéticos além da realidade. O plano proposto pelos europeus, porém, tinha a vantagem prática de que o túnel, a infraestrutura científica e a logística do CERN já existiam.

Um dos objetos mais impressionantes que vi quando visitei o CERN foi o protótipo de um dos 1232 ímãs dipolos cilíndricos gigantes do colisor. (Veja um corte transversal na figura 26.) Cada um deles tem impressionantes quinze metros de comprimento e trinta toneladas de peso. O comprimento foi determinado não por considerações físicas, mas pelo túnel relativamente estreito do LHC — bem como pela necessidade de transportá-los de caminhão por estradas europeias. Cada um dos ímãs custou 700 mil euros, levando o custo líquido dos ímãs a mais de 1 bilhão de dólares.

Os tubos estreitos que abrigam os feixes de prótons se estendem por dentro dos dipolos, que são emendados um ao outro

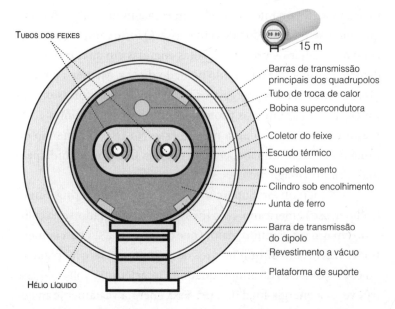

Figura 26. Esquema de um ímã criodipolo. Os prótons são mantidos circulando no anel do LHC por meio de 1232 ímãs supercondutores como este.

para que se disponham ao longo de todo o interior do túnel do LHC. Eles produzem um campo magnético que pode chegar a 8,3 teslas, cerca de mil vezes a força do campo médio de um ímã de geladeira. À medida que a energia dos feixes de prótons aumenta de 450 gigaelétrons-volt para sete teraelétrons-volt, o campo magnético aumenta de 0,54 para 8,3 teslas, para que possa continuar guiando em círculo os prótons cada vez mais energéticos.

O campo que esses ímãs produzem é tão grande que deslocaria os próprios ímãs se eles estivessem soltos. Essa força é aliviada por causa da geometria das bobinas, mas os ímãs são mantidos no lugar com rejuntes construídos especialmente para tal finalidade, feitos de aço com quatro centímetros de espessura.

A tecnologia de supercondutividade é responsável pelos poderosos ímãs do LHC. Os engenheiros se beneficiaram da tecnologia que havia sido desenvolvida para o ssc, bem como para o colisor americano Tevatron, no centro de aceleradores do Laboratório do Acelerador Nacional Fermi (Fermi National Accelerator Laboratory, Fermilab), perto de Chicago, em Illinois, e para o colisor elétron-pósitron do centro de aceleradores DESY (Deutsches Elektronen-Synchrotron [Síncrotron de Elétrons Alemão]), em Hamburgo.

Cabos comuns como os fios de cobre residenciais possuem resistência. Isso significa que parte da energia se perde quando a corrente passa. Os cabos supercondutores, porém, não dissipam energia. As correntes elétricas passam desimpedidas por eles. Bobinas de fio supercondutor podem gerar enormes campos magnéticos e, uma vez estabelecidos, os campos podem ser mantidos.

Cada dipolo do LHC tem bobinas de cabos supercondutores de nióbio-titânio compostos de filamentos com apenas seis mícrons de espessura — muito menores do que um fio de cabelo. O colisor contém 1200 toneladas desses notáveis filamentos. Se os desenrolássemos, eles seriam tão longos quanto a órbita de Marte.

Quando em operação, os dipolos precisam estar extremamente frios, já que eles só funcionam quando a temperatura é baixa o suficiente. Os fios supercondutores são mantidos a 1,9 grau acima do zero absoluto, ou seja, 271 graus Celsius abaixo da temperatura de congelamento da água. Essa temperatura é ainda mais baixa do que a da radiação cósmica de fundo do espaço profundo. O túnel do LHC abriga a mais fria região de grande extensão do universo — pelo menos até onde sabemos. Os ímãs são conhecidos como *criodipolos* em razão de sua natureza particularmente fria.

Além da impressionante tecnologia dos filamentos usados nos ímãs, o sistema de refrigeração (*criogênico*) é também uma realização imponente, que merece seus próprios superlativos. O sistema é de fato o maior do mundo. Um fluxo de hélio mantém a temperatura extremamente baixa. Uma camada de cerca de 97 toneladas de hélio líquido envolve os ímãs para resfriar os cabos. Não é um gás hélio comum, mas hélio sob a pressão necessária para se manter em *fase superfluida*. O hélio superfluido não está sujeito à viscosidade de materiais ordinários, então pode dissipar com grande eficiência qualquer calor produzido no sistema dipolo: primeiro, são resfriadas 10 mil toneladas de nitrogênio líquido, e é esse material que resfria as 130 toneladas de hélio que circulam nos dipolos.

Nem tudo no LHC está abaixo do chão. Prédios na superfície abrigam equipamentos, componentes eletrônicos e usinas de refrigeração. Um refrigerador convencional esfria o hélio até 4,5 kelvin, e a refrigeração final é feita com redução da pressão. Esse processo (assim como o reaquecimento) leva cerca de um mês, o que significa que cada vez que a máquina é ligada e desligada, ou que se tenta fazer algum reparo, é preciso de um bocado de tempo extra para o resfriamento.

Se alguma coisa dá errado — por exemplo, se uma pequena quantidade de calor aumentar a temperatura —, o sistema é *sufocado*, o que significa que sua supercondutividade é destruída. Esse sufocamento é desastroso caso a energia não seja dissipada de modo apropriado, pois toda a energia armazenada nos ímãs seria liberada de repente. Um sistema especial para detectar sufocamento e dispersar a liberação de energia, portanto, foi instalado. O sistema procura diferenças de voltagem que são inconsistentes com a supercondutividade. Caso sejam detectadas, a energia é liberada em todos os lugares em menos de um segundo, de forma que o dipolo deixa de ser supercondutor.

Mesmo com tecnologia de supercondutividade, grandes correntes são necessárias para atingir o campo magnético de 8,3 teslas. A corrente sobe para quase 12 mil amperes, aproximadamente 40 mil vezes a corrente que passa pela lâmpada de uma luminária de escrivaninha.

Quando está operando, o LHC consome enorme quantidade de eletricidade na corrente e na refrigeração — tanto quanto uma pequena cidade como Genebra, que fica bem próxima. Para evitar o gasto excessivo de energia, o acelerador roda só até os frios meses do inverno suíço, quando o preço da eletricidade sobe (uma exceção foi feita para a ativação em 2009). Essa política tem a vantagem extra de dar aos engenheiros e cientistas do LHC longas férias de Natal.

PELO VÁCUO ATÉ AS COLISÕES

O último superlativo do LHC se aplica ao vácuo dentro dos tubos onde os prótons circulam. O sistema precisa estar tão livre quanto possível do excesso de matéria para que possa manter o hélio resfriado, pois quaisquer moléculas desgarradas podem transportar calor e energia. E é ainda mais crítico manter as regiões do feixe de prótons livres de gás. Se houvesse gás ali, os prótons entrariam em colisão com ele e destruiriam a circulação do feixe. A pressão dentro do feixe, portanto, é extremamente pequena, 10 trilhões de vezes menor que a pressão atmosférica — a pressão a 1 milhão de metros acima da superfície da Terra, onde o ar é extremamente rarefeito. No LHC, 9 mil metros cúbicos de ar foram evacuados para abrir espaço ao feixe de prótons.

Mesmo a essa pressão ridiculamente baixa, cerca de 3 milhões de moléculas de gás ainda residem em cada centímetro cúbico dessa região do tubo. Os prótons, então, vez ou outra atingem o gás e são desviados. Se um número grande de prótons atingisse um ímã supercondutor, eles o sufocariam e destruiriam sua supercondutividade. Colimadores de carbono, porém, alinham o feixe de LHC para remover quaisquer partículas desgarradas que excedam a abertura de três milímetros, ampla o suficiente para permitir a passagem de um feixe com um milímetro de largura.

Ainda assim, organizar prótons num conjunto de um milímetro de largura é uma tarefa complicada. É algo feito com outros ímãs, conhecidos como *quadrupolos*, que de fato focalizam e espremem o feixe. O LHC possui 392 desses ímãs. Os ímãs quadrupolos são também aqueles que desviam os feixes de prótons de suas trajetórias independentes para que possam colidir.

Os feixes não colidem de modo preciso, nem totalmente de frente, e sim a um ângulo infinitesimal de um milésimo de radiano. Isso é feito para que apenas um conjunto de cada um dos feixes colida por vez, de forma que os dados fiquem menos confusos e que o feixe permaneça intacto.

Quando dois conjuntos vindos dos dois feixes em circulação colidem, 100 bilhões de prótons vão em direção a outros 100 bilhões de prótons. Os ímãs quadrupolos também são responsáveis pela tarefa particularmente difícil de focalizar os feixes nas regiões ao longo do anel em que as colisões ocorrem, onde estão situados os experimentos que registram os eventos. Nesses locais, os ímãs espremem os raios a uma dimensão minúscula de dezesseis mícrons. Os feixes têm de ser extremamente pequenos e densos para que os 100 bilhões de prótons num conjunto tenham maior chance de encontrar um dos 100 bilhões de prótons do outro conjunto, quando um passa pelo outro.

A maior parte dos prótons em um conjunto não encontra os prótons do outro, mesmo quando eles trafegam em rota de colisão. Os prótons individuais têm apenas um milionésimo de nanômetro de diâmetro. Isso significa que, mesmo estando em conjuntos de dezesseis mícrons, apenas cerca de vinte prótons colidem de frente cada vez que dois conjuntos se cruzam.

Isso é até uma coisa boa. Se muitas colisões ocorressem ao mesmo tempo, os dados ficariam confusos demais. Seria impossível distinguir quais partículas emergiram de qual colisão. Se nenhuma colisão acontecer também é algo ruim, claro. Ao focalizar apenas esse número de prótons dentro desse espaço, o lhc garante um número ótimo de eventos cada vez que dois conjuntos se cruzam.

As colisões individuais de prótons, quando ocorrem, fazem--no de modo quase instantâneo — num intervalo cerca de 25 ordens de magnitude menor do que um segundo. Isso significa que o tempo entre as séries de colisões de prótons é determinado inteiramente pela frequência com que os conjuntos se cruzam, o que, em plena capacidade, é a cada 25 nanossegundos. Os feixes se cruzam mais de 10 milhões de vezes por segundo. Com colisões tão frequentes, o lhc produz uma enorme quantidade de dados — cerca de 1 bilhão de colisões por segundo. Por sorte, o tempo entre os cruzamentos de conjuntos de prótons é grande o suficiente para que computadores mantenham registro das colisões individuais interessantes, sem as colisões confusas que se originaram em diferentes conjuntos.

Os extremos do lhc, por fim, são necessários tanto para garantir as colisões com a mais alta energia possível quanto para atingir o maior número de eventos com os quais os experimentos podem lidar. A maior parte da energia permanece em circulação, enquanto as raras colisões de prótons atraem toda a atenção. Apesar da energia maciça dos feixes, a energia individual de cada colisão de conjuntos envolve pouco mais que a energia cinética de alguns mosquitos voando. São prótons que entram em colisão, não jogadores de futebol ou carros. Os extremos do lhc concentram energia em uma região extremamente pequena, nas colisões de partículas elementares que os experimentalistas podem acompanhar. Em breve trataremos de alguns dos ingredientes ocultos que eles poderão encontrar e dos insights sobre a natureza da matéria e do espaço que os físicos esperam que essas descobertas forneçam.

9. O retorno do anel

Entrei na pós-graduação em física em 1983. O Grande Colisor de Hádrons foi proposto oficialmente em 1984. De certa forma, então, esperei por ele durante toda a minha carreira de um quarto de século. Agora, por fim, meus colegas e eu estamos vendo dados do LHC e antecipando de maneira realística os insights que os experimentos podem revelar sobre massa, energia e matéria.

O LHC é hoje a mais importante máquina experimental da física de partículas. Meus colegas físicos, como é compreensível, ficaram entusiasmados e ansiosos quando ele começou a funcionar. Era impossível entrar numa sala num congresso sem que alguém perguntasse o que estava acontecendo. Quanta energia as colisões atingiriam? Quantos prótons os feixes teriam? Teóricos queriam entender minúcias que antes eram quase uma abstração para aqueles de nós que se dedicam a cálculos e conceitos, não a projetar máquinas e experimentos. Por outro lado, eu nunca tinha visto físicos experimentais tão ansiosos por ouvir nossas últimas conjecturas e aprender mais sobre o que eles deveriam procurar e, possivelmente, descobrir.

Mesmo num congresso específico sobre matéria escura, em dezembro de 2009, os participantes comentavam ansiosos sobre o LHC — que tinha acabado de completar com resultados positivos suas acelerações e colisões inaugurais. Naquela época, após o quase desespero de menos de um ano e meio antes, todos estavam em êxtase. Experimentalistas estavam aliviados por terem dados que podiam estudar para entender melhor seus detectores. Teóricos estavam felizes com a possibilidade de obter algumas respostas sem muita demora. Tudo vinha funcionando muitíssimo bem. Os feixes pareciam o.k. As colisões tinham ocorrido. E os experimentos estavam registrando eventos.

O alcance desse marco, porém, foi uma história e tanto, e este capítulo se dedica a contá-la. Aperte o cinto, pois foi um passeio turbulento.

AFINAL DE CONTAS, UM MUNDO PEQUENO

A história do CERN precede a do LHC em muitas décadas. Logo após o fim da Segunda Guerra Mundial, foi concebido pela primeira vez um centro europeu de aceleradores que abrigaria experimentos para estudar partículas elementares. Naquela época, muitos físicos europeus — alguns dos quais tinham migrado para os Estados Unidos, enquanto outros ficaram na França, Itália e Dinamarca — queriam ver a ciência de ponta reconstruída em suas terras natais. Americanos e europeus concordavam que seria melhor para cientistas e para a ciência se europeus se reunissem nessa empreitada comum e devolvessem a pesquisa à Europa, de forma que pudessem consertar o resíduo de devastação e desconfiança que a guerra recém-terminada havia deixado.

Numa conferência da Unesco em Florença, em 1950, o físico americano Isidor Rabi recomendou a criação de um laboratório que iria restabelecer uma comunidade científica forte na Europa. Em 1952, o Conseil Européen pour la Recherche Nucléaire (CERN) foi fundado para criar tal organização. Em 1º de julho de 1953, representantes de doze nações europeias concordaram em criar uma instituição que ficou conhecida como "a Organização Europeia para Pesquisa Nuclear", e a convenção que a estabeleceu foi ratificada no ano seguinte. A sigla CERN, claro, não mais reflete o nome do centro de pesquisa. E hoje estudamos física subnuclear, ou seja, de partículas. Mas o legado inicial permaneceu, como é comum ocorrer com a burocracia.

As instalações do CERN foram deliberadamente construídas no centro da Europa, num terreno que cruza a fronteira franco-suíça perto de Genebra. Para quem gosta de estar ao ar livre, é um lugar maravilhoso para visitar. O fabuloso cenário inclui fazendas, as montanhas Jura bem ao lado, e os Alpes um pouco mais distantes. Os experimentalistas do CERN são em geral pessoas muito atléticas, com fácil acesso a esqui, alpinismo e ciclismo. O terreno da instituição é bastante grande, cobrindo a distância de corridas exaustivas o suficiente para manter esses pesquisadores atléticos em forma. As ruas são batizadas em homenagem a físicos famosos, e quem visita o local pode dirigir pela rota Curie, pela rota Pauli e pela rota Einstein. A arquitetura do CERN, porém, foi vítima da época de sua construção, os anos 1950, com edifícios baixos insípidos de estilo internacional. São prédios bastante planos, com longos corredores e salas sem graça. O fato de se tratar de um complexo científico não ajudou sua arquitetura — veja os prédios de ciência em quase todas as universidades e em geral encontrará os edifícios mais feios do campus. O que aviva o lugar (além da paisagem) são as pessoas que trabalham lá, seus objetivos e suas realizações científicas.

Faria bem às colaborações internacionais estudar a evolução do CERN e suas operações atuais. Ele é talvez a empreitada internacional mais bem-sucedida da história. Mesmo no rastro da Segunda Guerra Mundial, com países que haviam estado em conflito tão recentemente, cientistas de doze diferentes nações se juntaram em torno de um objetivo comum.

Se houve alguma competição, ela foi direcionada primeiro contra os Estados Unidos e seus empreendimentos científicos emergentes. Antes de experimentos do CERN descobrirem os bósons de calibre W e Z, quase todas as descobertas da física de partículas vinham de aceleradores americanos. O físico bêbado que entrou na área de convivência do Fermilab quando eu era aluna num curso de verão em 1982, prometendo descobrir os "bósons vetoriais sangrentos" e acabar com o domínio americano, provavelmente expressava o ponto de vista de muitos físicos europeus da época — talvez com menos eloquência, e sem dúvida com uma dicção mais pobre.

Os cientistas do CERN de fato encontraram esses bósons. Hoje, com o LHC, a instituição é um centro experimental de física de partículas sem rival à altura. Isso, porém, não era algo predeterminado de início, quando o LHC foi proposto. O Supercolisor Supercondutor americano, que o presidente Reagan aprovou em 1987, teria quase o triplo da energia do LHC, se o Congresso tivesse mantido a aprovação. Apesar de a administração Clinton de início não ter apoiado o projeto encetado por seus antecessores republicanos, o presidente mudou de ideia quando entendeu melhor o que estava em jogo. Em junho de 1993, ele tentou evitar o cancelamento numa mensagem ao deputado William Natcher, chefe do comitê de orçamento. Sua carta dizia:

> Quero que vocês saibam de meu apoio contínuo ao Supercolisor Supercondutor [...]. Abandonar o SSC a esta altura sinalizaria a perda da liderança dos Estados Unidos na ciência básica — uma posição inquestionável durante gerações. Estamos em tempos

economicamente difíceis, mas nossa administração apoia esse projeto como parte de seu amplo pacote de investimentos em ciência e tecnologia [...]. Peço seu apoio a esse esforço desafiador e importante.

Quando encontrei o ex-presidente em 2005, ele puxou assunto sobre o ssc e perguntou o que o cancelamento do projeto nos fizera perder. Rapidamente, admitiu também achar que a humanidade tinha desperdiçado uma oportunidade valiosa.

Na época em que o Congresso matou o ssc, os contribuintes haviam desembolsado 150 bilhões de dólares para arcar com a crise da poupança e do crédito, que excedeu de longe os 10 bilhões de dólares que o ssc teria custado. O déficit anual dos Estados Unidos, em comparação, já atingiu incríveis seiscentos dólares por americano, e a Guerra do Iraque chegou a mais de 2 mil dólares por cidadão. Com o ssc, já teríamos atingido energias maiores do que as que o lhc vai atingir. Com o fim da crise da poupança e do crédito, ficamos à mercê da crise financeira de 2008 e seu pacote de resgate ainda mais caro para os contribuintes.

O valor de face de 9 bilhões de dólares do lhc era comparável ao custo proposto para o ssc. Ele chegou a cerca de quinze dólares anuais por contribuinte, durante o tempo de construção do acelerador — uma cerveja para cada europeu a cada ano, como costuma dizer meu colega Luis Álvarez-Gaumé, do cern. Estimar o valor da pesquisa científica fundamental, como a que é feita no lhc, é sempre algo complicado, mas ela deu origem à eletricidade, aos semicondutores, à internet e a quase todos os avanços tecnológicos que afetaram nossa vida de maneira significativa. A pesquisa fundamental também inspira o pensamento científico e tecnológico que influencia todos os aspectos de nossa economia. Os resultados práticos do lhc podem ser difíceis de antecipar, mas o potencial científico não. Creio estarmos de acordo que os europeus, nesse caso, têm mais chance de obter algo digno do dinheiro que gastaram.

Projetos de longo prazo exigem fé, dedicação e responsabilidade. Assumir tais compromissos tem sido algo cada vez mais difícil nos Estados Unidos. Nossa visão levou o país a tremendos avanços científicos e tecnológicos no passado. Esse tipo essencial de planejamento de longo prazo, porém, é cada vez mais raro. Temos de contar com a Comunidade Europeia, agora, dada sua habilidade de avistar o futuro de seus projetos. O LHC foi concebido há um quarto de século e aprovado em 1994. Ainda assim, era um projeto tão ambicioso que só agora está rendendo frutos.

Além disso, o CERN ampliou sua internacionalização, e incorporou não só seus vinte Estados-membros como também outras 53 nações que participaram do projeto, da construção e do teste de instrumentos. Hoje em dia, conta com cientistas de 85 países. Os Estados Unidos não são um membro oficial, mas há mais trabalhadores americanos do que de qualquer outra nacionalidade nos principais experimentos.

Ao todo, são cerca de 10 mil cientistas — talvez metade do número total de físicos de partículas na Terra. Vinte por cento deles são empregados em tempo integral e moram perto do CERN. Com a inauguração do LHC, o refeitório principal ficou tão lotado que é difícil pegar comida sem esbarrar com sua bandeja em outro físico — um problema que a ampliação do restaurante ajuda a aliviar agora.

Com essa população internacional, ao chegar ao CERN um americano fica impressionado com a quantidade de línguas e sotaques reverberando em lanchonetes, escritórios e corredores. Os americanos também reparam nos cigarros, nos charutos, no vinho e na cerveja, algo que os lembra de que não estão em casa. Muitos comentam a qualidade superior dos refeitórios, como fez um de meus alunos calouros que trabalharam lá no verão. Os europeus, com seu paladar mais refinado, tendem a questionar essa avaliação.

Os muitos funcionários e visitantes do CERN variam de engenheiros a administradores, incluindo os muitos físicos que de fato realizam os experimentos e os mais de cem físicos que a divisão de teoria abriga a cada momento. A instituição é estruturada hierarquicamente, sendo os administradores-chefes e os conselhos responsáveis por todos os assuntos políticos, entre os quais as grandes decisões estratégicas. O líder é conhecido como diretor-geral. O conselho do CERN é o corpo gestor que responde pela maioria das decisões estratégicas, como o planejamento e o cronograma de projetos. Ele dá atenção especial ao Comitê de Política Científica, o maior painel de aconselhamento que ajuda a avaliar o mérito científico de propostas.

As grandes colaborações experimentais, com milhares de participantes, têm suas próprias estruturas. O trabalho é distribuído de acordo com os componentes dos detectores ou os tipos de análise. Um grupo de determinada universidade pode ser responsável por uma peça específica do aparato ou por um tipo particular de potencial explicação teórica. No CERN, os teóricos têm mais liberdade do que os experimentalistas para trabalhar naquilo que lhes interessa. Às vezes, seu trabalho está ligado aos experimentos da instituição, mas muitos deles trabalham em ideias mais abstratas que não serão testadas tão cedo.

De qualquer forma, todos os físicos de partículas do CERN e do mundo estão empolgados com o LHC. Eles sabem que o futuro de seu campo de pesquisa depende do sucesso da operação e das descobertas dos próximos dez ou vinte anos. Eles entendem os desafios, mas também aprovam sinceramente os superlativos que acompanham essa empreitada.

UMA BREVE HISTÓRIA DO LHC

Lyn Evans foi o arquiteto-chefe do LHC. Eu já tinha escutado seu adorável sotaque cantado do País de Gales um ano antes, e enfim o conheci numa conferência na Califórnia, em janeiro de 2010. Era um momento oportuno, pois o LHC estava em seus estágios finais. Seu deleite era óbvio, mesmo para um modesto galês.

Lyn deu uma ótima palestra sobre os altos e baixos pelos quais havia passado desde a decisão de se construir o LHC. Começou falando sobre a semente original da ideia, nos anos 1980, quando o CERN conduziu os primeiros estudos oficiais para investigar a opção de construir um colisor próton-próton de alta energia. Falou então sobre uma reunião em 1984, considerada pela maioria das pessoas o marco zero do plano. Físicos da época se reuniram com fabricantes de máquinas em Lausanne, na Suíça, para introduzir a ideia de criar colisões entre feixes de prótons com dez teraelétrons-volt de energia — uma proposta que recuou para sete teraelétrons-volt durante a implementação final. Quase uma década depois, em dezembro de 1993, físicos apresentaram ao conselho do CERN (o corpo gestor encarregado das decisões importantes) um plano ousado para construir o LHC durante os dez anos seguintes, minimizando todos os outros programas experimentais do CERN, à exceção do LEP. Na ocasião, o conselho o recusou.

De início, um dos argumentos contra o Grande Colisor de Hádrons era que haveria uma competição intensa imposta pelo SSC. Mas ele perdeu força com o cancelamento do projeto americano em outubro de 1993, quando o LHC se tornou o único candidato a acelerador de energias muito altas. Vários físicos foram ficando cada vez mais convencidos da importância dessa empreitada. Além disso, a pesquisa sobre a máquina foi muito bem-sucedida. Robert Aymar, que viria a liderar o CERN durante a fase de construção do colisor, chefiou um painel de revisão que, em novembro de 1993, concluiu que o LHC seria viável, econômico e seguro.

O obstáculo crítico no planejamento do LHC era desenvolver, em escala industrial, ímãs fortes o bastante para manter os prótons altamente acelerados circulando no anel. Como vimos no capítulo anterior, o tamanho do túnel existente apresentava o maior desafio técnico, pois seu raio era fixo, e os campos magnéticos teriam de ser muito grandes. Em sua palestra, Lyn descreveu com alegria a "precisão de relógio suíço" do primeiro protótipo de ímã dipolo, que os engenheiros testaram com bons resultados em 1994. Eles atingiram na primeira tentativa o valor almejado de 8,73 teslas, um sinal bastante promissor.

Infelizmente, porém, apesar de o financiamento ser mais estável na Europa do que nos Estados Unidos, pressões imprevistas também levaram incerteza às finanças do CERN. O orçamento da Alemanha, a maior contribuinte do laboratório, sofreu com a reunificação de 1990. O país reduziu sua contribuição e, junto do Reino Unido, foi contra aumentos significativos no orçamento do CERN. Christopher Llewellyn Smith — físico teórico britânico que sucedeu o prêmio Nobel Carlo Rubbia como diretor-geral da instituição — era um grande defensor do LHC, assim como seu predecessor. Ao adquirir financiamento da Suíça e da França, que se beneficiariam mais da construção e operação do LHC por serem os dois Estados a sediar o projeto, Llewellyn Smith aliviou em parte os problemas mais sérios de orçamento.

O conselho do CERN ficou impressionado — tanto com a tecnologia quanto com a solução da questão do orçamento — e aprovou o LHC logo depois, em 16 de dezembro de 1994. Llewellyn Smith e o CERN convenceram Estados não membros a se unir e participar. O Japão embarcou em 1995 e a Índia, em 1996. Os Estados Unidos entraram em 1997, depois de Rússia e Canadá.

Com todas as contribuições das nações de dentro e de fora da

Europa, o LHC conseguiu se livrar de uma cláusula de contrato que previa a construção em duas fases, a primeira das quais com verba para fabricar apenas um terço dos ímãs. Tanto em termos científicos quanto em termos de custo total, o campo magnético reduzido era uma escolha ruim. Ela era fruto, porém, da intenção de fazer o orçamento se equilibrar ano a ano. E em 1996, quando a Alemanha reduziu sua contribuição — mais uma vez por causa dos custos da reunificação —, a situação de orçamento parecia ameaçadora. Em 1997, porém, o CERN ganhou pela primeira vez a permissão para compensar essa perda financiando a construção com empréstimos.

Após discorrer sobre a triste história orçamentária, a palestra de Lyn se dedicou a notícias melhores. Ele descreveu o primeiro teste dos dipolos em cadeia — um teste dos ímãs combinados numa configuração funcional —, realizado em dezembro de 1998. A conclusão bem-sucedida desse teste demonstrou a viabilidade e a coordenação de vários dos componentes finais do LHC e foi um marco crítico em seu desenvolvimento.

Em 2000, quando o LEP, o colisor elétron-pósitron, concluiu seus trabalhos, ele foi desmontado para abrir caminho à instalação do LHC. Apesar de o novo colisor ter sido construído num túnel já escavado e de ter contado com instalação, infraestrutura e parte da equipe preexistentes, muito mais trabalho e mais recursos seriam necessários antes que a transformação do LEP em LHC pudesse ocorrer.

As cinco fases de desenvolvimento do LHC incluíam a engenharia civil para construir as cavernas e estruturas dos experimentos, a instalação de serviços gerais para que tudo pudesse funcionar, a inserção de uma linha criogênica para manter o acelerador frio, a colocação no lugar de todos os elementos da máquina (entre eles os dipolos, e todas as conexões e os cabos associados a eles) e, por fim, o comissionamento de todo o equipamento para garantir que tudo funcionaria como previsto.

Os planejadores do CERN começaram os trabalhos com uma programação meticulosa, para coordenar todas as fases de construção. Mas, como todo mundo sabe, "os planos mais bem-feitos, de ratos ou de homens, com frequência dão errado". Não é preciso dizer que isso se aplicou muito bem ao caso em questão.

Problemas de orçamento foram um estorvo constante. Lembro-me da frustração e da preocupação da comunidade de física de partículas em 2001, quando esperávamos descobrir quão rápido algumas dificuldades sérias em relação a verbas poderiam ser resolvidas para permitir que a construção andasse. A direção do CERN lidou com estouros de custo, mas a um preço em termos da infraestrutura e da abrangência do laboratório.

Mesmo após esses problemas de financiamento e orçamento terem sido resolvidos, o desenvolvimento do LHC ainda não estava prosseguindo com fluidez. Em sua palestra, Lyn contou como uma série de acontecimentos imprevistos desacelerava a construção periodicamente.

Ninguém que trabalhava na escavação da caverna para o experimento CMS esperava esbarrar numa villa galo-romana do século IV. Os limites entre os terrenos eram paralelos às linhas divisórias entre fazendas que existem até hoje. A escavação foi interrompida quando arqueólogos estudavam o tesouro enterrado, que incluía algumas moedas de Ostia, Lyon e Londres (Ostium, Lugdunum e Londinium, na época em que a villa era habitada). Pelo visto, os romanos foram mais eficazes do que a Europa moderna em estabelecer uma moeda comum, já que o euro não conseguiu substituir as libras britânicas e o franco-suíço como meio de troca — algo particularmente chato para físicos britânicos que chegam ao CERN sem cédulas adequadas para pagar o táxi.

Comparada aos trabalhos do CMS, em termos relativos a escavação da caverna do ATLAS em 2001 foi tranquila. Cavá-la significou remover 300 mil toneladas de rocha. O único problema foi que, uma vez que o material foi removido, o chão da caverna começou a se elevar devagar — cerca de um milímetro por ano. Pode não parecer muito, mas isso poderia interferir no alinhamento preciso das peças do detector. Os engenheiros, então, tiveram de instalar instrumentos de metrologia sensíveis. Eles são tão eficientes que detectam não só os movimentos do ATLAS, mas também registraram o tsunami de 2004 e o terremoto que o originou em Sumatra, bem como outros que ocorreram depois.

O procedimento para construir o experimento ATLAS numa caverna profunda foi impressionante. O teto foi moldado na superfície e ficou suspenso por cabos, enquanto as paredes eram construídas de baixo para cima até que a cúpula pudesse ser apoiada nelas. Em 2003, a caverna completa foi inaugurada com uma comemoração marcada pela presença de uma trompa alpina ecoando lá dentro. Pela descrição de Lyn, foi muito divertido. A instalação e a montagem do aparato experimental prosseguiram com os componentes sendo baixados um a um, até que o experimento ATLAS afinal estivesse pronto. Foi como montar "um navio dentro de uma garrafa" na caverna escavada abaixo.

As preparações do CMS, por outro lado, continuaram a enfrentar águas turbulentas. Problemas surgiram mais uma vez após a descoberta de que ele estava localizado não apenas sobre um sítio arqueológico raro, mas também sobre um rio subterrâneo. Com as fortes chuvas daquele ano, os engenheiros e físicos se surpreenderam ao descobrir que o cilindro de setenta metros de comprimento que eles haviam inserido no chão para transportar o material para baixo havia afundado trinta centímetros. Para lidar com esse obstáculo infeliz, os escavadores criaram paredes de gelo ao longo das paredes do cilindro a fim de congelar o chão e estabilizar a região. Também foi preciso instalar estruturas de apoio com parafusos de até quarenta metros de comprimento para estabilizar a frágil rocha em torno da caverna. E a escavação, claro, demorou mais que o previsto.

A salvação foi que o CMS tinha um tamanho relativamente compacto, e os experimentalistas e engenheiros já haviam considerado a ideia de construí-lo e montá-lo na superfície. Construir e instalar componentes é muito mais fácil sobre o chão, e tudo transcorre mais rápido, já que há mais espaço para trabalhar paralelamente. O trabalho na superfície também teve o benefício de impedir que os problemas da caverna causassem um atraso maior na construção.

Era de esperar, porém, que baixar esse enorme aparato seria algo aterrorizante — o que pude imaginar quando visitei o CMS pela primeira vez, em 2007. De fato, fazer o equipamento descer não foi fácil. A maior das peças começou sua descida de cem metros até a caverna do CMS carregada por um guindaste especial à velocidade assustadoramente baixa de dez metros por hora. Como havia uma fresta de apenas dez centímetros entre o experimento e as paredes do poço, um sistema de monitoramento cuidadoso e uma descida lenta foram cruciais. Quinze grandes peças do detector foram baixadas entre novembro de 2006 e janeiro de 2008 — um cronograma ousado, já que a peça final foi entregue muito perto da data de ativação agendada para o LHC.

Após o problema com a água no CMS, a crise seguinte ocorreu em junho de 2004, na construção do acelerador em si, quando foi encontrado um problema na linha de distribuição de hélio conhecida como QRL (acrônimo de Cryogenic Distribution Line). Os engenheiros do CERN descobriram que a empresa francesa responsável pela construção desse projeto havia substituído um material indicado no design original por aquilo que Lyn descreveu como o "espaçador de cinco dólares". O material rachou e fez com que os tubos internos sofressem contração térmica. Esse componente falho não era o único, e todas as conexões tiveram de ser verificadas.

A essa altura, parte da linha criogênica havia sido parcialmente instalada, e muitas outras peças já tinham sido produzidas. Para evitar o bloqueio da cadeia de suprimentos, algo que provocaria mais atraso, os engenheiros do CERN decidiram consertar o que já fora produzido, enquanto a indústria corrigiria o problema das peças ainda não entregues. As operações na fábrica do laboratório e a necessidade de transportar e reinstalar grandes partes da máquina custaram ao LHC um ano de atraso. Este foi menor do que o que Lyn e outros temiam ocorrer, porém, caso a disputa precisasse envolver advogados.

Sem os canos e sem o sistema criogênico, ninguém poderia instalar ímãs. Mil ímãs, então, ficaram expostos no estacionamento do CERN. Mesmo com as BMW e Mercedes que costumam embelezar o local, os ímãs de 1 bilhão de dólares provavelmente superavam o patrimônio habitual presente no terreno. Ninguém roubou os valiosos ímãs, mas uma garagem não é um bom lugar para armazenar tecnologia, o que causou mais adiamentos para que eles pudessem ter sua especificação inicial restituída.

Em 2005 ocorreu outra quase crise, relacionada aos "trios internos" construídos no Fermilab, dos Estados Unidos, e no Japão. Os trios internos dão foco final aos prótons antes de suas colisões. Eles combinam três ímãs quadrupolos com distribuição de energia e criogenia — daí o nome "trio". Esses componentes falharam em testes de pressão. Embora a falha tenha provocado um atraso embaraçoso e inconveniente, os engenheiros puderam consertá-la dentro do túnel, de forma que o acréscimo de tempo para isso acabou não sendo tão severo.

O ano de 2005, no geral, foi mais bem-sucedido do que o anterior. A caverna do CMS foi inaugurada em fevereiro, mas sem nenhuma trompa alpina para alegrar o dia. Outro evento marcante ocorreu naquele mês: a descida do primeiro ímã criodipolo. A construção de ímãs foi crítica para a empreitada do LHC. Uma colaboração próxima entre o CERN e a indústria comercial facilitou sua construção rápida e econômica. Apesar de terem sido projetados no laboratório, eles foram produzidos por empresas da França, Alemanha e Itália. Os engenheiros, físicos e técnicos do CERN encomendaram de início trinta dipolos, em 2001. Todos foram cuidadosamente examinados para garantir a qualidade e o controle de custos, antes de a encomenda final, com mais de mil ímãs, ser feita em 2002. O CERN, porém, se responsabilizou por obter os principais componentes e materiais brutos, para maximizar a qualidade e a uniformidade, além de minimizar custos. Isso exigiu que a instituição transportasse mais de 120 mil toneladas de material pela Europa, usando em média dez caminhões grandes por dia durante quatro anos. E essa foi apenas uma peça do empreendimento do LHC.

Após a entrega, os ímãs foram testados e baixados com todo o cuidado para dentro do túnel por um poço vertical perto das montanhas Jura, visíveis a partir do CERN. Dali, um veículo especial transportava cada um a seu destino no interior do túnel. Como esses ímãs são enormes, e poucos centímetros os separavam da parede do túnel das instalações do LHC, o veículo era guiado automaticamente por uma linha pintada no chão, detectada por óptica. O veículo trafegava a apenas 1,6 quilômetro por hora, para evitar vibrações, e a viagem entre o poço e o ponto oposto do anel durava sete horas.

Em 2006, após cinco anos de construção, o último dos 1232 ímãs dipolos foi entregue ao CERN. Em 2007, a grande notícia foi o posicionamento do último criodipolo e o primeiro resfriamento bem-sucedido a −271 graus Celsius numa seção de 3,3 quilômetros — permitindo que tudo pudesse ser ligado pela primeira vez, com vários milhares de amperes circulando nos ímãs supercondutores daquela seção do túnel. Como é comum ocorrer no CERN, uma comemoração com champanhe marcou a ocasião.

Uma seção criostática contínua foi concluída em novembro de 2007, e tudo parecia ótimo até que quase ocorreu outro desastre, dessa vez envolvendo os chamados módulos *plug-in*, ou PIMS. Nos Estados Unidos, não acompanhávamos necessariamente todos os relatos sobre o LHC, mas essa notícia se espalhou. Um colega no CERN me contou sobre sua preocupação com o fato de essa peça ter falhado. Isso poderia vir a ser um problema comum ao longo de todo o anel.

O problema era a diferença de quase trezentos graus entre o LHC à temperatura ambiente e à temperatura fria operacional. Essa disparidade tem um impacto enorme sobre os materiais dos quais ele é construído. Peças de metal encolhem quando são resfriadas e se expandem quando aquecidas. Os dipolos em si encolhem alguns centímetros durante a fase de resfriamento. Isso pode não parecer muito para um objeto de quinze metros, mas as bobinas precisam estar posicionadas com uma precisão de décimo de milímetro a fim de manter uniforme o intenso campo magnético necessário para guiar os feixes de prótons.

Para acomodar a mudança, os dipolos foram projetados com "dedos" especiais, que se alongavam para garantir uma eletricidade contínua quando a máquina era resfriada e se recolhiam quando eram aquecidos. Por causa de falhas em rebites, porém, os dedos se embaralhavam em vez de recuar. E, pior ainda, todas as interconexões estavam sujeitas a essa falha, sem que estivesse claro quais delas eram as problemáticas. O desafio era identificar e consertar cada rebite defeituoso — sem causar um grande atraso.

Graças à sua engenhosidade, os engenheiros do CERN acharam um método simples para fazer isso, explorando captadores elétricos localizados a cada 53 metros ao longo do anel. Sua função original era fazer com que a passagem do feixe ativasse dispositivos eletrônicos. Os engenheiros instalaram então um oscilador num objeto do tamanho de uma bola de pingue-pongue, que eles podiam enviar para percorrer o túnel, no trajeto que um feixe faria. Cada setor tinha três quilômetros, e a bola passava ativando os dispositivos eletrônicos cada vez que atravessava um captador. Quando os dispositivos não registravam a passagem, a bola havia encontrado dedos defeituosos. Os engenheiros podiam então ir até lá e corrigir o problema, sem ter de abrir cada uma das interconexões ao longo do feixe. Um físico fez piada dizendo que as primeiras colisões do LHC não foram entre prótons, mas entre uma bola de pingue-pongue e um dedo quebrado.

Após essa última solução, o LHC parecia estar no caminho certo. Com todo o equipamento em seu lugar, a operação podia ter início. Em 2008, foi a vez de pessoas cruzarem os dedos quando finalmente se deu o primeiro teste.

SETEMBRO DE 2008: OS PRIMEIROS TESTES

O LHC forma feixes de prótons e, após uma série de impulsos de energia, injeta-os no acelerador circular final. Então envia esses feixes ao longo de um túnel, de forma que eles retornam à sua posição inicial, permitindo aos prótons circular muitas vezes antes de serem periodicamente desviados para colidirem com grande eficiência. Cada um desses passos precisa ser testado em etapas.

O primeiro marco foi checar se os feixes poderiam mesmo circular no anel. E eles podiam. Após sua longa história de tentativas e atribulações, em setembro de 2008 o CERN acionou seus dois feixes de prótons com imperfeições tão pequenas que os resultados superaram as expectativas. Naquele dia, pela primeira vez, eles percorreram o enorme túnel sucessivamente em direções opostas. Essa única etapa envolveu coordenar a injeção de elementos, acionar os controles e instrumentos, verificar se os campos magnéticos manteriam os prótons no anel e garantir que os ímãs funcionassem de acordo com as especificações e operassem ao mesmo tempo. Essa sequência de eventos foi concluída pela primeira vez na noite de 9 de setembro. E tudo funcionou tão bem quanto planejado, ou até melhor, quando testes foram feitos no dia seguinte.

Todos os envolvidos no LHC descrevem 10 de setembro de 2008 como uma data que jamais esquecerão. Quando visitei o acelerador um mês depois, ouvi muitas histórias sobre a euforia daquele dia. Pessoas acompanhavam a trajetória de dois pontos de luz numa tela de computador com um entusiasmo inacreditável. O primeiro feixe quase conseguiu retornar após sua primeira volta, e com pequenos ajustes já estava seguindo exatamente a trajetória planejada uma hora depois de acionado. Primeiro, o feixe deu algumas voltas no anel. Depois cada conjunto de prótons passou por um ajuste mínimo para que o feixe pudesse circular centenas de vezes. Pouco depois disso, o segundo feixe fez o mesmo — levando cerca de uma hora e meia para entrar na trajetória exata.

Lyn estava tão feliz na sala de controle onde engenheiros acompanhavam o projeto que não sabia sobre a transmissão de vídeo ao vivo que estava sendo feita para a internet, em que qualquer um podia assisti-la. O número de internautas vendo aqueles dois pontos na tela foi tão grande que os sites saíram do ar devido à quantidade excessiva de acessos. Pessoas em toda a Europa — o departamento de imprensa do CERN diz que foram alguns milhões — sentaram-se hipnotizadas enquanto os engenheiros modificavam a trajetória dos prótons para fazê-los circular por toda a circunferência do anel. Enquanto isso, dentro do laboratório, a emoção era palpável, com físicos e engenheiros reunidos em auditórios para assistir à mesma coisa. A essa altura, a perspectiva para o LHC parecia ser mais do que promissora. O dia foi um sucesso incrível.

Apenas nove dias depois, porém, a euforia se transformou em desespero. Naquele momento, dois novos testes importantes ocorreriam. Para começar, os feixes deveriam ser acelerados dentro do LHC a energias maiores do que as atingidas no primeiro teste, que fora feito apenas com a energia de injeção, aquela com que os prótons já entram no anel do LHC. A segunda parte do plano era colidir esses feixes, o que seria, é claro, um grande marco no desenvolvimento do LHC.

Mas na última hora, em 19 de setembro, apesar das muitas considerações e precauções dos engenheiros, o teste falhou, e de modo catastrófico. Um simples erro de soldagem no revestimento de cobre que conectava dois ímãs, combinado à escassez de válvulas para liberação de hélio, causou um atraso de mais um ano antes de os prótons poderem colidir pela primeira vez.

O problema foi que, quando cientistas tentaram elevar a corrente e a energia do oitavo e último setor, a junção entre dois ímãs ao longo da barra de transmissão que os conectava quebrou. A *barra de transmissão* é uma junção supercondutora que conecta um par de ímãs supercondutores. (Veja a figura 27.) A culpada era a emenda que sustenta a junção entre dois ímãs. A conexão defeituosa criou um arco elétrico que perfurou o reservatório de hélio e fez seis toneladas de hélio líquido serem liberadas de súbito, em vez de serem lentamente aquecidas. A supercondutividade foi perdida no sufocamento que ocorreu quando o hélio líquido se aqueceu e se transformou em gás.

Essa enorme quantidade liberada de hélio criou uma grande onda de pressão que causou uma explosão. Em menos de trinta segundos, sua energia deslocou alguns ímãs e destruiu o vácuo no tubo do feixe, danificando o isolamento e contaminando com fuligem seiscentos metros de tubulação do feixe. Dez dipolos foram destruídos por completo e outros 29 ficaram tão avariados que precisaram ser substituídos. Não esperávamos que acontecesse

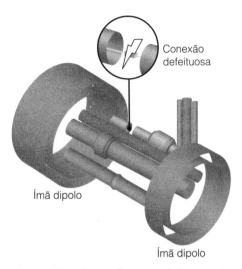

Figura 27. A barra de transmissão conecta diferentes ímãs. Uma solda defeituosa em uma delas foi responsável pelo lamentável acidente de 2008.

uma coisa dessas, claro. E foi algo que passou despercebido nas salas de controle, até alguém notar que um botão de travamento num dos computadores do túnel fora acionado pelo vazamento de hélio. Logo em seguida, perceberam que o feixe havia sido perdido.

Ouvi mais sobre os bastidores dessa história ao visitar o CERN poucas semanas após o acidente. Lembre-se de que o objetivo final das colisões é um centro de energia e massa com catorze teraelétrons-volt, ou 14 trilhões de elétrons-volt. A decisão inicial era manter a energia máxima em cerca de dois teraelétrons-volt para a primeira fase de testes, a fim de garantir que tudo funcionasse de maneira apropriada. A seguir, os engenheiros planejavam aumentá-la até atingir dez teraelétrons-volt (cinco teraelétrons--volt por feixe) para a primeira coleta de dados das colisões.

O plano, porém, tornou-se mais ambicioso depois de um pequeno atraso causado por um transformador quebrado em 12 de setembro. Os cientistas continuaram testando os oito setores do túnel até 5,5 teraelétrons-volt durante o intervalo propiciado pelo atraso e tiveram tempo de avaliar sete, que se mostraram apropriados para operar a altas energias. Mas não houve tempo para testes no oitavo setor. Eles decidiram seguir em frente e tentar realizar as colisões de altas energias, já que não parecia haver problema algum.

Tudo funcionou bem até os engenheiros tentarem aumentar a energia do último setor. O grave acidente ocorreu quando sua energia foi elevada de cerca de quatro para 5,5 teraelétrons-volt — o que requeria uma corrente de 7 mil a 9 mil amperes. Era o último momento em que algo errado poderia acontecer. E aconteceu.

Durante o ano de atraso, tudo foi reparado a um custo de cerca de 40 milhões de dólares. Apesar de o conserto dos ímãs e do feixe ser demorado, não era uma tarefa impossível. Havia um número suficiente de ímãs sobressalentes para substituir os 39 dipolos que não podiam ser consertados. No total, 53 ímãs (catorze quadrupolos e 39 dipolos) foram substituídos no setor do túnel em que o acidente ocorreu. Além disso, foram limpos mais de quatro quilômetros do tubo de vácuo do feixe. Um novo sistema de contenção para cem ímãs quadrupolos foi instalado, e novecentas novas portas de liberação de pressão de hélio foram adicionadas. Por fim, o sistema de proteção dos ímãs ganhou 6500 novos detectores.

O maior risco era a presença de 10 mil junções entre ímãs que poderiam vir a apresentar o mesmo problema. O perigo fora identificado, mas como seria possível confiar que esse problema não surgiria em algum outro lugar do anel? Seriam necessários mecanismos para detectar qualquer ocorrência similar antes que surgisse algum dano. Os engenheiros, de novo, encararam o desafio. O sistema aprimorado consegue enxergar agora as minúsculas quedas de voltagem que denunciariam a presença de junções com resistência, sinalizando uma quebra no sistema fechado que abriga a criogenia e resfria a máquina. A cautela também impôs a necessidade de melhorias no sistema de válvulas de liberação de hélio e estudos sobre as junções e os revestimentos de cobre dos próprios ímãs — o que significou um atraso para atingir as mais altas energias para as quais o LHC foi projetado. Com todos os novos sistemas de monitoramento e estabilização do colisor, Lyn e outros ficaram confiantes de que o tipo de acúmulo de pressão que causou o estrago será evitado.

De certa forma, foi uma sorte os engenheiros e físicos terem tido a oportunidade de consertar tudo antes que as operações começassem para valer e enchessem o equipamento de radiação. A explosão custou ao LHC um ano de adiamento para que se pudessem testar os feixes de novo e preparar colisões. A demora foi longa, mas não tão longa na escala de tempo da busca por uma teoria subjacente da matéria, algo que temos perseguido por quarenta anos e, em muitos aspectos, por milhares de anos.

Em 21 de outubro de 2008, porém, a administração do CERN manteve um item de sua programação original. Naquele dia, juntei-me a outros 1500 físicos e líderes mundiais perto de Genebra para a inauguração oficial do LHC, que havia sido planejada de modo otimista com muita antecedência — antes que qualquer um pudesse prever os acontecimentos desastrosos de poucas semanas antes. O dia foi cheio de discursos, música e, como é importante em qualquer evento cultural europeu, boa comida. Foi agradável e informativo, mesmo tendo sido prematuro. Apesar da ansiedade com o incidente de setembro, todos estavam bastante esperançosos de que os experimentos jogariam luz sobre alguns dos mistérios em torno da massa, da fraqueza da gravidade, da matéria escura e das forças da natureza.

Embora muitos cientistas do CERN estivessem infelizes com a data inadequada do evento, creio que a comemoração foi uma contemplação do triunfo da cooperação internacional. Os eventos do dia ainda não homenageavam descobertas, mas reconheciam o potencial do Grande Colisor de Hádrons e o entusiasmo de muitos países em participar de sua criação. Alguns dos discursos foram realmente encorajadores e inspiradores. O primeiro-ministro francês, François Fillon, falou da importância da pesquisa básica e de como a crise financeira mundial não deveria impedir o progresso científico. O presidente da Suíça, Pascal Couchepin, mencionou o mérito do serviço público. O professor José Mariano Gago, ministro da Ciência, Tecnologia e Educação Superior de Portugal, abordou a valorização da ciência além da burocracia e referiu-se à importância da estabilidade para criar projetos científicos relevantes. Muitos dos parceiros estrangeiros visitaram o CERN pela primeira vez no dia da comemoração. A pessoa sentada ao meu lado durante a cerimônia trabalhava para a União Europeia em Genebra, mas nunca tinha posto os pés no CERN. Ao conhecer o laboratório, ele me falou de modo entusiasmado sobre sua intenção de retornar em breve, levando amigos e colegas.

NOVEMBRO DE 2009: ENFIM, A VITÓRIA

O LHC finalmente voltou a operar em 20 de novembro de 2009, e dessa vez com um sucesso acachapante. Não apenas os feixes de prótons circularam pela primeira vez naquele ano, mas, alguns dias depois, eles afinal colidiram, espalhando as partículas que entrariam nos experimentos. Lyn descreveu com entusiasmo a maneira como o LHC funcionou melhor que o esperado — uma observação que achei encorajadora, mas um tanto peculiar, já que foi ele o encarregado de fazer a máquina operar tão bem.

O que eu não tinha entendido é que as peças haviam se encaixado muito mais rápido do que se poderia antecipar com base na experiência com máquinas anteriores. Maurizio Pierini, um jovem experimentalista italiano do CMS, me explicou o que Lyn quis dizer. Os testes dos feixes de elétrons e pósitrons no túnel do LEP, que duravam 25 dias nos anos 1980, estavam sendo concluídos agora em menos de uma semana. Os raios de prótons eram notavelmente precisos e estáveis. E os prótons andavam na linha — poucas partículas desgarradas foram detectadas. A óptica funcionou, os testes de estabilidade deram certo, os realinhamentos foram bem-sucedidos. Os feixes reais correspondiam com precisão aos dos programas de computador que simulavam o que deveria ocorrer.

Com efeito, os experimentalistas se surpreenderam quando souberam, às cinco horas da tarde de domingo, poucos dias após os feixes renovados terem começado a circular, que as colisões já eram esperadas para o dia seguinte. Eles haviam antecipado um pouco o tempo entre os primeiros feixes após o fechamento e as primeiras colisões que realmente poderiam registrar e medir. Essa seria a primeira oportunidade para testar o equipamento com raios de prótons de verdade, em vez de usar os raios cósmicos, como se fazia antes de a máquina funcionar. O aviso em cima da hora, porém, fez com que houvesse pouco tempo para configurar os "gatilhos" que dizem aos computadores quais colisões estes devem registrar. Maurizio descreveu a ansiedade que todos eles sentiam, uma vez que não queriam desperdiçar essa oportunidade com algum erro. No Tevatron, o primeiro teste tinha sido prejudicado por uma lamentável ressonância do feixe sobre o sistema de leitura. Ninguém queria que isso acontecesse de novo. Além da preocupação, claro, todos os envolvidos compartilhavam uma grande dose de entusiasmo.

Em 23 de novembro, o LHC teve enfim sua primeira colisão. Milhões de prótons colidiram com a energia de injeção de novecentos gigaelétrons-volt. Esses eventos significavam que, após anos de espera, os experimentos poderiam começar a coletar dados — registrar os resultados das primeiras colisões de prótons no anel do LHC. Os cientistas do Experimento do Grande Colisor de Íons (tradução de A Large Ion Collider Experiment, ALICE), um dos experimentos menores, chegaram até a submeter um *preprint*

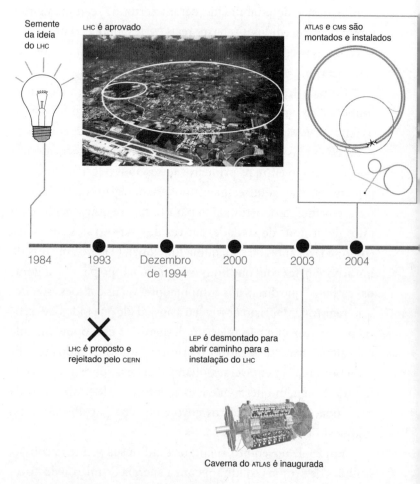

Figura 28. Breve resumo da história do LHC.

(uma versão preliminar de um estudo) para publicação em 28 de novembro.

Não muito depois disso, uma aceleração modesta foi aplicada para criar feixes de prótons com 1,18 teraelétron-volt: os raios circulares mais energéticos já criados. Uma semana após as pri-

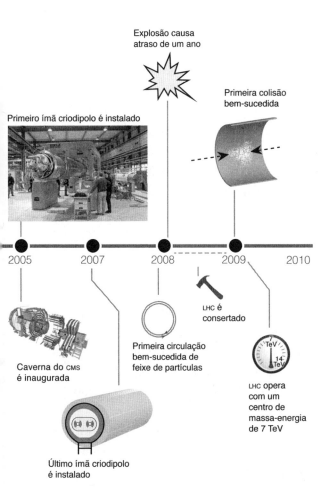

meiras colisões do LHC, em 30 de novembro, esses prótons de energia mais alta colidiram. O valor líquido do centro de massa-energia com 2,36 teraelétrons-volt superou as maiores energias já atingidas, quebrando o recorde do Fermilab estabelecido oito anos antes.

Três experimentos registraram colisões de feixes e dezenas de milhares dessas colisões ocorreram durante as poucas semanas seguintes. Essas colisões não serão usadas para descobrir novas teorias físicas, mas foram extremamente úteis para determinar que os experimentos de fato funcionam e podem ser empregados para estudar o contexto do Modelo Padrão — eventos que não indicam nada novo, mas têm o potencial de interferir em descobertas reais.

Físicos experimentais de todos os lugares compartilharam sua satisfação pelo fato de o LHC ter atingido recordes de energia. Por incrível que pareça, ele fez isso num momento oportuno. Uma interrupção no funcionamento da máquina deveria ocorrer do meio de dezembro e durar até março do ano seguinte, e os trabalhos teriam de esperar mais vários meses para serem retomados. Durante um congresso sobre matéria escura do qual eu estava participando, Jeff Richman, um experimentalista de Santa Barbara que trabalha no LHC, compartilhou a notícia com alegria, pois tinha feito uma aposta com um físico do Fermilab sobre a possibilidade de o LHC atingir ou não colisões mais energéticas que as do Tevatron antes do fim de 2009. Seu comportamento animado deixava claro quem era o vencedor.

Após 18 de dezembro de 2009, quando o LHC encerrou essa etapa de operação de comissionamento, a onda de empolgação foi suspensa por algum tempo. Lyn Evans concluiu sua palestra discutindo os planos para 2010, quando prometeu um considerável aumento de energia. O plano era chegar a sete teraelétrons-volt antes do fim do ano — um aumento substancial de energia comparado a qualquer coisa anterior. Ele estava entusiasmado e confiante — o que acabou se justificando quando a máquina de fato voltou a operar com essa energia maior. Depois de tantos altos e baixos, o LHC estava enfim funcionando de acordo com o planejado. (Veja a figura 28 para uma breve linha do tempo.) O LHC deveria continuar a rodar com sete teraelétrons-volt até 2012, ou talvez até a uma energia um pouco maior, antes de fechar de novo por pelo menos mais um ano e se preparar para subir a energia até o mais próximo possível da meta de catorze teraelétrons-volt. Durante essa operação e as que se seguiriam, o colisor também tentaria elevar a intensidade dos raios para aumentar o número de colisões.

Dada a operação tranquila da máquina e dos experimentos após a reativação em 2009, as palavras de encerramento de Lyn em sua palestra ressoaram na audiência: "A aventura da construção do LHC acabou. Agora vamos iniciar a aventura do descobrimento".

10. Buracos negros que devorarão o mundo

Por um longo tempo, os físicos aguardaram ansiosamente a ativação do Grande Colisor de Hádrons. Os dados são essenciais ao progresso científico, e os físicos de partículas já estavam sedentos havia anos por dados sobre altas energias. Até que o LHC forneça respostas, ninguém sabe quais, entre as tantas sugestões sobre o que está por trás do Modelo Padrão, seguem no caminho certo. Mas, antes de este livro explorar várias das possibilidades mais intrigantes, farei um desvio nos próximos capítulos para abordar algumas questões importantes sobre riscos e incertezas que são cruciais tanto para a interpretação dos estudos experimentais do LHC quanto para assuntos relevantes ao mundo moderno. Começaremos essa excursão com o tópico dos buracos negros do LHC, mostrando que talvez eles tenham recebido mais atenção do que deveriam.

A QUESTÃO

Os físicos estão explorando hoje muitas sugestões sobre o que o LHC eventualmente vai encontrar. Nos anos 1990, teóricos e experimentalistas de início se empolgaram com uma nova classe de cenários em particular, na qual não apenas a física de partículas como a gravidade em si seriam modificadas, produzindo novos fenômenos sob as energias do LHC. Uma potencial consequência interessante dessas teorias chamou um bocado de atenção, sobretudo de pessoas fora da comunidade de físicos. Era a possibilidade de surgirem buracos negros microscópicos de baixa energia. Esses pequenos buracos negros extradimensionais podem de fato ser produzidos se ideias a respeito de dimensões extras, como as que Raman Sundrum e eu propusemos, se revelarem corretas. Físicos previram de modo otimista que tais buracos negros — se fossem criados — permitiriam verificar essas ideias sobre gravidade modificada.

Leve em conta que nem todo mundo está tão entusiasmado com essa possibilidade. Algumas pessoas nos Estados Unidos e em outros lugares se mostraram preocupadas com o risco de tais buracos negros sugarem tudo o que existe na Terra, no caso de serem criados. Após minhas palestras públicas, com frequência sou questionada sobre esse potencial cenário. A maior parte dos questionadores fica satisfeita quando explico que não há perigo, mas, infelizmente, nem todos têm a oportunidade de tomar conhecimento da história toda.

Walter Wagner, professor de ensino médio e diretor de um jardim botânico no Havaí (também advogado e autoridade em segurança nuclear), junto com o espanhol Luis Sancho, escritor e autointitulado pesquisador de teoria do tempo, foram dois dos militantes mais alarmistas. Chegaram a abrir no Havaí um processo contra o CERN, o Departamento de Energia dos Estados Unidos, a Fundação Nacional de Ciência e o centro americano de acelera-

233

dores Fermilab, para tentar impedir o acionamento do LHC. Se o objetivo fosse simplesmente atrasar seu funcionamento, seria mais simples enviar um pombo para largar um pedaço de baguete e sabotar um mecanismo (isso de fato aconteceu, mas a ave, claro, era um agente independente). Wagner e Sancho, porém, estavam interessados em uma obstrução mais permanente das operações do LHC, e continuaram insistindo.

Eles não foram os únicos a temer uma crise do buraco negro. Um livro do promotor público Harry V. Lehmann, que aparentemente resumiu a preocupação de modo conciso, era intitulado *No Canary in the Quanta: Who Gets to Decide If the Large Hadron Collider Is Worth Gambling Our Planet?* [Sem canário nos quanta: Quem deve decidir se podemos apostar nosso planeta contra o Grande Colisor de Hádrons?]. Um blog sobre o tema enfocou os temores após a explosão de setembro de 2008 e questionou se o LHC poderia operar de novo com segurança. Essa preocupação, porém, não se dirigia à falha tecnológica responsável pelo acidente de 19 de setembro, mas aos fenômenos físicos em si que o equipamento pode produzir.

As supostas ameaças que Lehmann e muitos outros descreveram sobre a "máquina do Apocalipse" se concentraram nos buracos negros, que, segundo alegavam, poderiam implodir o planeta. Eles se preocupavam com a falta de avaliações confiáveis de risco e com o fato de o Grupo de Avaliação de Segurança do LHC contar com a mecânica quântica — usando declarações de Richard Feynman e outros para dizer que "ninguém entende a mecânica quântica". Também evocavam incertezas derivadas dos muitos mistérios da teoria de cordas que eles acreditavam ser relevantes. Questionavam se deveria ser permitido arriscar a Terra por qualquer razão que seja, mesmo quando os riscos são em tese pequenos, e perguntavam quem deveria tomar decisões.

Embora a destruição instantânea da Terra seja sem dúvida

uma preocupação apocalíptica, na verdade essas questões são mais apropriadas a outras discussões, como aquelas ligadas ao aquecimento global. Espero que este capítulo e o próximo o convençam de que é melhor passar seu tempo preocupado com o esgotamento dos fundos de seu plano de aposentadoria do que se apavorar com a destruição da Terra por buracos negros. Apesar de problemas de orçamento e cronograma terem ameaçado o LHC, os buracos negros não ofereceram risco, conforme demonstraram considerações teóricas suplementadas pelo cuidadoso escrutínio de investigações.

Para ser clara, isso não significa que questionamentos não devam ser feitos. Os cientistas, assim como todo mundo, precisam antecipar as consequências potencialmente perigosas de suas ações. Para a questão dos buracos negros, os físicos se basearam em teorias científicas e dados existentes para avaliar o risco e determinaram, então, que não havia ameaça preocupante. Antes de prosseguir com uma discussão mais geral sobre riscos no capítulo seguinte, este capítulo explora por que alguém consideraria a possibilidade de surgirem buracos negros no LHC, e por que o temor de que eles causariam um apocalipse está equivocado. Os detalhes que este capítulo discute não serão importantes para a discussão geral a seguir, nem para o resumo da próxima parte sobre o que o colisor vai explorar, mas serve como um exemplo de como os físicos pensam e se antecipam, além de nos preparar para as considerações mais amplas sobre riscos que se seguirão.

BURACOS NEGROS NO LHC

Buracos negros são objetos de forte atração gravitacional que podem aprisionar qualquer coisa que se aproxime demais deles. O que quer que chegue a um raio conhecido como *horizonte de even-*

tos de um buraco negro acaba engolfado e fica preso lá dentro. Mesmo a luz, que parece ser um bocado inconspícua, sucumbe ao seu enorme campo gravitacional. Nada pode escapar de um buraco negro. Um amigo fã de *Jornada nas estrelas* brinca que eles são "perfeitos Borgs". Qualquer objeto que encontra um buraco negro acaba sendo incorporado, já que as leis da gravidade ditam que "a resistência é fútil".

Os buracos negros se formam quando há matéria suficiente concentrada numa região tão pequena que a força da gravidade se torna indomável. O tamanho da região necessária para criar um buraco negro depende da quantidade de massa. Uma massa menor requer uma região proporcionalmente menor, enquanto uma massa maior pode estar mais distribuída. De um jeito ou de outro, quando a densidade é enorme e a massa crítica está dentro do volume necessário, a força gravitacional se torna irresistível, e o buraco negro se forma. Em termos clássicos (ou seja, de acordo com cálculos que ignoram a mecânica quântica), esses buracos negros crescem à medida que agregam a matéria que está próxima. Também de acordo com cálculos clássicos, tais buracos negros nunca se desintegram.

Antes dos anos 1990, ninguém pensava em criar buracos negros em laboratório, já que a massa mínima requerida para fazê-lo é enorme comparada à massa e à energia típica com que os colisores atuais lidam. Afinal de contas, os buracos negros têm gravidade muito forte, e a força gravitacional de qualquer partícula individual conhecida é desprezível — muito menor do que outras forças, como o eletromagnetismo. Se a gravidade for aquilo que esperamos, então, num universo composto de três dimensões de espaço, as colisões de partículas a energias acessíveis não seriam capazes de criá-los. Porém, existem buracos negros em todo o universo — na verdade, a maioria das grandes galáxias parece ter um deles no centro. Mas a energia necessária para criar um buraco negro é pelo menos quinze ordens de magnitude — o número um seguido de quinze zeros — maior do que qualquer coisa que um laboratório possa criar.

Por que, então, alguém consideraria a possibilidade de surgirem buracos negros no LHC? A razão é que os físicos perceberam que o espaço e a gravidade podem ser bem diferentes daquilo que observamos até o momento. A gravidade pode se estender não apenas às três dimensões espaciais que conhecemos, mas também a dimensões adicionais ainda não visíveis, que teriam escapado à detecção até agora. Essas dimensões não tiveram efeito identificável em qualquer medição já feita. Quando o LHC atingir suas mais altas energias, porém, pode ser que a gravidade extradimensional, caso exista, se manifeste de modo detectável.

As dimensões extras — que foram brevemente introduzidas aqui no capítulo 7 e serão exploradas no capítulo 17 — são uma ideia exótica. Elas têm embasamento teórico razoável, porém, e podem até mesmo explicar a extraordinária fraqueza da força gravitacional que conhecemos. A gravidade poderia ser forte num mundo com mais dimensões, mas diluída e extremamente fraca no mundo tridimensional que observamos. Segundo uma ideia que Raman Sundrum e eu desenvolvemos, ela poderia sofrer variações numa dimensão extra, de modo que seja forte em outro lugar, mas fraca em nossa localização do espaço com mais dimensões. Não sabemos ainda se essas ideias estão corretas. Estamos longe de ter certeza, mas no capítulo 17 vamos explicar por que elas estão entre as principais candidatas àquilo que os experimentalistas do LHC podem descobrir.

Tais cenários implicam que, quando exploramos distâncias menores, nas quais o efeito das dimensões extras poderia se mostrar, uma face muito diferente da gravidade poderia emergir. Teorias envolvendo dimensões adicionais sugerem que as propriedades físicas do universo devem mudar sob as energias maiores e sob as distâncias menores que exploraremos em breve. Se a realidade extradimensional é de fato responsável por fenômenos observáveis, os efeitos gravitacionais nas energias do LHC podem vir a ser muito maiores do que se pensava. Nesse caso, os resultados do colisor não dependeriam simplesmente da gravidade tal qual a conhecemos, mas também da gravidade mais forte de um universo com mais dimensões.

Com uma gravidade tão forte, prótons podem colidir numa região pequena o bastante para aprisionar a quantidade de energia necessária para criar buracos negros com mais dimensões. Esses buracos negros, se durarem tempo o suficiente, sugarão massa e energia. Fazendo isso para sempre, eles de fato serão perigosos. Esse era o cenário catastrófico que os alarmistas anteviam.

Felizmente, porém, os buracos negros dos cálculos clássicos — que dependem apenas da teoria de gravidade de Einstein — não são a história toda. Stephen Hawking, um homem de muitas realizações, descobriu que a mecânica quântica fornece uma válvula de escape para a matéria aprisionada em buracos negros. A mecânica quântica permite o decaimento de buracos negros.

A superfície de um buraco negro é "quente", com uma temperatura que depende de sua massa. Os buracos negros irradiam como carvão incandescente, emitindo energia em todas as direções. Eles ainda absorvem tudo aquilo que se aproxima, mas a mecânica quântica nos diz que as partículas que evaporam da superfície de um buraco negro por meio da radiação Hawking levam energia consigo, reduzindo-o lentamente. O processo torna possível que mesmo um grande buraco negro perca toda a sua energia por irradiação e por fim desapareça.

Como o LHC mal teria energia suficiente para criar buracos negros, os únicos que ele poderia formar seriam muito pequenos. Se um buraco negro já começa pequeno e quente, como aqueles que podem vir a ser produzidos no colisor, ele logo desaparece. O decaimento em razão da radiação Hawking o faria se esgotar até virar nada. Então, mesmo que buracos negros de mais dimensões se formem (admitindo antes que toda essa história esteja correta), eles não durariam tempo suficiente para fazer nenhum estrago. Os grandes evaporam devagar, mas os pequenos são muito quentes e perdem energia quase diretamente. Nesse aspecto, os buracos negros são muito estranhos. A maioria dos objetos — como o carvão, por exemplo — sofre resfriamento ao irradiar. Os buracos negros, ao contrário, acabam se aquecendo. Os menores são os mais quentes, por isso irradiam de maneira mais eficiente.

Mas sou cientista, então tenho de insistir no rigor. Em termos técnicos, existe um possível furo no argumento baseado na radiação Hawking e no decaimento de buracos negros. Compreendemos os buracos negros apenas quando eles são grandes o suficiente, e nesse caso conhecemos com precisão as equações que descrevem seu sistema gravitacional. As leis de gravidade bem testadas fornecem uma descrição matemática confiável para eles. Não temos, porém, uma formulação confiável para os buracos negros pequenos, nos quais a mecânica quântica entraria em ação — não apenas em sua evaporação, mas na descrição da própria natureza desses objetos.

Ninguém sabe como solucionar sistemas nos quais tanto a mecânica quântica quanto a gravidade têm um papel essencial. A teoria de cordas é a melhor tentativa dos físicos, mas ainda não entendemos todas as suas implicações. Isso significa que, em princípio, pode haver um furo. Buracos negros extremamente pequenos, que entenderemos a fundo apenas com uma teoria da gravidade quântica, não devem se comportar da mesma forma que os grandes, que derivamos da gravidade clássica. Talvez esses buracos negros pequenos não decaiam com a velocidade que esperamos.

Mesmo esse furo, porém, não é grave. Poucas pessoas se preocupariam com esses objetos. Apenas os buracos negros que podem crescer são potencialmente perigosos. Os pequenos não podem agregar matéria suficiente para representar alguma ameaça. O único risco potencial é que pequenos objetos possam crescer até um tamanho perigoso antes de evaporarem. Mas, mesmo sem sabermos com exatidão o que são esses objetos, podemos estimar quanto tempo eles durariam. Essas estimativas indicam durações significativamente menores do que as requeridas para um buraco negro ser perigoso. Mesmo os eventos mais improváveis, no limite da probabilidade, seriam extremamente seguros. Buracos negros pequenos não teriam comportamento muito diferente de partículas pesadas já conhecidas, que são instáveis. Assim como essas partículas de vida curta, eles decairiam muito rápido.

Pode-se temer, porém, que a derivação de Hawking esteja errada, apesar de estar de acordo com todas as leis físicas. Os buracos negros, então, seriam totalmente estáveis. A radiação Hawking, afinal de contas, nunca foi testada por observações, uma vez que a radiação de buracos negros conhecidos é fraca demais. Mas os físicos são céticos sobre essa objeção, pois teriam de descartar não só a radiação Hawking, como também muitos outros aspectos independentes e bem testados de nossas teorias físicas. Além disso, a lógica da radiação Hawking prevê diretamente outros fenômenos que já foram observados, conferindo credibilidade adicional à sua validade.

Contudo, a radiação Hawking nunca foi vista. Como precaução extra, então, os físicos perguntaram: "Caso a radiação Hawking não esteja correta e os buracos negros criados no LHC sejam estáveis, sem nunca decair, eles seriam perigosos?".

Felizmente, há uma prova ainda mais forte de que os buracos negros não oferecem nenhum perigo. O argumento não usa nenhuma premissa sobre o decaimento de buracos negros e não é teórico. É baseado apenas em observações do cosmo. Em junho de 2008, dois físicos, Steve Giddings e Michelangelo Mangano[1] — e, depois deles, o Grupo de Avaliação de Segurança do LHC[2] —, escreveram estudos explicitamente empíricos que descartaram de maneira convincente qualquer cenário catastrófico de buracos negros. Giddings e Mangano calcularam a taxa com que buracos negros poderiam se formar, e qual teria sido seu impacto sobre o universo, caso de fato fossem estáveis e não decaíssem. Eles observaram que, ainda que não tenhamos produzido as energias para criar buracos negros em aceleradores aqui na Terra — mesmo os buracos negros com mais dimensões —, as energias necessárias para tanto existem em muitos lugares do universo. Raios cósmicos — partículas altamente energéticas — viajam pelo espaço o tempo todo, e com frequência colidem com outros objetos. Apesar de não termos como estudar suas consequências com o grau de detalhamento dos experimentos na Terra, essas colisões muitas vezes têm energias tão grandes quanto as que o LHC vai atingir.

Então, se as teorias extradimensionais estiverem corretas, os buracos negros podem se formar em objetos astrofísicos — até na Terra ou no Sol. Giddings e Mangano calcularam que, para alguns modelos (a taxa depende do número de dimensões adicionais), eles simplesmente crescem devagar demais para serem perigosos: mesmo ao longo de bilhões de anos, em sua maioria eles continuariam pequenos demais. Em outros casos, poderiam agregar matéria o suficiente para crescer bastante — mas eles com frequência possuiriam carga. Se fossem de fato perigosos, teriam sido aprisionados pela Terra e pelo Sol, e ambos os objetos teriam desaparecido há muito tempo. Como a Terra e o Sol parecem ter ficado intactos, os buracos negros carregados — mesmo aqueles que agregariam matéria com rapidez — não podem ter tido consequências perigosas.

Então, o único cenário possivelmente perigoso que resta é o de buracos negros sem carga que cresçam rápido o bastante para se tornar uma ameaça. Nesse caso, a atração gravitacional da Terra

— a única força que poderia desacelerá-los — não seria forte o suficiente para segurá-los. Tais buracos negros teriam passado perto da Terra sem que pudéssemos usar a existência do planeta para tirar quaisquer conclusões sobre seu potencial perigo.

Giddings e Mangano, porém, também descartaram esse caso, já que a atração gravitacional de objetos astrofísicos muito mais densos — estrelas de nêutrons e anãs brancas — é forte o suficiente para segurar buracos negros antes que possam escapar. Raios cósmicos ultraenergéticos incidindo sobre estrelas densas com interações gravitacionais fortes já teriam produzido os tipos de buracos negros que o LHC viria a criar. Estrelas de nêutrons e anãs brancas são muito mais densas do que a Terra — tão densas que sua gravidade sozinha seria capaz de manter buracos negros junto a elas. Se buracos negros tivessem sido produzidos e fossem perigosos, já teriam destruído esses objetos que, sabemos, duraram bilhões de anos. A abundância deles no céu sugere que, mesmo que esses buracos negros existam, eles sem dúvida não são perigosos. Mesmo que buracos negros tenham se formado, eles teriam desaparecido quase imediatamente — na pior das hipóteses, deixando minúsculos remanescentes estáveis. Eles não teriam tido tempo de causar qualquer dano.

Além disso, no processo de agregar matéria e destruir tais objetos, os buracos negros teriam liberado grandes quantidades de luz visível, que ninguém nunca viu. A existência do universo tal qual o conhecemos e a ausência de qualquer sinal de destruição de anãs brancas constituem uma prova muito convincente de que quaisquer buracos negros que o Grande Colisor de Hádrons possa produzir não seriam perigosos. Dado o estado do universo, podemos concluir que a Terra não está em perigo por causa dos buracos negros do LHC.

Concedo a você agora um momento para um suspiro de alívio. Mas continuarei brevemente com a história dos buracos negros — desta vez sob a perspectiva de alguém que trabalha com tópicos relacionados a ela, como as dimensões espaciais extras necessárias para que buracos negros de baixa energia sejam criados.

Antes de a controvérsia sobre os buracos negros tomar conta do noticiário, eu já tinha me interessado pelo tema. Tenho na França um colega e amigo que trabalhava no CERN, mas agora está em um experimento chamado Auger, que estuda raios cósmicos que atravessam nossa atmosfera. Ele reclamou para mim que o LHC consome recursos que poderiam ser usados para estudar as mesmas escalas de energia com seus raios cósmicos. Como seu experimento é bem menos preciso, o único tipo de evento que pode encontrar são aqueles com assinaturas drásticas, como o decaimento de buracos negros.

Junto com Patrick Meade, um bolsista de pós-doutorado de Harvard, comecei então a calcular o número de tais eventos que eles observariam. Com cálculos mais precisos, descobrimos que o número era muito menor do que os físicos haviam previsto originalmente, de modo otimista. Digo "otimista" porque sempre ficamos empolgados com evidências para uma nova física. Não estávamos preocupados com desastres na Terra — ou no cosmo —, os quais, espero que agora você concorde, não são ameaça real.

Após reconhecer que o Auger não descobriria buracos negros pequenos, mesmo que as explicações com mais dimensões para a física de partículas estejam corretas, nossos cálculos nos deixaram curiosos sobre as alegações de outros físicos de que buracos negros poderiam ser produzidos em abundância no LHC. Descobrimos que essas estimativas também eram exageradas. Apesar de uma projeção imprecisa ter indicado que o colisor produziria buracos negros copiosamente nesses cenários, nossos cálculos mais detalhados demonstraram que não era esse o caso.

Patrick e eu não estávamos preocupados com buracos negros perigosos. Queríamos saber se buracos negros multidimensionais pequenos, inofensivos e de decaimento rápido poderiam ser produzidos, sinalizando a presença de uma gravidade com mais dimensões. Calculamos que isso raras vezes ocorrerá, se é que vai ocorrer. A produção de buracos negros, é claro, seria um indício fantástico em favor da teoria que Raman e eu propusemos. Como cientista, porém, sou obrigada a respeitar os cálculos. Dados os nossos resultados, não podemos alimentar falsas expectativas. Patrick e eu (e a maioria dos outros físicos) não esperamos que os buracos negros pequenos apareçam.

É assim que a ciência funciona. As pessoas têm ideias, desenvolvem seus esboços, e depois elas mesmas ou outros checam os detalhes. O fato de que a ideia inicial teve de ser modificada após um maior escrutínio não é um sinal de inépcia — é apenas sinal de que a ciência é difícil e que o progresso é com frequência incremental. Os estágios intermediários envolvem ajustes para a frente e para trás, até que teoria e experimentos entrem em acordo sobre as melhores ideias. Infelizmente, Patrick e eu não terminamos nossos cálculos a tempo de impedir a controvérsia sobre os buracos negros que tomou conta dos jornais e deu origem a um processo judicial.

Entretanto, percebemos que, independentemente da possibilidade de produção de buracos negros, outras assinaturas interessantes de partículas de interação forte no lhc podiam trazer pistas importantes sobre a natureza subjacente das forças e da gravidade. E enxergaríamos esses outros sinais de dimensões extras com energias menores. Até que vejamos esses outros sinais exóticos, sabemos que não há chance de se produzir buracos negros. Mas esses outros sinais podem vir a iluminar alguns aspectos da gravidade.

Este trabalho exemplifica outro aspecto importante da ciência. Ainda que os paradigmas possam mudar de forma drástica em diferentes alcances de escalas, raramente encontramos mudanças bruscas nos dados em si. Dados que já estão disponíveis às vezes desencadeiam mudanças de paradigma, como aconteceu quando a mecânica quântica por fim explicou as linhas espectrais. Mas desvios pequenos nas previsões de experimentos em andamento costumam ser prelúdios da vinda de evidências mais contundentes. Mesmo as aplicações perigosas da ciência levam tempo para serem desenvolvidas. Os cientistas precisam se responsabilizar, de certo modo, pela era das armas nucleares, mas nenhum deles descobriu a bomba de uma hora para a outra. Entender a equivalência de massa e energia não foi o bastante. Os físicos tiveram de trabalhar duro para configurar a matéria em sua perigosa forma explosiva.

Os buracos negros até seriam fonte de preocupação se pudessem crescer a ponto de ficar grandes, o que cálculos e observações demonstraram que não vai ocorrer. Mas, mesmo que pudessem, os buracos negros pequenos — ou os efeitos gravitacionais em interações de partículas que discutimos — sinalizariam antes a presença de uma mudança na gravidade.

Os buracos negros, enfim, não apresentam nenhuma ameaça. Em todo caso, prometo assumir total responsabilidade se o LHC criar um buraco negro que engula o planeta. Enquanto isso, você pode fazer o que meus alunos calouros de seminário sugerem e checar o site <hasthelargehadroncolliderdestroyedtheworldyet.com>.

11. Negócio arriscado

Nate Silver, criador do blog FiveThirtyEight — o mais bem--sucedido em prever os resultados das eleições presidenciais americanas de 2008 —, me entrevistou em 2009 para um livro que estava escrevendo sobre prognósticos. Na época, encarávamos uma crise econômica, uma guerra que parecia invencível no Afeganistão, custos cada vez maiores de planos de saúde, uma mudança climática potencialmente irreversível e outras ameaças emergentes. Aceitei encontrá-lo — um pouco no espírito toma lá dá cá —, pois estava interessada em conhecer suas opiniões sobre probabilidade e sobre quando e por que as previsões funcionam.

Contudo, eu estava intrigada por ter sido escolhida para a entrevista, já que minha especialidade era prever resultados de colisões de partículas. Duvido que façam apostas sobre isso em Las Vegas ou no governo. Imaginei que talvez Nate fosse perguntar algo sobre buracos negros no LHC. Porém, apesar do processo judicial, então já encerrado, que tinha sugerido possíveis riscos, passei a duvidar de que Nate perguntaria algo sobre aquele cenário, dada a lista de ameaças bem mais reais listada acima.

Ele não estava mesmo interessado nesse tópico. Tinha perguntas muito mais equilibradas sobre como os físicos de partículas fazem especulações e previsões no LHC e outros experimentos. Ele estava interessado em previsões, e o trabalho dos cientistas é fazer previsões. Ele queria aprender mais sobre como escolhemos nossas perguntas e sobre os métodos que usamos para especular sobre o que pode acontecer — perguntas que em breve abordaremos de maneira mais completa.

Porém, antes de abordar os experimentos do LHC e as especulações sobre o que podemos descobrir, este capítulo continua nossa discussão sobre risco. Atitudes estranhas tomadas hoje diante de riscos e a confusão sobre como antecipá-los sem dúvida merecem alguma consideração. Reportagens noticiam todos os dias uma miríade de consequências ruins de problemas não antecipados e não mitigados. Refletir sobre a física de partículas e a separação por escalas talvez ilumine esse assunto complicado. O processo sobre os buracos negros do LHC decerto foi equivocado, mas tanto ele quanto os problemas atuais realmente ameaçadores exigem que estejamos alertas para a importância de lidar com riscos.

Fazer previsões em física de partículas é muito diferente de avaliar riscos no mundo real, e num único capítulo podemos discutir apenas de modo superficial as realidades pertinentes à avaliação e à mitigação de riscos. Apesar disso, o exemplo do buraco negro não pode ser generalizado de maneira direta, uma vez que, em essência, o risco é inexistente. Ainda assim, ele nos ajudou a identificar alguns dos assuntos relevantes quando discutimos como avaliar e atribuir riscos. Veremos que apesar de buracos negros no LHC nunca terem sido uma ameaça, aplicações equivocadas de prognósticos com frequência o são.

RISCO NO MUNDO

Quando físicos discutiam previsões para buracos negros no LHC, extrapolaram teorias científicas existentes para escalas de energia ainda inexploradas. Tínhamos considerações teóricas precisas e evidências experimentais claras que nos permitiram concluir que nada desastroso aconteceria, mesmo que ainda não soubéssemos o que iria aparecer. Após uma cuidadosa investigação, todos os cientistas concordaram que o risco de buracos negros perigosos era desprezível — sem chance de que pudessem constituir um problema, mesmo ao longo da vida do universo.

Isso é muito diferente da maneira de lidar com outros riscos potenciais. Para mim, ainda é um mistério entender como economistas e financistas conseguiram falhar em antecipar a crise econômica emergente de alguns anos atrás — ou mesmo após a crise ser afastada, possivelmente preparando o cenário para outra. Não havia entre eles um consenso quanto a seus prognósticos de maré calma, mas ninguém interveio até que a economia estivesse à beira do colapso.

No outono de 2008, participei de um painel num congresso interdisciplinar. Não pela primeira vez, fui questionada sobre o perigo dos buracos negros. O vice-presidente do Goldman Sachs International, que estava à minha direita, fez piada dizendo que o verdadeiro risco de buraco negro estava na economia. E a analogia foi notavelmente adequada.

Os buracos negros aprisionam qualquer coisa próxima e a transformam com intensas forças internas. Como são inteiramente caracterizados por sua massa, carga e por uma quantidade chamada momento angular, os buracos negros não deixam registro daquilo que entra neles nem de como chegou lá — ao que tudo indica, a informação que entra é perdida. Eles só liberam essa informação de maneira lenta, por meio de sutis correlações dela com a radiação que é expelida. Além disso, os buracos negros grandes decaem devagar, enquanto os pequenos desaparecem de uma vez. Isso significa que, apesar de os buracos negros minúsculos não durarem muito, os gigantes são, em essência, "grandes demais para falhar". Isso não lembra outra coisa? A informação que entrou nos bancos — além dos débitos e derivativos — ficou aprisionada e transformada em ativos complicados e indecifráveis. E, depois disso, ela — junto com tudo o que estava lá — só foi liberada lentamente.

Com tantos fenômenos globais hoje em dia, estamos de fato fazendo experimentos não controlados de grande escala. Certa vez, no programa de rádio *Coast to Coast*, fui questionada sobre a chance de pôr todo o mundo em perigo. Para a decepção da audiência de maioria conservadora, minha resposta foi que já estávamos fazendo esse experimento com as emissões de carbono. Por que não há mais pessoas preocupadas com isso?

Assim como ocorre com os avanços científicos, é raro que mudanças bruscas aconteçam sem indicação prévia. Não sabemos se o clima vai mudar num cataclismo, mas já temos indicações de derretimento de geleiras e de mudanças de padrões climáticos. A economia pode ter falhado de repente em 2008, mas muitos financistas tinham conhecimento suficiente para abandonar os mercados antes do colapso. Novos instrumentos financeiros e altos níveis de carbono têm o potencial de precipitar mudanças radicais. Em situações como essas, no mundo real, a questão não é a existência do risco. Nesses casos, precisamos determinar quanta cautela devemos ter para que possamos reagir de forma apropriada aos possíveis riscos, estabelecendo um nível aceitável de cuidado.

CALCULANDO RISCOS

Em termos ideais, um dos primeiros passos seria calcular os riscos. Às vezes, as pessoas simplesmente não entendem as probabilidades. Quando John Oliver, do *The Daily Show*, entrevistou Walter Wagner, da dupla que estava processando o LHC na questão dos buracos negros, Wagner perdeu qualquer credibilidade que pudesse ter ao dizer que o risco de o LHC destruir a Terra seria meio a meio, pois é algo que ou vai acontecer ou não vai. John Oliver, incrédulo, respondeu que ele "não tinha certeza de como a probabilidade funcionava". Felizmente, Oliver estava correto, e podemos fazer estimativas de probabilidade melhores (e menos igualitárias).

Mas nem sempre é fácil. Considere a probabilidade de uma mudança climática prejudicial, ou a probabilidade de uma situação ruim no Oriente Médio, ou o destino da economia. Essas situações são muito mais complexas. Não é só o fato de que as equações que descrevem os riscos sejam difíceis de solucionar. É que não sabemos necessariamente que equações usar. Para a mudança climática, podemos fazer simulações e estudar o registro histórico. Para as outras duas, podemos procurar situações históricas análogas ou fazer modelos simplificados. Mas, em todos os três casos, grandes incertezas contaminam quaisquer previsões.

Previsões precisas e confiáveis são difíceis. Mesmo quando as pessoas fazem o melhor que podem para inserir tudo o que é relevante num modelo, as premissas e os dados inseridos podem afetar a conclusão de modo significativo. Uma previsão de baixo risco é inútil se as incertezas associadas às premissas de base forem muito maiores. Para uma previsão ter algum valor, ela precisa tratar as incertezas com rigor e honestidade.

Antes de considerar outros exemplos, deixe-me contar um episódio que ilustra o problema. No início de minha carreira em física, percebi que o Modelo Padrão permitia uma gama muito maior de valores para uma quantidade de interesse específico que havia sido prevista antes, devido a uma contribuição da mecânica quântica cuja intensidade dependia do enorme valor da (então) recém-medida massa do quark top. Quando apresentei meu resultado num congresso, pediram-me que fizesse um gráfico de minha nova previsão como função da massa do quark top. Eu me recusei a fazê-lo, sabendo que havia várias contribuições diferentes e que as incertezas restantes permitiriam um espectro de possibilidades grande demais para gerar uma curva simples. Um colega "especialista", porém, subestimou as incertezas e fez o gráfico (que não era diferente de muitas previsões mundanas feitas hoje). Por algum tempo, sua previsão recebeu muitas citações. Por fim, quando a quantidade medida não caiu dentro da faixa prevista, o desacordo foi atribuído de maneira correta à sua estimativa de incerteza exageradamente otimista. Claro que é melhor evitar esse tipo de vexame, tanto em ciência quanto em situações no mundo real. Queremos que as previsões sejam relevantes, mas elas só o são quando somos cuidadosos com as incertezas que embutimos nelas.

As situações no mundo real exibem problemas ainda mais intratáveis, exigindo que sejamos ainda mais cautelosos com dúvidas e incertezas. Precisamos ter cuidado com a utilidade das previsões quantitativas que não levam ou não podem levar em conta esses aspectos.

Um dos desafios é dar o tratamento certo a riscos sistêmicos, que quase sempre são difíceis de quantificar. Em qualquer grande sistema interconectado, os elementos de grande escala usados em modelos de falhas múltiplas surgem das muitas interconexões entre peças menores que, muitas vezes, são as menos supervisionadas. A informação pode ser perdida em transições ou nem sequer ter recebido atenção. E esses problemas sistêmicos podem amplificar as consequências de quaisquer riscos em potencial.

Vi de perto esse tipo de problema estrutural quando estava num comitê de segurança da NASA. Para acomodar a necessidade de satisfazer os diferentes distritos das eleições legislativas, as instalações da NASA estão espalhadas pelo país. Mesmo que um determinado centro cuide de sua peça de equipamento, há menos investimento institucional nas conexões. Isso se transfere para a organização maior também. A informação pode ser facilmente perdida em relatos entre diferentes subcamadas. Num e-mail para mim, Joe Fragola, analista de risco da NASA e da indústria aeroespacial, escreveu:

> Minha experiência indica que análises de risco realizadas sem uma atividade conjunta que reúna os especialistas no assunto em questão, a equipe de integração de sistemas e a equipe de análise de risco estão fadadas a ser inadequadas. Em particular, análises de risco do tipo "pré-fabricadas" se tornam exercícios burocráticos demais, e são de interesse exclusivamente acadêmico.

É comum haver uma disputa entre abrangência e detalhismo, mas ambos são essenciais a longo prazo.

Uma consequência drástica de tal falha (entre outras) foi o acidente da British Petroleum no golfo do México. Em uma apresentação em Harvard em fevereiro de 2011, Cherry Murray, reitor de Harvard e membro da Comissão Nacional sobre o Derramamento de Óleo da Perfuração de Alto-Mar da Deepwater Horizon, da BP, citou a falha de gestão como uma das grandes contribuições para o incidente. Richard Sears, conselheiro sênior de ciência e engenharia na comissão e ex-vice-presidente do Serviço de Águas Profundas da Shell, contou que a direção da BP lidava com um problema de cada vez, sem nunca ter formulado o cenário amplo, aquilo que chamou de "pensamento hiperlinear".

Apesar de a física de partículas ser um empreendimento especializado e difícil, seu objetivo é isolar elementos subjacentes simples e fazer previsões claras baseadas em hipóteses. Seu desafio é atingir pequenas distâncias e altas energias, não lidar com interconexões complicadas. Mesmo que não saibamos necessariamente qual modelo subjacente está correto, podemos prever — dado um modelo em particular — quais tipos de eventos devem ocorrer quando, por exemplo, prótons colidem no LHC. Quando escalas pequenas são absorvidas por outras maiores, teorias efetivas apropriadas para as escalas maiores nos dizem exatamente como as escalas menores entram, e também quais erros podemos cometer ao ignorar detalhes das escalas pequenas.

Na maioria das situações, porém, essa separação nítida por escala, como a que discutimos no capítulo 1, não pode ser aplicada de maneira direta. Embora às vezes compartilhem métodos, como dizem alguns banqueiros de Nova York, "as finanças não são um ramo da física". Mas, tanto no clima quanto em negócios bancários, o conhecimento de interações de pequena escala com frequência pode ser essencial para determinar resultados de grande escala.

Essa falta de separação entre escalas pode ter consequências desastrosas. Tomemos como exemplo o caso do Banco Barings. Antes de seu colapso em 1995, o Barings, fundado em 1762, era o mais antigo banco mercantil britânico. Ele havia financiado as Guerras Napoleônicas, a compra da Louisiana e o canal Erie. Ainda assim, naquele ano, as apostas ruins feitas por um único negociador inconsequente num pequeno escritório em Cingapura o levaram à beira da ruína financeira.

Mais recentemente, os esquemas de Joseph Cassano na seguradora American International Group (AIG) quase a levaram à bancarrota, ameaçando desencadear um colapso financeiro mundial. Cassano dirigia uma unidade até que pequena da empresa (quatrocentas pessoas) chamada AIG Produtos Financeiros. A AIG vinha fazendo apostas razoavelmente seguras até Cassano começar a usar a permuta financeira de crédito (*credit-default swaps*, CDS) — uma via de investimento complexa adotada por vários bancos — para limitar as apostas feitas em contratos de débito colateralizados.

Naquilo que, visto agora, parece ter sido um esquema de cobertura em pirâmide, seu grupo alavancou 500 bilhões de dólares em CDSs, dos quais mais de 60 bilhões estavam ligados a hipotecas *subprime*.[1] Se as subunidades tivessem sido absorvidas por sistemas maiores, tal como na física, a parte menor teria repassado sua informação ou sua atividade a um nível maior, de maneira controlada, de forma que um supervisor de nível intermediário poderia ter lidado com elas. Mas, numa lamentável e desnecessária violação excessiva da separação de escalas, o esquema de Cassano não teve quase nenhuma supervisão e infiltrou toda a operação. Suas atividades não eram regulamentadas como valores mobiliários, não eram regulamentadas como apostas e não eram regulamentadas como seguros. Os CDSs estavam distribuídos por todo o planeta, e ninguém havia analisado suas potenciais implicações. Assim, quando a crise das hipotecas *subprime* chegou, a AIG estava despreparada e implodiu com os prejuízos. Os contribuintes americanos acabaram bancando o pacote de resgate da empresa.

Reguladores cuidaram de problemas convencionais de segurança (até certo ponto) relacionados à saúde de instituições individuais, mas não avaliaram o sistema como um todo, e os riscos interconectados foram se acumulando. Sistemas mais complexos com dívidas e contratos sobrepostos exigem uma compreensão melhor dessas interconexões e uma maneira mais abrangente de avaliar, comparar e decidir riscos para equilibrar possíveis benefícios.[2] Esse desafio se aplica a quase qualquer grande sistema — assim como a escala de tempo considerada relevante.

Isso nos leva a outro fator adicional que torna mais difícil calcular e lidar com riscos: nossa psique e nossos sistemas políticos e comerciais aplicam diferentes lógicas a riscos de longo prazo e riscos de curto prazo — às vezes com sensatez, mas em geral de forma gananciosa. A maioria dos economistas e financistas entende que as bolhas de mercado não duram indefinidamente. O risco não era o estouro da bolha — alguém achava mesmo que os preços dos imóveis continuariam a dobrar em curtos períodos para sempre? —, era que a bolha estourasse num futuro iminente. Embarcar numa bolha em crescimento, mesmo uma que você sabe ser insustentável, não é algo inconsequente se você estiver preparado para retirar seus lucros (ou bônus) a qualquer momento e encerrar o negócio.

No caso do aquecimento global, não sabemos como atribuir um número ao derretimento da plataforma de gelo da Groenlândia. As probabilidades são ainda menos certas se perguntarmos qual propensão ela tem de derreter num determinado intervalo de tempo — nos próximos cem anos, digamos. Mas desconhecer os números não é razão para enfiarmos nossa cabeça no gelo — ou na água fria.

Temos dificuldade de chegar a um consenso sobre os riscos da mudança climática, e sobre como e quando afastá-los, na medida em que possíveis consequências ambientais vão surgindo com relativa lentidão. E não sabemos como estimar o custo da ação ou da inação. Se um acontecimento sério causado pelo clima fosse iminente, estaríamos muito mais propensos a agir de imediato. Independentemente de quão rápidos fôssemos, claro, a essa altura já seria tarde demais. Isso significa que também é difícil lidar com mudanças climáticas quando elas não são cataclísmicas.

Mesmo quando conhecemos a probabilidade de certos resultados, tendemos a aplicar padrões diferentes para eventos de baixa probabilidade com resultados catastróficos e para eventos com resultados menos sérios. Ouvimos falar muito mais de quedas de aviões e ataques terroristas do que de acidentes de carro, mesmo com o trânsito matando bem mais gente todos os anos. Pessoas discutiam buracos negros até sem entender probabilidades porque as consequências do pior cenário pareciam terríveis. Por outro lado, muitas probabilidades pequenas (e não tão pequenas) são negligenciadas quando sua baixa visibilidade as deixa fora do radar. Até a perfuração em alto-mar era considerada totalmente segura por muita gente antes do desastre do golfo do México.[3]

Um problema relacionado é que às vezes os maiores benefícios ou custos surgem na ponta da distribuição de probabilidades — os eventos que são menos prováveis e que conhecemos menos.[4] Idealmente, gostaríamos que nossos cálculos fossem determinados de maneira objetiva por médias estimadas via situações preexistentes relacionadas. Mas não temos esses dados nos casos em que nada similar jamais tenha ocorrido, ou quando simplesmente ignoramos a possibilidade. Se os custos ou benefícios são altos o suficiente nessas pontas da distribuição, eles dominam as previsões — supondo que você saiba de antemão quais eles são. Em todo caso, métodos estatísticos tradicionais não podem ser aplicados quando as taxas são baixas demais para que as médias sejam significativas.

A crise financeira ocorreu por causa de eventos que estavam fora do alcance daquilo que especialistas estavam levando em consideração. Muitas pessoas ganharam dinheiro com base nos aspectos previsíveis, mas eventos em tese improváveis determinaram alguns dos acontecimentos mais negativos. A maioria daqueles que modelaram a confiabilidade dos instrumentos financeiros aplicou dados aos poucos anos anteriores, sem abrir a possibilidade de que a economia sofresse queda, ou uma queda num ritmo muito mais extremo. As decisões sobre regulamentar ou não os instrumentos financeiros eram baseadas no curto período de tempo durante o qual os mercados só subiram. Mesmo quando se admitiu a possibilidade de uma queda no mercado, os valores assumidos para essa queda foram baixos demais para estimar com precisão o verdadeiro custo da falta de regulamentação da economia. Praticamente ninguém deu atenção aos eventos "improváveis" que anteciparam a crise. Riscos que de outra maneira teriam ficado aparentes jamais foram levados em conta. Mas mesmo eventos improváveis precisam ser considerados quando podem ter um impacto sério.[5]

Qualquer avaliação de risco é afetada pela dificuldade de avaliar o risco de suas premissas subjacentes estarem incorretas. Sem isso, qualquer estimativa se torna sujeita a preconceitos intrínsecos. Além dos problemas de cálculo e do preconceito oculto embutidos nessas premissas subjacentes, muitas decisões políticas práticas têm de lidar com incertezas desconhecidas — aquelas que não foram, ou não podem ser, antecipadas. Às vezes, simplesmente não podemos antever com precisão qual evento improvável causará problemas. Isso pode tornar qualquer tentativa de previsão — que, como é inevitável, deixará de computar os fatores desconhecidos — totalmente questionável.

MITIGANDO RISCOS

Em nossa busca do conhecimento, feliz, estamos bastante certos de que a probabilidade de produzir buracos negros perigosos é minúscula. Não conhecemos a probabilidade numérica de um resultado catastrófico, mas não precisamos disso, pois ela é desprezível. Qualquer evento que não acontecer ao menos uma vez durante a vida do universo pode ser ignorado com segurança.

Quantificar um nível de risco aceitável de modo mais genérico, porém, é bem difícil. Sem dúvida, queremos evitar totalmente os riscos maiores — qualquer coisa que ponha em risco a vida, o planeta ou o que quer que apreciemos muito. Com riscos que podemos tolerar, queremos uma maneira de avaliar quem se beneficia e quem sai perdendo, e queremos um sistema que possa avaliar e antecipar riscos de acordo com isso.

O comentário do analista de risco Joe Fragola sobre a mudança climática, junto de outros potenciais perigos com os quais ele estava preocupado, foi o seguinte:

> O que importa não é se eles podem ocorrer, nem quais seriam suas consequências, mas qual é sua probabilidade de ocorrer e qual é a incerteza associada a eles. E quanto dos recursos globais devemos alocar para lidar com esses riscos, levando em conta não apenas a probabilidade de sua ocorrência, mas também a probabilidade de podermos fazer algo para mitigá-los.

Reguladores com frequência recorrem às chamadas análises de custo-benefício para avaliar riscos e determinar como tratá-los. Superficialmente, a ideia parece simples o suficiente. Basta calcular quanto é necessário pagar em relação ao benefício e ver se a mudança proposta vale a pena. Esse pode ser o melhor procedimento disponível em algumas circunstâncias, mas também pode criar uma aparência enganadora de rigor matemático. Na prática, as análises de custo-benefício também podem ser bem difíceis. Os problemas envolvem não apenas a medição de custos e benefícios, o que pode ser um desafio em si, mas também definir custo e benefício antes de tudo. Sem dúvida podemos tentar, mas essas incertezas precisam ser consideradas — ou pelo menos reconhecidas.

Um sistema sensível que antecipe custos e riscos de curto prazo e futuros decerto seria útil. Mas nem toda negociação pode ser avaliada apenas de acordo com seu custo. E se aquilo que estiver em risco jamais puder ser substituído?[6] Se a criação de um buraco negro capaz de engolir a Terra fosse algo que pudesse acontecer com uma probabilidade razoável em nosso tempo de vida, ou mesmo dentro de 1 milhão de anos, certamente não teríamos ativado o LHC.

Mas mesmo que nos beneficiemos um bocado da pesquisa com ciência básica, o custo econômico de abandonar um projeto quase nunca é calculável, porque os benefícios são muito difíceis de quantificar. Os objetivos do LHC abrangem a aquisição de conhecimento fundamental, incluindo uma melhor compreensão das massas e forças, e possivelmente até da natureza do espaço. Os benefícios também compreendem a educação e a motivação de uma população treinada no aspecto técnico e inspirada por grandes perguntas e ideias profundas sobre o universo e sua composição. Numa frente mais prática, seguiremos o avanço de informação que o CERN fez com a internet, com a computação em "grid" que permitirá o processamento global de informação, bem como melhorias na tecnologia de ímãs que serão úteis para aparelhos médicos como os de imagem por ressonância magnética. Possíveis aplicações futuras a partir de ciência fundamental podem surgir, mas essas quase sempre são impossíveis de antecipar.

As análises de custo-benefício são difíceis de aplicar à ciência básica. Um advogado certa vez fez uma brincadeira, aplicando uma abordagem de custo-benefício ao LHC. Junto com o risco extremamente pequeno de trazer o apocalipse, o colisor também tinha uma chance minúscula de trazer um benefício estupendo, resolvendo todos os problemas do mundo. Nenhum dos resultados se encaixaria num cálculo normal de custo-benefício, claro, apesar de advogados — por incrível que pareça — terem tentado.[7]

A ciência, pelo menos, beneficia-se de ter como objetivo as verdades "eternas". Se descobrimos a maneira como o mundo funciona, ela é verdadeira independentemente de quão rápido ou quão devagar o fizemos. Decerto não queremos um progresso científico lento. Mas o atraso de um ano expôs o perigo de ligar o LHC cedo demais. Em geral, os cientistas seguem com segurança.

A análise de custo-benefício está permeada de dificuldades em qualquer situação complexa, seja na política de mudança climática, seja nas finanças. Apesar de uma análise de custo-benefício fazer sentido em princípio, e de não haver objeções fundamentais, a maneira como a aplicamos pode fazer grande diferença. Seus defensores na verdade usam um argumento de custo-benefício para justificá-la quando questionados sobre como aprimorar algo — e eles provavelmente estão certos. Estou apenas defendendo que, ao aplicarmos o método, o façamos de modo mais científico. Precisamos ser claros sobre as incertezas em quaisquer números que apresentemos. Assim como com análises científicas, precisamos levar em conta erros, premissas e vieses e ser honestos ao apresentá-los.

Um fator de grande importância para discutir a mudança climática é se os custos ou benefícios se referem a indivíduos, a nações ou ao planeta. Os custos ou benefícios potenciais também podem transcender essas categorias, mas nem sempre levamos isso em conta. Uma razão pela qual políticos americanos decidiram recusar o Protocolo de Kyoto é que eles concluíram que o custo teria excedido o benefício aos americanos — empresas americanas, em particular. Esse cálculo, porém, não considerou o custo a longo prazo das instabilidades no planeta ou os benefícios de um ambiente equilibrado onde novos negócios possam prosperar. Muitas análises econômicas sobre os custos da mitigação da mudança climática deixaram de considerar possíveis benefícios adicionais à economia por meio da inovação e os benefícios à estabilidade por meio de uma menor dependência de nações estrangeiras. Muitas incertezas sobre como o mundo vai mudar estão envolvidas.

Esses exemplos também levantam a questão de como avaliar e mitigar riscos que cruzam fronteiras nacionais. Suponha que buracos negros realmente tenham colocado o planeta em risco. Poderia alguém no Havaí processar de modo eficaz um experimento planejado para Genebra? De acordo com as leis existentes, a resposta é não, mas, se o processo tivesse sido bem-sucedido, poderia ter interferido nas contribuições financeiras americanas para o experimento.

A proliferação nuclear é outro assunto no qual a estabilidade global está em jogo. Mas temos um controle limitado sobre os perigos surgidos em outras nações. Tanto a mudança climática quanto a proliferação nuclear são questões gerenciadas em escala nacional, mas cujos perigos não estão restritos às instituições ou às nações que criam as ameaças. O problema político sobre o que fazer quando a crise atravessa fronteiras nacionais ou jurisdições legais é complicado. Mas, claramente, trata-se de uma questão importante.

Como o CERN é uma instituição verdadeiramente internacional, seu sucesso depende de compartilhar objetivos com muitas nações. Uma nação pode tentar minimizar sua própria contribuição, mas, à exceção disso, não há interesses individuais em jogo. Todas as nações envolvidas trabalham juntas, pois a ciência que elas valorizam é a mesma. França e Suíça, sede do laboratório, têm vantagens econômicas um pouco maiores, ganhando infraestrutura e postos de trabalho, mas, no geral, não se trata de um jogo de soma zero. Nenhuma nação se beneficia à custa de outra.

Aspecto igualmente notável do LHC é que o CERN e seus Estados-membros são responsabilizados quando qualquer problema técnico ou prático ocorre. O gasto com os reparos após a explosão de hélio em 2008 saiu do orçamento da instituição. Ninguém se beneficia de falhas mecânicas ou desastres científicos, muito menos aqueles que trabalham no LHC. As análises de custo-benefício não são tão úteis quando aplicadas a situações nas quais custos e benefícios não estão totalmente alinhados, nem quando os beneficiários deixam de assumir total responsabilidade pelo riscos. Aplicar esse tipo de raciocínio aos sistemas de tipo fechado que a ciência tenta abordar é algo muito diferente.

Em qualquer situação, procuramos evitar perigos morais, quando os interesses das pessoas não estão alinhados com os riscos que elas correm, criando incentivos para arriscar mais do que arriscariam se ninguém mais arcasse com o seguro. Precisamos ter as estruturas de incentivo corretas.

Considere os fundos de cobertura, por exemplo. Os sócios gerais recebem uma porcentagem dos lucros de seu fundo a cada ano quando ganham dinheiro, mas não perdem uma porcentagem igual caso o fundo sofra perdas, ou se forem à falência. Os indivíduos podem manter seus ganhos, enquanto seus funcionários — ou os contribuintes de impostos — dividem as perdas. Com esses parâmetros, a estratégia mais lucrativa para empregados seria estimular grandes flutuações e instabilidades. Um sistema eficiente e efetivo de análise de custo-benefício deveria levar em conta essa alocação de riscos, recompensas e responsabilidades. Eles precisam levar em conta as diferentes categorias, ou escalas, em que as pessoas se envolvem.

Também os negócios bancários têm perigos morais óbvios quando os riscos e benefícios não estão necessariamente alinhados. Uma política do tipo "grande demais para falhar", combinada com limites frouxos para alavancagem, resulta numa situação na qual as pessoas que respondem pelas perdas (contribuintes) não são as que recebem a maior parte dos benefícios (banqueiros e seguradores). Os pacotes de resgate em 2008 podem ter sido necessários, o que é algo discutível, mas seria uma boa ideia prevenir a situação ao alinhar riscos com responsabilidades.

O lhc, além disso, deixa disponíveis todos os dados sobre os experimentos e seus riscos. O relatório de segurança está na internet. Qualquer um pode lê-lo. Qualquer instituição que estivesse esperando por um resgate no caso de falha, ou mesmo aquelas que estavam apenas especulando de uma maneira particularmente instável, deveriam fornecer dados suficientes para as instituições reguladoras, de forma que o peso dos benefícios pudesse ser avaliado em relação ao dos riscos. O acesso imediato a dados confiáveis deveria ajudar reguladores, especialistas em hipotecas e outros a antecipar desastres financeiros no futuro.

Apesar de não ser uma solução em si, outro fator que poderia ao menos melhorar ou aclarar as análises seria, de novo, levar em consideração a "escala" — em termos de categorias de pessoas sujeitas a benefícios e riscos, bem como a diferentes faixas de tempo. A questão de escala se traduz nesse assunto quando vemos quem está envolvido no cálculo: é um indivíduo, uma organização, um governo ou o mundo todo? Estamos interessados em um mês, um ano ou uma década? A política que é boa para o Goldman Sachs pode não ser aquela que beneficie a economia como um todo no final — ou que beneficie o indivíduo cuja hipoteca naufragou. Isso significa que, mesmo que fizéssemos cálculos perfeitamente precisos, eles só garantiriam o resultado correto se aplicados à reflexão correta, por meio de questionamento.

Quando elaboramos políticas ou avaliamos custos versus benefícios, temos uma tendência a negligenciar os possíveis benefícios da estabilidade global e a ajuda aos outros — não apenas benefícios morais, mas também os financeiros a longo prazo. Isso ocorre em parte porque esses ganhos são difíceis de quantificar, e em parte por causa do desafio de fazer avaliações e criar uma regulamentação robusta num mundo sempre em mudança. Ainda assim, é claro que as regulamentações que consideram todos os possíveis efeitos — não apenas aqueles para indivíduos, instituições ou Estados — serão mais confiáveis e podem até criar um mundo melhor.

O intervalo de tempo também pode influenciar o custo computado ou os benefícios das decisões políticas, bem como as suposições feitas pelas partes que tomam as decisões, como vimos com a recente crise financeira. As escalas de tempo são tão importantes quanto as outras, pois agir com muita pressa pode aumentar o risco ao mesmo tempo que transações rápidas vão aumentando os benefícios (ou lucros). Mas, mesmo que negociações mais rápidas tornem mais eficiente a atribuição de preços, as transações instantâneas não necessariamente beneficiariam a economia como um todo. Um banqueiro de investimentos me explicou o quão importante era a capacidade de vender ações livremente, mas não soube me explicar a importância de poder vendê-las após possuí-las por apenas alguns segundos — além do fato de ele e seu banco ganharem mais dinheiro. Tais transações criam mais lucros para banqueiros e para suas instituições a curto prazo, mas a longo prazo agravam as fraquezas existentes no setor financeiro. Talvez, mesmo com uma desvantagem competitiva a curto prazo, um sistema que inspire mais confiança possa ser mais lucrativo a longo prazo e acabe prevalecendo. O banqueiro que mencionei ganhou 2 bilhões de dólares para sua instituição num único ano, e é claro que seus empregadores podem não vir a concordar com a sabedoria de minha sugestão. Mas qualquer um que, no fim, pague por esse lucro concordaria.

O PAPEL DOS ESPECIALISTAS

Muitas pessoas entendem a lição de modo errado e concluem que a ausência de previsões confiáveis implica ausência de risco. Na verdade, é o contrário. Até que possamos descartar premissas ou métodos, a gama de resultados possíveis está dentro do reino das possibilidades. Apesar das incertezas de tantos modelos diferentes prevendo resultados perigosos — ou talvez por causa delas —, a probabilidade de algo muito ruim acontecer com o clima, com a economia ou com a perfuração em alto-mar não é pequena a ponto de ser desprezível. Talvez alguém argumente que as chances sejam pequenas dentro de determinado intervalo de tempo. A longo prazo, porém, até que tenhamos informações melhores, há cenários demais levando a resultados calamitosos para que possamos ignorar os perigos.

As pessoas interessadas apenas na linha otimista argumentam contra a regulamentação, enquanto os interessados em segurança e previsibilidade argumentam a favor dela. A tentação de aderir a um lado ou a outro é grande, pois descobrir onde riscar os limites é uma tarefa desafiadora — se não for impossível. Assim como no cálculo de riscos, ignorar o ponto a ser decidido não significa que ele não exista, ou que não devamos buscar a melhor aproximação. Mesmo sem os insights necessários para fazer previsões detalhadas, os problemas estruturais devem ser abordados.

Isso nos leva à última pergunta importante: quem decide? Qual é o papel dos especialistas e quem deve avaliar riscos?

Dados o dinheiro, a burocracia e a cuidadosa supervisão no LHC, acreditamos que os riscos tenham sido analisados de maneira adequada. Além disso, a essas energias, não estamos ainda num novo regime no qual os mecanismos básicos da física de partículas devem falhar. Os físicos estão confiantes de que o LHC é seguro, e aguardamos ansiosos os resultados das colisões.

Isso não quer dizer que os cientistas não tenham uma grande responsabilidade. Sempre precisamos garantir que eles se responsabilizem e estejam atentos aos riscos. Em outros empreendimentos científicos, também gostaríamos de estar tão seguros quanto estamos com o LHC. Quando alguém cria matéria, micróbios ou qualquer coisa que nunca tenha existido (ou cava mais fundo, ou explora novas fronteiras da Terra), precisa estar certo de não estar fazendo nada seriamente ruim. O segredo é fazer isso de forma racional, sem espalhar um pânico desnecessário que arrisque impedir o progresso e os benefícios. Isso vale não só para a ciência, mas também para qualquer empreitada com riscos potenciais. A única resposta para incertezas imaginadas, e mesmo para "incertezas desconhecidas", é dar atenção ao maior número possível de pontos de vista e ter a liberdade de intervir quando necessário. Como qualquer um no golfo do México pode atestar, é preciso que possamos fechar as torneiras quando algo dá errado.

No início do capítulo anterior, resumi algumas das objeções que blogueiros e céticos tinham aos métodos que os físicos usaram nos cálculos sobre os buracos negros, entre elas a confiança na mecânica quântica. Hawking de fato usou a mecânica quântica para postular o decaimento de buracos negros. Ainda assim, apesar da declaração de Feynman de que "ninguém entende a mecânica quântica", nós, físicos, entendemos suas implicações, mesmo não tendo ainda uma interpretação filosófica mais profunda sobre por que a mecânica quântica é real. Acreditamos na mecânica quântica porque ela explica dados e resolve problemas que são impenetráveis para a física clássica.

Quando físicos debatem a mecânica quântica, eles não questionam suas previsões. Seu sucesso forçou gerações de estudantes e pesquisadores estupefatos a aceitar a legitimidade da teoria. Hoje, os debates sobre a mecânica quântica dizem respeito à sua construção filosófica. Haveria outra teoria com premissas clássicas mais familiares que ainda assim possa prever as hipóteses bizarras da mecânica quântica? Mesmo que haja progresso nesse sentido, isso não faria diferença para as previsões dela. Os avanços filosóficos poderiam afetar o arcabouço conceitual que usamos para descrever previsões — mas não as previsões em si.

Que fique registrado: acho improvável que haja grandes avanços nessa frente. A mecânica quântica é provavelmente a teoria fundamental. Ela é mais rica do que a mecânica clássica. Qualquer previsão clássica é um caso limitado dentro da mecânica quântica, mas não vice-versa. Então, é difícil acreditar que um dia possamos interpretar a mecânica quântica com a lógica newtoniana clássica. Tentar interpretá-la em termos de mecanismos clássicos seria como se eu tentasse escrever este livro em italiano. Tudo o que sei dizer em italiano sei dizer em inglês também, mas o inverso está longe de ser verdade, já que meu italiano é bem limitado.

Ainda assim, com ou sem consenso no plano filosófico, todos os físicos estão de acordo sobre como aplicar a mecânica quântica. Os malucos negacionistas são apenas o que são. As previsões da mecânica quântica são confiáveis e podem ser testadas muitas vezes. Mesmo sem elas, ainda temos a alternativa das evidências experimentais (na forma da Terra, do Sol, de estrelas de nêutrons e de anãs brancas) de que o LHC é seguro.

Os alarmistas anti-LHC questionaram o suposto emprego da teoria de cordas. De fato, usar a mecânica quântica é confiável, mas usar a teoria de cordas não o teria sido. Mas as conclusões sobre os buracos negros nunca dependeram da teoria de cordas. As pessoas tentam usá-la, sim, para entender o interior dos buracos negros — a geometria da aparente singularidade no centro onde, de acordo com a relatividade geral, a energia se torna infinitamente densa. E os cálculos da evaporação de buracos negros em situações não físicas, baseados na teoria de cordas, dão apoio ao resultado de Hawking. Mas a computação do decaimento de um buraco negro depende da mecânica quântica, e não de uma teoria completa de gravidade quântica. Hawking pôde fazer seus cálculos mesmo sem a teoria de cordas. As perguntas de alguns blogueiros denunciavam falta de compreensão científica suficiente para examinar os fatos.

Uma interpretação mais generosa dessa objeção é que ela seria não uma resistência à ciência em si, mas a cientistas com crenças nas suas teorias baseadas na "fé". Afinal de contas, a teoria de cordas está além do regime de energia possível de verificar em termos experimentais. Mesmo assim, muitos físicos acreditam que ela esteja certa e continuam a trabalhar nela. Entretanto, a variedade de opiniões sobre ela — mesmo dentro da comunidade científica — ilustra bem o argumento oposto. Ninguém jamais basearia uma avaliação de segurança na teoria de cordas. Alguns físicos apoiam a teoria de cordas, outros não. Mas todos sabem que ela ainda não está comprovada nem totalmente estruturada. Até que todos concordem com sua validade e sua confiabilidade, aplicá-la a situações arriscadas seria imprudente. Com relação à nossa segurança, a inacessibilidade das consequências experimentais da teoria de cordas não é a única razão pela qual ainda não sabemos se ela está correta — é também a razão pela qual ela não será requerida para prever a maior parte dos fenômenos do mundo real que encontraremos em nossa vida.

Ainda assim, apesar de ter confiado nos especialistas que avaliaram os riscos potenciais para o LHC, reconheço as potenciais limitações dessa estratégia, e não sei exatamente como lidar com elas. Afinal, "especialistas" nos disseram que os derivativos eram uma maneira de minimizar riscos, não de criar potenciais crises. Economistas "especialistas" nos disseram que a desregulamentação era essencial à competitividade dos negócios americanos, não à potencial derrocada da economia americana. E "especialistas" nos disseram que só aqueles que estão no setor bancário compreendem bem o bastante suas transações para lidar com seus infortúnios. Como podemos identificar quando os especialistas não estão pensando de modo amplo o suficiente?

Sem dúvida, os especialistas podem ter visão curta e podem ter conflitos de interesses. Há alguma lição científica aí?

Não acredito que seja meu viés que esteja me fazendo dizer que, no caso dos buracos negros do LHC, examinamos toda a gama de potenciais riscos que podíamos conceber. Refletimos tanto sobre os argumentos teóricos quanto sobre a evidência experimental. Pensamos em situações no cosmo nas quais as mesmas condições físicas seriam aplicáveis, sem no entanto destruir estruturas próximas.

Seria ótimo poder ser tão otimista sobre o fato de economistas fazerem comparações similares com os dados existentes. Mas o título do livro de Carmen Reinhart e Kenneth Rogoff, *Oito séculos de delírios financeiros: Desta vez é diferente*, sugere o contrário. Apesar de as condições econômicas nunca serem idênticas, algumas medidas de fato se repetem dentro de bolhas econômicas.

O argumento de que ninguém poderia antecipar os perigos da desregulamentação não se sustenta. Brooksley Born, ex-presidente da Comissão de Contratos Futuros de Commodities, que regulamenta mercados de opções de futuros e commodities, apontou os riscos da desregulamentação — na verdade ela sugeriu, de maneira sensata, que alguns potenciais riscos fossem explorados —, mas foi abafada. Não havia uma análise sólida sobre se essa cautela seria justificada (como ficou claro que seria), apenas uma visão partidária de que a lentidão seria ruim para os negócios (como teria sido para Wall Street a curto prazo).

Economistas dando declarações sobre regulamentação podem ter interesses políticos e financeiros, e isso pode impedi-los de fazer a coisa certa. Em termos ideais, cientistas dão menos atenção à política do que ao mérito de argumentos, incluindo aqueles sobre riscos. Os físicos do lhc realizaram sérias investigações científicas para garantir que nenhum desastre ocorreria.

Apesar de especialistas em finanças serem talvez os únicos a entender os detalhes de determinado instrumento financeiro, qualquer pessoa pode discutir certos assuntos estruturais básicos. A maioria de nós pode entender por que uma economia alavancada demais é instável, mesmo sem prever ou entender qual seria o gatilho que causaria o colapso. E a maioria de nós pode entender que dar aos bancos centenas de milhões de dólares com pouca ou nenhuma restrição provavelmente não é a melhor maneira de gastar o dinheiro dos contribuintes. E até uma torneira é construída com um mecanismo confiável para que possa ser fechada — ou ao menos com um rodo e um plano à mão para limpar qualquer bagunça. É difícil entender por que o mesmo não deveria se aplicar a plataformas de petróleo em mares profundos.

Fatores psicológicos entram em cena quando contamos com especialistas, como explicou em 2010 o colunista de economia David Leonhardt, do *New York Times*, atribuindo erros do sr. Greenspan e do sr. Bernanke a fatores que eram "mais psicológicos do que econômicos". Segundo o colunista, "eles foram aprisionados numa câmara de eco de sabedoria convencional" e

> foram vítimas da mesma fraqueza que amaldiçoara os engenheiros do ônibus espacial *Challenger*, os planejadores das guerras do Vietnã e do Iraque e os pilotos de avião que cometeram erros trágicos na cabine. Eles não questionaram suas próprias suposições. É um erro totalmente humano.[8]

A única maneira de lidar com assuntos complicados é ouvindo todo mundo, até quem está de fora. Apesar de sua habilidade para prever que a economia poderia colapsar como um buraco negro, banqueiros egoístas estavam contentes em ignorar avisos até não poderem mais. A ciência não é democrática, no sentido de que funciona com todos votando para obter a resposta certa. Se alguém tem um argumento científico válido, ele acabará sendo ouvido. Em geral as pessoas dão mais atenção a descobertas e ideias de cientistas proeminentes antes. Contudo, um desconhecido que apresente um bom argumento ganhará audiência em algum momento.

Com a atenção de um cientista famoso, um desconhecido pode até mesmo ser escutado sem demora. Foi assim que Einstein pôde apresentar quase de imediato sua teoria que abalou as fundações da ciência. O físico alemão Max Planck, que entendeu as implicações das ideias relativísticas de Einstein, por sorte era editor da revista de física mais importante da época.

Hoje nos beneficiamos da rápida disseminação de ideias na internet. Qualquer físico pode escrever um estudo e enviá-lo a um arquivo de física no dia seguinte. Quando Luboš Motl era um graduando na República Tcheca, solucionou um problema científico no qual um proeminente cientista da Universidade Rutgers estava trabalhando. Tom Banks prestava atenção a boas ideias, mesmo que viessem de uma instituição da qual ele nunca ouvira falar. Nem todo mundo é tão receptivo. Mas, contanto que algumas pessoas prestem atenção, uma ideia boa e correta acabará sempre entrando no debate científico.

Os engenheiros e físicos do lhc sacrificaram tempo e dinheiro em nome da segurança. Eles queriam economizar o máximo possível, mas não à custa do perigo ou da imprecisão. Os interesses de todos estavam alinhados. Ninguém se beneficia de um resultado que não resista ao teste do tempo.

A moeda da ciência é a reputação.

PREVISÕES

Espero que agora todos concordemos que não devemos nos preocupar com buracos negros — apesar de termos muito mais com o que nos preocupar. No caso do lhc, pensamos, e devemos pensar, em todas as coisas boas que ele traz. As partículas lá criadas podem ajudar a responder a perguntas fundamentais e profundas sobre a estrutura subjacente da matéria.

Retornando brevemente à minha conversa com Nate Silver, percebo quão especial é nossa situação. Na física de partículas, podemos nos restringir a sistemas simples o suficiente para aproveitar a maneira metódica com a qual novos resultados se apoiam nos velhos. Nossas previsões às vezes se originam de modelos que sabemos estar corretos, com base em evidências existentes. Em outros casos, fazemos previsões baseadas em modelos que temos boas razões para acreditar estarem corretos e usamos experimentos para afunilar as possibilidades. Mesmo assim — sem saber se esses modelos se mostrarão reais —, podemos antecipar quais serão suas evidências experimentais, caso a ideia se concretize no mundo.

Os físicos de partículas exploram sua habilidade de separar por escala. Sabemos que interações de pequena escala podem ser muito diferentes daquelas que ocorrem em grandes escalas, mas elas estão embutidas de maneira bem definida nas interações de grande escala, dando consistência àquilo que já sabemos.

Fazer previsões é muito diferente em quase todos os outros casos. Para sistemas complexos, em geral temos que abordar diferentes escalas ao mesmo tempo. Isso vale não apenas para organizações sociais, como o banco no qual um negociador irresponsável pôde desestabilizar a AIG e a economia, mas também para outras ciências. As previsões nesses casos podem ter um bocado de variabilidade.

Os objetivos da biologia, por exemplo, incluem prever padrões biológicos e mesmo o comportamento de animais e de humanos. Mas ainda não entendemos completamente todas as unidades funcionais básicas nem a organização em níveis superiores pela qual elementos essenciais produzem efeitos complexos. Também não conhecemos todos os mecanismos de retroalimentação que ameaçam tornar a separação por escala impossível. Os cientistas podem criar modelos, mas quando não entendem bem os elementos críticos subjacentes (ou sua contribuição para o comportamento emergente) têm de encarar um lamaçal de dados e possibilidades em conflito.

Um desafio extra é que modelos biológicos são projetados para se adequar a dados preexistentes, mas ainda não sabemos as regras. Ainda não identificamos todos os sistemas independentes simples, então é difícil saber qual modelo está certo — se algum estiver. Quando conversei com meus colegas neurocientistas, eles descreveram o mesmo problema. Sem novas medições quantitativas, o melhor que um modelo pode fazer é se encaixar em dados existentes. Uma vez que todos os modelos sobreviventes têm de estar de acordo com os dados, é difícil determinar com certeza qual hipótese subjacente está correta.

Foi interessante conversar com Nate sobre o tipo de coisa que ele tenta prever. Muitos livros populares recentes apresentam hipóteses trôpegas que resultam em previsões corretas — a não ser quando elas não dão certo. Nate é muito mais científico. Ele se tornou famoso por suas previsões precisas de partidas de beisebol e de eleições. Suas análises são baseadas em avaliações estatísticas cuidadosas de situações passadas similares, nas quais ele inclui o maior número possível de variáveis para aplicar lições históricas de maneira tão precisa quanto consegue.

Agora Nate tem de escolher com cuidado a que situações aplicar seus métodos, mas ele tem consciência de que os tipos de correlação que ele enfoca podem ser complicados de interpretar. Podemos dizer que um motor incendiado causou a queda de um avião, mas encontrar fogo no motor de uma aeronave em queda não é algo surpreendente. Qual foi de fato a causa inicial? O mesmo tipo de pergunta surge quando você conecta uma mutação genética a um câncer. Ela não causou necessariamente a doença, mesmo que esteja correlacionada a ela.

Nate está ciente de outras potenciais armadilhas também. Mesmo contando com grande quantidade de dados, a aleatoriedade e o ruído podem ampliar ou suprimir sinais interessantes. Então, ele não trabalhará com mercados financeiros, terremotos ou clima. Apesar da chance de poder prever tendências gerais, as previsões de curto prazo seriam inerentemente incertas. Nate estuda agora outros assuntos que seus métodos podem iluminar, como a maneira de distribuir músicas e filmes, ou questões como o valor do passe de jogadores de basquete. Mas ele reconhece que só alguns poucos sistemas podem ser quantificados de forma tão precisa.

Contudo, Nate me falou que os previsores agora têm feito outro tipo de previsão. Muitos deles fazem metaprevisão — prevendo o que outras pessoas tentarão prever.

12. Medida e incerteza

Estar familiarizado e ter facilidade com probabilidades e estatística nos ajuda a avaliar medições científicas, sem falar em muitos dos difíceis assuntos do complexo mundo atual. Lembrei-me das virtudes do raciocínio probabilístico quando, alguns anos atrás, um amigo se frustrara com minha resposta "não sei" para sua pergunta sobre se eu iria ou não comparecer a um evento na noite seguinte. Felizmente para mim, ele era apostador e tinha vocação matemática. Então, em vez de insistir numa resposta definitiva, ele me pediu que dissesse qual era a chance de eu ir. Para minha surpresa, descobri que a questão era bem simples de tratar. Mesmo que a estimativa de probabilidade que dei na época tenha sido apenas um chute por alto, ela representava minhas considerações e incertezas conflitantes de maneira melhor do que se eu tivesse respondido com um "sim" ou um "não" definitivos. No fim, pareceu-me uma resposta mais honesta.

Depois disso, experimentei essa abordagem probabilística com amigos e colegas quando eles achavam que não conseguiam responder a uma pergunta. Descobri que a maioria — cientistas ou não — tem opiniões fortes, mas não irrevogáveis, que costuma expressar de modo mais confortável usando probabilidades. Com três semanas de antecedência, uma pessoa pode não saber se vai querer ir a uma partida de beisebol numa quinta-feira. Se essa pessoa sabe que gosta de beisebol e não tem nenhuma viagem de trabalho prevista, mas ainda assim hesita pelo fato de que o jogo acontecerá num dia de semana, ela pode concordar que há uma chance de 80% de ir, mesmo não podendo dar um "sim" definitivo. Apesar de ser uma estimativa feita de modo informal, essa probabilidade reflete uma expectativa mais verdadeira.

Em nossa conversa sobre ciência e sobre como os cientistas trabalham, o roteirista e diretor Mark Vicente me contou que ficava impressionado com o modo como eles hesitam em usar as declarações definitivas, e desqualificadas, que a maior parte das pessoas usa. Cientistas nem sempre são os indivíduos mais articulados, mas buscam separar com clareza aquilo que entendem daquilo que não entendem, pelo menos quando falam sobre sua área de especialidade. Então, é raro eles dizerem "sim" ou "não", pois tal resposta não reflete com precisão o total de possibilidades. Em vez disso, falam em termos de probabilidades ou declarações qualificadas. Ironicamente, essa diferença com frequência produz um linguajar que faz as pessoas interpretarem mal ou menosprezarem suas alegações. Apesar da melhoria em termos de exatidão que os cientistas tentam obter, quem não é especialista não necessariamente sabe como pesar as declarações deles — qualquer não cientista que tenha as mesmas evidências em favor de suas teses não hesita em dizer algo mais definitivo. Mas a falta da certeza de 100% entre os cientistas não significa ausência de conhecimento. É apenas uma consequência das incertezas intrínsecas a qualquer medição — um tópico que exploraremos agora. O pensamento probabilístico ajuda a esclarecer o significado dos dados e dos fatos, e permite tomar decisões mais bem informadas. Neste capítulo, vamos considerar o que as medições nos dizem e explorar por que as declarações probabilísticas refletem de modo mais preciso o estado do conhecimento, científico ou não, em qualquer dado momento.

INCERTEZA CIENTÍFICA

Harvard completou há pouco tempo uma revisão curricular para tentar determinar os elementos essenciais de uma educação liberal. Uma das categorias levantadas e discutidas pelos docentes como parte de um currículo científico era o "raciocínio empírico". A proposta de ensino sugeria que o propósito da universidade deveria ser "ensinar a colher e avaliar dados empíricos, pesar evidências, entender estimativas de probabilidades, fazer inferências a partir de dados quando possíveis [até aqui tudo bem], e também reconhecer quando um problema é insolúvel com base em evidências disponíveis".

O texto desse ponto do currículo — esclarecido mais tarde — era bem-intencionado, mas carregava um equívoco fundamental sobre como as medições funcionam. A ciência costuma encerrar assuntos usando graus de probabilidade. Sem dúvida, podemos atingir alto grau de confiança em determinada observação ou ideia e depois usar a ciência para fazer julgamentos. Mas é raro alguém encerrar um assunto de maneira absoluta — cientificamente ou não — com base em evidências. Podemos colher dados suficientes para confiar em relações causais e até para fazer previsões de incrível precisão, mas em geral só podemos fazê-lo em termos probabilísticos. Como discuti no capítulo 1, a incerteza — não importa quão pequena — abre espaço para a potencial existência de novos fenômenos interessantes que estão por ser descobertos. Raras vezes algo é totalmente certo, e nenhuma teoria ou hipótese tem a garantia de funcionar sob condições em que testes ainda não tenham sido feitos.

Fenômenos só podem ser demonstrados com certo grau de precisão num domínio de validade estabelecido no qual podem ser testados. Medições sempre têm um componente probabilístico. Muitas medições científicas pressupõem que existe uma realidade subjacente que podemos revelar com medições suficientemente precisas e acuradas. Para encontrar essa realidade subjacente, usamos medições tão boas quanto conseguimos (ou tão boas quanto necessitamos para nosso objetivo). Isso permite elaborar, por exemplo, uma afirmação na qual um intervalo centrado num conjunto de medições tem valor verdadeiro com 95% de probabilidade. Tais probabilidades nos apontam a confiança de qualquer medição em particular e sua gama total de possibilidades e implicações. Não é possível entender uma medição sem conhecer e avaliar as incertezas a ela associadas.

Uma fonte de incerteza é a ausência de instrumentos de medição infinitamente precisos. Medições tão precisas exigiriam um aparelho calibrado com um número infinito de casas decimais. O valor medido teria um número infinito de dígitos cuidadosamente medidos depois da primeira casa decimal. Os experimentalistas não conseguem fazer tais medições — eles conseguem apenas calibrar suas ferramentas para tirar medidas tão precisas quanto a tecnologia disponível permite. Tycho Brahe fez isso com maestria mais de quatro séculos atrás. O avanço contínuo da tecnologia resulta em ferramentas de medição cada vez mais precisas. Mesmo assim, as medições nunca vão atingir uma acurácia infinita, apesar dos muitos avanços que ocorreram ao longo do tempo. Sempre resta alguma *incerteza sistemática*[1] característica do aparelho medidor em si.

Incerteza não significa que os cientistas dão o mesmo tratamento a todas as opções e declarações (embora reportagens cometam esse erro com frequência). É raro ver probabilidades de 50%. Mas ela de fato significa que os cientistas (ou qualquer um em busca de precisão total) farão declarações de modo probabilístico sobre o que foi medido e sobre quais são as implicações disso, mesmo quando essas probabilidades são muito altas.

Quando cientistas e oradores são extremamente cautelosos, eles usam as palavras *precisão* e *acurácia* de maneira diferente. Um aparato é *preciso* se, após repetirmos a medição de uma quantidade única, os valores registrados não diferem muito um do outro. A precisão é uma medida do grau de variabilidade. Se o resultado de uma medição repetida não varia muito, as medições são precisas. E como valores medidos com mais precisão se distribuem numa faixa menor, o valor médio convergirá de maneira mais rápida, caso sejam feitas mais medições.

Já a *acurácia* diz quão próxima a média de várias medições está do resultado correto. Em outras palavras, ela diz se existe viés num aparato de medição. No jargão técnico, um erro intrínseco num aparato de medição não reduz sua precisão — ele cometeria o mesmo erro todas as vezes —, apesar de sem dúvida reduzir sua acurácia. A *incerteza sistemática* se refere à inevitável falta de acurácia que é intrínseca aos dispositivos medidores em si.

Ainda assim, em muitas situações, mesmo que fosse possível criar um instrumento de medição perfeito, seria preciso fazer muitas medições para obter o resultado correto. Isso ocorre porque a outra fonte de incerteza[2] é *estatística*, o que significa que em geral as medições precisam ser repetidas por diversas vezes antes de podermos confiar nos resultados. Mesmo um aparato medidor acurado não dá necessariamente o valor correto para determinada medição. Mas a média convergirá para a resposta certa. As incertezas sistemáticas afetam a acurácia de uma medição, enquanto a incerteza estatística afeta sua precisão. Bons estudos científicos levam os dois fatores em conta, e suas medições são feitas com todo o cuidado possível, usando as maiores amostras viáveis. Em termos ideais, desejamos que as medições sejam tanto acuradas quanto precisas, de forma que o erro absoluto esperado seja pequeno e os valores obtidos sejam confiáveis. Isso significa que elas precisam estar na mais estreita faixa possível (precisão) e que estejam centradas convergindo no número correto (acurácia).

Um exemplo familiar (e importante) em que podemos considerar essas noções é o teste da eficácia de fármacos. Os médicos em geral não nos contam (ou não sabem) quais são as estatísticas relevantes. Você já se frustrou ao ouvir que "às vezes esse remédio funciona, às vezes não"? Há muita informação útil omitida nessa declaração, que não passa a ideia de com que frequência o medicamento funciona, ou de quão parecido você é com as pessoas nas quais ele foi testado. Isso torna muito difícil decidir o que fazer. Uma informação mais útil seria a fração de vezes que um remédio ou um procedimento médico funcionou num paciente com idade e forma física similares. Mesmo nos casos em que os próprios médicos não entendem as estatísticas, eles sem dúvida poderiam fornecer dados ou informações.

Para sermos justos, a *heterogeneidade* da população, com diferentes indivíduos reagindo a medicamentos de maneiras diferentes, torna mesmo complicado determinar se um remédio vai funcionar. Usemos como exemplo um procedimento para testar se a aspirina ajuda ou não a aliviar dores de cabeça.

A maneira de descobrir isso parece bem fácil: tome uma aspirina e veja se ela funciona. É um pouco mais complicado que isso, porém. Mesmo que você melhore, como sabe que foi a aspirina que ajudou? Para ter certeza se foi ela ou não — ou seja, para saber se sua dor de cabeça se tornou menos intensa ou mais breve do que seria sem o remédio —, você teria de comparar como se sente com o remédio e sem ele. Mas ou você toma a aspirina ou não a toma, então uma medição única não é suficiente para fornecer a resposta.

A maneira de obtê-la é fazer o teste várias vezes. Sempre que você tiver dor de cabeça, tire a sorte na moeda para decidir se deve tomar uma aspirina ou não, e registre o resultado. Após algumas vezes, extraia uma média dos diferentes tipos de dor de cabeça que você teve e de suas circunstâncias variáveis (talvez a dor passe mais rápido quando você não está com sono) e use a estatística para chegar ao resultado certo. É provável que não haja viés em sua medição, já que você tirou a sorte na moeda para decidir se tomava ou não o remédio, e a amostra populacional que usou incluiu apenas você mesmo. Com testes suficientes, seu resultado convergirá de maneira correta.

Seria bom ter sempre a possibilidade de descobrir a eficácia de medicamentos com um procedimento tão simples. Muitos remédios, porém, combatem problemas mais sérios do que dores de cabeça — vários deles até tentam tratar doenças mortais. E muitos têm efeitos a longo prazo, de forma que você não poderia repetir testes num único indivíduo mesmo que quisesse.

Então, quando biólogos e médicos querem testar um remédio, normalmente eles não o fazem numa só pessoa, mesmo que isso seja preferível por objetivos científicos. Eles têm de levar em conta, então, que as pessoas reagem de maneiras diferentes a uma mesma substância. Qualquer remédio produz um leque de resultados, mesmo quando testado numa população com o mesmo grau de severidade de uma doença. Aquilo que os melhores cientistas podem fazer, na maioria dos casos, é projetar ensaios clínicos usando uma população tão similar quanto possível a um indivíduo qualquer para o qual eles decidam ministrar ou não o medicamento. Na realidade, porém, a maioria dos médicos não projeta seus próprios estudos, e é difícil garantir a similaridade entre seus pacientes.

Em situações em que não tenham sido feitos testes cuidadosamente projetados, os médicos podem preferir consultar estudos preexistentes baseados apenas em observações de determinada população, como os afiliados de um seguro de saúde. O desafio aí é fazer as interpretações corretas. Com tais estudos, pode ser difícil garantir que as medições relevantes estabeleçam causas, e não somente associações ou correlações. Alguém pode concluir de modo errado, por exemplo, que dedos amarelados causam câncer de pulmão por notar que muitos pacientes com tumor nesse órgão têm dedos amarelados.

É por isso que os cientistas preferem os estudos nos quais os tratamentos ou procedimentos são atribuídos de forma aleatória. Por exemplo, um estudo em que as pessoas tomam um remédio tirando cara ou coroa será menos dependente da amostragem populacional, já que a decisão de prescrever ou não o tratamento só depende do resultado da moeda. De modo similar, um estudo randomizado pode, em princípio, descobrir a relação correta entre o fumo, o câncer de pulmão e dedos amarelados. Se você exigisse que parte do grupo fumasse ou deixasse de fumar, ao observar os pacientes você descobriria ao menos que fumar é um fator por trás tanto dos dedos amarelos quanto do câncer, fosse ou não um a causa do outro. Mas esse estudo seria particularmente antiético, é claro.

Sempre que possível, os cientistas tentam usar sistemas simples o bastante para isolar os fenômenos específicos que eles querem estudar. A escolha de uma amostra populacional bem definida e de um grupo de controle apropriado é essencial tanto à previsão quanto à acurácia do resultado. Com algo tão complicado como o efeito de um medicamento na biologia humana, muitos fatores agem ao mesmo tempo. A questão relevante, então, é quão confiáveis os resultados precisam ser.

O OBJETIVO DAS MEDIÇÕES

Medições nunca são perfeitas. Tanto na pesquisa científica quanto na tomada de qualquer decisão, precisamos determinar qual é o nível aceitável de incerteza. Isso nos permite prosseguir. Se você busca um remédio na esperança de aliviar sua incômoda dor de cabeça, talvez valha a pena experimentar um que tenha funcionado bem na população geral em 75% das ocasiões (contanto que os efeitos colaterais sejam mínimos). Por outro lado, se uma mudança na dieta reduzir seu risco de doença cardíaca em apenas 2% — diminuindo um risco existente de 5% para 4,9%, por exemplo —, talvez isso não seja o bastante para convencê-lo a abrir mão de sua torta de creme favorita.

Para as políticas públicas, os pontos de decisão podem ser ainda menos claros. A opinião pública em geral está numa área cinza, na qual não há necessariamente acordo sobre quão acurado deve ser o conhecimento de algo antes de se mudar leis e criar restrições. Muitos fatores complicam os cálculos necessários. Como discutido no capítulo anterior, a ambiguidade de métodos e objetivos torna especialmente difícil, quando não impossível, fazer análises confiáveis de custo-benefício.

Como Nicholas Kristof, colunista do *New York Times*, escreveu ao defender a prudência no que se refere a substâncias químicas potencialmente perigosas (*bisfenol-A*, BPA) em alimentos e embalagens: "Estudos sobre o BPA fizeram soar o alarme durante décadas, mas a evidência ainda é complexa e aberta ao debate. A vida é assim: no mundo real, as decisões regulatórias em geral têm de ser tomadas com base em dados ambíguos e conflitantes".[3]

Nenhum desses problemas significa que não devemos almejar avaliações quantitativas de custos e benefícios ao avaliar políticas. Mas eles significam que devemos ser claros sobre o que as avaliações significam, quanto elas podem variar de acordo com suposições ou objetivos, e o que os cálculos levaram em conta ou não. As análises de custo-benefício podem ser úteis, mas também podem dar uma falsa sensação de solidez, certeza e segurança, levando a aplicações inadequadas na sociedade.

Felizmente para nós, físicos, as perguntas que fazemos costumam ser bem mais simples — ao menos para formular — do que são no âmbito das políticas públicas. Quando lidamos com o conhecimento puro sem aplicação imediata, há um tipo diferente de questionamento. As medições com partículas elementares são bem mais simples, ao menos em princípio. Todos os elétrons são intrinsecamente os mesmos. Precisamos nos preocupar com o erro sistemático ou estatístico, mas não com a heterogeneidade da população. O comportamento de um único elétron representa o de todos. Mas as mesmas noções de erro sistemático e estatístico são aplicáveis, e os cientistas tentam minimizá-lo sempre que possível. O quão longe eles vão para atingir isso, porém, é algo que varia de acordo com as perguntas que eles tentam responder.

Contudo, mesmo em sistemas físicos "simples" precisamos decidir qual acurácia almejamos, pois as medições jamais serão perfeitas. Na prática, essa questão é equivalente a perguntar quantas vezes um experimentalista precisa repetir uma medição e quão preciso ele necessita que seu instrumento medidor seja. Cabe a ele responder. O nível aceitável de incerteza depende da pergunta que ele formula. Diferentes objetivos requerem diferentes graus de acurácia e precisão.

Os relógios atômicos, por exemplo, medem o tempo com estabilidade de uma em 10 trilhões, mas poucas medidas requerem um conhecimento tão preciso do tempo. Os testes da teoria de gravidade de Einstein são uma exceção — eles usam o máximo de precisão e acurácia que se pode obter. Mesmo que todos aqueles feitos até agora tenham demonstrado que a teoria funciona, as medições continuam a se aprimorar. Com o aumento de precisão, podem aparecer desvios até então não percebidos, impossíveis de ver com medições menos precisas. Caso apareçam, esses desvios darão importantes pistas sobre novos fenômenos físicos. Caso não apareçam, ganharemos confiança de que a teoria de Einstein é ainda mais acurada do que se demonstrou antes. Poderemos aplicá-la com segurança ao longo de um maior regime de energias e distâncias, e com um grau maior de acurácia. Ao mandar um homem à Lua, por outro lado, precisamos entender as leis físicas bem o suficiente para mirar um foguete de forma correta, mas não é preciso incluir a relatividade geral — certamente não é preciso acomodar nem mesmo pequenos efeitos representando possíveis desvios.

ACURÁCIA NA FÍSICA DE PARTÍCULAS

Na física de partículas, buscamos entender as regras que governam os menores e mais fundamentais componentes da matéria que podemos detectar. Um experimento individual não está medindo uma confusão de colisões ocorrendo de uma só vez, nem interagindo repetidamente ao longo do tempo. As previsões que fazemos se aplicam a colisões únicas entre partículas conhecidas, a uma energia definida. As partículas chegam ao ponto de colisão, interagem e voam pelos detectores, em geral depositando energia ao longo do caminho. Os físicos caracterizam as colisões de partículas pelas propriedades distintas das partículas voando — suas massas, suas cargas e suas energias.

Nesse sentido, apesar dos desafios técnicos dos experimentos, os físicos de partículas têm sorte. Estudamos sistemas tão básicos quanto possível, de forma que podemos isolar componentes e leis fundamentais. A ideia é criar sistemas experimentais que sejam tão limpos quanto os recursos existentes permitam. O desafio é atingir os parâmetros físicos requeridos sem desemaranhar sistemas complexos. Os experimentos são difíceis porque a ciência precisa empurrar as fronteiras do conhecimento para se tornar interessante. Eles estão, portanto, no limite extremo de energias e distâncias acessíveis à tecnologia.

Na verdade, os experimentos de física de partículas não são tão simples, mesmo quando estudam quantidades fundamentais precisas. Ao apresentar seus resultados, os experimentalistas encaram um entre dois desafios. Se eles de fato veem algo exótico, precisam provar que isso não é resultante dos eventos mundanos do Modelo Padrão, que às vezes se assemelham a novas partículas ou efeitos. Por outro lado, se eles não veem nada novo, precisam ter certeza de seu nível de acurácia para apresentar um novo limite, mais estrito, sobre o que pode existir além dos efeitos conhecidos do Modelo Padrão. Eles têm de entender bem o suficiente a sensibilidade do aparato medidor para saber o que podem descartar.

Para terem certeza de seu resultado, os experimentalistas precisam ser capazes de distinguir os eventos que podem dar indícios de uma nova física daqueles que surgem das partículas físicas conhecidas do contexto do Modelo Padrão. Essa é uma razão pela qual precisamos de muitas colisões para fazer novas descobertas. A presença de muitas colisões garante um número suficiente de eventos representando uma nova física para distingui-los dos processos "sem graça" do Modelo Padrão que se parecem com eles.

Os experimentos, então, requerem uma estatística adequada. As medições em si têm algumas incertezas intrínsecas que fazem com que seja preciso repeti-las. A mecânica quântica nos diz que os eventos subjacentes também são assim. A mecânica quântica implica que, não importa quão inteligentemente projetemos nossa tecnologia, podemos computar apenas a probabilidade de ocorrência das interações. Essa incerteza existe, não importa como uma medição é feita. Isso significa que o único jeito de medir de maneira acurada a força de uma interação é repetir a medição muitas vezes. Há ocasiões em que essa incerteza é menor do que a incerteza da medição, pequena demais para ter importância. Mas, em outras, precisamos levá-la em conta.

A incerteza quântica nos diz, por exemplo, que a massa de uma partícula que decai é uma quantidade intrinsecamente incerta. O princípio nos diz que nenhuma medição de energia pode ser exata quando uma medição dura um tempo finito. O tempo da medição será necessariamente menor do que o tempo de vida da partícula que decai, o que determina o tamanho da variação esperada para as massas medidas. Se os experimentalistas encontrassem evidência de uma nova partícula ao achar as partículas nas quais ela decaiu, medir sua massa iria requerer a repetição da medição por várias vezes. Mesmo que nenhuma medição única fosse exata, a média de todas as medidas iria convergir para o valor correto.

Em muitos casos, a incerteza quântica da massa é menor do que as incertezas sistemáticas (erros intrínsecos) dos instrumentos medidores. Quando isso ocorre, os experimentalistas podem ignorar as incertezas da mecânica quântica sobre a massa. Mesmo assim, um grande número de medições é requerido para garantir a precisão de uma medição, em razão da natureza probabilística das interações envolvidas. Assim como no caso do teste de fármacos, uma estatística maior nos leva à resposta correta.

É importante reconhecer que as probabilidades associadas à mecânica quântica não são completamente aleatórias. Probabilidades podem ser calculadas a partir de leis bem definidas. Veremos isso no capítulo 14, quando discutirmos a massa do bóson W. Sabemos que a forma final da curva descrevendo a chance de essa partícula existir com uma dada massa e uma dada sobrevida emergirá de uma colisão. Cada medida de energia entra em torno do valor correto, e a distribuição é consistente com o tempo de vida e com o princípio da incerteza. Mesmo que nenhuma medição única seja suficiente para determinar a massa, medições múltiplas o são. Um procedimento definido nos diz como deduzir a massa a partir do valor médio dessas medições repetidas. Com medições suficientes, os experimentos determinam a massa correta, garantindo certo nível de precisão e acurácia.

MEDIÇÕES E O LHC

Nem o uso de probabilidades para apresentar resultados científicos nem as probabilidades intrínsecas à mecânica quântica implicam que não saibamos nada ao certo. Na verdade, é o oposto. Sabemos um bocado. O *momento magnético do elétron*, por exemplo, é uma propriedade intrínseca que podemos calcular de modo extremamente acurado usando a *teoria quântica de campos*, que combina a mecânica quântica e a relatividade especial e é a ferramenta usada para estudar as propriedades físicas de partículas elementares. Gerald Gabrielse, um colega meu em Harvard, mediu o momento magnético do elétron com treze dígitos de acurácia e precisão, e o resultado coincide com o previsto a aproximadamente esse nível. A incerteza entra apenas no nível de menos de um em 1 trilhão, o que faz do momento magnético do elétron a constante de natureza com maior correspondência entre medições e previsões teóricas.

Ninguém fora da física consegue fazer previsões tão acuradas sobre o mundo. Mas a maioria das pessoas, ao ter um número tão preciso em mãos, diria conhecer sem a menor dúvida a teoria e os fenômenos que ela prevê. Os cientistas, apesar de poderem elaborar declarações mais precisas do que outras pessoas, reconhecem que as medições e observações, não importa quão precisas sejam, continuam abrindo espaço para fenômenos ainda não vistos e para novas ideias.

Mas eles também podem declarar um limite definido para o tamanho desses novos fenômenos. Novas hipóteses podem mudar previsões, mas apenas num nível menor ou igual ao da incerteza das medições presentes. Às vezes os novos efeitos previstos são tão pequenos que não temos esperança de encontrá-los no tempo de vida do universo — caso em que mesmo os cientistas poderiam declarar com certeza que "isso jamais acontecerá".

Claramente, a medida de Gabrielse mostra que a teoria quântica de campos está correta com um altíssimo grau de precisão. Mesmo assim, não podemos declarar de modo confiante que a teoria quântica de campos ou o Modelo Padrão são tudo o que existe. Como expliquei no capítulo 1, novos fenômenos, cujos efeitos só aparecem em escalas de energia diferentes ou quando fazemos medições ainda mais precisas, podem estar por trás daquilo que vemos. Não sabemos se isso é verdade porque ainda não estudamos experimentalmente esses regimes de distância e energia.

Os experimentos do lhc ocorrem a energias maiores do que as que jamais estudamos antes, por isso abrem novas possibilidades. Elas surgem na forma de novas partículas ou interações que os experimentos buscam diretamente, não apenas por meio de efeitos indiretos que só podem ser identificados com medições extremamente precisas. O mais provável é que as medições do lhc não atinjam energia suficiente para ver desvios da teoria quântica de campos. Mas é concebível que elas possam revelar outros fenômenos que preveem desvios das previsões do Modelo Padrão em medições no nível atual de precisão — mesmo para o bem medido momento magnético do elétron.

Para qualquer dado modelo da física além do Modelo Padrão, quaisquer pequenas discrepâncias previstas — nas quais os mecanismos internos de uma teoria ainda não concebida façam uma diferença visível — seriam uma boa pista para a natureza da realidade subjacente. A ausência de tais discrepâncias até agora nos diz o nível de precisão ou a quantidade de energia necessária para achar algo novo — mesmo sem sabermos a natureza precisa de possíveis novos fenômenos.

A verdadeira lição das teorias efetivas, apresentadas no capítulo de abertura, é que só entendemos a limitação daquilo que estamos estudando quando as vemos falhar. As teorias efetivas que incorporam limites existentes não apenas categorizam nossas ideias em uma dada escala, mas também fornecem métodos sistemáticos para determinar quão grandes podem ser os novos efeitos em uma energia específica.

As medições envolvendo as forças eletromagnética e fraca se encaixam nas previsões do Modelo Padrão a um nível de 0,1%. As taxas de colisões, as massas, as taxas de decaimento e outras propriedades das partículas se encaixam nos valores previstos com esse nível de precisão e acurácia. O Modelo Padrão, então, abre espaço para novas descobertas, e novas teorias físicas podem antever desvios, mas eles precisam ser pequenos o suficiente para terem escapado à detecção até agora. Os efeitos de qualquer novo fenômeno ou teoria subjacente precisam ser pequenos demais para já terem sido vistos — seja porque as interações em si são pequenas, seja porque os efeitos estão associados a partículas pesadas demais para serem produzidas sob as energias já investigadas. As medições existentes nos dizem qual é a quantidade de energia necessária para encontrar diretamente novas partículas ou novas forças, que não podem causar desvios de medição maiores do que os que as incertezas atuais permitem. Elas também nos dizem quão raros tais eventos têm de ser. Ao aumentar o bastante a precisão de medições, ou ao fazer experimentos sob condições físicas diferentes, os físicos buscam tais desvios no modelo que até agora descreveu todos os resultados experimentais da física de partículas.

Os experimentos atuais são baseados no entendimento de que novas ideias são construídas sobre teorias efetivas bem-

-sucedidas que se aplicam a energias menores. Seu objetivo é revelar uma nova matéria ou novas interações, tendo em mente que a física constrói conhecimento escala por escala. Ao estudar fenômenos em energias mais altas no LHC, esperamos encontrar e entender por completo a teoria que está por trás daquilo que vimos até agora. Mesmo antes de medirmos novos fenômenos, os dados do colisor nos darão limites valiosos e estritos sobre quais fenômenos e teorias podem existir além do Modelo Padrão. E, se nossas considerações teóricas estiverem corretas, novos fenômenos devem por fim emergir das altas energias que o LHC estuda agora. Tais descobertas nos forçariam a estender o Modelo Padrão ou a criar uma formulação mais completa que o absorva. Esse modelo mais abrangente funcionaria com mais precisão ao longo de uma faixa maior de escalas.

Não sabemos qual teoria se encaixará na natureza. Também não sabemos quando faremos novas descobertas. As respostas dependem de algo que está por aí, mas ainda não sabemos. Se soubéssemos, não teríamos de procurar. Mas, para qualquer especulação sobre aquilo que existe, sabemos calcular como podemos descobrir suas consequências experimentais, estimando quando poderão ocorrer. Nos dois próximos capítulos, veremos como os experimentos do LHC funcionam. Depois, na parte IV, consideraremos como os físicos constroem modelos e previsões sobre aquilo que poderão ver.

13. Os experimentos CMS e ATLAS

Em agosto de 2007, Luis Álvarez-Gaumé, físico espanhol líder do Grupo de Teoria do CERN, encorajou-me entusiasticamente a participar de um tour pelo experimento ATLAS, que os físicos experimentalistas Peter Jenni e Fabiola Gianotti promoveriam durante a visita de Tsung-Dao Lee, ganhador do prêmio Nobel, junto com alguns outros. Era impossível não se deixar contaminar pela animação de Peter, então porta-voz do experimento, e Fabiola, vice-porta-voz, que generosamente compartilharam sua expertise e sua familiaridade com todos os detalhes do empreendimento.

Meus colegas visitantes e eu pegamos nossos capacetes e partimos para o túnel do LHC. Nossa primeira parada se deu em um ponto que oferecia a vertiginosa vista do poço sob nossos pés, como mostrado na figura 29. Fui conquistada ao ver a caverna gigantesca, com seus tubos verticais que transportariam peças do detector do lugar de onde estávamos até cem metros abaixo. Turistas no ATLAS, antecipávamos entusiasmados a experiência que teríamos.

Após a primeira parada, seguimos para o andar abaixo, que abrigava o detector ATLAS ainda incompleto. O interessante de tê-lo

Figura 29. Vista do poço do ATLAS a partir da plataforma superior, mostrando os tubos que transportavam materiais para baixo.

visto antes de acabado é que foi possível enxergar suas entranhas, que acabariam sendo fechadas e encobertas — pelo menos até que o LHC se desligasse por um período prolongado para manutenção e reparos. Tivemos então a oportunidade de olhar direto para a elaborada construção, que era impressionantemente colorida e grande — maior do que a nave da catedral de Notre Dame.

Mas o tamanho em si não era o aspecto mais magnífico. Aqueles de nós que cresceram em Nova York ou em qualquer outra grande cidade não ficam necessariamente impressionados com construções enormes. O que torna o experimento ATLAS tão imponente é que o enorme detector é composto de muitos pequenos elementos de detecção — alguns projetados para medir distâncias com a precisão no nível de mícrons. A ironia dos detectores do LHC é a necessidade de experimentos tão grandes para medir com acurácia distâncias tão pequenas. Quando mostro hoje uma imagem do detector em palestras públicas, sinto-me compelida a

Figura 30. Meu colega Gilad Perez em frente a uma das partes do detector de múons do CMS e da junta de retorno do ímã.

enfatizar que o ATLAS não é apenas grande, mas é também preciso. É isso que o torna tão incrível.

Um ano depois, em 2008, retornei ao CERN e vi o progresso da construção do ATLAS. Suas extremidades, que no ano anterior haviam ficado abertas, já tinham sido fechadas. Também fiz um tour espetacular pelo CMS, o segundo detector multipropósito do LHC, com a física Cinzia da Via e meu colaborador Gilad Perez, que aparece na figura 30.

Gilad ainda não havia visitado nenhum experimento do LHC, então tive a oportunidade de reviver minha primeira experiência por meio de sua empolgação. Nós nos aproveitamos da falta de supervisão para escalar um pouco os arredores e olhar dentro do tubo do feixe. (Veja a figura 31.) Gilad lembrou que ali era o lugar onde partículas extradimensionais podem vir a ser criadas, forne-

Figura 31. Cinzia da Via (à esq.) caminhando no local de onde podíamos olhar o tubo do feixe e ver seu interior (à dir.).

cendo evidência para uma teoria que eu tinha proposto. Mas, independentemente de isso ser evidência para esse modelo ou para algum outro, apreciei ser lembrada de que aquele tubo do feixe era onde poderíamos vir a vislumbrar novos elementos da realidade.

O capítulo 8 apresentou a máquina do Grande Colisor de Hádrons que acelera prótons e os faz colidir. Este capítulo enfoca dois detectores multipropósito do LHC — o CMS e o ATLAS —, que vão identificar o que sairá das colisões. Os outros experimentos do colisor — ALICE, LHCb, TOTEM, ALFA e LHCf — são projetados para objetivos mais específicos, entre os quais a melhor compreensão da força nuclear forte e medições mais precisas do quark bottom. Esses outros experimentos provavelmente estudarão em detalhes elementos do Modelo Padrão, mas é improvável que descubram a nova física de altas energias além do Modelo Padrão, que é o objetivo primário do LHC. O CMS e o ATLAS são os principais detectores responsáveis pelas medições que, conforme esperamos, deverão revelar nova matéria e novos fenômenos.

Este capítulo contém uma boa dose de detalhes técnicos. Mesmo teóricos como eu não precisam saber todos esses fatos. O leitor interessado apenas na nova física que podemos descobrir, ou nos conceitos mais gerais do Grande Colisor de Hádrons, pode preferir ir direto para o capítulo seguinte. Ainda assim, os experimentos do LHC são inteligentes e impressionantes. Omitir esses detalhes não faria justiça a essa empreitada.

PRINCÍPIOS GERAIS

Em certo sentido, os detectores ATLAS e CMS são a evolução lógica da transformação que Galileu e outros instigaram séculos atrás. Desde a invenção do microscópio naquela época, o avanço sucessivo da tecnologia permitiu aos físicos estudar indiretamente distâncias cada vez mais remotas. O estudo de pequenas escalas revelou, uma vez após a outra, estruturas subjacentes da matéria que só podem ser observadas com sondagens muito pequenas.

Os experimentos do LHC são projetados para estudar subestruturas e interações numa faixa de tamanho 100 mil trilhões de vezes menor que um centímetro. Isso é cerca de um décimo do menor tamanho jamais observado por qualquer experimento. Apesar de experimentos anteriores de colisão em altas energias, como aqueles no Tevatron, do Fermilab, em Batavia, Illinois, terem sido baseados em princípios similares aos desses detectores do LHC, a energia recorde e a taxa de colisões que os novos detectores encaram criaram muitos novos desafios, que os forçaram a crescer até um tamanho e uma complexidade sem precedentes.

Assim como os telescópios espaciais, os detectores, uma vez construídos, são essencialmente inacessíveis. Eles ficam enclausurados nas profundezas e expostos a enormes quantidades de radiação. Ninguém pode ir até os detectores quando a máquina está em operação. Mesmo quando ela não está, acessar qualquer elemento em particular do detector é muitíssimo difícil e demorado.

Por essa razão, os detectores foram construídos para durar no mínimo uma década, mesmo sem manutenção. Mas há planos para longos períodos de intervalo, a cada dois anos de operação, durante os quais físicos e engenheiros terão acesso a muitos componentes do detector.

Os experimentos de partículas, porém, são diferentes dos telescópios num aspecto importante. Os detectores de partículas não precisam apontar em determinada direção. De certo modo, eles olham para todas as direções ao mesmo tempo. Colisões acontecem, e partículas surgem. Os detectores registram qualquer evento que seja de potencial interesse. O ATLAS e o CMS são detectores multipropósito. Eles não registram apenas um tipo de partícula ou evento nem se concentram num processo em particular. Esses aparatos experimentais são projetados para absorver dados na faixa de interações e energias mais ampla que conseguirem. Experimentalistas com enorme poder computacional à disposição tentam separar de maneira nítida a informação sobre tais partículas e sobre os produtos de seus decaimentos nas "fotos" que os experimentos registram.

Mais de 3 mil pessoas de 183 instituições científicas, representando 38 países, participam do experimento CMS, construindo e operando o detector ou analisando os dados. O físico italiano Guido Tonelli, originalmente vice-porta-voz, hoje é chefe da colaboração.

Interrompendo o legado masculino de físicos na presidência do CERN, a impressionante *donna* italiana Fabiola Gianotti fez a transição para o cargo de chefia, neste caso do outro experimento multipropósito, o ATLAS. Merecedora da posição, ela tem um jeito educado, amigável e sutil — e ainda assim suas contribuições físicas e organizacionais têm sido enormes. O que me deixa mesmo com inveja, porém, é o fato de ela ser também uma excelente chef de cozinha — algo compreensível para uma italiana tão atenta a detalhes.

O ATLAS também envolve uma colaboração gigantesca. Mais de 3 mil cientistas de 174 instituições em 38 países participavam do experimento em dezembro de 2009. A colaboração foi formada em 1992, quando dois experimentos propostos — o EAGLE (acrônimo de Experiment for Accurate Gamma, Lepton, and Energy Measurements [Experimento para Medições Acuradas de Energia, Léptons e Gama]) e o ASCOT (sigla de Apparatus with Super Conducting Toroids [Aparato com Toroides Supercondutores]) — se juntaram em um projeto combinando aspectos de ambos com alguns elementos dos detectores propostos para o SSC. A proposta final foi apresentada em 1994 e recebeu fundos dois anos depois.

Os dois experimentos são similares em seus esboços básicos, mas diferentes em suas configurações e implementações detalhadas, como ilustra a figura 32. Essa complementaridade dá a cada um deles vocações ligeiramente diferentes, de forma que os físicos podem comparar os resultados de ambos. Como os desafios extremos que as descobertas na física de partículas têm de superar, dois experimentos com objetivos comuns terão muito mais credibilidade quando um confirmar as descobertas do outro. Se ambos chegarem à mesma conclusão, todos ficarão muito mais confiantes.

A presença de dois experimentos também introduz um forte elemento de competição — algo de que meus colegas experimentalistas me lembram com frequência. A competição os impulsiona a obter resultados mais rapidamente e com mais rigor. Os membros de ambos também aprendem uns com os outros. Uma boa ideia terá lugar nos dois experimentos, mesmo se implementada de maneira um pouco diferente em cada um. A competição e a colaboração, aliadas à redundância de ter duas buscas baseadas em configurações e tecnologias um pouco diferentes, embasam a decisão de ter dois experimentos com objetivos comuns.

Com frequência me perguntam quando o LHC vai realizar

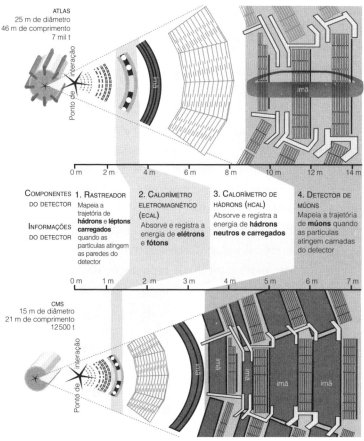

Figura 32. Seções transversais dos detectores ATLAS e CMS. Note que os tamanhos relativos tiveram escalas alteradas.

meus experimentos e pesquisar os modelos específicos que meus colaboradores e eu propusemos. A resposta é: agora. Mas ele também está procurando por todas as outras propostas. Os teóricos ajudam ao introduzir novos alvos de busca e novas estratégias para encontrar coisas. Nossa pesquisa visa identificar modos de descobrir quaisquer novos elementos ou forças físicas presentes em altas energias, para que os físicos sejam capazes de encontrar, medir e interpretar os resultados, podendo então vislumbrar a realidade subjacente — qualquer que seja ela. Só depois de os dados serem gravados é que os milhares de experimentalistas, divididos em equipes de análise, estudarão se a informação se encaixa ou não em meus modelos ou em outros potencialmente interessantes.

Teóricos e experimentalistas examinam então os dados registrados para verificar se eles se adaptam a algum tipo de hipótese em particular. Mesmo que muitas partículas durem apenas uma fração de segundo — e mesmo que não sejam sondadas de forma direta —, os físicos experimentais usam os dados digitais para compor essas "fotos", estabelecendo quais partículas formam o cerne da matéria e como elas interagem. A julgar pela complexidade dos detectores e dos dados, eles terão muita informação para discutir. O resto deste capítulo dá uma noção de como será essa informação.

OS DETECTORES ATLAS E CMS

Até aqui seguimos os prótons do LHC desde sua remoção de átomos de hidrogênio até sua aceleração a altas energias no anel de 27 quilômetros. Os dois feixes de prótons viajando paralelamente em direções opostas dentro dele jamais se cruzariam. Em diversas localizações ao longo do anel, então, os ímãs dipolos os desviam de suas trajetórias, e os ímãs quadrupolos os focalizam de forma que os prótons dos dois feixes se encontrem e interajam em uma região com menos de trinta mícrons de diâmetro. Os pontos no centro de cada detector onde as colisões próton-próton ocorrem são conhecidos como pontos de interação.

Os experimentos são montados de modo concêntrico ao redor de cada um desses pontos de interação para absorver e registrar as muitas partículas emitidas pelas frequentes colisões entre prótons. (Veja na figura 33 uma ilustração do detector CMS.) Os detectores têm forma de cilindro porque, mesmo que os raios de prótons viajem em direções opostas à mesma velocidade, as colisões tendem a conservar um bocado do movimento frontal nas duas direções. Na verdade, como os prótons individuais são muito menores do que o tamanho do feixe, a maioria deles não colide e continua a trafegar no tubo do feixe após pequenos desvios. Apenas os raros eventos nos quais prótons individuais colidem de frente é que são de interesse.

Isso significa que, embora a maioria das partículas continue a viajar na direção do feixe, os eventos potencialmente interessantes borrifam partículas que viajam em direções bastante perpendiculares ao feixe. Os detectores cilíndricos são projetados para detectar o máximo possível dos produtos dessas interações, levando em conta o grande espalhamento das partículas ao longo da direção do feixe. O detector CMS fica em torno de um dos pontos de colisão de prótons, abaixo de Cessy, na França, perto da fronteira de Genebra. Já a região de interação do ATLAS fica sob a cidade suíça de

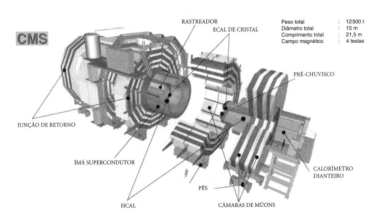

Figura 33. Imagem do CMS decomposta por computador para revelar componentes individuais do detector. (Cortesia do CERN e do CMS.)

Meyrin, bem perto das instalações principais do CERN. (Veja a figura 34 para uma simulação de partículas saindo de uma colisão e se espalhando por uma seção transversal do detector ATLAS.)

As partículas do Modelo Padrão são classificadas por sua massa, por seu spin e pelas forças com que interagem. Não importa o que é criado, ambos os experimentos dependem de detectar isso por meio de forças e interações conhecidas do Modelo Padrão. Isso é tudo o que se pode fazer. As partículas sem essas características partem da região de interação sem deixar pistas.

Mas, quando os experimentos medem interações do Modelo Padrão, eles podem identificar o que passou por lá. É para isso que os detectores foram projetados. Tanto o CMS quanto o ATLAS medem a energia e o momento linear de fótons, elétrons, múons, taus e partículas de interação forte, que são agrupadas em jatos estreitos de partículas viajando na mesma direção. Os detectores posicionados em torno da região de colisão são projetados para medir energia ou carga, com o objetivo de identificar partículas. Eles possuem sofisticados hardwares e softwares de computador e componentes eletrônicos para lidar com a abundância acachapante de dados. Os experimentalistas identificam partículas carregadas porque elas interagem com outras coisas carregadas que sabemos como encontrar. Eles também descobrem qualquer coisa que interaja por meio da força forte.

Para registrar o que passa pelos detectores, seus componentes dependem todos de cabos e dos elétrons produzidos nas interações com o material ali. Às vezes, ocorrem "chuviscos" de partículas carregadas, porque são produzidos muitos elétrons e fótons. Às vezes, o material é simplesmente ionizado, e as cargas são registradas. De um jeito ou de outro, porém, cabos elétricos registram os sinais e os transportam para serem processados e analisados por físicos em seus computadores.

Figura 34. Simulação de um evento no detector ATLAS mostrando o espalhamento transversal de partículas nas camadas do detector. (Note que há uma pessoa na figura, para dar noção de escala, mas as colisões nunca acontecem com gente dentro da caverna.) Os toroides magnéticos característicos são claramente visíveis. (Cortesia do CERN e do ATLAS.)

Os ímãs também são críticos para ambos os detectores. Eles são essenciais para medir tanto o momento linear das partículas quanto o sinal de suas cargas. Partículas eletromagneticamente carregadas fazem curvas de acordo com sua velocidade quando passam por um campo magnético. Partículas com mais momento linear tendem a seguir um trajeto mais reto, e partículas com cargas opostas fazem curvas em direções opostas. Como as partículas no LHC têm energia (e momento linear) muito grande, os experimentos precisam de ímãs muito fortes para ter chance de medir a pequena curvatura na trajetória das partículas energéticas carregadas.

O aparato do Solenoide Compacto de Múons é o menor dos dois grandes detectores multipropósito, mas é o mais pesado, com impressionantes 12 500 toneladas. Seu tamanho "compacto" é de 21 metros de comprimento por quinze de diâmetro — menor do que o ATLAS, mas grande o bastante para ocupar uma quadra de tênis.

O elemento distintivo do CMS é seu forte campo magnético de quatro teslas, criado pela peça "solenoide" à qual seu nome se refere. O solenoide na parte interna do detector consiste em uma bobina cilíndrica com seis metros de diâmetro feita de cabos supercondutores. A junção magnética de retorno que fica na parte de fora do detector também é impressionante e é a que mais contribui para seu enorme peso. Ela contém mais ferro do que a torre Eiffel, em Paris.

Talvez você se pergunte sobre a palavra "múon" no nome do CMS (foi o que fiz quando o ouvi pela primeira vez). Identificar rapidamente elétrons e múons — os parceiros mais pesados dos elétrons que penetram as partes mais externas do detector — pode ser importante para a detecção de novas partículas, que são energéticas e às vezes são produzidas pelo decaimento de objetos pesados. Como elas não interagem por meio da força nuclear forte, são mais propensas a sair de coisas novas — uma vez que prótons não vão criá-las automaticamente. Esses múons logo identificáveis podem, portanto, indicar o decaimento de uma partícula interessante que surja da colisão. O campo magnético no CMS foi projetado desde o início com atenção especial para essas partículas energéticas, de forma que elas ativem o gatilho. Isso significa que o experimento vai registrar os dados de qualquer evento que envolva esses múons, mesmo que seja preciso se desfazer de muitos outros dados.

O campo magnético também é crucial para o funcionamento do ATLAS, cujo nome faz alusão a seu ímã, da mesma maneira que o CMS. Como vimos antes, ATLAS é o acrônimo de Um Aparato Toroidal do LHC. A palavra "toroide" é que se refere aos ímãs, cujo campo é menos forte que o do CMS, mas se estende por uma enorme região. Os enormes toroides magnéticos contribuem para que o ATLAS seja o maior dos dois detectores multipropósito e, de fato, o maior aparato experimental jamais construído. Ele tem 46 metros de comprimento e 25 de diâmetro, e se encaixa de modo um tanto apertado na caverna de 55 metros de comprimento por quarenta metros de altura. Com cerca de 7 mil toneladas, tem um pouco mais da metade do peso do CMS.

Para medir todas as propriedades das partículas, componentes cada vez maiores do detector se posicionam a partir da região onde as colisões ocorrem. Os detectores ATLAS e CMS possuem embutidas várias peças projetadas para medir a trajetória e as cargas das partículas que os atravessam. As partículas que emergem da colisão encontram primeiro os *rastreadores internos*, que medem com precisão as trajetórias das partículas carregadas perto do ponto de interação, depois os *calorímetros*, que medem a energia depositada por partículas detidas rapidamente, e por fim os *detectores de múons* nas bordas externas, que medem a energia de múons altamente penetrantes. Cada um dos elementos do detector possui múltiplas camadas para aumentar a precisão de cada medição. Vamos agora passear pelos experimentos desde os detectores mais internos até os mais externos. As medições são feitas radialmente em relação aos feixes, e explicaremos como o espalhamento de partículas deixando uma colisão se torna informação registrada identificável.

OS RASTREADORES

As porções mais internas dos aparatos são os rastreadores. Eles registram a posição de partículas carregadas à medida que elas deixam a região de interação, de modo que suas trajetórias podem ser reconstruídas e seus momentos, medidos. Tanto no ATLAS como no CMS, os rastreadores consistem em vários componentes concêntricos.

As camadas mais próximas dos feixes e dos pontos de interação são as mais finamente segmentadas e geram a maior parte dos dados. *Pixels* de silício, com elementos de detecção mínimos, ficam nessa região mais interna, que começa a poucos centímetros do tubo do feixe. Eles são projetados para rastreamento de extrema precisão, muito próximo ao ponto de interação, onde a densidade de partículas é a maior. O silício é útil na eletrônica moderna porque permite que sejam gravados detalhes minúsculos em cada peça, e os detectores de partícula o usam pelo mesmo motivo. Os elementos de pixel do ATLAS e do CMS são projetados para detectar partículas carregadas com resolução altíssima. Ao ligar pontos uns aos outros, e ao centro de interação de onde elas emergem, os experimentalistas descobrem as trajetórias das partículas perseguidas nessa região mais interna, bem próxima ao feixe.

As primeiras três camadas do detector CMS — que ficam a um raio de onze centímetros — consistem em pixels de cem por 150 micrômetros, 66 milhões deles no total. O detector de pixels interno do ATLAS é igualmente preciso. A menor unidade que pode ser lida no detector mais interno do ATLAS é um pixel de cinquenta por quatrocentos micrômetros. O número total de pixels do ATLAS é de 82 milhões, um pouco maior que o do CMS.

Os detectores de pixels, com dezenas de milhões desses elementos, requerem uma eletrônica de leitura elaborada. A extensão e a velocidade necessárias para os sistemas de leitura, bem como a grande radiação à qual os detectores mais internos se sujeitam, foram dois dos maiores desafios para ambos os detectores. (Veja a figura 35.)

Como há três camadas nesses detectores internos, eles registram três *pontos* para cada partícula carregada que dure tempo suficiente para atravessá-los. Essas trajetórias em geral continuam por um rastreador externo, depois das camadas de pixels, para criar um sinal robusto que pode ser definitivamente associado a uma partícula.

Figura 35. Cinzia da Via e Domenico Dattola, um engenheiro, sobre andaimes na frente de uma das tampas do rastreador de silício do CMS, ao qual os cabos estão conectados.

Meu colaborador Matthew Buckley e eu prestamos muita atenção à geometria dos rastreadores internos. Nós nos demos conta de algo que ocorreu por pura coincidência. Algumas novas partículas teóricas carregadas que decaem para parceiras neutras por meio da força fraca deixariam uma trajetória de somente alguns centímetros. Isso significa que, nesses casos especiais, as trajetórias se estenderiam *apenas* pelo rastreador interno, de modo que a informação lida ali seria toda aquela registrada. Pensamos sobre os desafios adicionais encarados por experimentalistas que só podiam contar com os pixels, as camadas mais internas do detector interno.

A maior parte das partículas carregadas, porém, vive tempo o suficiente para chegar ao próximo componente do rastreador, com os detectores conseguindo registrar um trecho maior da trajetória. Fora dos detectores de pixels internos com fina resolução, portanto, há faixas assimétricas de silício em duas direções, com tamanhos muito maiores numa delas. As faixas mais longas são consistentes com a forma cilíndrica do experimento e tornam viável cobrir uma grande área (lembre-se de que a área aumenta conforme o raio).

O rastreador de silício do CMS consiste em um total de treze camadas na região central e catorze camadas nas regiões frontal e traseira. Após as primeiras três camadas finamente pixelizadas que acabamos de descrever, as quatro camadas seguintes, constituídas de faixas de silício, se estendem por um raio de 55 centímetros. Os elementos do detector aqui são faixas de dez centímetros de comprimento por 180 micrômetros de largura. As seis camadas restantes são ainda menos precisas na orientação em que se tornam maiores, consistindo em faixas de até vinte centímetros de comprimento, variando de oitenta a 205 micrômetros de largura, com as faixas se estendendo até um raio de 1,1 metro. O número total de faixas no detector interno do CMS é de 9,6 milhões. Essas faixas são essenciais para reconstruir as trajetórias da maioria das partículas carregadas que as atravessam. No total, o CMS possui silício para cobrir toda a área de uma quadra de tênis — um avanço significativo em relação àquele que antes era o maior detector de silício, com apenas dois metros quadrados.

O detector interno do ATLAS se estende por um raio um pouco menor que um metro e tem sete metros de comprimento na longitudinal. Assim como com o CMS, por fora das faixas de silício, o Rastreador Semicondutor (Semiconductor Tracker, SCT) consiste em quatro camadas de faixas de silício. No caso do ATLAS, elas medem 12,6 centímetros por oitenta micrômetros. A área total do SCT é enorme, cobrindo 61 metros quadrados. Enquanto os detectores de pixels são úteis para reconstruir medições finas perto dos pontos de interação, o SCT é mais importante para uma reconstrução geral da trajetória, pois cobre uma grande região com alta precisão (mesmo que em apenas uma direção).

Ao contrário do CMS, o detector externo do aparato do ATLAS não é feito de silício. O rastreador de radiação de transição, componente mais externo do detector interno, consiste em tubos cheios de gás e age tanto como um dispositivo rastreador quanto como um detector de radiação de transição. As trajetórias de partículas carregadas são medidas quando elas ionizam gás nesses canudos, que têm quatro milímetros de diâmetro e 144 centímetros de comprimento, com fios no centro para detectar a ionização. Aqui, de novo, a resolução maior é na direção transversal. Os canudos medem as trajetórias com uma precisão de duzentos micrômetros, sendo menos precisos do que o detector interno, mas cobrindo uma região bem maior. Os detectores são capazes de discriminar partículas viajando quase à velocidade da luz, que produzem a chamada *radiação de transição*. Isso permite separar partículas de diferentes massas, pois partículas mais leves em geral se movem mais rápido. Isso ajuda a identificar elétrons.

Se você está começando a se perder no meio de todos esses detalhes, tenha em mente que eles incluem mais informações do que a maioria dos físicos precisa saber. Eles dão uma noção de magnitude e precisão e, é claro, são importantes para qualquer um que trabalhe num componente do detector. Mas mesmo aqueles que têm extrema familiaridade com um dos componentes não necessariamente acompanham todos os outros, algo que descobri por acaso ao procurar algumas fotos dos detectores e ao me certificar de que alguns diagramas estivessem precisos. Então, não se sinta tão mal caso não absorva tudo da primeira vez. Apesar de existirem alguns especialistas que coordenam a operação inteira, mesmo os experimentalistas não sabem todos os detalhes de cor.

O CALORÍMETRO ELETROMAGNÉTICO

Depois de atravessar os três tipos de rastreadores, a próxima seção do detector que uma partícula encontra em sua jornada radial para fora é o calorímetro eletromagnético (*electromagnetic calorimeter*, ECAL). Ele captura partículas carregadas e neutras — sobretudo elétrons e fótons —, registra a energia depositada por elas e vê suas posições. O mecanismo de detecção procura o espalhamento de partículas que elétrons ou fótons incidentes produzem quando interagem com o material do detector. Essa peça do detector fornece informações precisas tanto da energia quanto do rastreamento da posição dessas partículas.

O material usado pelo ECAL no experimento CMS é em si uma maravilha a ser apreciada. Trata-se de cristais de tungstato de chumbo, escolhidos por serem densos, mas opticamente claros — o melhor que há para detectar fótons e elétrons incidentes. Uma fotografia minha talvez possa dar uma noção de como eles têm uma clareza fascinante (veja a figura 36). Eu nunca havia visto nada tão denso e tão transparente. A razão pela qual eles são úteis é que medem energia eletromagnética com uma precisão incrível, algo que pode ser crucial para encontrar a fugidia partícula de Higgs, como o capítulo 16 descreverá.

Figura 36. Fotografia do cristal de tungstato de chumbo usado no calorímetro eletromagnético do CMS.

O detector ATLAS usa chumbo para capturar elétrons e fótons. Interações nesse material de absorção transformam a energia da trajetória carregada inicial em um chuvisco de partículas cuja energia será então detectada. O material empregado para medir a energia desse chuvisco, e então deduzir a energia da partícula incidente, é a forma líquida do argônio — um gás nobre, que não interage quimicamente com outros elementos.

Apesar de minha inclinação para a teoria, fiquei fascinada ao ver esse elemento do detector ATLAS em meu tour. Fabiola participou do desenvolvimento e da construção desse calorímetro, que tem um novo tipo de arranjo, com camadas radiais de placas de chumbo em forma de sanfona separadas por finas camadas de argônio líquido e eletrodos. Ela descreveu como esse arranjo torna a leitura eletrônica muito mais rápida, já que os componentes eletrônicos ficam muito mais perto dos elementos do detector. (Veja a figura 37.)

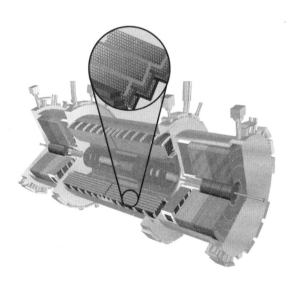

Figura 37. A estrutura sanfonada do calorímetro eletromagnético do ATLAS.

O CALORÍMETRO HADRÔNICO

A próxima etapa no caminho radial de dentro para fora, a partir do tubo do feixe, é o calorímetro hadrônico (*hadronic calorimeter*, HCAL). O HCAL mede a energia e a posição de hádrons — partículas que interagem por meio da força forte —, mas, por uma questão de prioridade, o faz com menos precisão do que as medições do ECAL para fótons e elétrons. O HCAL é enorme — no ATLAS, por exemplo, tem oito metros de diâmetro e doze de comprimento —, e para ele a mesma segmentação que tornou o ECAL tão preciso teria um custo mais proibitivo. Sua precisão do rastreamento, dessa forma, acabou sendo prejudicada. Além disso, medir a energia de partículas que interagem pela força forte é simplesmente mais difícil, seja qual for a segmentação, pois a energia de "chuviscos" de partículas hadrônicas flutua mais.

O HCAL do CMS tem camadas de material denso — latão ou aço — alternadas com telhas cintiladoras de plástico que registram a energia e a posição dos hádrons que as atravessam, com base na intensidade da luz cintilante. No ATLAS, o material absorvente na região central é o ferro, mas seu HCAL funciona praticamente da mesma maneira.

DETECTOR DE MÚONS

As câmaras de múons são os elementos mais externos em qualquer detector multipropósito. Os múons, como você deve se lembrar, são partículas carregadas similares ao elétron, mas duzentas vezes mais pesadas. Eles não param nos calorímetros eletromagnético ou hadrônico, voando direto até a parte mais externa do detector. (Veja a figura 38.)

Figura 38. A bobina magnética de retorno do CMS entrelaçada com seu detector de múons (ambos em construção).

Múons energéticos são muito úteis na busca por novas partículas porque, diferentemente dos hádrons, são isolados de maneira limpa o bastante para serem detectados e medidos. Os experimentalistas tentam registrar todos os eventos com múons energéticos na direção transversal porque essas partículas tendem a estar associadas às colisões mais interessantes. Os detectores de múons também podem ser úteis para capturar qualquer partícula carregada estável que chegue até a parte mais externa do detector.

As câmaras de múons registram os sinais deixados por múons que atingem esses detectores mais superficiais. São similares, de certo modo, à parte mais interna do detector, com seus rastreadores e campos magnéticos encurvando o caminho dos múons para medir trajetória e momento linear. Entretanto, nelas o campo magnético é diferente e a espessura do detector é muito maior. Isso permite a medição de curvaturas menores e, portanto, de partículas com maior momento linear (partículas com mais momento fazem uma curva mais sutil quando entram em campos magnéticos). No CMS, as câmaras de múons se estendem radialmente de uma distância de três até 7,5 metros, e no ATLAS elas vão de quatro a onze metros, nas partes mais externas do detector. Essas enormes estruturas possibilitam medir trajetórias de cinquenta micrômetros percorridas pelas partículas.

ENDCAPS

Os últimos elementos do detector a serem descritos são os *endcaps*, as "tampas" nas extremidades dianteira e traseira de cada um dos detectores. (Veja a figura 39 para ter uma noção da estrutura geral.) Aqui, não estamos mais seguindo o caminho radial a partir do feixe — os detectores de múons eram o último passo naquela direção. Agora estamos seguindo ao longo do eixo dos detectores até as duas bases do cilindro que ele forma. Essas partes do detector são "tampadas" com outros detectores para garantir que seja registrado o maior número possível de partículas. Como os *endcaps* foram os últimos componentes do detector a serem movidos para sua posição final, ainda pude ver as múltiplas camadas que ficavam dentro dele quando o visitei em 2009.

Os detectores são posicionados nessas extremidades para garantir que os experimentos do LHC meçam o momento linear de todas as partículas. O objetivo é tornar os aparatos experimentais *herméticos*, com cobertura em todas as direções, sem regiões vazias e sem furos. Medições herméticas garantem que mesmo partículas de pouca ou nenhuma interação possam ser descobertas. Caso

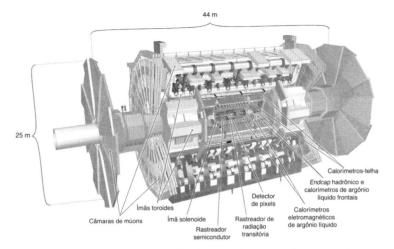

Figura 39. Imagem de computador do ATLAS mostrando suas muitas camadas e os endcaps *separados.* (*Cortesia do CERN e do ATLAS.*)

descubramos que há momento transversal "em falta" após uma colisão, é porque uma ou mais partículas sem interação diretamente detectável deve ter sido produzida. Tais partículas carregam momento linear, e o momento que elas retiram de lá faz com que os experimentalistas fiquem a par de sua existência.

Quando sabemos que o detector está medindo todo o momento transversal, e esse momento perpendicular ao feixe não parece estar sendo conservado após uma colisão, então algo desapareceu sem ser detectado e levou consigo algum momento linear. Os detectores, como vimos, medem com muito cuidado o momento na perpendicular. Os calorímetros nas regiões da frente e de trás dão uma qualidade hermética ao detector, garantindo que só uma pequena quantidade de energia ou momento perpendicular ao feixe possa escapar sem ser notada.

As extremidades do CMS têm componentes de aço e fibra de quartzo que, por serem mais densos, separam melhor as trajetórias das partículas ao absorvê-las. O latão nos *endcaps* é de material reciclado — originalmente usado em munição de artilharia russa. O aparato do ATLAS usa calorímetros de argônio líquido na região frontal para detectar não apenas elétrons e fótons, mas também hádrons.

ÍMÃS

As peças restantes de ambos os detectores a serem descritas com mais detalhes são os ímãs que dão nome aos dois experimentos. O ímã não é um elemento detector e não registra propriedades de partículas. Mas ímãs são essenciais à detecção de partículas porque ajudam a determinar momento linear e carga, propriedades cruciais para identificar e caracterizar trajetórias. As partículas são desviadas em campos magnéticos, e suas trajetórias aparecem curvadas, não retas. A intensidade e a direção da curvatura dependem de suas energias e suas cargas.

O enorme ímã solenoidal do CMS, feito de bobinas supercondutoras de nióbio-titânio, tem 12,5 metros de comprimento e seis metros de diâmetro. É o maior do tipo já construído e tornou-se a característica que define o detector. O solenoide tem bobinas de cabos que circulam o núcleo de metal, gerando um campo magnético quando eletricidade é aplicada. A energia armazenada nesse ímã é equivalente a meia tonelada de TNT. Não é preciso dizer que foram tomadas precauções para o caso de ele sofrer sufocamento e perder a supercondutividade de repente. O ímã conseguiu passar por um teste a 4 teslas em setembro de 2006, mas funcionará num campo um pouco menor — 3,8 teslas — para garantir maior longevidade.

O solenoide é grande o suficiente para envolver todas as camadas do rastreador e dos calorímetros. Os detectores de múons, por outro lado, encontram-se no perímetro mais externo do detector, fora do solenoide. Suas quatro camadas, porém, estão entrelaçadas com uma grande estrutura interna de ferro ao redor das bobinas magnéticas, que contém e guia o campo, dando a ele uniformidade e estabilidade. Essa junção magnética de retorno, com 21 metros de comprimento e catorze metros de diâmetro, se estende por todo o raio do detector. De fato, ela também forma parte do sistema para os múons, uma vez que eles devem ser as únicas partículas carregadas capazes de penetrar as 10 mil toneladas de ferro e atravessar as câmaras de múons (mesmo que, na realidade, alguns hádrons também acabem entrando, dando um pouco de dor de cabeça aos experimentalistas). O campo magnético da junção curva os múons no detector externo. Uma vez que o grau de curvatura dos múons depende de seu momento linear, a junção é vital para medir o momento e a energia deles. O ímã enorme e estruturalmente estável também tem outro papel. Ele sustenta o experimento e o protege das forças gigantes geradas por seu próprio campo magnético.

A configuração do ímã do ATLAS é totalmente diferente. Neste, são usados dois sistemas de ímãs diferentes: um solenoide de dois teslas envolvendo os sistemas de rastreamento e os ímãs toroidais gigantes nas regiões externas, interfoliados com câmaras de múons. Ao ver uma foto do ATLAS (ou o experimento em si), os elementos mais marcantes são as oito estruturas toroidais (veja a figura 34) e os dois toroides adicionais que cobrem as extremidades. O campo magnético que eles criam se estende por 26 metros ao longo do eixo do feixe e vai até onze metros do espectrômetro de múons, radialmente.

Uma das muitas histórias interessantes que ouvi quando visitei o experimento ATLAS dizia respeito a seu formato. Quando os ímãs foram baixados pelo poço pelas equipes de construção, eles tinham uma configuração mais oval (ao serem vistos de lado), mas os engenheiros já estavam levando em conta a gravidade antes da instalação. Após algum tempo, por causa de seu próprio peso, os ímãs ficaram mais arredondados.

Outra história que me impressionou conta como os engenheiros do ATLAS levaram em consideração uma pequena elevação do chão da caverna — cerca de um milímetro por ano — por causa da pressão hidrostática a partir da escavação. Eles projetaram o experimento de modo que a pequena movimentação pusesse a máquina na melhor posição em 2010, ano previsto para o início da operação em capacidade total. Agora, porém, o chão abaixo já se assentou num ponto em que o experimento parou de se mover, e ele permanecerá na posição correta durante toda a sua operação. Apesar de Yogi Berra ter alertado que "é difícil fazer previsões, sobretudo quando são sobre o futuro",[1] os engenheiros do ATLAS conseguiram acertar.

COMPUTAÇÃO

Nenhuma descrição do Grande Colisor de Hádrons é completa sem mostrar seu enorme poder computacional. Além do notável hardware encontrado nos rastreadores, ímãs, calorímetros e sistemas de múons que descrevi, há uma computação coordenada ao redor do mundo, algo essencial para lidar com a quantidade absurda de dados que as muitas colisões geram.

O LHC não só é sete vezes mais energético do que o Tevatron — o colisor anterior mais poderoso — como também gera eventos a um ritmo cinquenta vezes mais rápido. Ele precisa lidar com dados que, em essência, são imagens em altíssima resolução de eventos que ocorrem a uma taxa de até 1 bilhão de colisões por segundo. A "foto" de cada evento contém cerca de um megabyte de informação.

Isso é uma quantidade de dados grande demais para qualquer computador processar. Sistemas de gatilhos [*triggers*], então, tomam decisões em tempo real sobre quais dados manter e quais jogar fora. As colisões mais frequentes são apenas interações ordinárias entre prótons que ocorrem por meio da força forte. Ninguém liga para a maioria delas, que representam processos físicos conhecidos e não têm nada de novo.

As colisões entre prótons se assemelham, em alguns aspectos, a dois sacos de feijão se chocando. Como os sacos são macios, na maioria das colisões eles se contraem e voltam à forma original, sem fazer nada interessante. Mas às vezes, quando dois sacos se chocam, grãos de feijão colidem com grande força, e os próprios sacos arrebentam. Nesse caso, os grãos que colidirem voarão para fora com grande energia, já que são mais duros e colidem com energia mais localizada, enquanto o restante deles voará na direção a que já estava indo.

De maneira similar, quando prótons do feixe atingem um ao outro, as subunidades individuais colidem e criam um evento interessante, enquanto o resto dos ingredientes do próton continua seguindo na mesma direção dentro do tubo do feixe.

As colisões de partículas, porém, são diferentes das de feijões, nas quais os grãos simplesmente se chocam e mudam de direção. Quando prótons se chocam, ingredientes internos — quarks, antiquarks e glúons — colidem entre si. E, quando o fazem, as partículas originais podem se converter em energia e em outros tipos de matéria. Apesar de, a baixas energias, as colisões envolverem em primeiro lugar os três quarks que dão carga ao próton, a altas energias há efeitos da mecânica quântica que criam um conteúdo significativo de glúons e antiquarks, tal qual vimos no capítulo 6. As colisões interessantes são aquelas em que qualquer um dos subcomponentes do próton se choca com outro.

Quando os prótons têm muita energia, os quarks, antiquarks e glúons dentro deles também têm. Essa energia, porém, nunca é a energia total do próton. Em geral, ela é uma mera fração do total.

Então, são mais frequentes as colisões em que quarks e glúons se chocam com energia baixa demais para produzir partículas pesadas. Em razão de uma menor força de interação ou de uma maior massa esperada para novas partículas, colisões interessantes envolvendo partículas ou forças jamais vistas ocorrem a uma taxa muito menor que a das colisões "sem graça" do Modelo Padrão.

Assim como ocorre com os sacos de feijão, a maioria das colisões é desinteressante. Elas são apenas prótons pegando de raspão um no outro ou prótons colidindo para produzir eventos do Modelo Padrão que já estavam previstos e não nos ensinarão muita coisa. Por outro lado, as previsões nos dizem que em aproximadamente um bilionésimo das vezes o LHC pode produzir uma nova partícula empolgante, como o bóson de Higgs.

O que acontece, então, é que as coisas legais são feitas apenas numa pequena fração das colisões, graças à sorte. É por isso que, antes de tudo, precisamos de muitas colisões. A maioria dos eventos não tem nada de novo. Mas alguns raros eventos podem ser bem especiais e informativos.

Selecionar esses eventos é tarefa dos *gatilhos* — o hardware e o software projetados para identificar eventos potencialmente interessantes. Uma maneira de entender a enormidade dessa tarefa é imaginar uma câmera fotográfica de 150 megapixels (a quantidade de dados de cada conjunto de prótons) que possa tirar 40 milhões de fotos por segundo (a taxa de passagem dos conjuntos). Esse número aumenta para cerca de 1 bilhão de eventos físicos por segundo quando levamos em conta que, cada vez que dois conjuntos se cruzam, são esperados de vinte a 25 eventos. Numa câmera, o gatilho seria um dispositivo responsável por selecionar só as fotos interessantes e mantê-las na memória. Os gatilhos são uma espécie de filtro de *spam* para e-mails, permitindo que só a informação de interesse chegue aos computadores.

Os gatilhos precisam identificar as colisões potencialmente interessantes e descartar aquelas que não contêm nada novo. Cada evento em si — aquilo que sai do ponto de interação e é registrado nos detectores — precisa ser distinto o suficiente de processos usuais do Modelo Padrão. Sabendo quais eventos parecem ser especiais, determinamos quais guardar. Isso torna a taxa de eventos prontamente reconhecíveis ainda menor. Os gatilhos têm uma tarefa formidável. Eles são responsáveis por barrar 1 bilhão de eventos por segundo e deixar passar apenas as poucas centenas que têm chance de ser interessantes.

É uma combinação de "portas" de hardware e software que realiza essa missão. Cada nível do gatilho descarta como desinteressante a maior parte dos eventos que recebe, tornando a quantidade de dados bem mais manejável. Esses dados, por fim, são analisados por sistemas de computadores em 160 instituições acadêmicas ao redor do mundo.

O gatilho de primeiro nível é baseado em hardware — embutido nos detectores — e faz uma seleção superficial, identificando, por exemplo, eventos que contêm múons energéticos ou grandes depósitos transversais de energia nos calorímetros. Enquanto esperamos alguns microssegundos pelo resultado do gatilho de nível um, os dados de cada conjunto de prótons que se cruzam são retidos temporariamente. Os gatilhos de níveis seguintes são baseados em softwares. Os algoritmos de seleção operam num grande *cluster*, um aglomerado de computadores perto do detector. O gatilho de nível um reduz a taxa de eventos de 1 bilhão por segundo para cerca de 100 mil por segundo, e os gatilhos de software reduzem isso depois para algo num fator de mil ou de algumas centenas.

Cada evento que passa pelo gatilho carrega uma enorme quantidade de informação — lida pelos elementos de detecção que discutimos aqui—, com mais de um megabyte. Com algumas centenas de eventos por segundo, os experimentos guardam bem mais de cem megabytes de memória por segundo. O valor chega a mais de um petabyte: 10^{15} bytes, ou 1 quatrilhão de bytes (quantas vezes você já teve de usar essa palavra?), o equivalente a gravar, a cada ano, centenas de milhares de DVDs de informação.

O sistema World Wide Web da internet foi desenvolvido por Tim Berners-Lee para lidar com dados do CERN e permitir que experimentalistas mundo afora compartilhassem informações em tempo real por computador. O Grid de Computadores do LHC foi a segunda maior contribuição do CERN para a computação. Ele foi lançado em 2008, após um prolongado desenvolvimento de software, para ajudar a lidar com as enormes quantidades de dados que os experimentalistas pretendem processar. Usa tanto cabos de fibra óptica privados quanto porções públicas da internet que operam em alta velocidade. Ele tem o nome grid [grade] porque os dados não estão associados a nenhuma locação específica e ficam distribuídos em computadores de todo o mundo — da mesma forma que a eletricidade em uma área urbana não está associada a nenhuma usina elétrica em particular.

Uma vez armazenados os eventos selecionados pelo gatilho, eles são distribuídos por meio do grid para todo o planeta. Com o grid, redes de computadores em todo o mundo têm acesso rápido aos dados armazenados redundantemente. Enquanto a internet consiste em compartilhar informação entre muitos computadores, o grid compartilha poder de processamento e de armazenamento de dados.

No grid do CERN, centros de computação enfileirados processam os dados. A Fileira 0 [*Tier 0*] é a instalação central do laboratório onde os dados são gravados e reprocessados de sua forma bruta para outra mais adequada a análises físicas. Conexões de banda larga enviam os dados a doze grandes centros nacionais de computação que formam a Fileira 1. Grupos de análise podem acessar esses dados se quiserem. Cabos de fibra óptica conectam a

Fileira 1 aos cerca de cinquenta centros da Fileira 2, localizados em universidades que têm poder de computação suficiente para simular processos físicos e fazer análises específicas. No final, qualquer grupo universitário pode fazer análises da Fileira 3, de onde a maior parte da física real acabará sendo extraída.

Nesse ponto, experimentalistas em qualquer lugar podem vasculhar os dados para investigar o que as colisões de prótons de altas energias revelam. Talvez surja algo novo e empolgante, mas, antes de decidir se é esse o caso, a primeira tarefa dos experimentos é deduzir o que esteve lá — tema do próximo capítulo.

14. Identificando partículas

O Modelo Padrão da física de partículas categoriza de modo compacto nossa compreensão atual sobre as partículas elementares e suas interações (resumidas na figura 40).[1] Ele inclui partículas como os quarks up e down e os elétrons, que compõem a matéria mais familiar, mas também acomoda várias outras partículas mais pesadas que interagem por meio das mesmas forças, mas não são normalmente encontradas na natureza — partículas que podemos estudar com cuidado apenas em experimentos de colisão a altas energias. A maioria dos ingredientes do Modelo Padrão, assim como as partículas que o Grande Colisor de Hádrons estuda agora, estava caprichosamente escondida antes de experimentos inteligentes e teorias inspiradas os terem revelado na segunda metade do século xx.

No LHC, os experimentos ATLAS e CMS são projetados para detectar e identificar partículas do Modelo Padrão. O verdadeiro objetivo, claro, é ir além daquilo que já sabemos — encontrar novos ingredientes ou forças ligados a mistérios extraordinários. Mas, para fazê-lo, os físicos precisam ser capazes de distinguir os

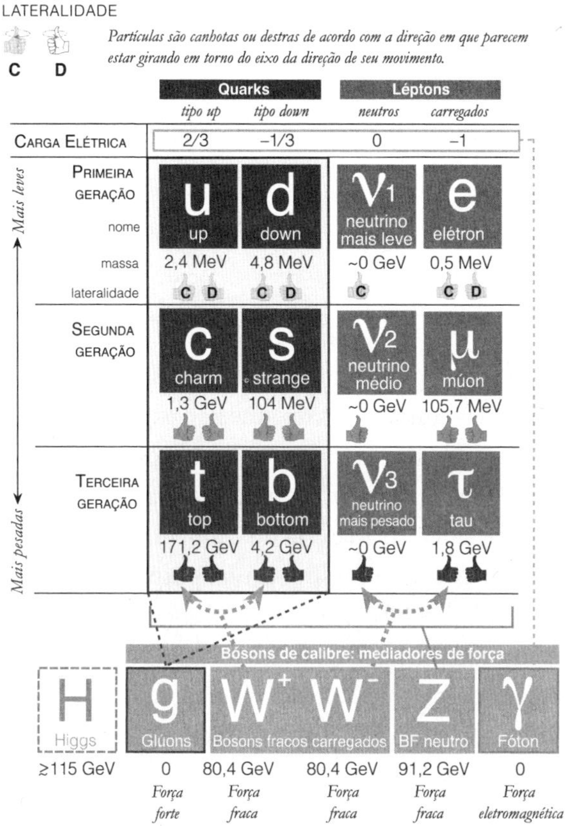

LATERALIDADE

Partículas são canhotas ou destras de acordo com a direção em que parecem estar girando em torno do eixo da direção de seu movimento.

Figura 40. Os elementos do Modelo Padrão da física de partículas, com suas massas indicadas. Partículas canhotas e destras são mostradas separadamente. A força fraca, que muda os tipos de partícula, só atua sobre as canhotas.

eventos do ruído de fundo e identificar quaisquer partículas do Modelo Padrão nas quais uma nova partícula exótica possa decair. Os experimentalistas no LHC são como detetives que analisam dados para ligar pistas e determinar o que apareceu lá. Eles só podem deduzir a existência de algo novo após descartar tudo que é familiar.

Após termos passeado pelos experimentos multipropósito, vamos revisitá-los neste capítulo para entender melhor como os físicos do LHC identificam partículas individuais. Tendo um pouco mais de familiaridade com o status quo e sabendo como as partículas do Modelo Padrão são achadas, estaremos mais preparados para discutir o potencial de descobertas do LHC na parte IV.

ENCONTRANDO LÉPTONS

Os físicos de partículas dividem as partículas elementares de matéria do Modelo Padrão em duas categorias. Uma delas é a dos léptons, partículas como o elétron, que não experimentam a força nuclear forte. Ainda há duas versões mais pesadas do elétron, o *múon* e o *tau*, que têm a mesma carga, mas possuem massas bem maiores. As partículas de matéria do Modelo Padrão existem em três versões, todas com a mesma carga, porém com uma massa maior a cada *geração*. Não sabemos por que há três versões para cada partícula, todas com as mesmas cargas. Quando Isidor Isaac Rabi, ganhador do prêmio Nobel de física, ouviu falar da existência do múon, expressou sua surpresa exclamando: "Quem encomendou isso?".

Os léptons mais leves são mais fáceis de achar. Tanto os elétrons quanto os fótons depositam energia no calorímetro eletromagnético, mas, como o primeiro é carregado e o segundo não, o elétron é logo diferenciado do fóton. Só o elétron deixa rastro no detector interno antes de depositar energia no ECAL.

Os múons também são identificados de modo relativamente direto. Assim como as outras partículas mais pesadas do Modelo Padrão, eles decaem tão rápido que não são encontrados em matéria ordinária, então será raro que os encontremos na Terra. Os múons, porém, vivem tempo suficiente para viajar até as partes mais externas dos detectores antes de decair. Eles deixam, portanto, rastros longos e nítidos que os experimentalistas podem ligar do detector interno até as câmaras de múons na superfície. Como são as únicas partículas do Modelo Padrão que atingem esses detectores mais externos deixando sinal visível, eles são de fácil identificação.

Os taus, apesar de serem visíveis, não são tão simples de achar. O tau é um lépton carregado, como o elétron e o múon, só que muito mais pesado. E, como a maioria das partículas pesadas, também é instável, o que significa que ele decai — deixando apenas outras partículas em seu rastro. O tau decai rapidamente em outro lépton carregado acompanhado de duas partículas chamadas neutrinos, ou então decai em uma partícula chamada píon, que é afetada pela força forte. Os experimentalistas estudam esses produtos de decaimento — as partículas nas quais uma partícula inicial se transformou ao decair — para saber se uma partícula pesada em decaimento foi responsável por sua criação e, se for esse o caso, para conhecer suas propriedades. Mesmo que o tau não deixe um rastro direto, toda a informação que os experimentos registram sobre os produtos do decaimento ajudam a identificar a partícula original e a conhecer suas propriedades.

O elétron, o múon e até o tau, o lépton mais pesado, possuem carga −1, a carga oposta de um próton positivamente carregado. Colisores também produzem as antipartículas associadas a esses léptons carregados — o pósitron, o antimúon e o antitau. Essas partículas possuem carga +1 e deixam rastros parecidos nos detectores. Como as cargas são invertidas, porém, essas antipartículas fazem curvas para o lado oposto na presença de um campo magnético.

Além dos três tipos de léptons carregados que acabei de descrever, o Modelo Padrão inclui os neutrinos: léptons sem nenhuma carga elétrica. Enquanto os três léptons carregados experimentam tanto a força eletromagnética quanto a força nuclear fraca, os neutrinos têm carga zero e, portanto, são imunes à força elétrica. Até os anos 1990, resultados experimentais indicavam que os neutrinos teriam massa zero. Uma das descobertas mais interessantes dessa década foi que eles têm massa extremamente pequena, mas não desprezível, o que nos trouxe informações importantes sobre a estrutura do Modelo Padrão.

Embora os neutrinos sejam muito leves e estejam dentro do alcance energético dos colisores, eles são impossíveis de detectar direto no lhc, pois não têm carga elétrica e só interagem fracamente — tão fracamente que, a despeito de 50 trilhões de neutrinos passarem por nosso corpo a cada segundo, só nos damos conta disso quando alguém nos informa.

Apesar da invisibilidade dos neutrinos, o físico Wolfgang Pauli conjecturou a existência deles como uma "saída desesperada" para explicar onde iria parar a energia dos nêutrons que decaíam. Sem um neutrino para levar consigo alguma energia, a conservação de energia parecia estar sendo violada no processo, uma vez que a soma da energia do próton e do elétron detectados após o decaimento não era igual à do nêutron inicial. Naquela época, mesmo físicos bem estabelecidos como Niels Bohr estavam inclinados a sacrificar seus princípios e aceitar que alguma energia pudesse ser perdida. Pauli foi mais fiel às premissas físicas conhecidas e conjecturou que a energia tinha de ser conservada. Os experimentalistas, porém, não estavam conseguindo ver a partícula de carga neutra que levava a energia restante para fora. No fim, porém, ele estava certo.

Pauli batizou sua então hipotética partícula como "nêutron", mas o nome já havia sido usado com outro fim: identificar o parceiro neutro do próton dentro do núcleo atômico. Depois disso, Enrico Fermi — físico italiano que desenvolveu a teoria das interações fracas, mas ficou mais conhecido por ajudar a desenvolver o primeiro reator nuclear — deu à partícula o gracioso nome de neutrino, que em italiano significa "pequeno nêutron". Obviamente, ele não é um nêutron pequeno, mas, assim como um nêutron, não possui carga elétrica. O neutrino é na verdade muito mais leve do que um nêutron.

Assim como as outras partículas do Modelo Padrão, os neutrinos existem em três tipos. Cada lépton carregado — o elétron, o múon e o tau — está associado a um neutrino com o qual interage por meio da força nuclear fraca.[2]

Já vimos como encontrar elétrons, múons e taus. A questão experimental que nos resta sobre os léptons, então, é entender como os experimentalistas acham neutrinos. Uma vez que não têm carga elétrica e interagem muito fracamente, eles escapam do detector sem deixar traço. Como alguém no LHC identifica sua presença?

O momento linear de uma partícula (sua massa multiplicada por sua velocidade, quando ele se move devagar; perto da velocidade da luz, ele se assemelha mais a uma energia movendo-se em determinada direção) permanece conservado em todas as direções. Assim como com a energia, ainda não temos nenhuma evidência de que o momento linear possa desaparecer. Se o momento das partículas medidas pelo detector é menor do que o momento que entrou, alguma outra partícula (ou partículas) deve ter escapado, carregando consigo o momento restante do processo. Esse tipo de lógica é o que, de início, levou Pauli a deduzir a existência de neutrinos (no caso dele, durante o decaimento nuclear beta). Até hoje, é assim que descobrimos a existência de partículas de interação fraca que parecem ser invisíveis.

Em colisores de hádrons, os experimentalistas medem todo o momento transversal ao feixe e calculam se há algo faltando. Eles dão atenção ao momento transversal ao feixe porque as partículas que continuam pelo tubo do feixe levam consigo um bocado de momento, e portanto são difíceis de rastrear. O momento perpendicular aos prótons iniciais é muito mais simples de medir e de explicar.

Como o momento linear da colisão inicial transversal ao feixe é essencialmente zero, o estado final também deve ser zero. Então, se as medições não estão de acordo com as expectativas, os experimentalistas podem "detectar" que algo está faltando. A única questão remanescente é como distinguir quais das muitas potenciais partículas não interagentes foram produzidas. Para processos do Modelo Padrão, sabemos que os neutrinos estarão entre os elementos não detectados. Com base nas interações de força fraca já conhecidas para o neutrino (que discutiremos em breve), os físicos calculam e preveem a taxa com a qual neutrinos devem ser produzidos. Além disso, eles já sabem qual é a aparência do decaimento de um bóson W — por exemplo, um elétron ou um múon isolado cujo momento transversal carregue energia comparável a metade da massa do W, algo bem especial. Usando a conservação de momento e premissas teóricas, neutrinos podem ser "achados". Essas partículas, sem dúvida, têm menos etiquetas de identificação do que aquelas que vemos diretamente. A combinação de considerações teóricas com medições de energia ausente é que nos diz se elas estão lá.

É importante manter essas ideias em mente quando discutimos novas descobertas. Considerações similares se aplicam a outras partículas novas que não possuem carga ou com cargas pequenas demais para detecção direta. A combinação de energia ausente com premissas teóricas é tudo o que se pode usar para deduzir o que ocorreu nesses casos. Por essa razão é tão importante ter hermeticidade — detectar a maior quantidade possível de momento linear.

ENCONTRANDO HÁDRONS

Agora já discutimos os léptons (elétrons, múons, taus e seus neutrinos associados). Outra categoria de partículas do Modelo Padrão é a dos *hádrons* — partículas que interagem por meio da força nuclear forte. Essa categoria inclui todas as partículas feitas de quarks e glúons, como prótons e nêutrons, e outras partículas chamadas *píons*. Os hádrons têm estrutura interna — são estados de quarks e glúons interligados pela força nuclear forte.

O Modelo Padrão, porém, não lista os diversos estados de ligação possíveis. Ele lista as partículas mais fundamentais que são interligadas para formar estados hadrônicos — ou seja, os quarks e glúons. Além dos quarks up e down que ficam dentro de prótons e nêutrons, existem quarks mais pesados, chamados *charm, strange, top* e *bottom*. Assim como os léptons neutros e carregados, os quarks mais pesados têm cargas idênticas às de seus colegas mais leves — o up e o down. Os quarks mais pesados também não são achados diretamente na natureza. É preciso usar colisores para estudá-los.

Os hádrons (que interagem pela força nuclear forte) são bem diferentes dos léptons (que não são afetados por ela) em colisões de partículas. Isso porque, em primeiro lugar, quarks e glúons têm interações tão fortes que nunca aparecem isolados. Estão sempre no meio de um jato que pode conter a partícula original, mas inclui várias outras que também experimentam a força forte. Os jatos não contêm partículas individuais, mas uma nuvem de partículas de interação forte que "protege" a partícula inicial, como podemos ver na figura 41. Mesmo que não estejam presentes no evento inicial, as interações fortes criarão muitos quarks e glúons novos a partir do quark ou do glúon que iniciou o jato. Os colisores de prótons produzem muitos jatos, pois os prótons são feitos de partículas de interação forte. Tais partículas borrifam muitas outras partículas adicionais de interação forte que viajam com elas. Às vezes elas também criam quarks e glúons que escapam em diferentes direções e criam seus próprios jatos independentes.

O trecho de "Jet Song", do musical *Amor, sublime amor*, que usei em *Warped Passages* descreve os jatos hadrônicos muito bem:

*Você nunca está só,
Nunca está desconectado!
Com os seus, você está em casa:
Quando espera companhia,
Você está bem protegido.*

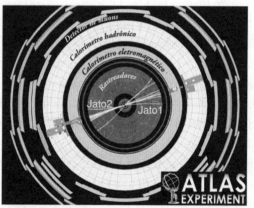

vista de seção transversal

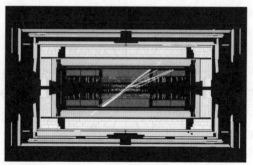

vista lateral

Figura 41. *Jatos são chuviscos de partículas de interação forte que surgem ao redor de quarks e glúons. As imagens mostram sua detecção nos rastreadores e no calorímetro hadrônico. (Versão modificada de foto cedida pelo CERN.)*

Os quarks — e a maioria dos integrantes de gangues — não são encontrados sozinhos, mas no meio de companheiros de forte interação com os quais se relacionam.

Os jatos em geral deixam rastros visíveis, pois algumas das partículas neles são carregadas. E, quando um jato chega aos calorímetros, deposita sua energia. Estudos experimentais cuidadosos, bem como cálculos analíticos e computacionais, ajudam os experimentalistas a deduzir as propriedades dos hádrons que criaram os jatos originalmente. Mesmo assim, interações fortes e jatos tornam os quarks e glúons mais sutis. Não medimos os quarks e glúons em si, mas os jatos nos quais eles residem. Isso torna a maioria dos jatos de quarks e glúons indistinguíveis um do outro. Todos eles depositam montes de energia e deixam muitos rastros. (Veja a figura 42 para um esquema de como os detectores identificam partículas importantes do Modelo Padrão.)

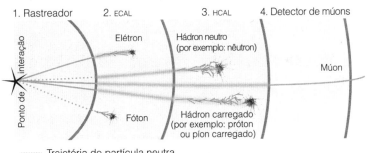

Figura 42. Um resumo de como as partículas do Modelo Padrão são separadas nos detectores. Partículas neutras não são registradas nos rastreadores. Tanto hádrons carregados quanto neutros podem depositar um pouco de energia no ECAL, mas liberam a maior parte da energia no HCAL. Os múons seguem direto até o detector externo.

Mesmo após medir as propriedades de um jato, identificar qual dos diferentes quarks ou glúons iniciou os jatos é uma tarefa desafiadora, quando não impossível. O quark *bottom* — o mais pesado quark de mesma carga que o quark *down* (assim como o mais pesado *strange*) — é uma exceção à regra. O bottom é mais fácil de identificar porque decai mais devagar do que os demais quarks. Outros quarks instáveis decaem quase imediatamente após serem produzidos, e os produtos desses decaimentos parecem ter suas trajetórias iniciadas no ponto de interação onde os prótons colidiram. Quarks bottom, por outro lado, duram tempo suficiente para deixar um rastro que se inicia a uma distância perceptível do ponto de interação (vivem cerca de 1,5 picossegundo, viajando cerca de meio milímetro). Os detectores de silício interno captam esse *vértice deslocado*, como ilustra a figura 43.

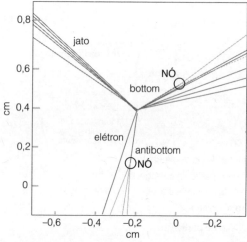

Figura 43. Os hádrons feitos de quarks bottom vivem tempo suficiente para deixar um rastro visível no detector antes de decair para outras partículas carregadas. Isso deixa um nó nos detectores de silício que calculam o vértice, algo que pode ser usado para identificar quarks bottom. Aqueles mostrados aqui saíram do decaimento de quarks top.

Quando os experimentalistas reconstroem a trajetória a partir do decaimento de um quark bottom, ela não chega até o ponto de interação inicial no centro do evento. O rastro parece se originar em algum lugar no rastreador interno quando o quark bottom decai, deixando um *nó* nos rastros, que é a junção entre o bottom quark que entrou e os produtos do decaimento que saíram.[3] Com a fina segmentação dos detectores de silício, os experimentalistas podem ver rastros detalhados na região próxima ao feixe e identificar quarks bottom em uma fração significativa do tempo.

O outro tipo de quark distinto do ponto de vista experimental é o *top*, que é especial por ser tão pesado. O top é o mais pesado dos três quarks com mesma carga que o up (o outro é chamado *charm*). Sua massa é quarenta vezes maior que a do quark bottom (de carga diferente) e mais de 30 mil vezes a massa do up, que tem a mesma carga do top.

Os quarks top são pesados o bastante para que os produtos de seu decaimento deixem rastros distintos. Quando quarks mais leves decaem, os produtos do decaimento, como a partícula inicial, viajam tão perto da velocidade da luz que seguem adiante emparelhados naquilo que parece ser um único jato, mesmo que este tenha sua origem em dois ou mais produtos de decaimento distintos. Quarks top, por outro lado, quando não são extremamente energéticos, decaem de forma visível em quarks bottom e bósons *W* (os bósons de calibre fracos carregados) e podem ser identificados quando ambos são encontrados. Como a grande massa do quark top implica que ele interage com mais intensidade com a partícula de Higgs — e com outras partículas envolvidas em física de escala fraca que esperamos entender em breve —, as propriedades do top e suas interações podem fornecer valiosas pistas para teorias físicas por trás do Modelo Padrão.

ENCONTRANDO OS PORTADORES DA FORÇA FRACA

Antes de terminarmos a discussão sobre como identificar partículas do Modelo Padrão, as últimas partículas das quais trataremos são os bósons de calibre fracos — os dois Ws e o Z —, que comunicam a força nuclear fraca. Os bósons de calibre fracos têm a peculiar característica de possuir massa, ao contrário de fótons e glúons. As massas associadas aos bósons de calibre fracos que comunicam a força fraca representam um dos maiores mistérios fundamentais. A origem dessa massa — assim como das massas das outras partículas elementares discutidas neste capítulo — está no mecanismo de Higgs, ao qual chegaremos em breve.

Como os Ws e o Z são pesados, eles são bósons de calibre que decaem. Isso significa que os bósons W e Z, assim como o quark top e outras partículas pesadas instáveis, só podem ser identificados por meio das partículas nas quais eles decaem. Como novas partículas pesadas também tendem a ser instáveis, usaremos os decaimentos de bósons de calibre fracos para exemplificar outra propriedade interessante de partículas em decaimento.

Um bóson W interage com todas as partículas sensíveis à força fraca (ou seja, todas as partículas que discutimos). Isso lhe dá muitas opções para decair. Ele pode decair em qualquer lépton carregado (elétron, múon ou tau) e seu neutrino associado. Ele também pode decair em um quark up e um down, ou em um charm com um strange, como ilustra a figura 44.

As massas das partículas também são cruciais em determinar os decaimentos permitidos. Uma partícula só pode decair em outras partículas com massas cuja soma seja menor que a massa da partícula inicial. Apesar de o W também interagir com os quarks top e bottom, ele é mais leve do que o top, então esse decaimento não é permitido.[4]

Vamos considerar o W decaindo em dois quarks, uma vez

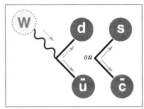 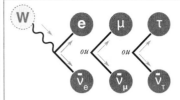

Figura 44. O bóson W pode decair em um lépton carregado e seu neutrino associado, em um quark up e um down, ou em um charm e um strange. Na verdade, as partículas físicas são sobreposições de diferentes tipos de quarks ou neutrinos. Isso permite ao W, às vezes, decair em partículas de diferentes gerações ao mesmo tempo.

que, nesse caso, os experimentalistas medem ambos os produtos do decaimento (isso não acontece com o decaimento em lépton e neutrino, porque o neutrino é identificado por ausência). Como o momento linear e a energia são conservados, medir a energia e o momento total de ambos os quarks no *estado final* nos revela a energia e momento da partícula que decaiu nas outras duas, ou seja, o W.

Nesse ponto, a teoria da relatividade especial de Einstein e a mecânica quântica tornam a história um pouco mais interessante. A teoria da relatividade especial nos diz como a massa se relaciona à energia e ao momento linear. A maioria das pessoas conhece a expressão $E = mc^2$. Essa fórmula vale para partículas em repouso se m for interpretado como m_0, a massa intrínseca de uma partícula estática. Como as partículas se movem, elas possuem momento linear, e uma fórmula mais completa, $E^2 - p^2c^2 = m_0^2c^4$, entra em ação.[5] Com essa fórmula, a energia e o momento permitem aos experimentalistas deduzir a massa da partícula, mesmo quando a partícula inicial já desapareceu há tempos por meio de decaimento. Os experimentalistas somam o momento com a energia e aplicam essa equação. A massa inicial é então determinada.

A razão pela qual a mecânica quântica entra em ação é mais sutil. Uma partícula nem sempre parece ter exatamente sua massa real e verdadeira. Como ela pode decair, a relação de incerteza da mecânica quântica, segundo a qual uma medição precisa de energia leva um tempo infinitamente longo, nos diz que a energia de qualquer partícula que não viva para sempre não pode ser conhecida com precisão. A energia medida fica mais distante do valor real quando o decaimento é mais rápido e o tempo de vida, mais curto. Isso significa que, em qualquer dada medição, a massa pode estar próxima — mas não precisamente — dentro do valor médio. É só com muitas medições que os experimentalistas deduzem tanto a massa — o valor mais provável para o qual a média vai convergir — quanto o tempo de vida, uma vez que o intervalo no qual uma partícula existe antes de decair determina a variação das massas medidas. (Veja a figura 45.) Isso vale para o bóson W e para qualquer outra partícula em decaimento.

Quando os experimentalistas juntam tudo o que mediram, usando os métodos descritos neste capítulo, eles podem encontrar uma partícula do Modelo Padrão. (Veja a figura 46 para um resu-

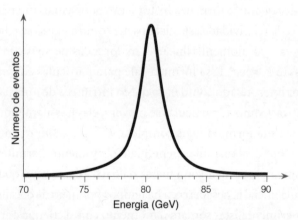

Figura 45. As medições de partículas em decaimento estão próximas de suas massas verdadeiras, mas dentro de uma variação de massas de acordo com seu tempo de vida. A figura mostra como isso ocorre com o bóson de calibre W.

mo das partículas do Modelo Padrão e de suas propriedades.)[6] Mas eles também podem identificar algo totalmente novo. A esperança é que o LHC crie novas partículas exóticas que nos permitam vislumbrar a natureza subjacente da matéria — ou até mesmo do espaço. A próxima parte do livro explora algumas das possibilidades mais interessantes.

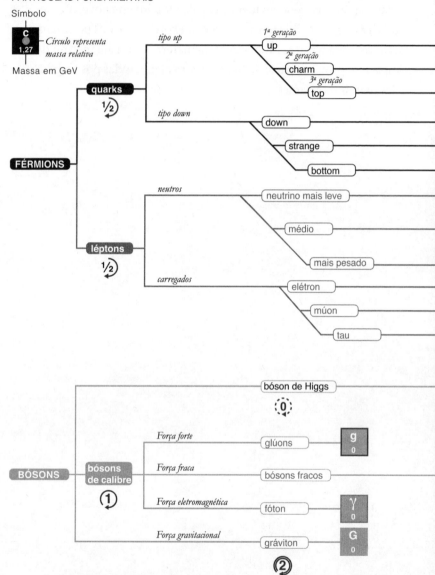

Figura 46. Resumo das partículas do Modelo Padrão, organizadas de acordo com tipo e massa. Os círculos cinza (alguns dentro de quadrados) mostram as massas das partículas. Vemos aqui a misteriosa variedade do Modelo Padrão.

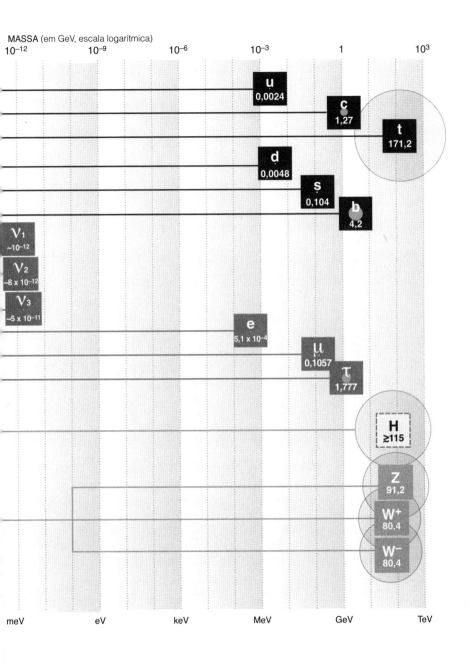

PARTE IV
MODELAGEM, PREVISÃO E ANTECIPAÇÃO
DE RESULTADOS

15. Verdade, beleza e outros equívocos científicos

Em fevereiro de 2007, Murray Gell-Mann, físico teórico ganhador do prêmio Nobel, participou da renomada conferência TED (Technology, Entertainment, Design), na Califórnia, na qual inovadores que trabalham em ciência, tecnologia, literatura, entretenimento e outras áreas de ponta se reúnem uma vez por ano para apresentar novos desenvolvimentos e ideias sobre diversos assuntos. A cativante palestra de Murray, ovacionada por um público que o aplaudiu de pé, tinha como tema a beleza e a verdade na ciência. A premissa básica da apresentação pode ser bem resumida com suas palavras, que ecoaram as de John Keats: "A verdade é a beleza, e a beleza é a verdade".

Guell-Mann tinha boas razões para acreditar em sua declaração grandiosa. Algumas de suas mais importantes descobertas sobre os quarks, que lhe renderam o Nobel, foram fruto da busca de um princípio subjacente que pudesse organizar de forma elegante o conjunto de dados aparentemente aleatório que os experimentos estavam descobrindo nos anos 1960. Na experiência de

Murray, a procura pela beleza — ou ao menos pela simplicidade — também o levara à verdade.

Ninguém na audiência questionou essa alegação. Afinal de contas, as pessoas amam a ideia de que beleza e verdade andam juntas, e de que a busca por uma revela a outra na maioria das vezes. Mas confesso que sempre achei essa premissa um pouco escorregadia. Apesar de adorarmos acreditar que a beleza está no âmago de todas as grandes teorias científicas — e que a verdade sempre será esteticamente satisfatória —, a beleza é, ao menos em parte, um critério subjetivo, que nunca poderá arbitrar a verdade de forma confiável.

O problema básico de identificar a verdade com a beleza é que isso nem sempre se sustenta — só se sustenta quando se sustenta. Se verdade e beleza fossem equivalentes, a expressão "verdade atroz" jamais teria entrado em nosso vocabulário. Mesmo que essas palavras não se refiram de modo específico à ciência, as observações sobre o mundo nem sempre são bonitas. Thomas Huxley, colega de Darwin, resumiu esse sentimento quando disse que a "ciência é um senso comum organizado no qual muitas vezes teorias belas são mortas por verdades feias".[1]

Para piorar, os físicos têm de acomodar a observação desconcertante de que o universo e seus elementos não são inteiramente bonitos. Observamos uma pletora de fenômenos bagunçados e um zoológico de partículas que gostaríamos de entender. Em termos ideais, para explicar todas essas observações, os físicos adorariam encontrar uma teoria simples que usasse apenas um conjunto de regras enxuto e o menor número possível de ingredientes fundamentais. Mas, enquanto buscamos uma teoria unificadora simples e elegante — uma teoria que possa prever o resultado de qualquer experimento de física de partículas —, sabemos que, mesmo que a encontremos, precisaremos dar muito mais passos para conectá-la a nosso mundo.

O universo é complexo. Em geral, é preciso ter novos ingredientes e novos princípios para que possamos conectar uma formulação simples e enxuta ao mundo em torno, que é mais complicado. Esses ingredientes adicionais podem destruir a beleza presente na formulação proposta a princípio, assim como as emendas costumam afetar o intuito idealista inicial dos projetos de lei.

Diante dessas possíveis armadilhas, como devemos prosseguir ao tentar ir além da fronteira do saber? Como devemos interpretar fenômenos ainda inexplicados? Este capítulo fala sobre a ideia de beleza e sobre o papel do critério estético em ciência. Vamos discutir as vantagens e desvantagens de usar a beleza como guia. Ele também apresenta a *construção de modelos*, que usa uma abordagem científica de baixo para cima e leva em conta critérios estéticos em sua tentativa de adivinhar o que se segue.

BELEZA

Há pouco tempo, conversei com um artista que fez uma observação bem-humorada sobre uma das maiores ironias da ciência moderna: hoje, a beleza é mais almejada pelos pesquisadores do que pelos artistas contemporâneos. Os artistas, é claro, não abandonaram os critérios estéticos, mas também falam sobre descoberta e invenção ao discutir seu trabalho. Os cientistas prezam esses outros atributos também, mas lutam para encontrar as teorias elegantes que eles costumam considerar as mais convincentes.

Apesar do valor que muitos cientistas dão à elegância, eles podem ter noções divergentes sobre o que são simplicidade e beleza. Assim como você e seu vizinho podem discordar radicalmente do mérito artístico de artistas contemporâneos como Damien Hirst, cientistas diferentes encontram satisfação em distintos aspectos da ciência.

Ao lado de pesquisadores com quem tenho afinidade, prefiro

procurar princípios subjacentes que iluminem conexões entre observações de fenômenos superficialmente disparatados. A maioria de meus colegas de teorias de cordas estuda teorias solucionáveis específicas, nas quais usam formulações matemáticas difíceis para lidar com problemas de brinquedo (problemas não necessariamente relevantes para qualquer situação física real) que só depois terão alguma chance de se aplicar a fenômenos físicos observáveis. Outros físicos preferem se concentrar apenas em teorias com um formalismo elegante e conciso e gerar muitas previsões experimentais que eles podem calcular de maneira sistemática. E outros simplesmente gostam de computação.

Princípios interessantes, matemática avançada e simulações numéricas complicadas são, todos, partes da física. A maioria dos cientistas valoriza tudo isso, mas escolhemos nossa prioridade de acordo com o que mais nos agrada, ou com o que tem mais chance de levar a avanços científicos. Na realidade, às vezes escolhemos nossa abordagem conforme o método que acomoda melhor nossas vocações e nossos talentos.

Não só as visões gerais de beleza variam. Assim como na arte, as atitudes evoluem com o tempo. A especialidade do próprio Murray Gell-Mann, a cromodinâmica quântica, apresenta um excelente caso ilustrativo.

A hipótese de Gell-Mann a respeito da força nuclear forte foi baseada numa ideia brilhante sobre como as muitas partículas que vinham sendo descobertas uma após a outra nos anos 1960 poderiam ser organizadas em padrões razoáveis que explicassem sua abundância e seu tipo. Ele conjecturou a existência de partículas elementares mais básicas, conhecidas como quarks, que ele sugeria possuírem um novo tipo de carga. A força nuclear forte influenciaria então qualquer objeto que tivesse essa carga teorizada, e faria os quarks se unirem para formar objetos neutros — da mesma maneira como a força elétrica une elétrons a núcleos carregados para formar átomos neutros. Caso isso fosse verdade, todas as partículas que estavam sendo descobertas poderiam ser interpretadas como estados interligados desses quarks — objetos agregados cujo saldo de carga seria zero.

Gell-Mann percebeu que se houvesse três diferentes tipos de quarks, cada um com uma carga de cor diferente, diversas combinações de estados interligados neutros se formariam. E essas muitas combinações poderiam corresponder (e correspondem) à pletora de partículas que estavam sendo achadas. Gell-Mann encontrou então uma explicação bela para aquilo que parecia ser uma bagunça inexplicável de partículas.

Entretanto, quando ele propôs essa teoria pela primeira vez — junto com o físico (e depois neurobiólogo) George Zweig —, as pessoas nem mesmo acreditavam que ela fosse propriamente uma teoria científica. O motivo disso é um tanto quanto técnico, mas interessante. Na física de partículas, os cálculos dependem de as partículas não interagirem quando estão muito distantes umas das outras, de forma que possamos computar os efeitos finitos de interações que ocorrem quando elas estão próximas. Com essa suposição, qualquer interação pode ser descrita em sua totalidade pelas forças locais aplicáveis quando as partículas interagentes estão mais próximas.

A força que Gell-Mann tinha conjecturado, porém, seria maior quando as partículas estivessem mais afastadas. Isso significava que quarks sempre estariam em interação, mesmo quando muito distantes. De acordo com o critério que reinava na época, o palpite de Gell-Mann não configurava nem mesmo uma teoria real que pudesse ser usada para cálculos reais. Como os quarks sempre interagem, mesmo os seus chamados *estados assintóticos* — estados envolvendo quarks que estão longe de tudo o mais — são muito complicados. Em uma aparente concessão à feiura, os estados assintóticos que eles postularam não eram as simples partículas que gostaríamos de ver numa teoria calculável.

De início, ninguém soube organizar os cálculos sobre esses complicados estados fortemente interligados. Os físicos de hoje, porém, têm opinião bem diferente sobre a força forte. Nós a entendemos muito melhor agora do que quando a ideia foi proposta. David Gross, David Politzer e Frank Wilczek ganharam o prêmio Nobel por aquilo que denominaram "liberdade assintótica". De acordo com seus cálculos, a força é forte apenas a baixas energias. A altas energias, a força forte não é muito mais poderosa do que outras forças, e os cálculos funcionam da maneira que deveriam. De fato, alguns físicos acreditam hoje que teorias como a da força forte, que se torna muito mais fraca a altas energias, são as únicas teorias bem definidas, já que a força da interação não cresce até um valor infinito a altas energias, como deveria ocorrer de modo inverso.

A teoria da força forte de Gell-Mann é um exemplo interessante de interação entre os critérios estético e científico. A simplicidade foi seu guia inicial. Mas foram necessários cálculos científicos e insights teóricos para que todos concordassem com a beleza de sua sugestão.

Esse não é o único exemplo, claro. Muitas de nossas teorias mais confiáveis têm aspectos tão superficialmente feios e não convincentes que mesmo cientistas respeitados e bem estabelecidos as rejeitaram no início. A teoria quântica de campos, que combina a mecânica quântica com a relatividade especial, sustenta toda a física de partículas. Ainda assim, o cientista italiano e prêmio Nobel Enrico Fermi (entre outros) a princípio a rejeitou. Para ele, o problema era que, apesar de a teoria quântica de campos formalizar e sistematizar todos os cálculos e fazer muitas previsões corretas, ela envolvia técnicas de cálculo que alguns físicos até hoje consideram barrocas. Vários aspectos da teoria são muito bonitos e levam a insights notáveis. Outros têm simplesmente de ser tolerados, mesmo que não gostemos muito de sua estrutura intrincada.

Essa história se repetiu muitas vezes desde então. A beleza só atinge consenso a posteriori. As interações fracas violam a simetria de paridade. Isso significa que partículas com spin para a esquerda interagem de modo diferente daquelas com spin para a direita. A quebra de tal simetria fundamental, da equivalência de esquerda e direita, parece inerentemente perturbadora e repugnante. Ainda assim, essa assimetria explica a variedade de massas que vemos no mundo, que por sua vez é necessária para a estrutura e para vida. Ela era considerada feia no início, mas agora sabemos que é essencial. Apesar de talvez ser ela própria feia, a quebra de simetria de paridade leva a explicações bonitas para fenômenos mais complicados, essenciais a toda a matéria que vemos.

A beleza não é absoluta. Uma ideia pode ser considerada atraente por seu criador, mas parecer confusa e desajeitada da perspectiva de outra pessoa. Às vezes posso me deixar conquistar pela beleza de uma conjectura que elaborei porque sei que todas as outras ideias que as pessoas tiveram antes não funcionaram. Mas ser melhor do que o que veio antes não garante beleza. Já tive minha cota de modelos que satisfaziam esse critério, mas mesmo assim foram recebidos com ceticismo e confusão por colegas que estavam menos familiarizados com o assunto do qual meu modelo tratava. Agora, acredito que um critério para julgar se uma ideia é boa é que mesmo alguém que nunca tenha estudado o problema possa reconhecer seu interesse.

O oposto também é verdade, às vezes — boas ideias serem rejeitadas porque seus inventores as consideram muito feias. Max Planck não acreditava em fótons, um conceito que julgava desagradável, mesmo que ele tenha iniciado a cadeia lógica que levou a essa ideia. Einstein não acreditava que a expansão do universo, uma consequência de suas equações da relatividade geral, pudesse ser verdadeira, em parte porque ela contrariava suas predisposições estéticas e filosóficas. Nenhuma dessas ideias parecia ser bonita na época, mas as leis da física e do universo nas quais elas se encaixavam não se importavam com isso.

BOA APARÊNCIA

Dada a natureza mutante e incerta da beleza, vale a pena discutir alguns dos aspectos que podem tornar uma ideia ou uma imagem objetivamente belas, com um poder universal de encantar. Talvez a mais básica questão sobre critérios estéticos seja se humanos têm mesmo algum critério universal para aquilo que é belo — em qualquer contexto —, seja na arte, seja na ciência.

Ninguém sabe a resposta. A beleza, afinal de contas, envolve gosto, e o gosto pode ser um critério subjetivo. Contudo, acho difícil acreditar que os humanos não compartilhem nenhum critério estético entre si. Costumo notar a incrível uniformidade de opiniões sobre qual é a melhor obra de arte em uma dada exposição, ou mesmo sobre a quais exposições as pessoas escolhem ir. É claro que isso não prova nada, já que todos nós compartilhamos um tempo e um lugar. As crenças sobre a beleza são difíceis de isolar do contexto cultural específico ou da época na qual elas surgem, de modo que é complicado isolar valores inatos de conceitos ou julgamentos aprendidos. Em alguns casos extremos, as pessoas podem todas concordar que algo parece legal ou desagradável. E, em algumas raras ocasiões, todos poderão considerar que uma ideia é bela. Mas mesmo nesses poucos casos as pessoas não necessariamente concordarão com os detalhes.

Mesmo assim, alguns critérios estéticos parecem ser de fato universais. Qualquer curso inicial sobre arte ensina o equilíbrio. O *Davi*, de Michelangelo, na galeria Accademia, em Florença, exemplifica esse princípio. Davi fica em pé graciosamente. Ele nunca vai se inclinar ou desmoronar. As pessoas procuram equilíbrio e harmonia onde quer que possam encontrá-los. A arte, a religião e a ciência prometem às pessoas a oportunidade de ter acesso a essas qualidades. Mas o equilíbrio, claro, pode ser apenas um princípio organizador. A arte também é fascinante quando desafia nossas noções de equilíbrio, como faziam as primeiras esculturas de Richard Serra. (Veja a figura 47.)

A simetria também é, com frequência, considerada essencial à beleza, e a ordem que ela gera costuma aparecer na arte e na arquitetura. Algo possui simetria quando pode ser alterado — por exemplo, rotacionando-o, refletindo-o em um espelho ou trocando-se suas partes —, de modo que o sistema transformado seja indistinguível do inicial. Talvez a harmonia da simetria seja a razão pela qual os símbolos religiosos costumam apresentá-la. A cruz cristã, a estrela judaica, a roda do darma do budismo e o crescente islâmico são bons exemplos. (Veja a figura 48.)

Figura 47. Estas esculturas de Richard Serra ilustram que a arte é mais interessante quando parece estar ligeiramente fora de equilíbrio. (© Serra, Richard/ Licenciado por AUTVIS, Brasil, 2013)

Cruz Estrela de davi Crescente Roda do darma
Cristianismo *Judaísmo* *Islamismo* *Budismo*

Figura 48. Símbolos religiosos com frequência apresentam simetrias.

De modo mais abrangente, a arte islâmica, que proíbe a representação e usa formas geométricas, é notável por seu emprego da simetria. O Taj Mahal, na Índia, é outro exemplo magnífico. Não conheço ninguém que o tenha visitado sem se emocionar com sua ordem, forma e simetria. O palácio de Alhambra, no sul da Espanha, que também incorpora a arte moura e seus interessantes padrões de simetria, talvez seja um dos mais belos edifícios existentes hoje.

Na arte recente, como nas obras de Ellsworth Kelly ou nas de Bridget Riley, a simetria aparece de maneira explícita e geométrica. A arte e a arquitetura góticas ou renascentistas — como a catedral

Figura 49. A arquitetura da catedral de Chartres e o teto da capela Sistina incorporam a simetria.

de Chartres ou o teto da capela Sistina, por exemplo — exploraram-na de maneira sublime também. (Veja a figura 49.)

Muitas vezes, porém, a arte é mais bonita quando não é completamente simétrica. A arte japonesa é notável por sua elegância, mas também por sua quebra de simetria bem definida. As pinturas e serigrafias japonesas têm uma orientação clara, que guia os olhos ao longo dos quadros, como é possível ver na figura 50.

A simplicidade, por vezes relacionada à beleza, é outro critério que pode ajudar a avaliá-la. Alguma simplicidade emerge de simetrias, mas uma ordem subjacente pode estar presente, mesmo na ausência de simetria manifesta. As obras de Jackson Pollock têm uma simplicidade por trás da densidade da pintura, apesar de passarem uma impressão inicial caótica. Embora as manchas de tinta pareçam totalmente aleatórias, suas obras mais famosas e de maior sucesso apresentam uma densidade bastante uniforme de cores aplicadas.

A simplicidade em arte costuma ser enganadora. Certa vez tentei esboçar algumas colagens de Matisse, suas obras mais simples, que ele criou quando estava idoso e frágil. Mas, ao tentar reproduzi-las, percebi que elas não eram tão simples — ao menos para minha mão destreinada. Elementos simples podem incorporar mais estrutura do que aquilo que vemos superficialmente.

Em todo caso, a beleza não é encontrada apenas em formas

Figura 50. A arte japonesa é interessante, em parte, por sua assimetria.

simples básicas. Algumas obras de arte admiradas, como as de Rafael ou Ticiano, são telas ricas e complexas, com muitos elementos internos. Afinal de contas, a simplicidade completa pode ser entediante. Quando observamos arte, preferimos algo interessante que guie nossos olhos. Queremos algo simples o suficiente para seguir, mas não tão simples a ponto de ser chato. Isso se parece com o modo como o mundo é construído também.

BELEZA EM CIÊNCIA

Critérios estéticos são difíceis de capturar. Na ciência, assim como na arte, há temas unificadores, mas não absolutos. Mas, mesmo que os critérios estéticos para a ciência sejam mal definidos, eles são úteis e onipresentes. Ajudam a guiar nossa pesquisa, ainda que não ofereçam garantia de verdade ou de sucesso.

Os critérios estéticos que aplicamos à ciência lembram aqueles que já foram delineados pela arte. As simetrias sem dúvida têm um papel importante. Elas ajudam a organizar nossos cálculos e com frequência interligam fenômenos separados. É interessante notar que, assim como na arte, as simetrias em geral são apenas aproximações. As melhores descrições científicas frequentemente respeitam a elegância de teorias simétricas ao mesmo tempo que incorporam as quebras de simetria necessárias para fazer previsões sobre nosso mundo. A quebra de simetria enriquece as ideias que ela abrange, que passam então a ter mais poder explanatório. E, assim como na arte, as teorias que incorporam simetrias quebradas podem ser até mais bonitas e interessantes do que outras perfeitamente simétricas.

O mecanismo de Higgs, que é responsável pelas massas das partículas elementares, é um excelente exemplo. Como mostraremos no próximo capítulo, o mecanismo de Higgs explica de modo muito eloquente como as simetrias associadas à força fraca podem ser ligeiramente rompidas. Ainda não descobrimos o bóson de Higgs — a partícula que providenciaria evidência consensual de que a ideia está correta. Mas a teoria é tão bonita e satisfaz critérios tão únicos, requeridos tanto por experimentos quanto por teorias, que a maioria dos físicos acredita que ela corresponde à natureza.

A simplicidade é outro critério subjetivo importante para os físicos teóricos. Temos uma confiança profundamente enraizada de que elementos simples estão por trás dos fenômenos complicados que vemos. Essa busca por elementos básicos simples dos quais toda a realidade é composta começou há muito tempo. Na Grécia antiga, Platão imaginou formas perfeitas — formas geométricas e seres ideais que eram apenas aproximações de objetos na Terra. Do mesmo modo, Aristóteles acreditava em formas ideais, mas achava que os ideais dos quais objetos físicos se aproximam só seriam revelados por meio de observações. As religiões também costumam postular um estado de existência mais perfeito, mais unificado, e removido da realidade, apesar de conectado a ela. Mesmo a história da queda do Jardim do Éden pressupõe um mundo anterior idealizado. Embora as questões e os métodos da física moderna sejam bastante diferentes daqueles de nossos ancestrais, muitos físicos também estão em busca de um universo mais simples — não no aspecto filosófico ou religioso, mas no que diz respeito aos ingredientes fundamentais que constituem nosso mundo.

A procura pela verdade científica subjacente costuma envolver a busca por elementos simples com os quais podemos construir os fenômenos ricos e complexos que observamos. Em geral ela envolve tentar identificar padrões significativos ou princípios ordenadores. A maioria dos cientistas só considera uma proposta potencialmente correta se ela acompanhar uma realização concisa de ideias simples e elegantes. Um ponto de partida que use a menor quantidade de informação possível tem o benefício adicional de prometer maior poder preditivo. Ao discutirmos sugestões sobre o que pode estar no coração do Modelo Padrão, nós, físicos de partículas, normalmente nos tornamos céticos quando a aplicação de uma ideia fica muito desajeitada.

Assim como na arte, de novo, as teorias físicas em si podem ser simples ou podem ser composições complexas feitas de elementos mais simples e previsíveis. O ponto final, claro, não é necessariamente simples, mesmo quando os componentes iniciais — e talvez até as próprias regras — são simples.

A versão mais extrema de tal empreitada é a busca por uma teoria unificadora com apenas alguns elementos simples obedecendo a um conjunto pequeno de regras. Essa missão é uma tarefa ambiciosa — alguns diriam que é audaciosa. É evidente que uma barreira óbvia nos impede de encontrar diretamente uma teoria elegante que explique de forma completa todas as observações: o mundo ao redor de nós manifesta apenas uma fração da simplicidade que tal teoria deveria incorporar. Uma teoria unificada, ao ser simples e elegante, deve de algum modo acomodar estrutura suficiente para se encaixar nas observações. Gostaríamos de acreditar em uma teoria única, simples, elegante e previsível que dê base a toda a física. Mas o universo não é tão puro, simples e ordenado quanto as teorias. Mesmo com uma descrição subjacente unificada, seriam necessárias muitas pesquisas para conectá-la aos fenômenos fascinantes e complexos que vemos em nosso mundo.

Mas é claro que podemos cometer exageros nessas caracterizações de beleza ou simplicidade. Uma piada clássica entre estudantes é que, na física e na matemática, há professores que a todo momento se referem a fenômenos bem compreendidos como sendo "triviais", não importa quão complexos eles sejam. O professor já conhece bem a resposta, a lógica e os elementos subjacentes, mas isso não vale muito para os estudantes na classe. Em retrospecto, após eles terem reduzido o problema a peças simples, pode ser que aquilo se torne trivial para eles também. Mas primeiro eles têm de descobrir como fazer isso.

CONSTRUÇÃO DE MODELOS

Por fim, assim como na vida, a ciência não tem um critério único para a beleza. Temos apenas algumas intuições — junto de orientações experimentais — que usamos para guiar nossa busca pelo conhecimento. A beleza, tanto na arte quanto na ciência, pode apresentar alguns aspectos objetivos, mas quase toda aplicação que possui envolve gosto e subjetividade.

Para os cientistas, porém, existe uma grande diferença. No final são os experimentos que vão decidir quais de nossas teorias estão corretas, se é que estão. Os avanços científicos podem explorar critérios estéticos, mas o verdadeiro progresso científico também requer compreensão, previsão e análise de dados. Não importa quão bela uma teoria pareça ser, ainda assim ela pode estar errada, e nesse caso deve ser descartada. Mesmo a teoria mais satisfatória do ponto de vista intelectual tem de ser abandonada quando não funciona no mundo real.

Contudo, antes de atingirem as altas energias ou os parâmetros distantes necessários para determinar as descrições físicas corretas, a única chance dos físicos é empregar considerações estéticas e teóricas para tentar adivinhar o que está além do Modelo Padrão. Nesse ínterim, tendo apenas dados limitados, dependemos de quebra-cabeças existentes ligados a critérios de gosto e organização para apontar o caminho adiante.

Em termos ideais, gostaríamos de poder aceitar as consequências de uma variedade de possibilidades. A *construção de modelos* é o nome da abordagem que usamos para isso. Meus colegas e eu exploramos vários modelos de física de partículas, que são palpites sobre teorias físicas que podem estar por trás do Modelo Padrão. Buscamos princípios simples que organizem os fenômenos complicados que aparecem em escalas mais diretamente visíveis, de forma que possamos solucionar quebra-cabeças atuais em nossa compreensão.

Os construtores de modelos físicos partem do ponto de vista da teoria efetiva e de um profundo desejo de entender escalas de distâncias cada vez menores. Adotamos uma abordagem "de cima para baixo", que começa com aquilo que sabemos — tanto os fenômenos que podemos explicar como aqueles que consideramos desafiadores —, e tentamos deduzir o modelo subjacente que explique as conexões entre propriedades observadas de partículas elementares e suas interações.

O termo "modelo" pode remeter à imagem de uma estrutura física, como uma maquete de um prédio, usada para exibir e explorar sua arquitetura. Outra imagem que o termo evoca é a de simulações numéricas num computador que calcula as consequências de princípios físicos conhecidos — como a modelagem do clima ou os modelos de disseminação de doenças infecciosas.

A modelagem na física de partículas é muito diferente dessas duas definições. Os modelos de partículas, porém, compartilham algo do charme das modelos em revistas ou desfiles. Modelos, tanto nas passarelas quanto na física, ilustram novas ideias imaginativas. No início, as pessoas em geral se agrupam em torno dos mais bonitos — ou pelo menos em torno daqueles que surpreendem ou impressionam mais. Mas, no fim, todos ficam com aqueles que se mostram realmente promissores.

Não é preciso dizer que as similaridades acabam por aqui.

Os modelos da física de partículas são palpites sobre o que pode estar na base de teorias cujas previsões já foram testadas e compreendidas. Os critérios estéticos são importantes para decidir se vale a pena perseguir alguma ideia. Mas a consistência e a testabilidade de ideias também são. Modelos caracterizam diferentes ingredientes físicos subjacentes que se aplicam a tamanhos e distâncias menores do que aqueles já testados experimentalmente. Com modelos, podemos determinar a essência e as consequências de diferentes hipóteses teóricas.

Modelos são formas de extrapolar aquilo que sabemos para criar propostas de teorias mais abrangentes com maior poder explanatório. Eles são amostras de propostas que podem ou não se revelar corretas depois que os experimentos nos permitem investigar distâncias menores ou energias maiores, testando suas hipóteses e previsões.

Tenha em mente que uma "teoria" é diferente de um "modelo". A palavra "teoria" não significa especulação grosseira, como ocorre com seu uso coloquial. As partículas e as leis físicas conhecidas a que elas obedecem são componentes de uma teoria — um conjunto definido de elementos e princípios com regras e equações para prever como os elementos interagem.

Mas mesmo que compreendamos inteiramente uma teoria e suas implicações, essa teoria pode ser implementada de muitas maneiras diferentes, que terão diferentes consequências físicas no mundo real. Modelos são uma forma de experimentar essas possibilidades. Combinamos princípios e elementos físicos conhecidos em descrições candidatas à realidade.

Se você imaginar uma teoria como um *template* de PowerPoint, um modelo seria a sua apresentação em si. A teoria permite animações, mas o modelo inclui apenas aquelas que você precisa para apresentar seu argumento. A teoria teria algo como um título e os itens de uma lista, mas o modelo conteria exatamente aquilo que você quer transmitir e tem esperança de que se aplique à tarefa em questão.

A natureza da construção de modelos em física foi mudando

de acordo com as questões às quais os físicos vinham tentando responder. A física sempre envolve a tentativa de prever o maior número de quantidades físicas a partir do menor número de afirmações, mas isso não significa que consigamos identificar as teorias mais fundamentais logo de cara. Muitas vezes, os avanços em física ocorrem antes que tudo seja compreendido no nível mais fundamental.

No século XIX, os físicos entendiam os conceitos de temperatura e pressão e os empregavam na termodinâmica e nos projetos de motores. Faziam isso muito antes que alguém pudesse explicar essas ideias no nível microscópico mais fundamental, como o resultado do movimento aleatório de grandes números de átomos e moléculas. No início do século XX, os físicos tentaram estabelecer modelos para explicar a massa em termos de energia eletromagnética. Apesar de terem sido baseados em crenças fortemente consensuais sobre como aqueles sistemas funcionavam, esses modelos se revelaram errados. Um pouco mais tarde, Niels Bohr criou um modelo do átomo para explicar o espectro de emissões que as pessoas tinham observado. Seu modelo foi logo superado pela teoria mais abrangente da mecânica quântica, que absorveu a ideia central de Bohr e também a aprimorou.

Os construtores de modelos tentam hoje determinar o que está além do Modelo Padrão da física de partículas. Apesar de hoje em dia ser chamado de Modelo Padrão por ter sido bem testado e bem compreendido, na época em que foi desenvolvido ele era mais um chute sobre como as observações poderiam se encaixar. De qualquer forma, como o modelo oferecia previsões para testar suas premissas, os experimentos puderam mostrar que, no fim, ele estava correto.

O Modelo Padrão explica de maneira correta todas as observações feitas até hoje, mas os físicos têm confiança em dizer que ele não está completo. Ele deixa em aberto, em particular, a questão sobre o que exatamente são as partículas e interações — os elementos do setor de Higgs — responsáveis pelas massas das partículas elementares, e por que as partículas desse setor têm as massas que exibem. Modelos que vão além do Modelo Padrão iluminam potenciais relações e interconexões que podem abordar essas questões. Eles envolvem escolhas específicas de premissas fundamentais e conceitos físicos, bem como a distância ou as escalas de energia às quais eles podem se aplicar.

Muito de minha pesquisa atual envolve pensar sobre modelos novos e estratégias de busca novas, ou mais detalhadas, que não deixem escapar novos fenômenos. Penso sobre os modelos que criei, mas também sobre a gama completa de outras possibilidades. Os físicos de partículas conhecem os tipos de elemento e regra que podem estar envolvidos, como partículas, forças e interações permitidas. Mas não sabemos com exatidão quais desses ingredientes entram na receita para a realidade. Ao aplicar ingredientes teóricos conhecidos, tentamos identificar ideias subjacentes potencialmente simples que entram naquilo que enfim se tornará uma teoria complexa.

Igualmente importante, os modelos oferecem alvos para explorações experimentais e sugestões sobre como as partículas se comportam a distâncias menores do que a que os físicos estudaram em termos experimentais até então. As medições dão pistas que ajudam a distinguir as possíveis candidatas. Não sabemos ainda o que é a teoria subjacente, mas podemos caracterizar os possíveis desvios do Modelo Padrão. Ao conceber modelos candidatos à realidade subjacente e pensar sobre suas consequências, podemos prever o que o Grande Colisor de Hádrons deve revelar no caso de os modelos estarem corretos. Nosso uso de modelos admite a natureza especulativa de nossas ideias e reconhece a plétora de possibilidades que pode se encaixar em dados existentes e explicar fenômenos ainda misteriosos. Apenas alguns modelos se mostrarão corretos, mas criá-los e entendê-los é a melhor maneira de delinear as opções e de construir uma reserva de ingredientes convincentes.

Explorar modelos e suas consequências detalhadas nos ajuda a estabelecer o que os experimentalistas deveriam procurar — o que quer que esteja lá fora. Os modelos dizem aos experimentalistas quais são os aspectos interessantes que caracterizam as novas teorias físicas, para que eles possam testar se os construtores de modelos identificaram corretamente os elementos ou os princípios físicos que guiam as relações e interações do sistema. Qualquer modelo com novas leis físicas que se aplicam a energias mensuráveis deve prever novas partículas e novas relações entre elas. Observar quais partículas emergem das colisões e quais propriedades elas têm deve ajudar a determinar quais tipos de partícula existem e quais são suas massas e interações. Encontrando novas partículas, ou medindo interações diferentes, confirmaremos ou descartaremos os modelos que já foram propostos, e abriremos caminho para outros melhores.

Com dados suficientes, os experimentos determinarão qual modelo subjacente é o correto — pelo menos dentro do nível de precisão, distância e energia com que podemos estudá-los. A esperança é que, dentro das menores escalas de distância que podemos sondar com a energia do lhc, as regras para a teoria subjacente sejam simples o suficiente para nos permitir deduzir e calcular a influência de leis físicas.

Os físicos têm discussões acaloradas sobre quais são os melhores modelos para estudar e sobre qual é a maneira mais útil de sondá-los em buscas experimentais. Vou me reunir com frequência com colegas experimentalistas para discutir com eles como usar modelos para guiar suas investigações. Os pontos de referência com parâmetros específicos de um certo modelo não são específicos demais? Há uma maneira melhor de cobrir todas as possibilidades?

Os experimentos do lhc são tão desafiadores que, sem alvos de busca definidos, os resultados serão encobertos pelo contexto do Modelo Padrão. Os experimentos foram projetados e otimizados tendo em mente modelos existentes, mas eles estão à procura de possibilidades mais gerais também. É crucial que os experimentalistas estejam cientes da vasta gama de modelos que se estendem pelas possíveis novas assinaturas que podem emergir, já que ninguém quer que modelos específicos limitem as pesquisas.

Teóricos e experimentalistas estão trabalhando duro para terem certeza de que não estão perdendo nada. Não sabemos quais das diferentes sugestões está correta (se é que alguma está) até que ela seja experimentalmente verificada. Os modelos propostos podem ser a descrição correta da realidade, mas, mesmo que não sejam, sugerem estratégias de busca interessantes que nos mostram os aspectos diferenciadores de novas matérias ainda não descobertas. A esperança é que o lhc nos dê a resposta — não importa qual seja —, e queremos estar preparados.

16. O bóson de Higgs

Na manhã de 30 de março de 2010, acordei com uma enxurrada de e-mails sobre o sucesso das colisões a sete teraelétrons-volt realizadas no CERN na noite anterior. Esse triunfo lançara o começo de um verdadeiro programa de física no Grande Colisor de Hádrons. A aceleração e as colisões que haviam sido realizadas até o fim do ano anterior tinham sido marcos técnicos cruciais. Aqueles eventos foram importantes para os experimentalistas do LHC finalmente calibrarem e entenderem melhor seus detectores usando dados genuínos do equipamento, não apenas os raios cósmicos que incidem nos aparatos de vez em quando. Durante o ano e meio seguinte, os detectores do CERN estariam registrando dados reais que os físicos poderiam usar para estreitar ou verificar modelos. Por fim, após muitos altos e baixos, o programa de física no LHC estava começando.

O lançamento ocorreu quase exatamente de acordo com o planejado — uma boa coisa, segundo meus colegas experimentalistas. Na véspera, eles haviam temido que a presença de repórteres pudesse comprometer os objetivos técnicos do dia. Os repórteres (e todos os outros presentes) testemunharam mesmo algumas falsas largadas — em parte por causa dos zelosos mecanismos de proteção que tinham sido instalados, projetados para entrar em ação caso qualquer coisa saísse ligeiramente do prumo. Mas dentro de poucas horas os feixes circularam e colidiram — e jornais e sites tiveram montes de fotos bonitas para mostrar.

As colisões a sete teraelétrons-volt ocorriam apenas à metade da energia pretendida pelo LHC. A verdadeira energia-alvo de catorze teraelétrons-volt só seria atingida depois de vários anos. E a luminosidade pretendida — o número de prótons colidindo a cada segundo — para a operação a sete teraelétrons-volt era muito mais baixa do que os projetistas tinham planejado no início. Ainda assim, com essas colisões, tudo no LHC estava finalmente na linha. Podíamos enfim acreditar que nossa compreensão da natureza interior da matéria iria se aprimorar em breve. E, se tudo corresse bem, em poucos anos a máquina seria fechada, reajustada e posta em funcionamento de novo com capacidade total, fornecendo as respostas reais pelas quais estávamos esperando.

Uma das metas mais importantes será aprender como as partículas fundamentais adquirem suas massas. Por que as coisas não estão todas zunindo por aí à velocidade da luz, que é o que a matéria faria se tivesse massa zero? A resposta para essa pergunta reside no conjunto de partículas conhecidas coletivamente como *setor de Higgs*, que inclui o bóson de Higgs. Este capítulo explica por que uma busca bem-sucedida dessa partícula nos dirá se nossas ideias sobre como surgem as massas das partículas elementares estão corretas. Pesquisas que ocorrerão quando o LHC voltar a funcionar com maior intensidade e maior energia devem, no fim, nos dizer algo sobre as partículas e interações por trás desse fenômeno crucial e bastante notável.

O MECANISMO DE HIGGS

Nenhum físico questiona se o Modelo Padrão funciona sob as energias que estudamos até agora. Experimentalistas testaram suas muitas previsões, que se encaixaram nas expectativas com precisão melhor que 1%.

O Modelo Padrão, porém, depende de um ingrediente que ainda não foi observado. O mecanismo de Higgs, batizado em homenagem ao físico britânico Peter Higgs, é a única maneira consistente que conhecemos de dar às partículas elementares suas massas. De acordo com as premissas básicas da versão ingênua do Modelo Padrão, nem os bósons de calibre que comunicam forças nem as partículas elementares como os quarks e léptons essenciais ao Modelo Padrão deveriam ter massas não zero. Mas as medições de fenômenos físicos demonstram com clareza o que eles fazem. As massas de partículas elementares são críticas para entender os fenômenos atômicos e da física de partículas, como o raio da órbita de um elétron no átomo ou o alcance extremamente pequeno da força fraca, sem falar na formação de estrutura no universo. As massas também determinam quanta energia é necessária para criar partículas elementares — de acordo com a equação $E = mc^2$. Mas, num Modelo Padrão sem o mecanismo de Higgs, as massas das partículas elementares seriam um mistério. Elas não seriam permitidas.

A noção de que partículas não têm direito inalienável a suas massas pode parecer desnecessariamente autocrática. Talvez seja razoável esperar que elas sempre tenham a opção de possuir massas não desprezíveis. Ainda assim, a estrutura sutil do Modelo Padrão, ou de qualquer teoria, é mesmo tirânica. Ela restringe os tipos de massa que são permitidas. As explicações para bósons de calibre e para férmions parecem ser diferentes, mas a lógica por trás de ambos está ligada às simetrias no coração de qualquer teoria de forças.

O Modelo Padrão da física de partículas inclui o eletromagnetismo e as forças nucleares forte e fraca. Cada força está associada a uma simetria. Sem tais simetrias, seriam previstos modos de oscilação demais para os bósons de calibre — as partículas que comunicam essas forças — dentro das teorias em que a mecânica quântica e a relatividade especial os descrevem. Numa teoria sem essas simetrias, os cálculos teóricos gerariam previsões sem sentido, com probabilidades maiores do que um, para interações de altas energias dos modos de oscilação espúrios. Em qualquer descrição acurada da natureza, tais partículas não físicas — partículas que não existem porque oscilariam na direção errada — precisariam claramente ser eliminadas.

Nesse contexto, as simetrias agem como filtros de spam ou restrições de controle de qualidade. Os requisitos de qualidade devem especificar que só os carros equilibrados de forma simétrica devem ser mantidos, por exemplo, de modo que os carros que saiam da fábrica comportem-se como o esperado. As simetrias em qualquer teoria de forças também filtram os elementos malcomportados. As interações entre partículas "não físicas", indesejáveis, desrespeitam as simetrias, enquanto partículas que interagem de modo a preservar as simetrias necessárias oscilam tal qual deveriam. As simetrias, então, garantem que as previsões teóricas envolvam apenas as partículas físicas, portanto fazem sentido e estão de acordo com os experimentos.

As simetrias, assim, permitem a formulação de uma teoria de forças elegante. Em vez de eliminar um a um os modos não físicos dos cálculos, elas eliminam todas as partículas não físicas de uma só tacada. Qualquer teoria com interações simétricas envolve apenas os modos de oscilação físicos cujo comportamento queremos descrever.

Isso funciona com perfeição em qualquer teoria de forças envolvendo transmissores de forças com massa zero, como os do eletromagnetismo e da força nuclear forte. Em teorias simétricas, todas as previsões para suas interações de alta energia fazem sentido, e apenas modos físicos — modos que existem na natureza — são incluídos. Para bósons de calibre sem massa, o problema com as interações de altas energias tem uma solução mais ou menos direta, já que restrições de simetria apropriadas removem da teoria qualquer modo não físico ou malcomportado.

As simetrias, portanto, resolvem dois problemas: modos não físicos são eliminados, e as previsões de alta energia ruins que os acompanhariam também. Um bóson de calibre com massa não zero, porém, tem um modo físico de oscilação — existente na natureza — a mais. Os bósons de calibre que comunicam a força nuclear fraca caem nessa categoria. Para eles, as simetrias eliminariam modos de oscilação demais. Sem algum ingrediente novo, as massas de bósons fracos não poderiam respeitar as simetrias do Modelo Padrão. Para bósons de calibre com massa não zero, não temos escolha a não ser manter um modo malcomportado — e isso significa que a solução para o mau comportamento a altas energias não é tão simples. De um jeito ou de outro, ainda é preciso mais uma coisa para que a teoria gere interações perceptíveis a altas energias.

Além disso, nenhuma das partículas elementares do Modelo Padrão sem o Higgs pode ter uma massa não zero que respeite as simetrias de uma teoria de forças, por mais ingênua que seja. Com as simetrias associadas às forças presentes, quarks e léptons de um Modelo Padrão desprovido do Higgs também não teriam massas não zero. A razão não parece estar ligada à lógica sobre os bósons de calibre, mas também pode ter origem nas simetrias.

No capítulo 14, apresentamos uma tabela que incluía tanto férmions canhotos quanto destros — partículas que fazem pares quando suas massas são diferentes de zero. Quando as massas de quarks e léptons não são zero, elas introduzem interações que convertem férmions canhotos em férmions destros. Mas, para que férmions canhotos e destros sejam inconversíveis, ambos têm de experimentar as mesmas forças. Contudo, os experimentos demonstram que a força fraca age de modo diferente sobre férmions canhotos e destros nos quais quarks e léptons maciços podem se transformar. Essa violação de simetria de paridade — que, se tivesse sido preservada, trataria esquerda e direita como equivalentes para as leis da física — é surpreendente para todos aqueles que se deparam com ela pela primeira vez. Afinal de contas, as outras leis conhecidas da física não distinguem esquerda de direita. Mas essa incrível propriedade — a força fraca tratar esquerda e direita de maneira diferente — foi demonstrada experimentalmente e é um componente essencial do Modelo Padrão.

As interações diferentes de léptons e quarks destros e canhotos nos dizem que, sem algum ingrediente novo, quarks e léptons com massas não zero seriam inconsistentes com as leis físicas conhecidas. Essas massas diferentes de zero conectariam partículas portadoras da força fraca com partículas não portadoras.

Em outras palavras, como só as partículas canhotas possuem essa carga, a carga fraca poderia ser perdida. Cargas apareceriam e desapareceriam no *vácuo* — o estado do universo que não contém quaisquer partículas. Como regra, isso não deveria acontecer. Cargas deveriam ser conservadas. Se elas pudessem aparecer e desaparecer, as simetrias associadas à força correspondente seriam quebradas, e as previsões probabilísticas bizarras sobre interações de bósons de alta energia — algo que elas deveriam eliminar — iriam emergir de novo. Cargas nunca deveriam desaparecer desse modo mágico quando o vácuo é realmente vazio e não contém partículas nem campos.

Mas as cargas podem aparecer e desaparecer se o vácuo não for de fato vazio, ou seja, se houver um *campo de Higgs* que forneça carga fraca ao vácuo. Um campo de Higgs, mesmo um que dê carga ao vácuo, não é composto de partículas verdadeiras. Ele é, em essência, uma distribuição de carga fraca ao longo do universo que acontece apenas quando o campo em si adquire um valor não zero. Quando o campo de Higgs não é desprezível, é como se o universo tivesse um suprimento infinito de cargas fracas. Imagine que você tenha um suprimento infinito de dinheiro. Você poderia emprestar ou tomar dinheiro à vontade e ainda assim continuaria tendo uma quantidade infinita à sua disposição. Num espírito similar, o campo de Higgs dá carga fraca infinita ao vácuo. Ao fazê--lo, ele quebra as simetrias associadas a forças e permite à carga fluir para dentro e para fora do vácuo, de modo que as massas das partículas possam emergir sem causar nenhum problema.

Uma maneira de pensar sobre o mecanismo de Higgs e sobre a origem das massas é que ele permite ao vácuo comportar-se como um fluido viscoso — um campo de Higgs que permeia o vácuo — com carga fraca. As partículas que possuem essa carga (como os bósons de calibre fracos e os quarks e léptons do Modelo Padrão) podem interagir com esse fluido, e tais interações tornam seu deslocamento mais lento. Essa redução de velocidade corresponde às partículas adquirindo massa, uma vez que partículas sem massa viajam pelo vácuo à velocidade da luz.

Esse sutil processo pelo qual as partículas elementares adquirem suas massas é conhecido como mecanismo de Higgs. Ele nos diz não apenas como as partículas elementares adquirem suas massas, mas também revela muitas coisas sobre as propriedades dessas massas. Explica, por exemplo, como algumas partículas são pesadas enquanto outras são leves. Isso ocorre simplesmente porque as partículas que interagem mais com o campo de Higgs têm massas maiores, e as que interagem menos têm massas menores. O quark top, a mais pesada, tem a maior interação. Um elétron ou um quark up, que possuem massas relativamente pequenas, têm interações muito mais tênues.

O mecanismo de Higgs também permite vislumbrar em profundidade a natureza do eletromagnetismo e do fóton, que comunica essa força. O mecanismo de Higgs diz que apenas os portadores de forças que interagem com a carga fraca distribuída pelo vácuo adquirem massa. Como os bósons de calibre W e Z interagem com essas cargas, eles possuem massas não desprezíveis. O campo de Higgs que se espalha pelo vácuo, porém, possui carga fraca mas é eletricamente neutro. O fóton não interage com a carga fraca, então sua massa permanece zero. O fóton, portanto, é excluído. Sem o mecanismo de Higgs, haveria três bósons de calibre fracos com massa zero, e ainda outro comunicador de forças — também com massa zero —, conhecido como o bóson de calibre com hipercarga. Ninguém jamais sequer mencionaria um fóton. Mas, na presença do campo de Higgs, apenas uma única combinação do bóson de calibre com hipercarga e um dos três bósons de calibre fracos deixaria de interagir com a carga no vácuo — e essa combinação é precisamente o fóton que comunica o eletromagnetismo. A ausência de massa do fóton é crítica para um fenômeno importante originado pelo eletromagnetismo. Ela explica por que as ondas de rádio podem se estender por enormes distâncias, enquanto a força fraca é limitada a distâncias extremamente pequenas. O campo de Higgs possui carga fraca — mas nenhuma carga elétrica. Então o fóton, por definição, tem massa zero e viaja à velocidade da luz, enquanto os portadores da força fraca são pesados.

Não fique confuso. Fótons são partículas elementares. Mas, de certo modo, os bósons de calibre originais foram mal identificados, uma vez que não correspondem às partículas físicas que têm massas definidas (que podem ser zero) e viajam pelo vácuo sem serem perturbadas. Até que conheçamos as cargas fracas distribuídas no vácuo pelo mecanismo de Higgs, não temos como descobrir quais partículas têm massa zero e quais não têm. De acordo com as cargas atribuídas ao vácuo pelo mecanismo de Higgs, o bóson de calibre com hipercarga e o bóson de calibre fraco se transformariam um no outro o tempo todo, ao viajarem pelo vácuo, e não seria possível atribuir uma massa definida a nenhum dos dois. Por causa da carga fraca no vácuo, só o fóton e o bóson Z trafegam pelo vácuo sem mudar de identidade. Nesse processo o bóson Z adquire massa, mas o fóton não. O mecanismo de Higgs, portanto, separa a partícula específica chamada de fóton e a carga que ela comunica, conhecida como carga elétrica.

O mecanismo de Higgs, então, explica por que o fóton tem massa zero e os outros portadores de forças não. E explica também outra propriedade das massas. Essa próxima lição é até um pouco mais sutil, mas nos oferece profundos insights sobre por que o mecanismo de Higgs permite massas consistentes com previsões cuidadosas para altas energias. Se imaginarmos o campo de Higgs como um fluido, podemos entender que sua densidade também é relevante para a massa das partículas. E se pensarmos nessa densidade como algo emergindo de cargas com um espaçamento fixo, então, essas partículas — que se movimentam por distâncias tão pequenas que nunca chegam a se chocar com uma carga fraca — vão se deslocar como se tivessem massa zero, enquanto partículas que viajam por grandes distâncias inevitavelmente iriam se chocar com cargas fracas e se desacelerar.

Isso corresponde ao fato de que o mecanismo de Higgs é associado à *quebra espontânea* da simetria associada à força fraca — e de que a quebra de simetria é associada a uma escala definida.

Uma quebra de simetria espontânea ocorre quando a simetria em si está presente em leis da natureza — como ocorre em qualquer teoria de forças —, mas é rompida pelo estado real de um sistema. Conforme já argumentamos, as simetrias precisam existir por razões ligadas ao comportamento das partículas em altas energias na teoria. A única solução, então, é que as simetrias existam — mas elas são quebradas espontaneamente, de modo que os bósons de calibre fracos possam ter massa sem exibir mau comportamento em altas energias.

A ideia por trás do mecanismo de Higgs é que a simetria seja de fato parte da teoria. As leis da física agem de maneira simétrica. Mas o estado real do mundo não respeita a simetria. Imagine um lápis equilibrado em pé que então cai para o lado, escolhendo uma direção em particular. Todas as direções em torno do lápis eram iguais quando ele estava em pé, mas a simetria é quebrada uma vez que o lápis cai. O lápis na horizontal, portanto, rompe espontaneamente a simetria rotacional que o lápis em pé possuía.

O mecanismo de Higgs também quebra de forma espontânea a simetria da força fraca. Isso significa que as leis da física preservam a simetria, mas ela é quebrada pelo estado do vácuo que é permeado pela carga da força fraca. O campo de Higgs, que permeia o universo de maneira não simétrica, permite às partículas elementares adquirir massa, pois ele quebra a simetria da força fraca que estaria presente sem ele. A teoria de forças preserva uma simetria associada à força fraca, mas a simetria é rompida pelo campo de Higgs que permeia o vácuo.

Ao atribuir carga ao vácuo, o mecanismo de Higgs quebra a simetria associada à força fraca. E ele o faz numa escala em particular. A escala é determinada pela distribuição de cargas no vácuo. A altas energias ou em pequenas distâncias — escalas equivalentes, segundo a mecânica quântica —, as partículas não encontrarão nenhuma carga fraca, portanto vão se comportar como se não tivessem massa. Em pequenas distâncias, ou a energias altas, equivalentes, a simetria parece ser válida. A grandes distâncias, porém, a carga fraca age, de certo modo, como uma força friccional que torna as partículas mais lentas. Apenas sob baixas energias, ou em distâncias equivalentemente grandes, é que o campo de Higgs parece dar massa às partículas.

E é exatamente assim que precisamos que seja. As perigosas interações que não fariam sentido para partículas com massa se aplicam apenas a altas energias. A energias baixas, partículas podem — e devem, segundo os experimentos — ter massa. O mecanismo de Higgs, que quebra de modo espontâneo a simetria da força fraca, é a única maneira que conhecemos para realizar essa tarefa.

Apesar de ainda não termos observado as partículas responsáveis pelo mecanismo de Higgs, que atribui massas às partículas elementares, temos evidência experimental de que o mecanismo se aplica à natureza. Ele já foi visto muitas vezes em um contexto completamente diferente, nos materiais *supercondutores*. A supercondutividade ocorre quando elétrons formam pares e esses pares permeiam um material. Aquilo que se chama "condensado" de um supercondutor consiste em pares de elétrons com o mesmo papel que o campo de Higgs tem no exemplo citado.

Em vez de carregar a força fraca, porém, o condensado em um supercondutor transporta a carga elétrica. O condensado, então, dá massa ao fóton que comunica o eletromagnetismo dentro de um material supercondutor. A massa *limita* a carga, o que significa que, dentro de um supercondutor, os campos elétricos e magnéticos não vão muito longe. A força se reduz rapidamente ao longo de uma distância pequena. A mecânica quântica e a relatividade especial nos dizem que essa *distância limitada* dentro de um supercondutor é o resultado direto de uma massa do fóton que existe apenas dentro do substrato supercondutor. Nesses materiais, os campos elétricos não podem ir mais longe do que a distância de limitação porque, ao rebater os pares de elétrons que permeiam o supercondutor, o fóton adquire massa.

O mecanismo de Higgs funciona de maneira semelhante. Mas, em vez de pares de elétrons (que transportam carga elétrica) permeando a substância, prevemos que haja um campo de Higgs (que transporta a carga fraca) permeando o vácuo. Em vez de um fóton adquirir massa, algo que limita a carga elétrica, vemos bósons de calibre fraco adquirindo massa, o que limita a carga fraca. Como bósons de calibre fracos têm massa não zero, a força fraca é efetiva apenas em distâncias muito pequenas, de tamanho subnuclear.

Uma vez que essa é a única maneira coerente de dar massa aos bósons de calibre, os físicos estão bastante confiantes de que o mecanismo de Higgs se aplica à natureza. Esperamos que ele seja responsável não apenas pelas massas dos bósons de calibre, mas pelas massas de todas as partículas elementares. Sabemos que nenhuma outra teoria coerente permite às partículas de carga fraca do Modelo Padrão ter massa.

Este trecho do livro acabou se revelando um pouco difícil por incluir diversos conceitos abstratos. As noções de um mecanismo de Higgs e um campo de Higgs são intrinsecamente ligadas à teoria quântica de campos e à física de partículas. Eles são muito diferentes dos fenômenos que podemos visualizar de forma direta. Então, permita-me fazer um breve resumo de alguns dos pontos principais. Sem o mecanismo de Higgs, teríamos de abrir mão de massas sensatas para partículas e de previsões sensatas para altas energias. Ainda assim, ambas são essenciais à teoria correta. A solução é que a simetria existe nas leis da natureza, mas pode ser espontaneamente quebrada pelo valor não zero de um campo de Higgs. A simetria quebrada do vácuo permite a partículas do Modelo Padrão ter massas não zero. Contudo, como a quebra espontânea de simetria está associada a uma escala de energia (e comprimento), seus efeitos são relevantes apenas a baixas energias — em escalas de energia iguais ou inferiores às das massas das partículas elementares (ou iguais ou superiores à escala de comprimento fraca). Para essas energias e massas, a influência da gravidade é desprezível, e o Modelo Padrão (com as massas levadas em conta) descreve corretamente as medições da física de partículas. Ainda assim, como a simetria ainda está presente nas leis da natureza, podemos fazer previsões sensatas sobre altas energias. Um bônus é que o mecanismo de Higgs explica a massa zero do fóton como resultado de ele não interagir com o campo de Higgs espalhado pelo universo.

Por mais bem-sucedidas que sejam essas ideias, porém, ainda precisamos encontrar evidências experimentais para confirmá-las. Mesmo Peter Higgs reconhece a importância de tais testes. Em 2007, ele disse considerar a estrutura matemática muito satisfatória, mas, "se ela não for verificada experimentalmente, será apenas um jogo. Ela precisa ser posta à prova".[1] Como esperamos que a proposta de Peter Higgs esteja mesmo correta, antecipamos uma descoberta empolgante nos próximos poucos anos. A evidência deve aparecer no LHC na forma de uma ou mais partículas, e, numa implementação mais simples da ideia, a evidência deverá ser a partícula conhecida como *bóson de Higgs*.

A BUSCA POR EVIDÊNCIA EXPERIMENTAL

O nome "Higgs" se refere a uma pessoa e a um mecanismo, mas também a uma potencial partícula. O bóson de Higgs é o ingrediente que falta ao Modelo Padrão.[2] É o vestígio antecipado para o mecanismo de Higgs que esperamos encontrar nos experimentos do LHC. Sua descoberta confirmaria considerações teóricas e nos mostraria que um campo de Higgs de fato permeia o vácuo. Temos boas razões para acreditar que o mecanismo de Higgs esteja atuando no universo, pois ninguém sabe como construir uma teoria sensata para as massas das partículas elementares sem usá-lo. Também acreditamos que alguma evidência para isso possa aparecer logo, nas escalas de energia que o LHC vai sondar, e é provável que a evidência seja o bóson de Higgs.

A relação entre o campo de Higgs (que é parte do mecanismo de Higgs) e o bóson de Higgs (uma partícula) é sutil, mas muito similar à relação entre um campo eletromagnético e um fóton. Podemos sentir os efeitos de um campo magnético clássico quando seguramos um ímã perto da porta de uma geladeira, mesmo que não haja fótons físicos reais sendo produzidos. Um campo de Higgs clássico — um campo que existe mesmo na ausência de efeitos quânticos — distribui-se ao longo do espaço e pode assumir um valor não zero que influencia as massas das partículas. Mas esse valor não zero para o campo pode existir mesmo quando o espaço não contém partículas reais.

No entanto, se algo desse um "peteleco" no campo — ou seja, fornecesse um pouquinho de energia —, essa energia criaria flutuações no campo que o fariam produzir partículas. No caso de um campo eletromagnético, a partícula a ser produzida seria o fóton. No caso do campo de Higgs, a partícula é o bóson de Higgs. O campo de Higgs permeia o espaço e é responsável pela quebra de simetria eletrofraca. A partícula de Higgs, por outro lado, é criada por um campo de Higgs onde há energia — como no LHC. A evidência de que o campo de Higgs existe surge simplesmente do fato de que partículas têm massa. A descoberta de um bóson de Higgs no LHC (ou em qualquer lugar que ele possa ser produzido) confirmaria nossa convicção de que o mecanismo de Higgs é a origem dessas massas.

Às vezes a imprensa chama o bóson de Higgs de "partícula Deus", assim como outros que consideram o nome intrigante. Jornalistas gostam dessa expressão porque ela chama a atenção das pessoas, razão pela qual o físico Leon Lederman foi encorajado a usá-la pela primeira vez. Mas o termo é apenas um nome. O bóson de Higgs seria uma descoberta formidável, mas não um achado cujo santo nome deva ser tomado em vão.

Apesar de soar exageradamente teórica, a lógica para a existência de uma nova partícula com o bóson de Higgs é muito sólida. Além da justificativa teórica já mencionada, ele é requerido para a consistência da teoria de partículas maciças do Modelo Padrão. Suponhamos que apenas partículas com massa fossem parte de uma teoria subjacente, mas que não houvesse nenhum mecanismo de Higgs para explicar as massas. Nesse caso, como exposto na parte anterior do capítulo, as previsões para interações de partículas de altas energias não fariam sentido — e resultariam até em probabilidades maiores do que um. Por certo não acreditamos nessa previsão. O Modelo Padrão sem estruturas adicionais deve estar incompleto. A introdução de partículas e interações adicionais é a única saída.

Uma teoria com um bóson de Higgs evita de forma elegantemente os problemas de altas energias. As interações com o bóson de Higgs não apenas mudam a previsão para interações de altas energias, mas cancelam com exatidão o mau comportamento em altas energias. Não se trata de coincidência, claro. É precisamente o que o mecanismo de Higgs garante. Ainda não sabemos com certeza se previmos de modo correto a verdadeira implementação do mecanismo de Higgs na natureza, mas os físicos estão bem confiantes de que alguma nova partícula deve aparecer na escala fraca.

Com base nessas considerações, sabemos que qualquer coisa que salve a teoria, sejam novas partículas, sejam novas interações, não poderá ser pesada demais ou ocorrer só a energias altas demais. Na ausência de partículas adicionais, previsões já teriam emergido a energias de cerca de um teraelétron-volt, mas falharam. Então, não apenas o bóson de Higgs (ou algo que assuma o mesmo papel) deve existir, mas ele também deve ser leve o suficiente para que o LHC o encontre. Para sermos precisos, se o bóson não tiver menos que oitocentos gigaelétrons-volt, o Modelo Padrão fará previsões impossíveis para interações de altas energias.

Na realidade, esperamos que o bóson de Higgs seja bem mais leve do que isso. Teorias atuais favorecem um bóson de Higgs relativamente leve — a maioria das pistas teóricas aponta para uma massa que mal supera a fronteira de massa dos experimentos do LEP na década de 1990, que era de 114 gigaelétrons-volt. Essa era a maior massa com que um bóson de Higgs poderia ser produzido e detectado no LEP, e muitas pessoas acreditavam estar prestes a descobri-lo. A maioria dos físicos espera que a massa do bóson de Higgs esteja bem próxima desse valor, provavelmente abaixo dos 140 gigaelétrons-volt.

O argumento mais forte para essa expectativa de um bóson de Higgs leve é baseado em dados experimentais — não só buscas pelo próprio bóson, mas medições de outras quantidades do Modelo Padrão. As previsões do Modelo Padrão se encaixam nas medições de modo espetacular, e mesmo pequenos desvios podem afetá-las. O bóson de Higgs contribui para as previsões do Modelo Padrão por meio de efeitos quânticos. Se ele fosse excessivamente pesado, esses efeitos seriam grandes demais para que as previsões teóricas e os dados estivessem de acordo.

Lembremos que a mecânica quântica nos diz que partículas virtuais contribuem para qualquer interação. Elas aparecem e desaparecem brevemente a partir de qualquer estado inicial e contribuem para o saldo da interação. Então, mesmo que muitos processos do Modelo Padrão não envolvam o bóson de Higgs, trocas de partículas de Higgs influenciam todas as previsões do Modelo Padrão, como as taxas de decaimento do bóson de calibre Z, de léptons e de quarks ou a razão entre as massas do Z e do W. O tamanho dos efeitos virtuais do Higgs nesses testes *eletrofracos precisos* depende de sua massa. E as previsões só devem funcionar bem se a massa do Higgs não for grande demais.

A segunda (e mais especulativa) razão a favorecer um bóson de Higgs leve tem a ver com a teoria chamada supersimetria, que abordaremos em breve. Muitos físicos acreditam que a supersimetria existe na natureza e, de acordo com ela, a massa do bóson de Higgs deve estar próxima daquela dos bósons de calibre Z já medidos, portanto é relativamente baixa.

Dada essa expectativa de que o bóson de Higgs não seja muito pesado, talvez você esteja se perguntando por que já avistamos todas as partículas do Modelo Padrão, mas ainda não vimos o bóson de Higgs. O problema está nas propriedades do bóson. Mesmo que uma partícula seja leve, jamais a veremos se os colisores não conseguirem produzi-la e detectá-la. A habilidade para fazê-lo depende de suas propriedades. Afinal de contas, uma partícula que não interaja com nada jamais poderá ser vista, não importa quão leve seja.

Sabemos um bocado sobre quais devem ser as interações do bóson de Higgs porque ele e o campo de Higgs, apesar de serem entidades diferentes, interagem de maneira similar com outras partículas elementares. Sabemos das interações do campo de Higgs com outras partículas por meio do tamanho de suas massas. Como o mecanismo de Higgs é responsável pelas massas das partículas elementares, sabemos que o campo de Higgs interage de modo mais forte com as partículas mais pesadas. Como o bóson de Higgs é criado a partir do campo de Higgs, também conhecemos as interações entre os dois. O bóson de Higgs — assim como o campo de Higgs — interage mais fortemente com partículas do Modelo Padrão que têm massas maiores.

Essa interação mais forte entre o bóson de Higgs e as partículas mais pesadas significa que ele seria produzido de modo mais direto se pudéssemos colidir partículas pesadas. Infelizmente para a produção do bóson de Higgs, os colisores não iniciam seus trabalhos com partículas pesadas. Pense sobre como o LHC vai produzir bósons de Higgs, ou qualquer partícula que o valha. As colisões do equipamento envolvem partículas leves. Sua massa menor sugere que elas têm interação tão baixa com a partícula de Higgs que, se não houvesse outras partículas envolvidas na produção do Higgs, a taxa seria baixa demais para detectar alguma coisa em qualquer colisor construído até hoje.

Por sorte, a mecânica quântica fornece alternativas. A produção do Higgs em colisores de partículas ocorre de maneira sutil, envolvendo partículas pesadas virtuais. Quando quarks leves colidem, podem produzir partículas pesadas que emitem um bóson de Higgs em seguida. Por exemplo, quarks leves em colisão podem produzir um W virtual. Essa partícula pode então emitir um bóson de Higgs. (Veja a primeira imagem da figura 51 para esse modo de produção.) Como o bóson W é muito mais pesado do que os quarks up ou down dentro do próton, sua interação com o bóson de Higgs é significativamente maior. Com colisões de prótons suficientes, o bóson de Higgs deve ser produzido dessa maneira.

Outro modo de produção do Higgs ocorre quando quarks emitem dois bósons de calibre fracos virtuais, que então colidem para produzir um único Higgs, tal qual visto na segunda imagem da figura 51. Nesse caso, o Higgs é produzido junto de dois jatos associados aos quarks que se dispersam quando os bósons de calibre são emitidos. Tanto esse mecanismo de produção quanto o anterior produzem um Higgs, mas também outras partículas. No primeiro caso, o Higgs é produzido em conjunto com um bóson de calibre. No segundo, que será mais importante no LHC, o bóson de Higgs é produzido junto com jatos.

Mas bósons de Higgs também podem ser produzidos de forma independente. Isso acontece quando glúons colidem para produzir um quark top e um quark antitop que se aniquilam para produzir um bóson de Higgs, tal qual vemos na terceira imagem. Na realidade, o quark top e o antitop são quarks virtuais que não duram muito tempo, mas a mecânica quântica diz que esse processo ocorre com uma frequência razoável, já que o quark top in-

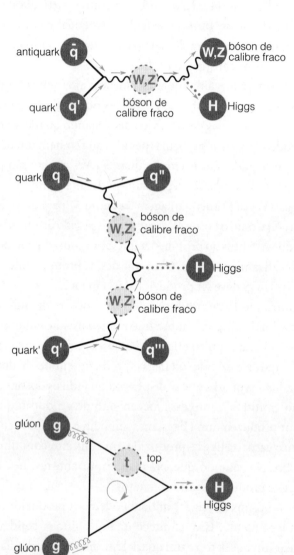

Figura 51. Três modos de produção do bóson de Higgs: de cima para baixo, Higgs-strahlung, fusão W Z e fusão gg.

terage tão fortemente com o Higgs. Esse mecanismo de produção, à diferença daqueles dois já discutidos, não deixa nenhum rastro além da produção do Higgs, que então decai.

Assim, mesmo que o Higgs em si não seja necessariamente muito pesado — lembrando que ele deve ter uma massa comparável à dos bósons de calibre fracos e menor do que aquela do quark top —, partículas pesadas como os bósons de calibre ou quarks top tendem a estar envolvidas em sua produção. Colisões de energias mais altas e muito mais frequentes, como as do LHC, facilitam, portanto, a produção do bóson de Higgs.

Mas, mesmo com uma taxa de produção grande, outro desafio para observar o bóson de Higgs ainda persiste — a maneira como ele próprio decai. O bóson de Higgs, como muitas outras partículas mais pesadas, é instável. Note que é a partícula de Higgs, e não o campo de Higgs, que decai. O campo de Higgs nunca desaparece e se espalha pelo vácuo para dar massa às partículas elementares. O bóson de Higgs é uma partícula real. Ele é a consequência experimental detectável do mecanismo de Higgs. Assim como outras partículas, pode ser produzido em colisores. E como muitas outras partículas instáveis, ele não dura para sempre. Como seu decaimento é quase instantâneo, a única maneira de achar um bóson de Higgs é encontrar os produtos de seu decaimento. O bóson de Higgs decai em partículas com as quais ele interage — no caso, todas as partículas que adquirem massa por meio do mecanismo de Higgs e que sejam leves o suficiente para serem produzidas. Quando uma partícula e sua antipartícula emergem do decaimento de um bóson de Higgs, cada uma delas deve pesar menos da metade da massa dele, de modo que a energia seja conservada. A partícula de Higgs deve decair primariamente nas partículas mais pesadas que ela pode produzir, respeitando esse requisito. O problema é que isso significa que um bóson de

Higgs relativamente leve só raras vezes vai decair em partículas que são as mais fáceis de observar e identificar.

Se o bóson de Higgs contrariar as expectativas e não for leve, tendo mais que o dobro da massa do bóson W (mas menos que o dobro da massa do quark top), em termos relativos a busca pelo Higgs será simples. Um Higgs com uma massa grande o suficiente decairia em bósons W ou Z quase o tempo todo. (Veja a figura 52 para um decaimento em Ws.) Os experimentalistas sabem como identificar os Ws e Zs que restariam, e descobrir o Higgs não seria tão difícil.

O próximo modo de decaimento mais provável dentro desse cenário com um Higgs relativamente pesado envolveria um quark bottom e sua antipartícula. Entretanto, a taxa do decaimento em um quark bottom e suas antipartículas seria muito menor, porque o bottom possui uma massa muito menor que a do bóson de calibre W — e portanto uma menor interação com o bóson de Higgs. Um Higgs pesado o suficiente para decair em Ws se transformará em quarks bottom em menos de 1% das vezes. Decaimentos em partículas mais leves seriam ainda mais raros. Então, se o bóson de Higgs for relativamente pesado — mais pesado do que esperamos —, ele decairá em bósons de calibre fracos. E esses decaimentos serão relativamente fáceis de ver.

Como já sugerimos, porém, a teoria acoplada aos dados experimentais sobre o Modelo Padrão nos diz que o bóson de Higgs

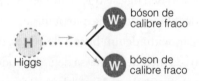

Figura 52. Um bóson de Higgs pesado pode decair em dois bósons de calibre W.

deve ser leve demais para decair em quaisquer bósons de calibre fracos. O decaimento mais frequente nesse caso seria em um quark bottom junto de sua antipartícula — o antiquark bottom (veja a figura 53) —, e esse decaimento é difícil de observar. Um problema é que as colisões de prótons produzem muitos quarks e glúons, que têm interações fortes e podem ser facilmente confundidos com um número menor de quarks bottom que vão emergir de um suposto decaimento do bóson de Higgs. Além disso, haverá tantos quarks top sendo produzidos no LHC que seus decaimentos em bottoms também vão mascarar o sinal do Higgs. Teóricos e experimentalistas estão trabalhando duro para encontrar um meio de aproveitar o estado final bottom-antibottom do decaimento do Higgs. Mesmo tendo uma taxa de ocorrência maior, porém, esse modo de produção talvez não seja a maneira mais promissora de se descobrir o Higgs no LHC — ainda que teóricos e experimentalistas provavelmente achem formas de tirar partido dele.

Os experimentalistas, então, têm de investigar estados finais alternativos para decaimentos do Higgs, mesmo que eles ocorram com menos frequência. Os candidatos mais promissores são um decaimento em tau-antitau e outro num par de fótons. Lembremos que os taus são os mais pesados dos três tipos de léptons carregados e, depois dos bottoms, são as partículas mais pesadas nas quais um bóson de Higgs pode decair. A taxa de fótons é muito menor — os bósons de Higgs decaem em fótons apenas por meio

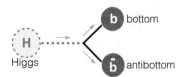

Figura 53. Um bóson de Higgs leve decai primariamente em quarks bottom.

de efeitos quânticos virtuais —, mas os fótons são relativamente fáceis de detectar. Apesar do modo desafiador, os experimentos serão capazes de medir as propriedades dos fótons tão bem que poderão identificar o bóson de Higgs que decaiu neles.

Na verdade, dada a importância da descoberta do Higgs, o cms e o atlas empregam estratégias de busca elaboradas e cuidadosas para achar fótons e taus, e os detectores em ambos os experimentos foram construídos com vistas à detecção do Higgs. Os calorímetros eletromagnéticos descritos no capítulo 13 foram projetados para medir cuidadosamente os fótons, enquanto os detectores de múons ajudam a registrar o decaimento dos taus, que são ainda mais pesados. Juntos, esses modos devem estabelecer a existência do Higgs, e, uma vez que haja bósons de Higgs o suficiente sendo detectados, conheceremos suas propriedades.

Tanto a produção quanto o decaimento impõem desafios para a descoberta do bóson de Higgs. Mas teóricos, experimentalistas e o próprio lhc estão todos à altura deles. Os físicos esperam que, dentro de alguns anos, sejamos capazes de comemorar a descoberta do bóson de Higgs e aprendamos mais sobre suas propriedades.

SETORES DE HIGGS

Então, esperamos achar o bóson de Higgs logo. Em princípio, ele pode ser produzido na operação inicial do lhc, com metade da energia pretendida, uma vez que ela é mais do que suficiente para criar a partícula. Entretanto, vimos que o bóson de Higgs será produzido pelas colisões de prótons apenas numa pequena fração do tempo. Isso quer dizer que as partículas de Higgs serão criadas apenas quando houver muitas colisões de prótons — o que significa alta luminosidade. O número original de colisões que estavam agendadas antes de o lhc fechar por um ano e meio para se preparar para sua energia almejada provavelmente foi pequeno demais para produzir bósons de Higgs suficientes para serem vistos. Mas o plano de manter o colisor operando ao longo de 2012 inteiro antes do fechamento de um ano pode vir a permitir a descoberta do nebuloso bóson de Higgs. Sem dúvida, quando o LHC rodar com capacidade total, a luminosidade será alta o bastante, e a busca pelo bóson de Higgs será um de seus principais objetivos.

Se estamos tão confiantes na existência do bóson de Higgs, uma investigação tão difícil pode parecer supérflua. Mas ela compensa o esforço por uma série de razões. A mais significativa é que teorias só são capazes de nos levar até determinado ponto. A maior parte das pessoas, com razão, só acredita e confia em resultados científicos que foram verificados por observações. O bóson de Higgs é uma partícula muito distinta de tudo o que já foi descoberto. Ele seria o único *escalar* fundamental já observado. Diferentemente de partículas como os quarks e bósons de calibre, os escalares — que são partículas com spin zero — permanecem os mesmos num sistema que é rotacionado ou acelerado. As únicas partículas com spin zero já observadas são estados interligados de partículas como quarks, que têm spin não zero. Não teremos certeza de que um Higgs escalar existe até que ele surja e deixe evidência visível em um detector.

A segunda razão é que, mesmo que achemos o bóson de Higgs e tenhamos certeza de sua existência, vamos querer conhecer suas propriedades. A massa é o dado desconhecido mais importante. Mas conhecer seus decaimentos também é importante. Sabemos o que esperar, mas precisamos medir os dados para saber se estão de acordo com as previsões. Isso nos dirá se nossa teoria simples do campo de Higgs está correta ou se ela é parte de uma teoria mais complexa. Ao medir as propriedades do bóson de Higgs, poderemos vislumbrar algo mais sobre o que está além do Modelo Padrão.

Por exemplo, se houver dois campos de Higgs responsáveis pela quebra da simetria eletrofraca, em vez de apenas um, isso alterará de modo significativo as interações do bóson de Higgs a serem observadas. Em modelos alternativos, a taxa de produção do bóson de Higgs pode ser diferente daquela antecipada. E, se existirem outras partículas carregadas com forças do Modelo Padrão, elas podem influenciar as taxas relativas de decaimento do bóson de Higgs em seus possíveis estados finais.

Isso nos leva à terceira razão para estudar o bóson de Higgs: ainda não sabemos exatamente o que implementa o mecanismo de Higgs. O modelo mais simples — no qual este capítulo se concentrou até aqui — nos diz que o sinal experimental será um único bóson de Higgs. Entretanto, mesmo que acreditemos que o mecanismo de Higgs seja responsável pelas massas das partículas elementares, ainda não estamos confiantes sobre o conjunto preciso de partículas envolvidas em sua implementação. A maioria das pessoas ainda acha que devemos encontrar um bóson de Higgs leve. Se o fizermos, será uma confirmação importante de uma ideia importante.

Mas modelos alternativos envolvem setores de Higgs mais complicados, com um conjunto de interpretações ainda mais rico. Por exemplo: modelos supersimétricos — que serão mais discutidos no próximo capítulo — preveem mais partículas no setor de Higgs. Ainda esperaríamos encontrar o bóson de Higgs, mas suas interações seriam diferentes daquelas de um modelo com apenas uma partícula de Higgs. Para piorar, as outras partículas no setor de Higgs poderiam revelar interessantes assinaturas próprias se forem leves o suficiente para serem produzidas.

Alguns modelos sugerem até que um escalar de Higgs fundamental não existe e que o mecanismo de Higgs é implementado por uma partícula mais complicada, que não é fundamental, mas sim um estado interligado de mais partículas elementares — similares aos pares de elétrons que dão massa ao fóton num material supercondutor. Se for esse o caso, a partícula de Higgs em estado interligado deve ser surpreendentemente pesada e ter outras propriedades de interação que a distinguem de um bóson de Higgs fundamental. Esses modelos estão desfavorecidos hoje, uma vez que são difíceis de encaixar em todas as observações experimentais. Contudo, os experimentalistas do LHC irão testá-los para ter certeza.

O PROBLEMA DA HIERARQUIA NA FÍSICA DE PARTÍCULAS

E o bóson de Higgs é apenas a ponta do iceberg daquilo que o Grande Colisor de Hádrons pode encontrar. Por mais interessante que possa ser essa descoberta, ela não é o único alvo das buscas experimentais do LHC. A principal razão para estudar a escala fraca talvez seja que ninguém acredita que o bóson de Higgs é tudo o que resta para ser descoberto. Os físicos antecipam que ele é apenas um elemento de um modelo muito mais rico que pode nos ensinar mais sobre a natureza da matéria e até mesmo sobre o espaço em si.

A razão para isso é que o bóson de Higgs, e nada mais, leva a outro enorme enigma, conhecido como o *problema da hierarquia*. Este trata da questão de por que as massas das partículas — e a massa do Higgs em particular — assumem os valores que têm. A escala fraca das massas, que determina as massas das partículas elementares, é 10 mil trilhões de vezes menor do que uma outra escala de massas — a massa de Planck que determina a força das interações gravitacionais. (Veja a figura 54.)

A enormidade da massa de Planck em relação à massa fraca corresponde à fraqueza da gravidade. As interações gravitacionais dependem do inverso da massa de Planck. Se ela for tão grande quanto sabemos ser o caso, a gravidade deve ser extremamente fraca.

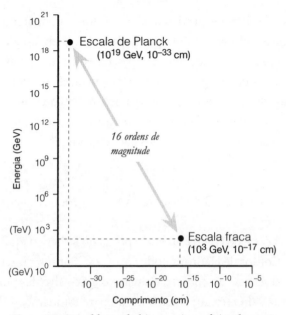

Figura 54. O problema da hierarquia na física de partículas: a escala fraca de energia é dezesseis ordens de magnitude menor do que a escala de Planck associada à gravidade. A disparidade é similar à que existe entre a escala de distância de Planck e as distâncias investigadas pelo LHC.

O fato é que, fundamentalmente, a gravidade é a força mais fraca de todas, com uma margem muito grande. A gravidade pode não parecer tênue, mas isso ocorre porque é a massa da Terra inteira que nos puxa para baixo. Se investigarmos a força gravitacional entre dois elétrons, vemos que a força eletromagnética entre eles é 43 ordens de magnitude maior. Isso significa que o eletromagnetismo ganha por 10 milhões de trilhões de trilhões de trilhões de vezes. A ação da gravidade sobre partículas elementares é totalmente desprezível. O problema da hierarquia pode ser pensado deste modo: por que a gravidade é tão mais fraca do que as outras forças elementares que conhecemos?

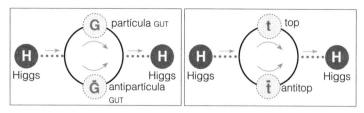

Figura 55. Contribuição quântica para a massa do bóson de Higgs a partir de uma partícula pesada — por exemplo, com massas da escala da Grande Teoria Unificada (GUT) — e sua antipartícula (à esq.) e a partir de um quark top virtual e sua antipartícula (à dir.).

Os físicos de partículas não gostam de números grandes sem explicação, como o do tamanho da massa de Planck em relação à massa fraca. Mas o problema apenas é bem pior do que uma objeção estética a misteriosos números grandes. De acordo com a teoria quântica de campos, que incorpora a mecânica quântica e a relatividade especial, não deveria haver quase nenhuma discrepância. A urgência do problema da hierarquia, ao menos para os teóricos, é mais bem compreendida nesses termos. A teoria quântica de campos indica que as constantes da massa fraca e da massa de Planck deveriam ser mais ou menos iguais.

Na teoria quântica de campos, a massa de Planck é importante não apenas por ser a escala na qual a gravidade é forte. Ela também é a massa na qual tanto a gravidade quanto a mecânica quântica são essenciais, e sob ela as regras físicas que conhecemos devem falhar. A baixas energias, porém, sabemos como fazer cálculos em física de partículas usando a teoria quântica de campos, que dá base a muitas previsões bem-sucedidas que convencem os físicos de que ela está correta. Na verdade, os números mais bem medidos em toda a ciência se encaixam nas previsões baseadas na teoria quântica de campos. Essa concordância não é acidental.

Mas o resultado de aplicarmos princípios similares para incorporar contribuições da mecânica quântica à massa do Higgs por meio de partículas virtuais causa uma perplexidade extraordinária. As contribuições virtuais de quase qualquer partícula na teoria parecem dar à massa da partícula de Higgs uma massa quase tão grande quanto a massa de Planck. As partículas intermediárias poderiam ser objetos pesados, como as partículas com enormes massas na escala da Grande Teoria Unificada (veja o quadro à esquerda da figura 55), ou as partículas poderiam ser partículas comuns do Modelo Padrão, como quarks top (veja o quadro à direita). De qualquer modo, as correções virtuais tornariam a massa do Higgs grande demais. O problema é que as energias permitidas para que partículas virtuais sejam trocadas devem ser tão grandes quanto a energia de Planck. Quando isso é verdade, a contribuição da massa de Higgs também pode ser quase tão grande. Nesse caso, a escala de massa na qual a simetria associada às interações fracas é quebrada espontaneamente também seria a da energia de Planck, que é grande demais, dezesseis ordens de magnitude — 10 mil trilhões de vezes.

O problema da hierarquia é um assunto de importância crítica para o Modelo Padrão com apenas um bóson de Higgs. Em termos técnicos, existe um subterfúgio. A massa do Higgs, na ausência de contribuições virtuais, pode ser enorme e ter exatamente o mesmo valor que cancelaria as contribuições virtuais no nível de precisão de que necessitamos. O problema é que, apesar de ser possível em princípio, isso significaria que dezesseis casas decimais teriam de ser canceladas. Seria uma coincidência e tanto.

Nenhum físico crê nessa gambiarra — ou sintonia fina, tal como a chamamos. Todos nós acreditamos que o problema da hierarquia, nome pelo qual essa discrepância entre massas é conhecido, seja uma indicação de algo maior e melhor na teoria subjacente. Nenhum modelo simples parece estar abordando a questão de modo completo. As únicas respostas promissoras que temos envolvem extensões do Modelo Padrão com algumas características marcantes. Ao lado de alguma coisa que implemente o mecanismo de Higgs, a solução para o problema da hierarquia é o principal alvo das buscas do LHC — assunto do próximo capítulo.

17. O próximo modelo nº 1

Em janeiro de 2010, colegas cientistas se reuniram numa conferência no sul da Califórnia para discutir as pesquisas da física de partículas e da matéria escura na era do Grande Colisor de Hádrons. A organizadora, Maria Spiropulu, experimentalista do CMS e membro do departamento de física do Caltech, pediu-me para fazer a primeira apresentação, resumindo os assuntos principais e os objetivos físicos do LHC para o futuro próximo.

Maria queria uma conferência dinâmica, então sugeriu que começássemos com um "duelo" entre os três palestrantes da abertura. Como se não fosse confuso o suficiente aplicar o termo "duelo" a três pessoas, a audiência de convidados representava um desafio ainda maior, pois variava de especialistas na área a observadores do mundo tecnológico da Califórnia que estavam interessados no tema. Maria me pediu para ir fundo na análise de aspectos sutis e pouco considerados das atuais teorias e experimentos, enquanto um dos participantes, Danny Hillis — um brilhante não físico da empresa Applied Minds —, sugeriu que eu tornasse tudo o mais básico possível para que os não especialistas pudessem acompanhar a apresentação.

Fiz o que qualquer pessoa racional faria diante de conselhos tão contraditórios e difíceis de seguir: procrastinei. O resultado de minha navegação pela internet foi meu primeiro slide (figura 56), que acabou indo parar numa reportagem de Dennis Overbye no *New York Times* — com erro de digitação e tudo.

Figura 56. Os modelos candidatos, como os apresentei num slide durante a conferência.

Os tópicos se referiam ao assunto que os palestrantes seguintes e eu deveríamos abordar. Mas o humor nos efeitos sonoros que inseri para acompanhar a entrada de cada um dos gatos duelistas (que não posso reproduzir aqui) tinha como intenção refletir tanto o entusiasmo quanto a incerteza associados a cada um desses modelos. Todos na conferência, não importa quão confiantes estivessem em relação a uma ideia na qual tivessem trabalhado, sabiam que os dados viriam logo. E os dados serão o árbitro final a decidir quem vai rir por último (e ganhar o prêmio Nobel).

O LHC nos presenteia com uma oportunidade única para criar conhecimento e compreensão novos. Os físicos de partículas esperam saber em breve as respostas para questões profundas sobre as quais temos pensado: por que as partículas têm as massas que têm? Do que é composta a matéria escura? Podem as dimensões extras solucionar o problema da hierarquia? Existem mais simetrias de espaço-tempo envolvidas? Ou há algo completamente inesperado em ação?

As respostas propostas incluem modelos com nomes como supersimetria, tecnicolor e dimensões extras. Elas podem se revelar diferentes de qualquer coisa antecipada, mas os modelos nos dão alvos concretos sobre o que procurar. Este capítulo apresenta alguns dos modelos candidatos que abordam o problema da hierarquia e oferecem uma amostra do tipo de exploração que o LHC vai realizar. As buscas por esses e outros modelos ocorrem ao mesmo tempo e fornecerão ideias valiosas, qualquer que seja a verdadeira teoria da natureza.

SUPERSIMETRIA

Começaremos com a bizarra simetria chamada supersimetria e com os modelos que a incorporam. Se você fizer um censo

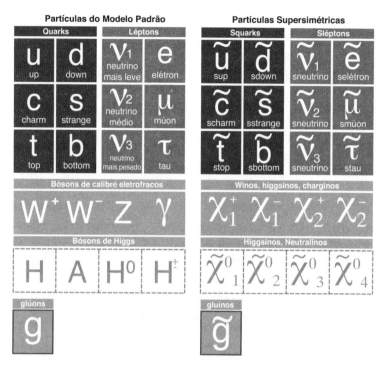

Figura 57. Numa teoria supersimétrica, cada partícula do Modelo Padrão teria uma parceira supersimétrica. O setor de Higgs também é ampliado para além do Modelo Padrão.

entre os físicos de partículas teóricos, uma boa parte deles deverá dizer que a supersimetria resolve o problema da hierarquia. E, se você perguntar a experimentalistas o que eles querem procurar, grande parte deles também vai sugerir a supersimetria.

Desde os anos 1970, muitos físicos já discutiram a existência de teorias supersimétricas tão belas e surpreendentes que eles acreditavam que elas teriam de existir na natureza. Além disso, calcularam que, num modelo supersimétrico, as forças devem ter a mesma potência a altas energias — aprimorando a quase convergência que ocorre no Modelo Padrão e permitindo a possibilidade de unificação. Muitos teóricos também creem que a supersimetria seja a solução mais convincente para o problema da hierarquia, apesar da dificuldade em fazer todos os detalhes se encaixarem naquilo que já sabemos.

Os modelos supersimétricos postulam que toda partícula fundamental do Modelo Padrão — elétrons, quarks etc. — tem uma parceira na forma de uma partícula com interações similares, mas com diferentes propriedades quânticas. Se o mundo é supersimétrico, então existem muitas partículas que poderão ser achadas em breve — haverá uma parceira supersimétrica para cada uma das partículas conhecidas. (Veja a figura 57.)

Modelos supersimétricos podem ajudar a resolver o problema da hierarquia e, se conseguirem, o farão em grande estilo. Em um modelo supersimétrico exato, as contribuições virtuais de partículas e de suas superparceiras se cancelam com exatidão. Ou seja, se adicionarmos todas as contribuições quânticas de cada partícula e contabilizarmos seu efeito sobre a massa do bóson de Higgs, descobriremos que a soma de todas elas é igual a zero. Em um modelo supersimétrico, o bóson de Higgs seria leve ou sem massa, mesmo na presença de correções virtuais quânticas. Em uma teoria verdadeiramente supersimétrica, a soma das contribuições de todos os tipos de partículas se cancelaria com exatidão. (Veja a figura 58.)

Talvez isso soe milagroso, mas é garantido porque a supersimetria é um tipo muito especial de simetria. Ela é uma simetria de espaço e de tempo — como as simetrias de rotações e translações com as quais temos familiaridade —, mas os estende para dentro do regime quântico.

A mecânica quântica divide a matéria em duas categorias diferentes — bósons e férmions. Os férmions são partículas que possuem spin semi-inteiro. O spin, por sua vez, é um número quântico que, em essência, diz algo como quanto a partícula age tal qual estivesse girando. Semi-inteiro significa valores como 1/2,

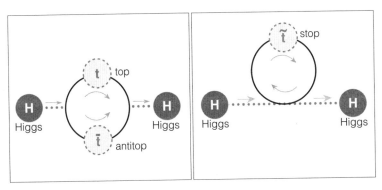

Figura 58. Em um modelo supersimétrico, as contribuições de partículas virtuais supersimétricas cancelam com exatidão as contribuições das partículas do Modelo Padrão para a massa do bóson de Higgs. A soma das contribuições dos dois diagramas acima, por exemplo, é zero.

3/2, 5/2 e assim por diante. Os quarks e léptons do Modelo Padrão são exemplos de férmions e possuem spin −1/2. Os bósons são partículas como os bósons de calibre comunicadores de forças ou talvez o bóson de Higgs, a ser descoberto. Eles têm spin integral, representados por números inteiros como 0, 1, 2 etc.

Férmions e bósons se distinguem não apenas por seus spins. Eles se comportam de modo muito diferente quando há dois ou mais deles do mesmo tipo. Férmions idênticos com as mesmas propriedades, por exemplo, nunca podem estar no mesmo lugar. Isso é o que nos diz o *princípio de exclusão de Pauli*, assim batizado em homenagem ao físico austríaco Wolfgang Pauli. Esse fato sobre os férmions explica a estrutura da tabela periódica, segundo a qual os elétrons, a menos que se distingam por algum número quântico, têm de orbitar o núcleo de modo diferente uns dos outros. É também a razão pela qual minha cadeira não está caindo para o centro da Terra, uma vez que os férmions da minha cadeira não podem estar no mesmo lugar que o material da Terra.

Os bósons, por outro lado, comportam-se exatamente da maneira oposta. Eles na verdade tendem a ser encontrados no mesmo lugar. Os bósons podem se sobrepor uns aos outros — meio como crocodilos, motivo pelo qual podem existir fenômenos como os condensados de Bose, que requerem muitas partículas sobrepostas umas às outras com o mesmo estado quântico. Também os lasers dependem da afinidade bosônica que os fótons têm uns pelos outros. O intenso raio é criado pelos muitos fótons idênticos disparados juntos.

Notavelmente, num modelo supersimétrico, partículas que consideramos muito diferentes — bósons e férmions — podem ser trocadas de maneira que o resultado no fim seja o mesmo que o da teoria com a qual se começou. Cada partícula tem uma partícula parceira do tipo quântico oposto, mas exatamente com as mesmas massas e cargas. A nomenclatura para as novas partículas é um pouco engraçada — nunca deixa de provocar risadinhas quando falo do tema em público. Por exemplo, o elétron, um férmion, faz par com o *selétron*, um bóson. O fóton, um bóson, faz par com o *fotino*, um férmion. E o *W* faz par com um *Wino*.* As novas partículas têm interações semelhantes às das partículas do Modelo Padrão com as quais são pareadas. Mas elas também têm propriedades quânticas opostas.

Em uma teoria supersimétrica, as propriedades de cada bóson são relacionadas às propriedades de seus férmions superparceiros e vice-versa. Como cada partícula tem uma parceira, e as interações são alinhadas de forma cuidadosa, a teoria abre espaço para essa simetria bizarra que gera um intercâmbio entre bósons e férmions.

Uma maneira de entender esse cancelamento aparentemente milagroso de contribuições para a massa do Higgs é que a supersimetria relaciona cada bóson a um parceiro férmion. A supersimetria, em particular, emparelha o bóson de Higgs com um férmion

---

* A palavra "wino" também significa "bebum" em inglês. (N. T.)

de Higgs, o Higgsino. Mesmo que contribuições da mecânica quântica tenham uma influência radical na massa de um bóson, a massa de um férmion nunca será muito maior do que a *massa clássica*, que é a massa antes de serem contabilizadas as contribuições quânticas — mesmo quando correções quânticas forem inseridas.

A lógica é sutil, mas correções grandes não ocorrem porque as massas dos férmions envolvem tanto partículas canhotas como destras. Os termos de massa permitem a elas se transformar uma na outra repetidamente. Se não houvesse termos clássicos de massa e elas não pudessem se converter umas nas outras antes de efeitos da mecânica quântica serem incluídos, elas não o fariam, mesmo com efeitos quânticos sendo considerados. Se um férmion não tem massa com a qual começar (nenhuma massa clássica), ainda assim terá massa zero após contribuições quânticas serem inseridas.

Nenhum argumento desse tipo se aplica aos bósons. O bóson de Higgs, por exemplo, tem spin zero. Não faz sentido, então, dizer que o bóson de Higgs tem spin para a direita ou para a esquerda. Mas a supersimetria nos diz que as massas dos bósons são as mesmas que as dos férmions. Assim, se a massa do Higgsino é zero (ou quase zero), a massa do bóson de Higgs superparceiro também tem de ser zero numa teoria supersimétrica, mesmo quando correções quânticas são levadas em conta.

Não sabemos ainda se está correta essa explicação particularmente elegante para a estabilidade da hierarquia e para o cancelamento de grandes correções na massa do Higgs. Mas, se a supersimetria de fato aborda o problema da hierarquia, então sabemos um bocado sobre aquilo que devemos esperar encontrar no LHC. Sabemos quais novas partículas devem existir, uma vez que todas as partículas conhecidas devem ter uma parceira. E, acima de tudo, podemos estimar quais devem ser as massas das novas partículas supersimétricas.

Se a supersimetria for preservada de maneira exata na natureza, claro, saberemos com precisão as massas de todas as superparceiras. Elas seriam idênticas às massas das partículas com as quais são pareadas. Nenhuma das superparceiras, porém, foi observada ainda. Isso nos diz que, mesmo que a supersimetria se aplique à natureza, ela não pode ser exata. Se fosse, já teríamos descoberto o selétron, o squark e todas as outras partículas supersimétricas que uma teoria de supersimetria iria prever.

Então, a supersimetria precisa ser *quebrada*, o que significa que as relações previstas numa teoria supersimétrica, apesar de serem possivelmente aproximadas, não podem ser exatas. Em uma teoria de supersimetria quebrada, toda partícula ainda teria uma superparceira, mas essas superparceiras teriam diferentes massas em relação a suas partículas parceiras do Modelo Padrão.

Se a supersimetria tivesse uma ruptura muito brusca, porém, ela não ajudaria a resolver o problema da hierarquia, pois o mundo se mostraria como se a supersimetria não se aplicasse à natureza de modo algum. A supersimetria precisaria ter uma ruptura sob medida para não termos descoberto ainda nenhuma evidência de sua existência, enquanto a massa do Higgs continuaria, de qualquer modo, protegida de grandes contribuições quânticas que o tornariam pesado demais.

Isso nos diz que as partículas supersimétricas devem ter massas na escala fraca. Se fossem um pouco mais leves, já teriam sido vistas. Se fossem mais pesadas, esperaríamos ver um Higgs com massa muito grande também. Não sabemos as massas com exatidão, pois só conhecemos a massa do Higgs por aproximação. Mas sabemos que, se as massas fossem exageradamente pesadas, o problema da hierarquia persistiria. Então concluímos que, se a supersimetria existe na natureza e afeta o problema da hierarquia, deveriam existir várias novas partículas com massa na faixa de algumas centenas de gigaelétrons-volt até alguns teraelétrons-volt.

Isso é precisamente o espectro de massas que o LHC está preparado para procurar. O colisor, com catorze teraelétrons-volt de energia, deverá produzir essas partículas mesmo que apenas uma fração da energia dos prótons esteja nos quarks e glúons que colidem e produzem novas partículas.

As partículas mais fáceis de produzir no LHC seriam as partículas supersimétricas com cargas abaixo da força nuclear forte. Essas partículas poderiam ser criadas em abundância nas colisões dos prótons (ou, mais especificamente, dos quarks e glúons dentro deles). Quando essas colisões acontecem, novas partículas supersimétricas que interagem por meio da força forte podem ser produzidas. Se surgirem, elas deixarão evidências muito características e distintas no detector.

Essas *assinaturas* — os pedaços de evidência experimental que elas deixam — dependem do que acontece à partícula após sua criação. A maioria das partículas supersimétricas decairia. Isso ocorreria porque, em geral, existem partículas mais leves (como as do Modelo Padrão) para as quais a carga total é a mesma que a da partícula supersimétrica pesada. Se for esse o caso, a partícula supersimétrica decairá em partículas mais leves do Modelo Padrão como forma de conservar a carga inicial. Experimentos detectarão então as partículas do Modelo Padrão.

É provável que isso não seja suficiente para identificar a supersimetria. Mas, em quase todos os modelos supersimétricos, uma partícula supersimétrica não decai apenas em partículas do Modelo Padrão. Outra partícula supersimétrica (mais leve) resta ao fim do decaimento. Isso porque partículas simétricas aparecem (ou desaparecem) apenas em pares. Portanto, uma partícula supersimétrica precisa sobrar no final, após uma partícula supersimétrica ter decaído — uma partícula supersimétrica não pode se tornar nada. Portanto, a partícula supersimétrica mais leve deve ser estável. Essa partícula mais leve, que não tem no que decair, é conhecida pela sigla LSP (*lightest supersymmetric particle* [partícula supersimétrica mais leve]).

Os decaimentos de partículas supersimétricas são distintos do ponto de vista experimental porque a mais leve das partículas supersimétricas neutras restaria mesmo após o decaimento se completar. Restrições cosmológicas nos dizem que a LSP não possui cargas, então não vai interagir com quaisquer elementos do detector. Isso significa que, sempre que uma partícula supersimétrica for produzida e decair, haverá uma perda aparente de energia e de momento linear. A LSP vai desaparecer do detector e levar embora consigo algum momento e alguma energia, para onde não possam ser registrados, deixando como assinatura a energia faltante. A ausência de energia não é específica apenas à supersimetria, mas, como já conhecemos um bocado sobre o espectro supersimétrico, sabemos tanto o que devemos quanto o que não devemos ver.

Por exemplo, suponha que seja produzido um squark, o parceiro supersimétrico de um quark. As partículas nas quais ele pode decair dependem de quais delas são as mais leves. Um possível modo de decaimento será sempre em um squark tornando-se um quark e a partícula supersimétrica mais leve. (Veja a figura 59.) Lembremos que, como os decaimentos podem ocorrer imediatamente, na prática o detector só registra os produtos do decaimento. Se tal decaimento de um squark ocorrer, os detectores irão registrar a passagem de um quark no rastreador e no calorímetro hadrônico, que mede a energia depositada por uma partícula de interação forte. Mas o experimento também vai medir que há energia e momento linear faltando. Os experimentalistas devem saber distinguir o momento ausente, da mesma maneira que conseguem fazê-lo quando neutrinos são produzidos. Eles iriam medir o momento linear perpendicular ao feixe e descobrir que sua soma não é zero. Um dos maiores desafios dos experimentalistas

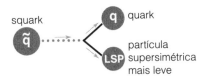

Figura 59. Um squark pode decair em um quark mais a partícula supersimétrica mais leve.

será identificar sem ambiguidade esse momento ausente. Afinal de contas, tudo aquilo que não é detectado parece estar ausente. Se algo sai errado ou é mal medido, e mesmo que não sejam detectadas nem pequenas quantidades de energia, o momento faltante pode se acumular e imitar o sinal de uma partícula supersimétrica em fuga, mesmo que nada exótico tenha sido produzido.

Na verdade, como o squark nunca é criado sozinho, mas sempre junto com outros objetos de interação forte (como outro squark ou um antisquark), os experimentalistas medirão ao menos dois jatos (veja a figura 60 para um exemplo). Se forem criados dois squarks numa colisão de prótons, eles dariam origem a dois

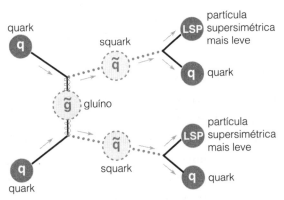

Figura 60. O LHC pode produzir dois squarks juntos, com ambos decaindo em quarks e LSPs, deixando uma assinatura de energia ausente.

quarks que os detectores registrariam. A soma de energia e momento ausentes escaparia sem ser detectada, mas essa falta seria notada e forneceria evidências de novas partículas.

Uma grande vantagem de todos os atrasos no cronograma do LHC foi que os experimentalistas tiveram tempo de entender seus detectores por inteiro. Eles os calibraram para que as medições já estivessem bem precisas a partir do dia em que a máquina entrasse em operação, e os sinais de energia ausente deveriam então ser robustos. Os teóricos, na outra ponta, tiveram tempo de pensar sobre estratégias de busca alternativas para modelos supersimétricos e outros. Junto com Dave Tucker-Smith, teórico do Williams College, por exemplo, encontrei uma maneira diferente — mas relacionada — de procurar pelo decaimento de squarks descrito aqui. Nosso método consiste em medir apenas o momento linear e a energia dos quarks que emergem do evento, sem a necessidade explícita de medir o momento ausente, algo que pode ser complicado. Uma coisa ótima sobre o recente entusiasmo com o LHC é que vários experimentos do CMS foram executados com essa abordagem logo de cara, e não apenas mostraram que ela funciona, como também aprimoraram e generalizaram a ideia em poucos meses. Ela é agora parte da estratégia padrão de busca da supersimetria, e a primeira busca de supersimetria no CMS usou a técnica que tínhamos sugerido havia pouco.[1]

Mais para a frente, mesmo que a supersimetria seja descoberta, os experimentalistas não poderão parar. Eles farão o máximo para determinar todo o espectro supersimétrico, e os teóricos trabalharão para interpretar o que os resultados podem significar. Há um bocado de teorias interessantes dando base à supersimetria e às partículas que podem quebrá-la espontaneamente. Sabemos quais partículas supersimétricas devem existir caso a supersimetria seja relevante para o problema da hierarquia, mas não sabemos ainda quais massas elas devem ter ou como tais massas surgem.

Diferentes espectros de massa farão enorme diferença para aquilo que o LHC deve enxergar. Partículas só podem decair em outras partículas mais leves. A cadeia de decaimento, a sequência de possíveis decaimentos de partículas supersimétricas, depende dessas massas — quais são mais pesadas e quais são mais leves. As taxas de diversos processos também dependem das massas das partículas. Partículas mais pesadas em geral decaem mais rápido. E em geral elas são mais difíceis de produzir, já que só as colisões com um bocado de energia podem criá-las. A combinação de todos os resultados pode nos dar importantes pistas sobre o que está por trás do Modelo Padrão e sobre o que nos espera nas próximas escalas de energia. Isso vale para qualquer análise de novas teorias físicas que possamos vir a encontrar.

Contudo, devemos ter em mente que, apesar da popularidade da supersimetria entre os físicos, há muitos motivos para preocupação sobre se ela de fato se aplica ao problema da hierarquia e ao mundo real.

O primeiro, e talvez o mais inquietante, é que ainda não vimos nenhuma evidência experimental. Se a supersimetria existe, a única explicação para a ausência de evidências até agora é que as superparceiras são pesadas. Mas uma solução natural para o problema da hierarquia requer que as superparceiras sejam razoavelmente leves. Quanto mais pesadas elas forem, mais inadequada a supersimetria será para solucionar o problema da hierarquia. O tamanho do remendo necessário será determinado pela razão entre a massa do bóson de Higgs e a escala de quebra da supersimetria. Quanto maior esse número, mais "sintonia fina" a teoria precisará ter.

A demora no aparecimento do bóson de Higgs até agora piora o problema. Em um modelo supersimétrico, a única maneira de tornar o Higgs pesado o suficiente para ter escapado à detecção são grandes contribuições quânticas que só podem estar surgindo de superparceiras pesadas. Mas, de novo, essas massas precisam ser tão grandes que a hierarquia se torna meio artificial, mesmo com supersimetria.

O outro problema com a supersimetria é o desafio de achar um modelo totalmente consistente que inclua a quebra de supersimetria e se encaixe em todos os dados experimentais obtidos até agora. A supersimetria é um tipo de simetria muito especial que interliga muitas interações e proíbe interações que, de outra forma, seriam permitidas pela mecânica quântica. Uma vez que a supersimetria seja quebrada, o "princípio anárquico" toma conta. Qualquer coisa que possa acontecer acontecerá. A maioria dos modelos preveria decaimentos que nunca foram vistos na natureza ou que são vistos com frequência baixa demais para se encaixarem nas previsões. Por causa da mecânica quântica, a quebra da supersimetria cria uma situação bem complicada.

Os físicos podem estar simplesmente perdendo as respostas corretas. Não podemos dizer com certeza que não existem bons modelos ou que um pouco de sintonia fina não acontece. Se a supersimetria for a solução correta para o problema da hierarquia, com certeza em breve devemos achar evidência para ela no LHC. Então, é uma busca que vale a pena. A descoberta da supersimetria significaria que essa nova simetria exótica do espaço-tempo se aplica não apenas a uma formulação teórica em folhas de papel, mas também ao mundo real. Na ausência de descobertas, porém, vale a pena estudar alternativas. A primeira que vamos abordar é conhecida como *tecnicolor*.

TECNICOLOR

Nos anos 1970, os físicos também consideraram uma potencial alternativa para solucionar o problema da hierarquia, conhecida como *tecnicolor*. Os modelos sob essa rubrica envolvem partículas que interagem de maneira forte por meio de uma nova força, jocosamente batizada de *força tecnicolor*. A proposta era que ela agiria de modo similar à força nuclear forte (também conhecida como força colorida entre os físicos), mas unindo partículas na escala de energia fraca, não na escala da massa do próton.

Se a tecnicolor for de fato a resposta para o problema da hierarquia, o LHC não deve produzir um único bóson de Higgs fundamental. Em vez disso, ele produziria um estado interligado, algo como um hádron, que assumiria o papel da partícula de Higgs. A evidência experimental em favor da tecnicolor viria na forma de muitas partículas de estados interligados e muitas interações fortes — bastante parecidas com os hádrons com os quais estamos familiarizados, mas que apareceriam apenas numa energia muito maior — na escala fraca ou além dela.

A ausência de evidência até agora impõe uma restrição significativa aos modelos tecnicolor. Se a tecnicolor é de fato a solução para o problema da hierarquia, deveríamos já ter encontrado evidência — apesar de podermos estar deixando algo sutil escapar.

Para piorar, a construção de modelos com a tecnicolor é ainda mais desafiadora do que com a supersimetria. Achar modelos que se encaixem em tudo o que observamos na natureza envolve grandes desafios, e nenhum modelo totalmente adequado foi encontrado até agora.

Os experimentalistas tentarão, entretanto, manter a mente aberta e buscar a tecnicolor ou qualquer outra evidência de novas forças fortes. Mas a esperança não é muito grande. Se, porém, a tecnicolor se revelar no final a teoria subjacente do mundo, talvez o Microsoft Word pare de tentar corrigir a palavra automaticamente e inserir um "T" maiúsculo toda vez que eu escrever sobre o assunto.

DIMENSÕES EXTRAS

Nem a supersimetria nem a tecnicolor são soluções obviamente perfeitas para o problema da hierarquia. Teorias supersimétricas não acomodam de pronto uma quebra de simetria experimentalmente consistente, e teorias derivadas da tecnicolor que preveem as massas corretas de quarks e léptons são ainda mais difíceis. Os físicos decidiram então olhar mais longe e estudar ideias que, superficialmente, são alternativas ainda mais especulativas. Lembremos que, mesmo que as ideias pareçam feias ou pouco óbvias a princípio, só depois de entendermos todas as implicações de cada uma delas podemos decidir qual é a mais bonita — e, mais importante que isso, correta.

Na década de 1990, uma melhor compreensão da teoria de cordas e de seus componentes levou a novas sugestões para abordar o problema da hierarquia. Essas ideias foram motivadas por elementos da teoria de cordas — apesar de não serem necessariamente derivadas de modo direto de sua estrutura restrita — e envolvem dimensões extras de espaço. Se as dimensões extras existem — e temos motivo para acreditar que devem existir —, elas podem conter a chave para solucionar o problema da hierarquia. Se for esse o caso, elas acabarão deixando evidência experimental de sua existência no LHC.

As dimensões espaciais adicionais são um conceito exótico. Se o universo possui tais dimensões, o espaço seria muito diferente daquele que observamos em nosso dia a dia. Além das três direções — esquerda-direita, acima-abaixo, frente-trás (ou longitude, latitude e altitude) —, o espaço se estenderia por direções que ninguém jamais viu.

Como não as vemos, essas novas dimensões de espaço sem dúvida precisariam estar escondidas. Isso ocorreria porque elas seriam pequenas demais para influenciar diretamente qualquer

Homem na corda bamba   Formiga na corda bamba

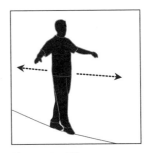 

Figura 61. Uma pessoa e uma formiga percebem uma corda bamba de maneira diferente. Para a pessoa ela parece ter uma única dimensão, enquanto para a formiga parece ter duas.

coisa que possamos ver, tal qual o físico Oskar Klein sugeriu em 1926. A ideia é que, por culpa de nossa resolução limitada, essas dimensões são pequenas demais para se distinguirem. Podemos não estar notando uma dimensão encurvada pela qual somos incapazes de nos deslocar. Algo similar ocorre com um equilibrista numa corda bamba, que percebe seu trajeto como uma linha de apenas uma dimensão, enquanto uma formiga pode experimentar duas dimensões na corda.[2] (Veja a figura 61.)

Outra possibilidade é que dimensões estejam escondidas em razão de o espaço-tempo ser encurvado ou retorcido, como Einstein nos ensinou que acontece na presença de energia. Se a curvatura é acentuada o suficiente, os efeitos de dimensões adicionais são ocultados, tal qual Raman Sundrum e eu determinamos em 1999. Isso significa que a geometria encurvada também pode fornecer um meio no qual uma dimensão se esconderia.[3]

Mas, se dimensões extras jamais foram vistas, por que deveríamos sequer imaginá-las? A história da física possui muitos exemplos de descobertas de coisas que ninguém podia ver. Ninguém podia "ver" átomos e ninguém podia "ver" quarks. Ainda assim, temos agora evidências experimentais fortes da existência de ambos.

Nenhuma lei da física nos diz que só podem existir três dimensões de espaço. A teoria da relatividade geral funciona com qualquer número de dimensões. Na verdade, logo após Einstein ter completado a teoria da gravidade, suas ideias foram estendidas por Theodor Kaluza para sugerir a existência de uma quarta dimensão espacial e, cinco anos depois, Oskar Klein sugeriu como ela poderia estar encurvada e ser diferente das três que conhecemos.

A teoria de cordas, a proposta que lidera a busca de uma teoria que combine a gravidade e a mecânica quântica, é outra razão pela qual os físicos têm nutrido a noção de dimensões extras. Ela não nos leva de maneira óbvia à teoria da gravidade com a qual estamos familiarizados. A teoria de cordas envolve necessariamente dimensões extras de espaço.

As pessoas me perguntam com frequência quantas dimensões existem no universo. Não sabemos. A teoria de cordas sugere seis ou sete dimensões extras. Mas os construtores de modelos mantêm a mente aberta. Talvez diferentes versões da teoria de cordas levem a outras possibilidades. De todo modo, as dimensões com as quais os construtores de modelos se importam na discussão que se segue são apenas aquelas suficientemente encurvadas ou aquelas grandes a ponto de afetar previsões físicas. Pode ser que existam outras dimensões ainda menores do que as relevantes para fenômenos da física de partículas, mas ignoraremos qualquer coisa tão hiperminúscula. Adotaremos de novo a abordagem da teoria efetiva, ignorando qualquer coisa invisível ou pequena demais para causar diferenças mensuráveis.

A teoria de cordas também introduz outros elementos — em especial, as *branas* — que vão na direção de possibilidades mais ricas para a geometria do universo, caso ele de fato tenha dimensões extras. Nos anos 1990, Joe Polchinski, um cordista (adepto da teoria de cordas), estabeleceu que ela não era apenas uma teoria de objetos unidimensionais chamados cordas. Com muitos outros, ele demonstrou que objetos com mais dimensões, chamados branas, também eram essenciais à teoria.

A palavra "brana" deriva de "membrana". Assim como membranas, que são superfícies bidimensionais num espaço tridimensional, as branas são superfícies com menos dimensões num espaço com mais dimensões. Essas branas podem aprisionar partículas e forças de forma que elas não se desloquem por todo o espaço multidimensional. As branas num espaço com mais dimensões são como uma cortina do boxe do banheiro, que é uma superfície bidimensional em um cômodo tridimensional. (Veja a figura 62.)

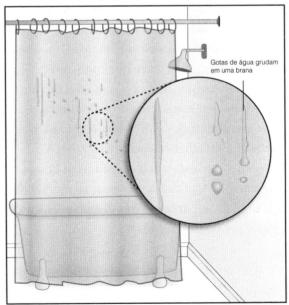

Figura 62. Uma brana aprisiona partículas e forças que podem se mover ao longo dela, mas não se projetam para fora — de modo similar a gotas de água que podem se mover pela cortina do boxe, mas não pular para fora.

Gotas de água podem se deslocar apenas ao longo da superfície de duas dimensões da cortina, de forma similar às partículas e forças que ficariam limitadas à "superfície" de uma brana com menor número de dimensões.

Grosso modo, existem dois tipos de cordas: *cordas abertas*, que possuem extremidades, e *cordas fechadas*, que formam argolas como tiras de elástico. (Veja a figura 63.) Nos anos 1990, os cordistas se deram conta de que as pontas das cordas abertas não podem estar em qualquer lugar — elas têm de terminar em branas. Quando partículas surgem das oscilações de cordas abertas ancoradas a uma brana, elas também ficam confinadas ali. As partículas, que são as oscilações dessas cordas, então ficam presas. Como gotas de água na cortina do boxe, elas podem viajar ao longo das dimensões das branas, mas não fora delas.

A teoria de cordas sugere a existência de muitos tipos de branas, mas as mais interessantes para abordar o problema da hierarquia são as que se estendem ao longo de três dimensões — as três dimensões físicas de espaço que conhecemos. Partículas e forças podem ficar aprisionadas nessas branas, mesmo quando a gravidade e o espaço se estendem por mais dimensões. (A figura 64 apresenta o esquema de uma pessoa e um ímã numa brana, com a gravidade se espalhando dentro e fora dela.)

As dimensões extras da teoria de cordas e as branas tridimensionais devem ter um significado físico para o mundo observável. Talvez a razão mais importante para postular dimensões extras

Figura 63. *Uma corda aberta com duas pontas e uma corda fechada, sem ponta.*

Figura 64. As partículas e forças do Modelo Padrão podem ficar presas a um "mundo brana" que vive num espaço com mais dimensões. Neste caso, meu primo Matt, a matéria e as estrelas que conhecemos, forças como o eletromagnetismo, nossa galáxia e o resto do universo, todos vivem em suas três dimensões espaciais. A gravidade, porém, pode sempre se estender ao longo de todo o espaço. (Cortesia de Marty Rosenberg.)

seja que elas podem afetar fenômenos visíveis e, em particular, abordar quebra-cabeças notáveis, como o problema da hierarquia da física de partículas. Dimensões extras e branas podem ser a chave para resolver essa questão — lidar com o assunto de por que a gravidade é tão fraca.

Isso nos leva ao que hoje talvez seja a melhor razão para cogitarmos a existência de dimensões extras de espaço. Elas podem ter consequências para fenômenos que estamos tentando entender agora e, se for o caso, podemos obter evidências num futuro próximo.

Lembremos que é possível expressar o problema da hierarquia de dois modos diferentes. Podemos dizer que ele é a questão de por que a massa do Higgs — logo, da escala fraca — é tão menor que a massa de Planck. É isso que consideramos ao pensar sobre supersimetria e tecnicolor. Mas também podemos perguntar: por que a gravidade é tão fraca comparada às outras forças fundamentais? A força da gravidade depende da escala da massa de Planck, a enorme massa 10 mil trilhões de vezes maior que a escala fraca. Quanto maior for a massa de Planck, mais fraca é a força gravitacional. Só quando as massas estão na escala de Planck, ou perto dela, a gravidade é forte. Enquanto as partículas forem muitíssimo mais leves do que a escala determinada pela massa de Planck, tal como são em nosso mundo, a força da gravidade será extremamente fraca.

O quebra-cabeça de por que a gravidade é tão fraca é, de fato, equivalente ao problema da hierarquia — a solução para um resolve o outro. Mas, mesmo que sejam equivalentes, expressar o problema da hierarquia em termos de gravidade nos ajuda a guiar nosso raciocínio em direção às soluções extradimensionais. Vamos mergulhar agora em algumas das sugestões dominantes.

GRANDES DIMENSÕES EXTRAS E A HIERARQUIA

Desde que as pessoas começaram a pensar sobre o problema da hierarquia, os físicos creem que a solução deve envolver modificações nas interações de partículas na escala de energia fraca, a cerca de um teraelétron-volt. Quando temos apenas partículas do Modelo Padrão, as contribuições quânticas para a massa da partícula de Higgs são simplesmente grandes demais. Algo precisa entrar em cena para aplacar as grandes contribuições quânticas para a massa da partícula de Higgs.

A supersimetria e a tecnicolor são dois exemplos nos quais novas partículas pesadas podem participar de interações de altas energias e cancelar as contribuições ou impedi-las de surgir. Até os anos 1990, todas as soluções propostas para o problema da hierarquia podiam ser categorizadas de modo similar, com novas partículas e forças (e até novas simetrias) surgindo da escala de energia fraca.

Em 1998, Nima Arkani-Hamed, Savas Dimopoulos e Gia Dvali[4] propuseram um modo alternativo de tratar a questão. Eles mostraram que, como não envolve apenas a escala de energia fraca, mas sua proporção em relação à escala de energia de Planck associada à gravidade, talvez o problema resida em uma compreensão incorreta da natureza básica da gravidade em si.

Eles sugeriram que, na verdade, não haveria nenhuma hierarquia de massas — pelo menos não em relação à escala fundamental da gravidade comparada à escala fraca. Talvez a gravidade seja muito mais forte no universo multidimensional, mas esteja apenas sendo medida como algo fraco em nosso mundo de três-dimensões--mais-uma por estar diluída, espalhada por todas as dimensões que não vemos. Sua hipótese era que a escala de massas na qual a gravidade se torna forte num universo extradimensional seja de fato a escala de massa fraca. Nesse caso, a gravidade é percebida como uma força minúscula não por ser fundamentalmente fraca, mas porque se espalha para grandes dimensões que não vemos.

Uma maneira de compreender isso é imaginar uma situação análoga com um aspersor de água. Imagine a água saindo desse dispositivo. Se ela se espalhar apenas em nossas dimensões, seu impacto dependerá da quantidade de água que sai da mangueira e de quão longe ela vai. Mas, se existissem dimensões adicionais de espaço, a água se espalharia para essas dimensões também, após sair da ponta da mangueira. Presenciaríamos muito menos água

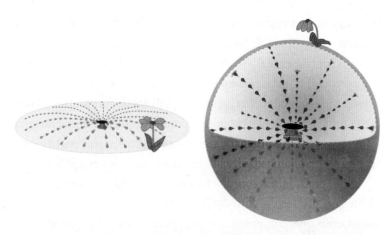

Figura 65. A intensidade das forças se reduz mais rápido com a distância num espaço com mais dimensões do que num espaço com menos dimensões. Isso é análogo a um aspersor de jardim para o qual a água se dilui muito mais rápido em função da distância. A água se espalha mais em três dimensões do que se espalha em duas — nesta imagem, só a flor recebendo água do aspersor com menos dimensões acaba sendo regada o suficiente.

do que o faríamos a uma dada distância da fonte, pois a água também se espalharia para dimensões que não observamos. (Isso está ilustrado esquematicamente na figura 65.)

Se as dimensões extras de espaço tivessem tamanho finito, a água atingiria as fronteiras dessas dimensões e não mais se dispersaria. Mas a quantidade de água que qualquer coisa receberia num dado lugar do espaço extradimensional seria bem menor do que a que ela receberia se a água não tivesse se espalhado para essas outras dimensões no início.

A gravidade, da mesma maneira, poderia se espalhar por outras dimensões. Mesmo que essas outras dimensões tenham tamanho finito e a força não se espalhe para sempre, dimensões grandes diluiriam a força gravitacional que vivenciamos em nosso mundo de três dimensões. Se as dimensões fossem grandes o suficiente, experimentaríamos uma gravidade muito fraca, mesmo que a força fundamental da gravidade em mais dimensões seja bastante grande. Mas tenha em mente que, para essa ideia funcionar, as dimensões extras têm de ser enormes comparadas àquelas que considerações teóricas nos levam a esperar, uma vez que a gravidade de fato parece tão tênue no mundo tridimensional.

Ainda assim, o LHC vai submeter essa ideia a testes experimentais. Ainda que ela pareça improvável, o árbitro final para o que está correto é a realidade, e não nossa facilidade para criar modelos. Se esses modelos de fato se aplicam ao mundo, eles deixariam uma assinatura característica distintiva. Como a gravidade com mais dimensões é forte a energias em torno da escala fraca — energias que o LHC vai gerar —, partículas iriam colidir e produzir, num espaço de mais dimensões, um gráviton — a partícula que comunicaria a força da gravidade. Mas esse gráviton viaja para dentro das dimensões extras. A gravidade com que estamos familiarizados é extremamente fraca — fraca demais para produzir um gráviton quando há apenas três dimensões de espaço. Mas nesse novo cenário a gravidade com mais dimensões seria forte o suficiente para produzir um gráviton sob as energias atingidas pelo LHC.

A consequência seria a produção de partículas conhecidas como modos de Kaluza-Klein (KK), que são a manifestação tridimensional de uma gravitação com mais dimensões. Eles são batizados em homenagem a Theodor Kaluza e Oskar Klein, os primeiros a pensar sobre dimensões extras em nosso universo. As partículas KK têm interações similares às outras partículas que conhecemos, mas com massas maiores. Esse peso maior é resultado de seu momento linear adicional na direção da dimensão extra. Se o modo KK estiver associado ao gráviton, como prevê o cenário das grandes dimensões extras, uma vez produzido ele desapareceria do detector. A evidência de sua efêmera visita seria a energia ausente nas medições. (Veja a figura 66, na qual uma partícula KK é produzida e leva embora consigo energia e momento.)

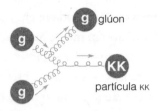

Figura 66. No cenário de grandes dimensões extras, pode ser produzida uma parceira Kaluza-Klein do gráviton com momento linear nas dimensões extras. Caso isso ocorra, ela desaparecerá do detector, deixando como evidência energia e momento ausentes.

A energia ausente, claro, também é característica de modelos supersimétricos. Os sinais podem ser tão similares que, mesmo que uma descoberta seja feita, as pessoas dos campos da supersimetria e das dimensões extras estão, cada uma, propensas a interpretar os dados em favor de suas expectativas — ao menos no início. Com uma compreensão detalhada das consequências e previsões de ambos os tipos de modelos, porém, seremos capazes de determinar qual ideia está correta, se é que alguma está. Uma de nossas metas ao construir modelos é atribuir as implicações corretas às assinaturas dos experimentos e a seus detalhes. Uma vez caracterizadas as diferentes possibilidades, conheceremos os aspectos e as taxas de ocorrência das assinaturas que se seguem, e poderemos usar aspectos sutis para diferenciá-las.

Em todo caso, até aqui, muitos de meus colegas e eu duvidamos que um cenário de grandes dimensões extras seja de fato a solução para o problema da hierarquia, ainda que daqui a pouco eu vá apresentar um exemplo extradimensional muito diferente, que parece bem mais promissor. Em primeiro lugar, não esperamos que as dimensões extras sejam tão grandes. E ficou claro que elas teriam de ser enormes em relação às outras escalas apresentadas no problema. Mesmo que a hierarquia entre a escala fraca e a escala da gravidade seja eliminada em princípio, uma nova hierarquia, envolvendo o tamanho das novas dimensões, seria introduzida no cenário.

Algo ainda mais preocupante é que, nesse cenário, esperaríamos que a evolução do universo fosse bem diferente da que foi observada. O problema é que essas dimensões muito grandes se expandiriam junto com o resto do universo até as temperaturas estarem muito baixas. Para que um modelo seja um potencial candidato à realidade, a evolução do universo que ele prevê tem de imitar a que já foi observada e é consistente com apenas três dimensões de espaço. Isso impõe um desafio aos cenários com dimensões adicionais tão grandes.

Essas dificuldades não bastam para descartar a ideia em definitivo. Os construtores de modelos habilidosos podem achar soluções para a maioria dos problemas. Mas os modelos tendem a se tornar exageradamente complicados e convolutos para se encaixar em todas as observações. Os físicos, na maioria, estão céticos e têm restrições estéticas contra essas ideias. Assim, muitos vêm se dedicando a ideias extradimensionais mais promissoras, como as descritas na próxima seção. Não obstante, só os experimentos nos dirão ao certo se os modelos com grandes dimensões extras se aplicam ao mundo real ou não.

UMA DIMENSÃO EXTRA ENCURVADA

Grandes dimensões não são a única solução possível para o problema da hierarquia, mesmo no contexto de um universo extradimensional. Uma vez aberta a porta para ideias extradimensionais, Raman Sundrum e eu identificamos algo que parece ser uma solução melhor[5] — uma solução que a maioria dos físicos reconheceria ser muito mais propensa a existir na natureza. Note que isso não significa que a maioria dos físicos ache que sua existência seja provável. Muitos suspeitam que é preciso ter sorte demais para prever de maneira correta o que o LHC vai revelar ou para construir um modelo de todo correto antes de surgirem mais pistas experimentais. Mas essa é uma ideia que provavelmente tem uma chance tão boa quanto as outras de estar correta, e — como a maioria dos bons modelos — apresenta estratégias de busca claras para que teóricos e experimentalistas possam explorar mais plenamente as capacidades do LHC — talvez até descobrindo evidências de que a proposta é verdadeira.

A solução que Raman e eu propusemos envolve uma única dimensão extra, e essa dimensão não precisa ser grande. Nenhuma hierarquia envolvendo o tamanho da dimensão é necessária. E, ao contrário dos cenários de grandes dimensões extras, a evolução do universo se encaixa automaticamente nas observações cosmológicas dos últimos tempos.

Apesar de nosso foco estar numa única nova dimensão, outras dimensões adicionais de espaço podem existir, mas nesse cenário elas não terão nenhum papel especial em explicar as propriedades de partículas. Logo, temos justificativa para ignorá-las ao investigar a solução para a hierarquia — seguindo a abordagem da teoria efetiva — e para nos concentrar nas consequências de uma única dimensão extra.

Se a ideia que Raman e eu tivemos estiver correta, o LHC deverá nos ensinar em breve algumas propriedades fascinantes sobre a natureza do espaço. Acontece que o universo que sugerimos é acentuadamente encurvado, de acordo com aquilo que Einstein ensinou sobre o espaço-tempo na presença de matéria e energia. Em terminologia técnica, a geometria que derivamos das equações de Einstein é "empenada" (esse era mesmo o termo técnico preexistente), o que significa que o espaço e o tempo variam ao longo dessa dimensão espacial única em questão. Isso ocorre de

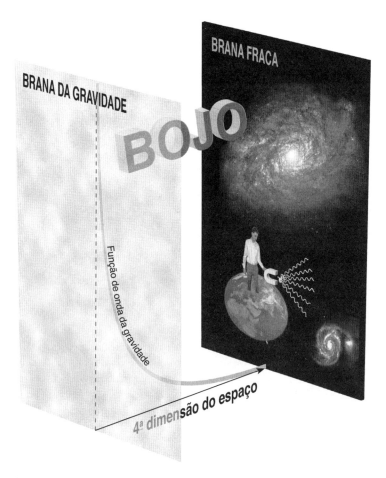

Figura 67. O esquema Randall-Sundrum contém duas branas que delimitam uma quarta dimensão do espaço (uma quinta dimensão do espaço-tempo). Nesse espaço, a função de onda do gráviton (que indica a probabilidade de o gráviton ser encontrado em qualquer ponto no espaço) sofre uma redução exponencial da Brana da Gravidade para a Brana Fraca.

forma que o espaço e o tempo, bem como as massas e energias, são todos redimensionados quando você os move de um lugar para o outro no espaço extradimensional, conforme explicarei em breve. (Veja a figura 68.)

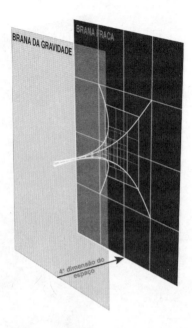

Figura 68. Outra maneira de entender por que a geometria encurvada soluciona o problema da hierarquia é em termos da geometria em si. Espaço, tempo, energia e massa são todos redimensionados exponencialmente quando se vai de uma brana para a outra. Nesse cenário, seria muito natural descobrir que a massa do Higgs é exponencialmente menor do que a massa de Planck.

Uma consequência importante dessa geometria do espaço-tempo encurvado é que, apesar de a partícula de Higgs ser pesada em algum outro lugar do espaço extradimensional, ela terá massa na escala fraca — exatamente como deveria ser o caso — no lugar onde vivemos. Isso pode soar um tanto quanto arbitrário, mas não é. De acordo com nosso cenário, há uma brana na qual vivemos — a Brana Fraca — e uma segunda brana, onde a gravidade está concentrada, conhecida como Brana da Gravidade — ou Brana de Planck, entre os físicos. Essa brana conteria outro universo separado de nós por uma dimensão extra. (Veja a figura 67.)

Nesse cenário, a segunda brana estaria na verdade bem ao nosso lado — separada por uma distância infinitesimal, 1 milhão de trilhão de trilhão de vezes menor que um centímetro.

A notável propriedade que surge da geometria empenada (ilustrada na figura 67) é que o *gráviton*, a partícula que comunica a força da gravidade, é muito mais pesado na outra brana do que na nossa. Isso torna a gravidade forte em lugares da outra dimensão, mas muito fraca onde vivemos. Na verdade, Raman e eu descobrimos que a gravidade deve ser exponencialmente mais fraca em nossa vizinhança do que na outra brana, o que oferece portanto uma explicação natural para sua fraqueza.

Uma maneira alternativa de interpretar as consequências desse arranjo é por meio da geometria do espaço-tempo, ilustrada de forma esquemática na figura 68. A escala do espaço-tempo depende da localização na quarta dimensão espacial. Massas também são exponencialmente redimensionadas — e o fazem de modo que a massa do bóson de Higgs seja aquela que precisamos. Embora se possam discutir as premissas nas quais nosso modelo se baseia — ou seja, duas grandes branas achatadas delimitando um universo extradimensional —, sua geometria surge diretamente da teoria de gravidade de Einstein, uma vez postulada a energia carregada pelas branas e pelo espaço extradimensional conhecido como bojo (o espaço entre as branas). Raman e eu solucionamos as equações de relatividade geral. E, ao fazê-lo, descobrimos a geometria que acabo de descrever — ou seja, o espaço curvo empenado no qual as massas são redimensionadas da maneira necessária para resolver o problema da hierarquia.

Diferentemente de modelos com grandes dimensões extras, os modelos baseados na geometria encurvada não trocam o velho enigma do problema da hierarquia por outro (por que as dimensões extras são tão grandes?). Na geometria encurvada, a dimensão extra não é grande. Os números grandes surgem do redimensionamento exponencial do espaço e do tempo. Isso faz a razão entre os tamanhos dos objetos — e entre suas massas — tornar-se enorme, mesmo quando tais objetos estão separados apenas de forma moderada no espaço extradimensional.

A função exponencial não é inventada. Ela surge de uma única solução para as equações de Einstein no cenário que propusemos. Raman e eu calculamos que na geometria encurvada a razão entre a força da gravidade e a força fraca é exponencial em relação à distância entre as duas branas. Se a separação entre as duas branas tem um valor razoável — cerca de algumas dezenas em termos da escala determinada pela gravidade —, a hierarquia correta entre as massas e entre as forças surge naturalmente.

Na geometria encurvada, a gravidade que experimentamos é fraca não porque esteja diluída ao longo de grandes dimensões extras, mas porque está concentrada em outro lugar: na outra brana. Nossa gravidade surge apenas como a ponta daquilo que outras regiões do mundo extradimensional sentem como uma força muito intensa.

Não podemos enxergar o outro universo ou a outra brana porque a única força compartilhada é a gravidade, e a gravidade é fraca demais em nossa vizinhança para comunicar sinais diretamente observáveis. Na verdade, esse cenário pode ser imaginado como um exemplo de multiverso, onde as coisas e os elementos de nosso mundo interagem de maneira muito fraca com as coisas do outro mundo (ou, em alguns casos, nem sequer interagem). A maioria dessas especulações não pode ser testada e continuará restrita ao reino da imaginação. Afinal de contas, se a matéria estiver tão distante a ponto de a luz não poder chegar até nós durante a vida inteira do universo, não podemos detectá-la. O cenário do "multiverso" que Raman e eu propusemos é incomum porque a força gravitacional compartilhada leva a consequências experimentais testáveis. Não acessamos o outro universo por via direta.

Mas partículas que viajam pelo espaço com mais dimensões podem chegar até nós.

O efeito mais óbvio de um mundo extradimensional — na ausência de buscas detalhadas como as do LHC — seria a explicação para a hierarquia das escalas de massa que as teorias da física de partículas precisam ter para esclarecer com sucesso os fenômenos observados. Isso, claro, não é suficiente para que saibamos se nossa explicação é aquela que está em operação no mundo, pois isso não a distingue de outras soluções propostas.

Contudo, a energia maior a ser atingida pelo LHC deve nos ajudar a descobrir se uma dimensão extra de espaço é apenas uma ideia estranha ou um fato real sobre o universo. Se nossa teoria estiver certa, esperamos que o colisor produza modos de Kaluza-Klein. Por causa de sua conexão com o problema da hierarquia, a escala de energia correta para procurar modos KK nesse cenário é aquela que será sondada pelo LHC. Eles devem ter massas de cerca de um teraelétron-volt — a massa da escala fraca. Uma vez que a energia atingida seja alta o bastante, essas partículas pesadas poderão ser produzidas. A descoberta dessas partículas KK pode fornecer a confirmação-chave para nos revelar um mundo vastamente expandido.

De fato, modos KK de geometria encurvada têm uma característica importante e distintiva. Enquanto o gráviton em si tem força de interação extraordinariamente fraca — afinal de contas, ele comunica a força extremamente tênue da gravidade —, os modos KK do gráviton interagem com muito mais força, quase com tanta intensidade quanto a força chamada força fraca — que, apesar do nome, é trilhões de vezes mais forte do que a gravidade.

A razão para a interação surpreendentemente forte dos grávitons KK é a geometria encurvada na qual eles viajam. Graças à intensa curvatura do espaço-tempo, as interações deles têm muito mais força do que as do gráviton que comunica a força gravitacional que vivenciamos. Na geometria encurvada, não apenas as massas são redimensionadas, mas as interações gravitacionais também. Cálculos demonstram que, na geometria encurvada, grávitons KK têm interações comparáveis às das partículas de escala fraca.

Isso significa que, à diferença dos modelos supersimétricos e dos de grandes dimensões extras, a evidência experimental para esse cenário não será a energia ausente, com a partícula de interesse escapando sem ser vista. Em vez disso, será uma assinatura muito mais clara e fácil de identificar, ou seja, uma partícula decaindo em partículas do Modelo Padrão que deixam rastros visíveis dentro do detector. (Veja a figura 69, na qual uma partícula KK é produzida e decai em um elétron e um pósitron, por exemplo.)

Essa é de fato a maneira como os experimentalistas descobriram todas as novas partículas pesadas até agora. Eles não veem as partículas diretamente. Mas observam as partículas nas quais elas decaem. Isso, em princípio, consiste em muito mais informação do que aquela fornecida por meio de energia ausente. Ao estudar as propriedades desses produtos de decaimento, os experimentalistas podem descobrir as propriedades da partícula que estava presente no início.

Se o cenário da geometria encurvada estiver correto, logo veremos pares de partículas surgindo do decaimento de modos de

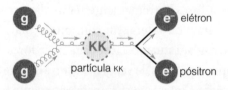

Figura 69. Em modelos de Randall-Sundrum, um gráviton KK pode ser produzido dentro do detector e decair em partículas visíveis, como um elétron e um pósitron.

grávitons KK. Ao medirem as energias, cargas e outras propriedades das partículas do estado final, os experimentalistas poderão deduzir a massa e as outras propriedades das partículas KK. Essas características de identificação, junto com a frequência relativa com a qual a partícula decai em vários estados finais, devem ajudá-los a determinar se eles terão descoberto um gráviton KK ou alguma outra nova entidade exótica. O modelo nos diz qual natureza a partícula encontrada deve ter, para que os físicos possam fazer previsões que a distingam de outras possibilidades.

Diante das potenciais implicações das descobertas que podem acontecer, um amigo meu (um roteirista que tanto exalta quanto satiriza os excessos da natureza humana) não entende como posso não estar ansiosa, sentada na beirada da cadeira, à espera dos resultados. Sempre que o encontro, ele me pergunta com insistência: "Os resultados não vão mudar sua vida? Eles não vão confirmar suas teorias?". E também indaga: "Por que você não está lá (em Genebra) falando com as pessoas o tempo todo?".

É claro que, em certo sentido, a intuição dele está certa. Mas os experimentalistas já sabem o que devem procurar, então a maior parte do trabalho dos teóricos já está feita. Quando temos novas ideias sobre o que pode ser procurado, nós as comunicamos. Não precisamos necessariamente estar no CERN nem mesmo na mesma sala para fazê-lo. Experimentalistas podem ser encontrados por todo o território dos Estados Unidos ou em qualquer lugar do mundo para tal. E a comunicação remota funciona muito bem, em parte graças à ideia de Tim Berners-Lee que deu origem ao embrião da internet muitos anos atrás, no CERN.

Também tenho conhecimento suficiente para saber quão desafiadoras essas buscas serão, mesmo quando o LHC estiver totalmente operacional. Então, sei que podemos ter de esperar um bocadinho. Para nós, por sorte, os modos KK que descrevi aqui são uma das coisas mais diretas que os experimentalistas podem procurar. Os grávitons KK decaem em todas as partículas — afinal de contas, todas as partículas vivenciam a gravidade — e os experimentalistas podem então se concentrar nos estados finais que consideram os mais fáceis de identificar.

Há dois avisos de cautela, porém — duas razões pelas quais as buscas podem ser mais desafiadoras do que antecipamos de início e nos fazer esperar um pouco mais pela descoberta, mesmo que a ideia subjacente esteja correta.

Uma das razões é que outros modelos de geometria encurvada candidatos podem levar a assinaturas experimentais mais bagunçadas, mais difíceis de achar. Modelos descrevem o arcabouço subjacente — que, no caso, envolve branas e uma dimensão extra. Eles também sugerem implementações específicas de princípios gerais que o arcabouço incorpora. Nosso cenário original sugeriu que apenas a gravidade se espalhou para o espaço de mais dimensões conhecido como *bojo*. Mas alguns de nós trabalharam depois em implementações alternativas. Nesses cenários alternativos, nem todas as partículas estão em branas. Isso significaria a existência de mais partículas KK, uma vez que cada partícula do bojo teria seus próprios modos KK. Mas isso também significa que essas partículas KK seriam bem mais difíceis de achar. Esse desafio desencadeou um bocado de pesquisas sobre como descobrir esses cenários mais nebulosos. As investigações que se seguiram se provarão úteis não apenas na busca por partículas KK, mas também por partículas energéticas maciças que possam estar presentes em qualquer modelo novo.

A outra razão pela qual as buscas podem se revelar difíceis é que as partículas KK podem ser mais pesadas do que esperamos. Sabemos em qual faixa de massas devemos antecipá-las, mas não sabemos ainda os valores precisos. Se as partículas KK forem bacanas conosco e se revelarem leves, o LHC prontamente as produzirá em abundância, e a descoberta será fácil. Mas, se as partículas forem mais pesadas, ele pode vir a criar apenas algumas poucas delas. E, se elas se revelarem ainda mais pesadas, pode ser que o colisor nem as produza. Em outras palavras, pode ser que as novas partículas e as novas interações sejam produzidas apenas a energias maiores do que as que a máquina vai atingir. Isso sempre foi uma preocupação para o LHC, com seu túnel de tamanho fixo e alcance de energia restrito.

Como teórica, fiz tudo o que podia. A energia do LHC é a que ele tem. Mas podemos tentar achar pistas sutis sobre a existência de dimensões extras mesmo que os modos KK sejam pesados demais. Quando Patrick Meade e eu fizemos nossos cálculos sobre a taxa de produção de possíveis buracos negros com mais dimensões, nos concentramos não apenas no resultado negativo — a taxa de produção de buracos negros muito menor do que a expectativa original —, mas também pensamos sobre o que aconteceria se a gravidade de mais dimensões fosse forte, mesmo sem a produção de buracos negros. Perguntamos a nós mesmos se o LHC poderia produzir quaisquer sinais interessantes de gravidade extradimensional. Chegamos à conclusão de que, ainda que não se descubram novas partículas ou objetos exóticos como buracos negros, os experimentalistas devem ser capazes de observar desvios das previsões do Modelo Padrão. Não se pode garantir uma descoberta, mas eles farão tudo o que puderem com a máquina e os detectores disponíveis. Em pesquisas mais avançadas, colegas cientistas pensaram em métodos aprimorados para encontrar modos de KK, mesmo que partículas do Modelo Padrão estejam no bojo.

Há também uma chance de termos sorte, e as escalas para interações e massas de novas partículas se revelarem menores do que antecipamos. Nesse caso, não apenas encontraríamos modos de KK antes do esperado, mas também veríamos outros novos fenômenos. Se a teoria de cordas for a teoria subjacente da natureza e a escala da nova física for baixa, o LHC pode até produzir partículas adicionais associadas à oscilação de cordas fundamentais — além das partículas KK e de novas interações. Essas partículas seriam pesadas demais para serem criadas, segundo as premissas mais convencionais. Mas com o encurvamento existe a esperança de que alguns modos de cordas sejam muito mais leves do que o antecipado, e possam então aparecer na escala de energia fraca.

São evidentes as muitas possibilidades interessantes para a geometria encurvada, e esperamos ansiosamente os resultados experimentais. Se as consequências dessa geometria forem descobertas, elas mudarão nossa visão sobre a natureza do universo. Mas só saberemos quais dessas possibilidades existem na natureza após o LHC ter feito sua busca.

REDUX

Experimentos no LHC estão atualmente testando as ideias deste capítulo. Esperamos que logo apareçam pistas, se algum desses modelos estiver correto. Pode haver evidência sólida, como modos KK, ou pode haver mudanças sutis em processos do Modelo Padrão. De um jeito ou de outro, tanto teóricos quanto experimentalistas estão à espera, alertas. Toda vez que o LHC vê algo, ou deixa de ver, ele restringe mais as possibilidades. Se formos sortudos, uma das ideias que têm sido discutidas pode se mostrar correta. À medida que aprendemos mais sobre o que o LHC vai produzir e como os detectores funcionam, esperamos também aprender mais sobre como estender seu alcance para testar a maior gama possível de possibilidades. E, à medida que dados se tornarem disponíveis, os teóricos os incorporarão às suas propostas.

Não sabemos quanto tempo levará para começarmos a obter respostas, pois não sabemos o que mais existe, nem quais são suas massas e interações. Algumas descobertas podem acontecer em um ano ou dois. Outras podem levar mais de uma década. Algumas podem até precisar de energias maiores do que as que o LHC atingirá. A espera provoca um pouco de ansiedade, mas os resultados serão surpreendentes, e isso deverá compensar o nervosismo. Eles podem mudar nossa visão da natureza subjacente da realidade, ou pelo menos da matéria da qual somos compostos. Quando os resultados chegarem, novos mundos inteiros podem emergir. Dentro de nosso tempo de vida, podemos chegar a ver o universo de maneira bem diferente.

18. De baixo para cima ou de cima para baixo

Nada substitui resultados experimentais sólidos. Mas nós, físicos, não ficamos sentados durante um quarto de século esperando o LHC ser ligado para produzir dados. Trabalhamos duro e pensamos bastante sobre o que os experimentos devem procurar e sobre quais implicações os dados devem ter. Também estudamos resultados de experimentos que estiveram em andamento durante esse intervalo de tempo, e eles nos ensinaram detalhes sobre partículas e interações conhecidas, ajudando a orientar nosso pensamento.

Esse período intermediário também foi uma ótima oportunidade para aprofundarmos ideias que, por enquanto, estão distantes dos dados. Alguns insights teóricos e alguns dos modelos mais interessantes e especulativos dos últimos 25 anos resultaram dessas buscas mais matemáticas. Eu, pelo menos, provavelmente não teria pensado sobre dimensões extras ou sobre mais aspectos matemáticos da supersimetria se os dados houvessem sido mais abundantes. Mesmo que medições favoráveis a essas ideias tivessem sido feitas, as implicações teriam levado um tempo para ser explicadas sem o luxo das investigações matemáticas anteriores.

Tanto experimentos quanto a matemática levam a avanços científicos. Mas a estrada para o progresso não costuma ser simples, e os físicos têm entrado em desacordo sobre a melhor estratégia. Os construtores de modelos usam a abordagem "de baixo para cima" introduzida no capítulo 15. Começam com o que é conhecido experimentalmente para depois abordar os aspectos intrigantes que permanecem inexplicados — em geral empregando mais desenvolvimentos matemáticos teóricos. O capítulo anterior apresentou alguns exemplos específicos de modelos e mostrou como eles influenciam as buscas que os experimentalistas realizarão no LHC.

Outros, em especial os cordistas, aplicam uma maneira de pensar "de cima para baixo", na qual começam com uma teoria que acreditam ser a verdadeira — no caso, a teoria de cordas — e tentam usar seus conceitos subjacentes para formular uma teoria quântica consistente para a gravidade. Teorias de cima para baixo são definidas a altas energias e pequenas distâncias. O rótulo se refere à noção teórica de que tudo pode ser derivado de premissas fundamentais definidas em escalas de altas energias. Apesar de o nome parecer confuso, pois altas energias correspondem a distâncias pequenas, lembre-se de que os ingredientes são os tijolos fundamentais da matéria em distâncias pequenas. Nesse modo de pensar, tudo pode ser derivado de princípios básicos e de ingredientes fundamentais, que são definidos em distâncias pequenas e a altas energias — daí o rótulo "de cima para baixo".

Este capítulo fala das abordagens de cima para baixo, das de baixo para cima e dos contrastes entre elas. Vamos explorar as diferenças, mas também vamos refletir sobre como elas às vezes convergem para originar ideias formidáveis.

TEORIA DE CORDAS

Diferentemente dos construtores de modelos, os físicos mais inclinados à matemática tentam trabalhar a partir da teoria pura. A esperança é iniciar com uma única teoria elegante, derivar suas consequências e só então aplicar as ideias aos dados. Quase toda tentativa de criar uma teoria unificada incorpora essa abordagem de cima para baixo. A teoria de cordas talvez seja o exemplo mais proeminente. Ela é uma conjectura sobre o arcabouço subjacente definitivo a partir do qual, em princípio, se seguiriam todos os outros fenômenos físicos.

Os teóricos cordistas dão um salto grande entre as escalas físicas que eles tentam conquistar — pulando da escala fraca para a escala de Planck, na qual a gravidade se torna forte. É provável que experimentos não testem essas ideias tão cedo (embora os modelos extradimensionais do capítulo anterior sejam uma exceção). Mas, mesmo que a teoria de cordas em si seja difícil de testar, elementos dela oferecem conceitos e ideias que foram incorporados por modelos potencialmente observáveis.

Quando os físicos tentam se decidir entre a construção de modelos e a teoria de cordas, a questão é se preferem uma abordagem platônica, que tenta ganhar insights a partir de uma verdade mais fundamental, ou aristotélica, enraizada em observações empíricas. Devemos ir "de cima para baixo" ou "de baixo para cima"? A escolha pode ser expressa também como uma disputa do "velho Einstein" contra o "jovem Einstein". Albert Einstein, no início, usava experimentos imaginários que eram firmados em situações físicas. Ainda assim, ele valorizava a beleza e a elegância. Mesmo quando um resultado experimental contrariou suas ideias sobre a relatividade especial, ele teve confiança para considerar que o experimento deveria estar errado, pois suas implicações seriam feias demais para se acreditar nelas. (No fim, ele estava certo.)

Einstein se tornou mais inclinado a usar a matemática após ela enfim tê-lo ajudado a completar sua teoria da relatividade geral. Depois de avanços matemáticos terem sido cruciais para completar sua teoria, ele passou a ter mais fé em métodos teóricos no final de sua carreira. Mas analisar Einstein não vai resolver o problema. Apesar de seu uso bem-sucedido da matemática na relatividade geral, sua busca por uma teoria unificada, mais tarde, nunca rendeu frutos.

A Grande Teoria Unificada proposta por Howard Georgi e Sheldon Glashow também foi uma ideia de cima para baixo. As GUTs, como são conhecidas, estavam enraizadas em dados — a inspiração para sua conjectura foi o conjunto específico de partículas e forças que existem no Modelo Padrão e a intensidade com que elas interagem —, mas a teoria foi extrapolada daquilo que sabemos para aquilo que pode acontecer a escalas de energia muito distantes.

É interessante notar que, mesmo com a unificação acontecendo a uma energia muito maior do que a que se pode atingir num acelerador de partículas, o modelo inicial para a GUT fazia uma previsão potencialmente observável. O modelo GUT de Georgi-Glashow previa que o próton sofreria decaimento. O decaimento levaria um longo tempo, mas os experimentalistas montaram tonéis gigantes de material com a esperança de que ao menos um dos prótons dentro deles decaísse deixando um sinal visível. Quando isso não aconteceu, o modelo GUT original foi descartado.

Desde essa época, tanto Georgi quanto Glashow decidiram não trabalhar mais em teorias de cima para baixo que dão saltos de energias tão bruscos, indo daquelas que podemos acessar de modo direto em aceleradores para outras tão distantes que devem ter apenas consequências experimentais sutis — ou, provavelmente, nenhuma consequência. Para eles, passou a ser ridículo acreditar que teremos sorte o suficiente para acertar uma teoria chutada a tantas ordens de magnitude de distância daquilo que entendemos hoje, em comprimento e energia.

Apesar das ressalvas, muitos outros físicos concluíram que uma abordagem de cima para baixo era a única maneira de tratar alguns problemas teóricos difíceis. Os cordistas decidiram trabalhar num submundo que não era claramente domínio da ciência tradicional, mas levou a um conjunto de ideias rico, ainda que controverso. Eles entendem alguns aspectos de sua teoria, mas ainda estão juntando as peças — procurando os principais princípios de base, enquanto prosseguem desenvolvendo ideias radicais.

A motivação para a teoria de cordas como teoria da gravidade não veio dos dados, e sim de quebra-cabeças teóricos. A teoria de cordas oferece um candidato natural para o gráviton, a partícula que a mecânica quântica sugere existir para comunicar a força da gravidade. Ela é hoje a favorita na disputa por uma teoria consistente de gravidade quântica — uma teoria que inclua tanto a mecânica quântica quanto a teoria da relatividade geral de Einstein e que funcione a todas as escalas de energia concebíveis.

Os físicos podem usar teorias conhecidas para fazer previsões confiáveis a pequenas distâncias, como as de dentro de um átomo, nas quais a mecânica quântica tem papel importante e a gravidade é desprezível. Como a gravidade tem influência tão tênue sobre partículas com massas na escala atômica, podemos usar a mecânica quântica com segurança e ignorar a gravidade. Os físicos também podem fazer previsões sobre fenômenos ao longo de grandes distâncias, como as que descrevem uma galáxia, nas quais a gravidade domina o cenário e a mecânica quântica pode ser ignorada.

Não temos, porém, uma teoria que inclua tanto a mecânica quântica quanto a gravidade — e que funcione a todas as energias e distâncias possíveis. Em particular, não sabemos fazer cálculos com energias enormes e distâncias ínfimas — comparáveis à energia e ao comprimento de Planck. Como a influência gravitacional é maior sobre partículas mais pesadas e mais energéticas, a gravidade teria papel essencial ao agir sobre partículas com a massa de Planck. E à minúscula distância de Planck, a mecânica quântica também seria crucial.

Embora esse problema não prejudique os cálculos sobre nenhum fenômeno observável — decerto não os do lhc —, isso significa que a física teórica está incompleta. Os físicos ainda não sabem como juntar a mecânica quântica e a gravidade em fenômenos a energias extremamente altas ou a distâncias pequenas, nas quais as duas teorias têm importância similar para fazer previsões e não podem ser desprezadas. Essa importante lacuna em nossa compreensão pode estar indicando qual é o caminho adiante. Muitos acreditam que a teoria de cordas possa ser a solução.

O nome "teoria de cordas" deriva da oscilação de cordas fundamentais que eram o cerne da formulação inicial. Na teoria de cordas existem partículas, mas elas surgem das vibrações de uma corda. Diferentes partículas correspondem a diferentes oscilações, mais ou menos como notas distintas surgem da vibração de uma corda de violino. A princípio, evidências experimentais para a teoria de cordas devem consistir em novas partículas que corresponderiam aos muitos modos adicionais de vibração que uma corda pode produzir.

A maioria dessas partículas, porém, tende a ser pesada demais para que possa ser observada, e por isso é tão difícil verificar por meios experimentais se a teoria de cordas se aplica à natureza. As equações dessa teoria descrevem objetos tão incrivelmente pequenos e com energia tão extraordinariamente alta que nenhum detector imaginável jamais seria capaz de ver. Ela é definida a uma escala de energia cerca de 10 milhões de bilhões de vezes maior do que aquela que podemos explorar com instrumentos atuais. No momento, não sabemos nem mesmo o que acontecerá quando a energia dos aceleradores de partículas aumentar por um fator de dez.

Os cordistas não podem prever de modo distinto o que acontece a energias experimentalmente acessíveis, pois as partículas contidas na teoria e outras de suas propriedades dependem de uma configuração ainda não determinada de seus ingredientes fundamentais. As consequências da teoria de cordas na natureza dependem de como os elementos se arranjam. Em sua formulação atual, a teoria contém mais partículas, mais forças e mais dimensões do que as que vemos no mundo. Mas o que distingue as partículas, forças e dimensões visíveis daquelas que não o são?

O espaço na teoria de cordas, por exemplo, não é necessariamente o espaço que vemos ao nosso redor — o espaço com três dimensões. Em vez disso, a gravidade da teoria de cordas descreve seis ou sete dimensões adicionais de espaço. Uma versão funcional da teoria precisaria explicar como as dimensões extras invisíveis são diferentes daquelas três que conhecemos. Por mais notável e fascinante que a teoria seja, aspectos intrigantes como suas dimensões extras obscurecem sua conexão com o universo visível.

Para ir das altas energias sob as quais a teoria de cordas é definida até as previsões em energias mensuráveis, precisamos deduzir com o que a teoria original deve se parecer depois de removermos as partículas mais pesadas. Entretanto, há muitas manifestações possíveis da teoria de cordas a energias acessíveis, e ainda não sabemos filtrar a enorme gama de possibilidades. Não sabemos como encontrar uma versão que se pareça com nosso mundo. O problema é que ainda não entendemos a teoria de cordas bem o suficiente para derivar suas consequências às energias que observamos. Suas previsões são obstruídas por sua complexidade. O desafio é matematicamente difícil e, além disso, nem sempre fica claro como organizar os ingredientes da teoria para determinar qual problema matemático tem de ser resolvido.

Para piorar, sabemos hoje que a teoria de cordas é muito mais complexa do que os físicos imaginavam originalmente e que ela envolve ainda mais ingredientes, com diferentes dimensionalidades — em especial as branas. O nome teoria de cordas sobrevive de forma genérica, mas os físicos também falam em teoria-M, apesar de ninguém saber ao certo o que "M" significa.

A teoria de cordas é uma teoria magnífica, que gerou profundas ideias físicas e matemáticas, e pode até conter os ingredientes que, no final, descreverão a natureza de maneira correta. Infelizmente, um gigantesco abismo teórico a separa tal como é compreendida hoje das previsões que descrevem nosso mundo.

Em última instância, se a teoria de cordas estiver correta, todos os modelos que descrevem fenômenos do mundo real devem ser deriváveis de suas premissas fundamentais. Mas sua formulação inicial é abstrata, e sua conexão com fenômenos observáveis é remota. Precisaríamos de muita sorte para achar todos os princípios físicos corretos que fariam as previsões teóricas das cordas se encaixarem em nosso mundo. Esse é o objetivo final da teoria de cordas, mas é uma tarefa intimidante.

Apesar de a elegância e a simplicidade serem as marcas de uma teoria correta, só podemos de fato julgar sua beleza quando temos uma compreensão razoavelmente abrangente de como ela funciona. Descobrir como e por que a natureza esconde as dimensões extras da teoria de cordas seria um avanço espetacular. Os físicos querem descobrir como isso ocorre.

O PANORAMA

Numa piada em *Warped Passages*, escrevi que a maioria das tentativas de tornar a teoria de cordas mais realista lembrava algo como uma cirurgia cosmética. Para fazer a teoria se adequar a nosso mundo, os teóricos têm de encontrar maneiras de esconder as peças que não devem aparecer, tirando partículas de nossa vista e entortando dimensões. Contudo, apesar de os conjuntos de partículas resultantes chegarem incrivelmente perto do conjunto correto, ainda é possível perceber que eles não estão certos.

Tentativas recentes de tornar a teoria de cordas mais realista são um pouco parecidas com testes de elenco. Embora a maioria dos iniciantes não consiga atuar muito bem e muitos tenham belos rostos incapazes de expressar uma emoção, em algum momento nesses testes um ator bonito e talentoso acaba aparecendo.

Algumas ideias sobre a teoria de cordas também dependem de nosso universo ter uma configuração de ingredientes rara, mas ideal. Se a teoria de cordas conseguir unificar todas as forças e partículas conhecidas, ela pode incluir uma única planície estável representando um conjunto específico de partículas, forças e interações ou, o que é mais provável, um panorama mais complicado com muitos montes e vales e uma variedade de implicações possíveis.

Segundo pesquisas mais recentes, a teoria de cordas pode se manifestar em muitos universos possíveis num cenário que corresponde a um multiverso. Os diferentes universos podem estar tão distantes que jamais irão interagir uns com os outros — mesmo por meio da gravidade — durante seu tempo de existência. Nesse caso, cada um dos universos acabaria evoluindo de modo completamente diferente, e acabaríamos ficando em apenas um deles.

Se esses universos existiram e não houve maneira de povoá-los, temos uma justificativa para ignorar todos eles, com exceção do nosso. Mas a evolução cosmológica oferece maneiras de criar todos. E os universos diferentes podem ter propriedades com diferenças significativas, com diferentes matéria, energia e forças.

Alguns físicos empregam a ideia de panorama em conjunto com o *princípio antrópico* para tentar abordar questões particularmente espinhosas da teoria de cordas e da física de partículas. O princípio antrópico nos diz que, como vivemos num universo que permite a existência de galáxias e da vida, certos parâmetros precisam assumir os valores que eles têm ou dos quais são próximos — do contrário jamais estaríamos aqui para fazer essa pergunta. O universo, por exemplo, não poderia ter energia demais, o que o faria se expandir rápido demais para a matéria se agregar em estruturas cósmicas.

Se for esse o caso, precisamos determinar quais aspectos físicos favorecem uma configuração de partículas, forças e energia sobre outra — se é que esses aspectos existem. Em primeiro lugar, não sabemos nem mesmo quais propriedades podem ser previstas e quais são apenas necessárias para que possamos estar aqui sentados discutindo ciência. Quais propriedades têm explicações fundamentais e quais são um acidente de localidade?

Pessoalmente, acredito que existe uma probabilidade razoável de haver um panorama de muitas configurações possíveis que nos permitam existir. Podemos escrever muitas soluções diferentes para cada conjunto de equações de gravidade, e não vejo razão para crer que aquilo que observamos seja tudo o que existe. Mas considero o princípio antrópico insatisfatório como modo de explicar fenômenos observados. O problema é que jamais saberemos se o princípio antrópico será suficiente. Quais fenômenos podemos prever de maneira única, e quais são determinados por histórias "sob medida"? Além disso, uma explanação antrópica não pode ser testada. Pode ser que ela se revele correta. Mas ela sem dúvida pode ser abandonada caso surja uma explanação mais fundamental, com origem em princípios primários.

DE VOLTA A TERRA FIRME

É provável que a teoria de cordas contenha algumas ideias profundas e promissoras. Ela já nos deu insights sobre gravidade quântica e matemática e ofereceu ingredientes interessantes para os construtores de modelos buscarem. Mas talvez levemos um bom tempo para obter soluções da teoria que deem conta de responder às questões que mais queremos resolver. Derivar consequências da teoria de cordas para o mundo real de maneira direta, a partir do zero, deve ser simplesmente difícil demais. Mesmo que, ao fim, modelos bem-sucedidos surjam da teoria de cordas, o tumulto de elementos supérfluos os torna muito difíceis de achar.

A abordagem da construção de modelos em física é alimentada pelo instinto de que as energias nas quais a teoria de cordas faz previsões definitivas são muito distantes daquela que podemos observar. Assim como ocorre com muitos fenômenos que têm descrições diferentes em escalas diferentes, pode ser que os mecanismos que tratam das questões na física de partículas sejam mais bem estudados nas energias relevantes.

Nós, físicos, compartilhamos objetivos comuns, mas temos expectativas distintas sobre o que é melhor para alcançá-los. Prefiro a abordagem da construção de modelos por ela ter mais chances de receber orientação experimental no futuro próximo. Meus colegas e eu podemos usar ideias da teoria de cordas, e algumas de nossas pesquisas podem ter implicações para essa teoria, mas aplicá-la não é meu objetivo primário. Entender fenômenos testáveis é meu objetivo. Modelos podem ser descritos e submetidos a testes experimentais mesmo antes de serem conectados a uma teoria mais fundamental.

Os construtores de modelos admitem com pragmatismo que não podem derivar tudo de uma vez. As suposições de um modelo podem ser parte de uma teoria subjacente definitiva, ou podem simplesmente iluminar novas relações com mecanismos teóricos ainda mais profundos. Modelos são teorias efetivas. Uma vez que um modelo se prove correto, ele pode indicar a direção para teóricos cordistas ou para qualquer um que esteja tentando uma abordagem de cima para baixo. E modelos já se beneficiam do rico conjunto de ideias que a teoria de cordas oferece. Mas eles se concentram sobretudo em energias mais baixas e nos experimentos que se aplicam a essas escalas.

Os modelos que podem ir além do Modelo Padrão incorporam seus ingredientes e seus resultados às energias que já foram exploradas, mas também incluem novas forças, novas partículas e novas interações que podem ser vistas apenas a distâncias menores. Mesmo assim, encaixar tudo o que sabemos é difícil, e o modelo resultante específico no qual eu ou qualquer outro físico trabalhamos com frequência perde muito de sua elegância original. Por essa razão, os construtores de modelos precisam ter a mente aberta.

As pessoas costumam ficar intrigadas quando conto que trabalho em muitos modelos diferentes, sabendo que eles não podem estar todos corretos, e que o LHC deve nos dizer mais sobre qual pode estar certo. Elas ficam ainda mais surpresas quando explico que não necessariamente atribuo grandes probabilidades para nenhum modelo em particular sobre o qual estou pensando. De qualquer forma, escolho projetos que iluminam um princípio explanatório genuinamente novo ou algum tipo novo de busca experimental. Os modelos que levo em conta em geral têm algum aspecto ou mecanismo interessante que fornece interessantes explanações potenciais para fenômenos misteriosos. Com tantos fatores desconhecidos — e critérios de progresso incertos —, prever e interpretar a realidade apresenta desafios formidáveis. Seria milagroso acertar tudo logo de saída.

Um dos aspectos mais bonitos de teorias extradimensionais é que ideias vindas tanto de cima para baixo quanto de baixo para cima convergiram para produzi-las. Os cordistas reconheceram o papel crítico das branas em suas formulações teóricas. E os construtores de modelos perceberam que, ao interpretar o problema da hierarquia como uma questão sobre gravidade, eles poderiam achar soluções alternativas.

O Grande Colisor de Hádrons está testando essas ideias agora. O que quer que ele descubra vai guiar e afunilar a construção de modelos no futuro. Com os resultados de seus experimentos a energias maiores, poderemos reunir as observações para determinar o que está correto. Mesmo que as observações não se conformem a nenhuma proposta em particular, as lições que aprendemos com a construção desses modelos vão ajudar a afunilar as possibilidades sobre qual teoria afinal estará correta.

A construção de modelos nos ajuda a reconhecer as possibilidades, a sugerir buscas experimentais e a interpretar dados uma vez que sejam liberados. Podemos ter sorte e acertar. Mas a construção de um modelo também nos dá ideias do que procurar. Mesmo que nenhum modelo em particular tenha previsões que se mostrem totalmente corretas, eles nos ajudarão a deduzir as implicações de qualquer resultado experimental novo. Os resultados irão diferenciar as muitas ideias e determinar quais das implementações específicas descrevem a realidade de maneira correta — se é que alguma o faz. Se nenhuma proposta atual funcionar, os dados ajudarão a determinar o que deve ser o modelo correto.

Os experimentos a altas energias não consistem meramente em procurar novas partículas. Eles estão buscando a estrutura de leis físicas subjacentes com poder explanatório ainda maior. Antes de os experimentos ajudarem a determinar as respostas, estamos apenas fazendo suposições. Mas, quando eles atingirem as energias, as distâncias e a estatística necessárias para distinguir modelos, saberemos muito mais. Os resultados experimentais como aqueles que esperamos que o LHC forneça determinarão quais de nossas conjecturas estão corretas e nos ajudarão a estabelecer a natureza subjacente da realidade.

PARTE V
O UNIVERSO EM ESCALA

19. De dentro para fora

Quando estudava na escola elementar, acordei um dia e li a incrível notícia de que o universo (pelo menos em nosso entendimento) tinha envelhecido por um fator de dois. Fiquei pasmada com essa revisão. Como algo tão importante quanto a idade do universo podia ser mudado radicalmente com tanta liberdade sem que tudo o mais que sabíamos sobre ele fosse destruído?

Hoje me surpreendo com o oposto. Fico impressionada com o quanto podemos fazer medições precisas a respeito do universo e de sua história. Não apenas conhecemos sua idade com muito mais exatidão do que antes, mas também sabemos como ele cresceu com o tempo, como núcleos atômicos se formaram e como galáxias e aglomerados de galáxias iniciaram sua evolução. Antes, tínhamos um retrato qualitativo daquilo que havia ocorrido. Hoje, temos um retrato científico preciso.

A cosmologia entrou recentemente em uma era formidável, com avanços teóricos e experimentais revolucionários que precipitaram uma descrição mais detalhada e mais abrangente do que qualquer um acreditaria ser possível vinte anos atrás. Ao combinar métodos experimentais aprimorados com cálculos baseados na relatividade geral e na física de partículas, os físicos estabeleceram um retrato detalhado do universo em seus estados iniciais e de como ele evoluiu até sua forma atual.

Até agora, este livro se concentrou primariamente em escalas menores nas quais examinamos a natureza interior da matéria. Após atingir o limite atual de nossa viagem para dentro, vamos agora completar o passeio pelas escalas de distâncias que começamos a explorar no capítulo 5, voltando nossa atenção para fora e discutindo os tamanhos de objetos no universo exterior.

Precisamos ter cuidado com uma grande diferença nessa jornada para escalas cósmicas, pois não podemos caracterizar de modo nítido todos os aspectos do universo apenas de acordo com o tamanho. As observações não registram apenas o universo do presente. Como a luz tem uma velocidade finita, elas também mostram o tempo passado. As estruturas que observamos hoje podem ser habitantes do universo jovem cuja luz chegou a nossos telescópios bilhões de anos após ter sido emitida. O tamanho atual do universo é altamente expandido, e o que vemos agora engloba um tamanho muitas vezes maior que o do universo primordial.

O tamanho, de fato, tem um papel crítico na caracterização de nossas observações — tanto a do universo atual quanto a de sua história ao longo do tempo, e este capítulo explora ambas. Na segunda metade, consideraremos a evolução do universo como um todo, desde seu pequeno tamanho inicial até a vasta estrutura que observamos agora. Mas primeiro vamos analisar o universo tal qual é hoje para nos familiarizarmos com alguns dos comprimentos que caracterizam aquilo que nos rodeia. Partiremos em direção a escalas maiores para discutir tamanhos maiores e objetos mais distantes — na Terra e no cosmo —, para ter uma noção dos maiores tipos de estruturas que existem para serem exploradas. Este passeio por grandes escalas será mais breve do que nosso tour pela matéria interior. Apesar da riqueza de estruturas do universo, a maior parte daquilo que vemos pode ser explicada por leis físicas conhecidas, e não leis fundamentais novas. A formação de estrelas e galáxias depende de leis conhecidas da química e do eletromagnetismo — ciências que residem nas escalas pequenas que já discutimos. A gravidade, porém, também tem papel crítico agora, e a melhor descrição dependerá da velocidade e da densidade dos objetos sobre os quais ela atua, levando a variadas descrições teóricas também nesse caso.

TOUR PELO UNIVERSO

O livro e o filme *Powers of Ten* [Potências de dez],[1] um dos mais famosos tours pelas escalas de distância, começam e terminam com um casal sentado no Grant Park, em Chicago — um lugar tão bom quanto qualquer outro para iniciar nossa jornada. Façamos uma pequena pausa em terra firme (feita de matéria cuja maior parte é vazia, como sabemos agora) para ver as distâncias e os tamanhos familiares ao nosso redor. Após refletirmos por um momento sobre sua escala humana de alguns metros de altura, deixemos esse confortável repouso para subir a alturas e tamanhos maiores. (Veja a figura 70 para uma amostra das escalas que este capítulo explora.)

Uma das mais espetaculares reações humanas que já presenciei em relação à altura aconteceu numa apresentação da companhia de dança de Elizabeth Streb. Seus bailarinos (ou "engenheiros de ação") jogam-se de barriga para baixo num colchão, pulando de uma viga que vai sendo erguida cada vez mais, até que o último bailarino se lança de uma altura de nove metros. Isso sem sombra de dúvida está além de nossa zona de conforto, algo que os sons de

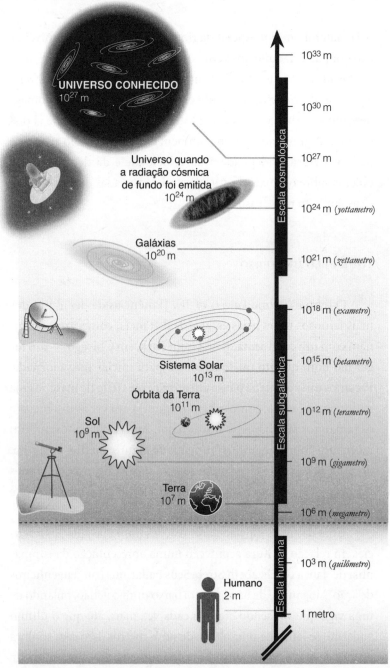

Figura 70. Um passeio pelas grandes escalas, e pelas unidades de comprimento que usaremos para descrevê-las.

espanto emitidos pela plateia deixaram claro. Pessoas não deveriam cair de uma altura dessas — muito menos de cara para o chão.

A maioria dos prédios altos também inspira reações fortes, talvez não de forma tão drástica, variando do espanto à perturbação. Um dos desafios encarados por arquitetos é humanizar as estruturas que são tão maiores do que nós. Prédios e estruturas variam de tamanho e forma, mas é inevitável que nossa reação a eles reflita nossas atitudes psicológicas e fisiológicas em relação a tamanhos.

A mais alta estrutura construída pelo homem é o Burj Khalifa, em Dubai, nos Emirados Árabes Unidos, com 828 metros. Sua altura intimida, mas ele está em grande parte vazio, e o filme *Missão impossível 4* talvez não lhe confira o mesmo status cultural que *King Kong* deu ao Empire State Building. O edifício-ícone de Nova York, com 381 metros, tem menos que a metade do Burj Khalifa. Justiça seja feita, porém, o prédio americano tem uma taxa de ocupação muito maior.

Vivemos num mundo rodeado de muitas entidades naturais maiores, várias das quais inspiram espanto. Na direção vertical, o monte Everest, com 8,8 quilômetros, é a maior montanha da Terra. O Mont Blanc, a montanha mais alta da Europa (se não considerarmos a Geórgia um país europeu), tem cerca de metade dessa altura — ainda assim, fiquei bastante feliz alguns anos atrás, quando cheguei a seu topo, apesar de minha aparência estar arrasada na foto que tirei lá em cima ao lado de um amigo. Com onze quilômetros de profundidade, a fossa das Marianas é o lugar mais fundo dos oceanos, e a menor elevação na crosta da superfície terrestre. Esse lugar de outro mundo foi o destino do diretor de cinema James Cameron após ele ter dominado a filmagem tridimensional com seu bem-sucedido *Avatar*.

Corpos naturais se espalham pela superfície da Terra por regiões ainda maiores. O oceano Pacífico, por exemplo, tem cerca de 20 milhões de metros de extensão — mais que o dobro da Rússia, com 8 milhões de metros. A Terra, quase esférica, tem 12 milhões de metros de diâmetro, com uma circunferência cerca de três vezes maior. Os Estados Unidos têm 4,2 milhões de metros de extensão, um décimo desse comprimento, mas ainda são maiores que o diâmetro da Lua, que mede 3,6 milhões de metros.

Os objetos no espaço exterior têm um grande espectro de tamanhos também. Asteroides, por exemplo, variam um bocado — os pequenos podem ter o tamanho de seixos, enquanto os grandes podem ser maiores que qualquer acidente geográfico da Terra. Com cerca de 1 bilhão de metros de extensão, o diâmetro do Sol é cem vezes maior que o da Terra, e o sistema solar, definido aproximadamente pela distância do Sol a Plutão (que continua no sistema solar, seja ou não considerado um planeta), é cerca de 7 mil vezes o raio do Sol.

A distância da Terra ao Sol é muito menor — meros 100 bilhões de metros —, um centésimo de milésimo de um ano-luz. Um ano-luz é a distância que a luz percorre em um ano — produto de 300 milhões de metros por segundo (a velocidade da luz) por 30 milhões de segundos (número de segundos num ano). Por causa da velocidade finita da luz, a luminosidade do Sol leva cerca de oito minutos para chegar até nós.

Muitas estruturas visíveis, de variados tamanhos e formas, existem dentro de nosso vasto universo. Os astrônomos organizaram a maioria dos corpos astrais de acordo com o tipo. Para estabelecer algumas escalas, as galáxias têm em geral cerca de 30 mil anos-luz, ou 3×10^{20} metros, de extensão. Isso inclui nossa galáxia — a Via Láctea —, que tem três vezes esse tamanho. Aglomerados de galáxias, que contêm dezenas de milhares de galáxias, medem cerca de 10^{23} metros, ou 10 milhões de anos-luz de tamanho. A luz leva 10 milhões de anos para chegar de uma extremidade do aglomerado de galáxias à outra.

Mas, apesar da enorme variedade de tamanhos, a maioria

desses corpos age de acordo com as leis de Newton. A órbita da Lua, assim como as órbitas de Plutão ou da própria Terra, pode ser explicada em termos de gravidade newtoniana. Dadas as distâncias dos planetas a partir do Sol, suas órbitas podem ser previstas com a lei da força gravitacional de Newton. Essa é a mesma lei que fez a maçã de Newton cair na Terra.

Contudo, medições mais precisas das órbitas planetárias revelaram que as leis de Newton não eram a palavra final. A relatividade geral foi necessária para explicar a precessão do periélio de Mercúrio, que é a mudança observada em sua órbita em torno do Sol ao longo do tempo. A relatividade geral é uma teoria mais abrangente, que engloba as leis de Newton quando as densidades e velocidades são pequenas, mas também funciona fora dessas restrições.

A relatividade geral, porém, é desnecessária na descrição da maioria dos objetos. Mas seus efeitos podem se acumular com o tempo, e são pronunciados em objetos suficientemente densos, como buracos negros. O buraco negro no centro de nossa galáxia tem cerca de 10 trilhões (10^{13}) de metros de raio. Sua massa é muito grande — cerca de 4 milhões de vezes a do Sol — e suas propriedades, assim como as de todos os outros buracos negros, requerem relatividade para serem descritas.

O universo visível inteiro tem hoje cerca de 100 bilhões de anos-luz de extensão — ou 10^{27} metros, 1 milhão de vezes maior do que nossa galáxia. Isso é uma enormidade e é, em princípio, surpreendente, pois trata-se de um tamanho muito além da maior distância que podemos observar hoje, 13,75 bilhões de anos após o big bang. Nada deve se mover mais rápido que a velocidade da luz, então, com o universo tendo apenas 13,75 bilhões de anos, esse tamanho parece impossível.

Tal contradição, porém, não existe. A razão pela qual o universo como um todo é maior que a distância percorrida por um sinal em razão de sua idade é que o espaço em si está expandindo.

A relatividade geral tem papel importante na compreensão desse fenômeno. Suas equações nos dizem como o tecido do espaço se expandiu. Podemos observar lugares que estão muito distantes entre si no universo, ainda que eles não possam ver uns aos outros.

Dada a velocidade finita da luz e a idade finita do universo, esta seção já nos levou ao limite dos tamanhos observáveis. O universo visível é tudo o que nossos telescópios podem acessar. Entretanto, o tamanho do universo sem dúvida não é limitado àquilo que podemos ver. Assim como podemos fazer conjecturas sobre escalas pequenas além dos limites experimentais, podemos especular sobre o que existe além do universo visível. O único limite que podemos conceber para tamanhos maiores é nossa imaginação — e nossa paciência para refletir sobre estruturas que não temos esperança de ver.

Realmente não sabemos o que existe além do *horizonte* — a fronteira do universo visível. Os limites de nossas observações abrem a possibilidade de novos e exóticos fenômenos além. Diferentes estruturas, diferentes dimensões e mesmo diferentes leis físicas podem, de modo geral, ser aplicáveis, desde que não contradigam nada que já tenha sido observado. Isso não significa que toda possibilidade ocorre na natureza, como meu colega astrofísico Max Tegmark às vezes afirma. Entretanto, isso de fato significa que há muitas possibilidades sobre o que pode existir lá fora.

Ainda não sabemos se existem outras dimensões ou outros universos. Na verdade, não podemos nem mesmo dizer com certeza se o universo como um todo é finito ou infinito, apesar de a maioria de nós acreditar na segunda hipótese. Nenhuma medição mostra qualquer sinal dos limites do cosmo, mas as medições só vão até certo ponto. Em princípio, o universo poderia ter um fim, ou até ter a forma de uma bola ou um balão. Mas nenhuma pista teórica ou experimental aponta nesse sentido hoje.

A maioria dos físicos prefere não pensar demais no regime

além do universo visível, pois talvez jamais saibamos o que há lá. Qualquer teoria de gravidade ou de gravidade quântica, porém, nos dá as ferramentas matemáticas para contemplar a geometria daquilo que pode existir. Com base em métodos e ideias teóricos sobre dimensões extras de espaço, os físicos às vezes concebem outros universos exóticos, que não entrarão em contato conosco ao longo do tempo de vida do nosso universo ou estão em contato apenas por meio da gravidade. Como discutimos no capítulo 18, os cordistas e os teóricos de outras escolas contemplam a existência de um multiverso que contém muitos universos independentes desconectados. Eles devem ser consistentes com as equações da teoria de cordas, às vezes combinando essas ideias com o princípio antrópico que explora as riquezas possíveis de universos potenciais. Alguns até tentam achar assinaturas observáveis de tais multiversos no futuro. Como vimos no capítulo 17, em um cenário distinto, um "multiverso" de duas branas pode até ajudar a entender questões da física de partículas e, nesse caso, ter consequências testáveis. Mas a maioria dos universos adicionais, apesar de concebíveis e talvez até propensos a existir, provavelmente ficará além do reino da viabilidade experimental num futuro próximo. Eles continuarão a ser, então, possibilidades teóricas abstratas.

O BIG BANG: DO PEQUENO AO GRANDE ATRAVÉS DO TEMPO

Agora que já nos aventuramos pelos maiores tamanhos que podemos observar ou discutir no contexto do universo observável e atingimos os limites daquilo que podemos ver (e contemplar com nossa imaginação), exploraremos como o universo em que vivemos e que observamos evoluiu ao longo do tempo para criar as enormes estruturas que vemos hoje. A teoria do big bang nos diz como o universo cresceu durante seus 13,75 bilhões de anos de vida, desde seu pequeno tamanho inicial até o que exibe hoje, com 100 bilhões de anos-luz. Fred Hoyle batizou a teoria de modo irônico (e incrédulo), fazendo referência a uma explosão inicial, quando uma densa bola de fogo começou a se expandir para dar origem à extensão gigante de estrelas e estruturas que observamos agora: crescendo, diluindo a matéria e esfriando à medida que evoluía.

Entretanto, a única coisa que não sabemos ao certo é qual entidade explodiu no início, e como isso aconteceu — nem qual era seu tamanho então. Apesar de nossa boa compreensão sobre a evolução recente do universo, seus primórdios continuam ocultos por mistérios. De qualquer forma, mesmo que a teoria do big bang não nos diga nada sobre o momento inicial do universo, ela é uma teoria bastante bem-sucedida, que nos revela muito sobre sua história subsequente. Observações atuais, combinadas à teoria do big bang, nos ensinam um bocado sobre como o universo evoluiu.

No início do século xx, ninguém sabia que o universo estava se expandindo. Quando Edwin Hubble olhou para o céu pela primeira vez, sabia-se muito pouco. Harlow Shapley havia estimado o tamanho da Via Láctea em 300 mil anos-luz de extensão, mas estava convicto de que ela era tudo o que o universo continha. Nos anos 1920, Hubble percebeu que algumas das nebulosas que Shapley pensava serem nuvens de poeira — o que de fato deu origem a esse nome sem graça — eram na verdade galáxias a milhões de anos-luz de distância.

Após ter identificado galáxias, Hubble fez sua segunda descoberta incrível: a expansão do universo. Em 1929, ele observou que as galáxias tinham um desvio para o vermelho, ou seja, que havia um efeito Doppler, no qual ondas de luz vindas de objetos mais distantes adquiriam comprimentos maiores. Esse desvio para o vermelho demonstrou que as galáxias estavam se afastando, de um modo que lembrava o tom agudo de uma sirene tendo sua frequência reduzida quando uma ambulância se afasta depressa. (Veja a figura 71.) As galáxias que ele tinha identificado não eram estáticas em relação à nossa localização, mas estavam todas se espalhando para fora. Isso era uma evidência de que vivemos num universo em expansão, com as galáxias ficando cada vez mais distantes entre si.

A expansão do universo é diferente das imagens que podemos conceber de início, pois ele não está se expandindo para dentro de um espaço preexistente. O universo é tudo o que existe. Nada está presente para que possa acomodá-lo. O universo, assim como o próprio espaço, está se expandindo. Quaisquer dois pontos dentro dele ficam mais afastados à medida que o tempo corre. Outras galáxias se afastam de nós, mas nossa localidade não tem nada de especial — elas estão se distanciando umas das outras também.

Uma maneira de representar isso é imaginar o universo como

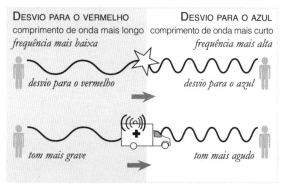

Figura 71. A luz de um objeto se afastando de nós é alterada para frequências menores — sofre um desvio para a extremidade vermelha do espectro —, enquanto a luz de objetos se aproximando sofre um desvio para frequências mais altas, na extremidade azul. Isso é análogo ao ruído de uma sirene, que tem tom mais grave quando uma ambulância se afasta e mais agudo quando ela se aproxima.

a superfície de um balão. Suponha que você marcou dois pontos nessa superfície. Quando o balão é inflado, a superfície é esticada, e os dois pontos ficam mais afastados. (Veja a figura 72.) Isso é de fato o que ocorre com dois pontos no universo que se expande. A distância entre quaisquer dois pontos — ou quaisquer duas galáxias — aumenta.

Note que, em nossa analogia, os dois pontos em si não estão necessariamente se expandindo, apenas o espaço entre eles. Isso, de fato, é o que ocorre no universo em expansão como um todo. Os átomos, por exemplo, apresentam uma forte interligação por forças eletromagnéticas. Eles não estão se tornando maiores. Da mesma forma, as galáxias, estruturas densas em termos relativos e fortemente interligadas, não estão crescendo. A força que move a expansão também age sobre elas, mas, como há outras forças afetando o processo, as galáxias não crescem junto com a expansão total do universo. Elas sentem forças atrativas tão intensas que permanecem com o mesmo tamanho relativo, enquanto a distância relativa entre uma e outra aumenta a cada dia.

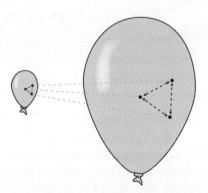

Figura 72. O "universo balão" ilustra como todos os pontos se afastam uns dos outros à medida que o balão (universo) se expande.

A superfície do balão, claro, não é uma analogia perfeita. O universo tem três dimensões, não duas. Além disso, o universo é grande, provavelmente de tamanho infinito, não pequeno e curvado como a superfície do balão. E, acima de tudo, o balão existe em nosso universo e se expande ocupando um espaço preexistente, diferentemente do universo, que permeia o espaço e não se expande para dentro de mais nada. Mas, mesmo com esses poréns, a superfície de um balão é uma boa ilustração sobre o que significa a expansão do espaço. Cada ponto se distancia de todos os outros pontos ao mesmo tempo.

A analogia do balão — desta vez em referência a seu interior — também é útil para entender como o universo esfriou a partir de seu estado inicial, quando era uma bola de fogo ultraquente. Imagine um balão extremamente quente que é expandido para um tamanho muito grande. Embora seja quente demais para ser manipulado no início, o balão expandido terá um bocado de ar frio, que não impedirá mais o contato humano. A teoria do big bang supõe que o estado inicial quente e denso do universo tenha se expandido, e tenha se esfriado enquanto o fazia.

Einstein, na verdade, já tinha derivado a expansão do universo a partir de suas equações da relatividade geral. Naquela época, ninguém havia medido ainda a expansão do universo, e ele não confiou em sua própria previsão. Então introduziu uma nova fonte de energia, na tentativa de reconciliar sua teoria com um universo estático. Após as medições de Hubble, Einstein dispensou a gambiarra que havia feito, passando a considerá-la sua "maior asneira". Essa modificação não estava de todo errada, porém. Em breve veremos que medições mais recentes mostram que o termo da constante cosmológica que ele tinha inserido na verdade é necessário para descrever observações recentes. Entretanto, a magnitude medida para a constante cosmológica, que hoje explica a recém-descoberta aceleração da expansão do universo, é cerca de uma ordem de magnitude maior do que a que Einstein havia proposto para simplesmente paralisar a expansão.

A expansão do universo foi um bom exemplo de convergência entre uma física "de cima para baixo" e outra "de baixo para cima". A teoria da gravidade de Einstein implica que o universo se expande, mas só após a descoberta da expansão os físicos se sentiram seguros de que estavam no caminho certo.

Hoje nos referimos ao número que determina a taxa atual de expansão do universo como *constante de Hubble*. Ele é considerado uma constante porque a expansão fracional do espaço é a mesma em qualquer lugar. O parâmetro de Hubble, porém, não é constante ao longo do tempo. Em tempos primordiais, quando o universo era mais quente, mais denso e com efeitos gravitacionais mais fortes, sua taxa de expansão era muito maior.

É difícil medir com precisão a constante de Hubble, pois encontramos exatamente o mesmo problema que tivemos antes para desemaranhar o passado do presente. Precisamos saber quão distantes estão as galáxias com desvio para o vermelho, pois este depende tanto do parâmetro de Hubble quanto da distância. Essa medição imprecisa causava uma incerteza de um fator de dois para a idade do universo, como mencionei no início deste capítulo. Se as medidas do parâmetro de Hubble estivessem erradas por um fator de dois, a idade do universo teria a mesma imprecisão.

Atualmente essa controvérsia está hoje quase resolvida. O parâmetro de Hubble foi medido por Wendy Freedman, dos Observatórios Astronômicos Smithsonian, por seus colaboradores e também por outros grupos. A taxa de expansão é de cerca de 22 quilômetros por segundo para uma galáxia a 1 milhão de anos-luz de distância. Com base nesse valor, sabemos agora que o universo tem cerca de 13,75 bilhões de anos de idade. Esse número pode estar subestimado ou superestimado em 200 milhões de anos, mas não por um fator de dois. Embora isso ainda soe um bocado incerto, a faixa de incerteza é muito pequena para interferir demais em nosso entendimento atual.

Duas outras observações cruciais se encaixaram bem nas previsões e reconfirmaram a teoria do big bang. Uma classe de medida que dependia de previsões tanto da física de partículas quanto da relatividade especial (e que portanto confirmou ambas) foi a densidade dos vários elementos do cosmo, como o hélio ou o lítio. A quantidade desses elementos que a teoria do big bang prevê está de acordo com as medições. Isso é uma prova indireta, de certa forma, e cálculos detalhados baseados na física nuclear e na cosmologia são requeridos para computar esses valores. Ainda assim, é muito improvável que as abundâncias de muitos diferentes elementos estejam de acordo com as previsões por mera coincidência, e que físicos e astrônomos não estejam no caminho certo.

Quando o americano Robert Wilson e o alemão naturalizado americano Arno Penzias descobriram por acaso a radiação cósmica de fundo de micro-ondas a 2,7 graus em 1964, foi uma confirmação a mais para a teoria do big bang. Para dar perspectiva a essa temperatura, nada é mais frio do que o zero absoluto — zero kelvin. A radiação do universo é menos de três graus mais quente do que esse limite absoluto de "frieza" que qualquer coisa pode ter.

A colaboração e a façanha de Wilson e Penzias (que lhes rendeu o prêmio Nobel de 1978) são um exemplo sublime de como a ciência e a tecnologia às vezes atuam de modo coordenado para atingir resultados além daquilo que se imaginava. Na época em que a AT&T ainda detinha o monopólio sobre a telefonia, ela fez algo maravilhoso: a criação dos Laboratórios Bell, um ambiente de pesquisa espetacular no qual pesquisa pura e aplicada andavam lado a lado.

Robert Wilson, um tecnólogo obcecado por detalhes de aparelhos, e Arno Penzias, um cientista de visão abrangente, trabalhavam lá. Juntos, eles usavam e desenvolviam radiotelescópios. Wilson e Penzias estavam interessados em ciência e tecnologia, enquanto a AT&T, como é compreensível, estava interessada em comunicações, mas as ondas de rádio vagando nos céus eram importantes para todos os envolvidos.

Ao perseguir um objetivo específico em radioastronomia, Wilson e Penzias descobriram algo que, de início, consideraram um misterioso incômodo sem explicação. Parecia haver um ruído de fundo uniforme — um chiado de estática, na verdade. Ele não estava vindo do Sol e não era relacionado a testes nucleares do ano anterior. Durante os nove meses em que se empenharam para descobrir o que estava acontecendo, eles tentaram explicar o ruído de todas as maneiras que imaginaram, sendo a mais famosa delas a que o atribuía a fezes de pombo. Após aventarem todas as possibilidades, limparem a sujeira das aves (ou "material dielétrico branco", como Penzias se referia a ela) e até mesmo atirar contra os pombos, o ruído ainda não tinha ido embora.

Wilson me contou quão sortudos eles foram em relação à época de sua descoberta. Eles ainda não sabiam sobre o big bang, mas Robert Dicke e Jim Peebles, da Universidade Princeton, sabiam. E estes tinham acabado de perceber que uma das implicações da teoria seria uma radiação de micro-ondas remanescente. Os dois físicos estavam no processo de projetar um experimento para medir essa radiação quando descobriram que já haviam sido ultrapassados — pelos cientistas dos Laboratórios Bell, que ainda não tinham se dado conta do que haviam descoberto. Para a sorte deles, o astrônomo Bernie Burke, do MIT (que Robert me descreveu como tendo um repertório de conhecimento comparável ao da internet), sabia tanto da pesquisa em Princeton quanto da descoberta de Penzias e Wilson. Ele juntou dois mais dois e fez a conexão render frutos ao colocar todos os interessados em contato.

Esse foi um adorável exemplo de ciência em ação. A pesquisa estava sendo feita com um propósito científico específico que poderia ter benefícios tecnológicos e científicos secundários. Os astrônomos não estavam procurando por aquilo que encontraram, mas eram muitíssimo habilidosos, do ponto de vista tecnológico e científico. Quando toparam com algo novo, souberam não desprezá-lo. Sua pesquisa — apesar de estar buscando fenômenos que em termos relativos eram menos importantes — resultou em uma descoberta com implicações extremamente profundas, que eles fizeram porque estavam levando em conta o panorama ao mesmo tempo, junto com outros. A descoberta dos cientistas dos Laboratórios Bell foi casual, mas mudou para sempre a ciência da cosmologia.

A radiação cósmica provou ser uma tremenda ferramenta — não apenas para confirmar o big bang, mas para transformar a cosmologia numa ciência detalhada. A radiação cósmica de fundo de micro-ondas (*cosmic microwave background*, CMB) oferece uma maneira de observar o passado que é diferente das medições da astronomia tradicional.

Os astrônomos outrora observavam objetos no céu, tentavam determinar sua idade e buscavam deduzir a história evolutiva que os tinha produzido. Com a CMB, hoje os cientistas podem olhar diretamente para o passado anterior à formação de estruturas como estrelas e galáxias. A luz que eles observam foi emitida há muito tempo, numa era inicial da evolução do universo. Quando o fundo de micro-ondas que conhecemos agora foi emitido, o universo tinha um milésimo de seu tamanho atual.

Embora o universo fosse originalmente ocupado por todo tipo de partículas — tanto carregadas quanto sem carga —, assim que ele esfriou o suficiente, 400 mil anos em sua evolução, as partículas carregadas se combinaram para formar átomos neutros. Quando isso ocorreu, a luz não tinha mais sua dispersão perturbada. A radiação cósmica de fundo, então, chega até nossos satélites e telescópios diretamente — desenfreada e desimpedida —, vinda de um momento em que a evolução do universo completava 400 mil anos. A radiação de fundo descoberta por Penzias e Wilson era a mesma radiação presente em estágios anteriores da história do universo, mas havia sido diluída e resfriada com sua expansão. A radiação viajara direto até os telescópios que a detectaram, sem as obstruções que ocorriam da dispersão proveniente de quaisquer partículas que poderiam intervir na trajetória. Essa luz nos oferece uma janela precisa e direta para o passado.

O satélite Cosmic Background Explorer (COBE), uma missão lançada em 1989, mediu essa radiação de fundo com extrema acurácia, e os cientistas do projeto descobriram que suas medições estavam de acordo com as previsões a uma proporção de erro menor que uma parte por mil. Mas o COBE também mediu algo novo. De longe, a coisa mais interessante medida por ele foi um pouquinho de oscilação nas temperaturas ao longo do céu. Apesar de o universo ser extremamente uniforme, pequenas desuniformidades, menores que uma parte em 10 mil, cresceram a partir do universo inicial e se tornaram essenciais para o desenvolvimento de estruturas. Essas desuniformidades se originaram em escalas de comprimento minúsculas, mas foram esticadas para tamanhos relevantes a estruturas e medições astrofísicas. A gravidade fez as regiões mais densas, onde as perturbações eram especialmente grandes, tornarem-se mais concentradas e formarem os objetos maciços que observamos hoje. As estrelas, galáxias e os aglomerados de galáxias que discutimos antes são, todos eles, resultado dessas minúsculas flutuações quânticas iniciais e de sua evolução por meio da força gravitacional.

A medição do fundo de micro-ondas continua a ser crítica para nossa compreensão da evolução do universo. Seu papel como janela direta para o universo primordial não pode ser subestimado. Mais recentemente, junto com métodos mais tradicionais, as medições de CMB forneceram insights experimentais para diversos outros fenômenos mais misteriosos: a inflação cosmológica, a matéria escura e a energia escura — os assuntos de que vamos tratar a seguir.

20. O que é tão grande para você é tão pequeno para mim

Quando eu era professora no MIT, meu departamento ficou sem espaço no terceiro andar do prédio, onde os físicos de partículas trabalhavam. Mudei-me então para uma sala ao lado da de Alan Guth, no andar de baixo, que na época abrigava cosmólogos e astrônomos teóricos. Apesar de Alan ter iniciado sua carreira como físico de partículas, ele é conhecido hoje como um dos melhores cosmólogos do mundo. Na época em que mudei de sala, eu já explorava algumas conexões entre a física de partículas e a cosmologia. Mas é muito mais fácil continuar uma pesquisa como essa quando seu vizinho compartilha alguns desses interesses — e é tão bagunceiro quanto você, de forma que você se sente em casa dentro de seu escritório.

Vários físicos de partículas embarcaram em jornadas mais longas do que uma única mudança de andar, cruzando fronteiras de uma vasta variedade de outras áreas de pesquisas. Wally Gilbert, cofundador da Biogen, começou a vida como físico de partículas mas deixou essa área para fazer as pesquisas em biologia e química que lhe renderam um prêmio Nobel. Desde então, muitos cientistas seguiram seus passos. Por outro lado, vários de meus amigos estudantes de pós-graduação abandonaram a física de partículas para se tornar "*quants*"* em Wall Street, onde podiam apostar nas mudanças de mercados futuros. Eles escolheram a hora certa para fazer essa transição, pois na época os novos instrumentos financeiros para alavancar essas apostas estavam começando a ser desenvolvidos. Aqueles que cruzaram a fronteira da biologia levaram para lá algumas maneiras de pensar e organizar problemas, e os que foram para o campo das finanças reaproveitaram seus métodos e suas equações originais.

Mas a sobreposição entre física de partículas e cosmologia é sem dúvida muito mais profunda e rica do que qualquer outra mencionada. Uma análise profunda do universo em diferentes escalas expôs as muitas conexões entre partículas elementares nas menores escalas e o universo em si, na maior das escalas. Afinal de contas, o universo é por definição único e engloba tudo o que está dentro dele. Os físicos de partículas, que olham para dentro, perguntam qual tipo de matéria fundamental existe no cerne da matéria, e os cosmólogos, que olham para fora, estudam a evolução do conjunto de tudo aquilo que existe. Os mistérios do universo — em especial a questão sobre de que ele é feito — são relevantes tanto para cosmólogos quanto para físicos de partículas.

Ambos os tipos de pesquisadores investigam estruturas básicas e empregam leis físicas fundamentais. Cada um precisa levar em conta os resultados do outro. O conteúdo do universo estudado pelos físicos de partículas é um importante tema de pesquisa também para os cosmólogos. Além disso, as leis da natureza que incorporam tanto a relatividade geral quanto a física de partículas descrevem a evolução do universo, e precisam fazê-lo se estiverem corretas e se aplicarem a um cosmo único. Ao mesmo tempo, a

* Analistas quantitativos. (N. T.)

evolução conhecida do universo restringe as propriedades que a matéria pode ter para que se encaixe na história observada. O universo foi, de certa forma, o primeiro e mais potente acelerador de partículas. As energias e temperaturas eram muito altas nos estágios iniciais de sua evolução, e as altas energias que os atuais aceleradores atingem buscam reproduzir alguns aspectos daquelas condições na Terra de hoje.

A recente atenção dada a essa convergência de interesses precipitou muitas investigações bem-sucedidas e grandes insights. E é provável que continue a fazê-lo. Este capítulo discute algumas das grandes questões cosmológicas em aberto que físicos de partículas e cosmólogos exploram juntos. As arenas sobrepostas incluem a inflação cosmológica, a matéria escura e a energia escura. Vamos discutir os aspectos que compreendemos sobre cada um desses fenômenos e — o mais importante para a pesquisa atual — os aspectos que não compreendemos.

INFLAÇÃO COSMOLÓGICA

Mesmo que ainda não consigamos dizer o que aconteceu bem no início do universo — pois para isso precisamos de uma teoria abrangente que incorpore tanto a mecânica quântica quanto a gravidade —, podemos afirmar com razoável certeza que, em determinado momento após o início da evolução do universo (talvez tão breve quanto 10^{-39} segundos), ocorreu um fenômeno chamado *inflação cosmológica*.

Em 1980, Alan Guth sugeriu um cenário segundo o qual o universo primordial essencialmente explodiu para todos os lados. O interessante é que no início ele estava tentando solucionar um problema de física de partículas envolvendo consequências cosmológicas das Grandes Teorias Unificadas. Formado em física de partículas, usou métodos originados na teoria de campos — a teoria que combina relatividade especial e mecânica quântica, usada por físicos de partículas em seus cálculos. Mas Guth acabou derivando a teoria que revolucionou nossa compreensão da cosmologia. Como e quando a inflação ocorreu é ainda objeto de especulação. Mas um universo que passou por essa violenta expansão deixou evidências claras, muitas das quais já foram encontradas.

No cenário padrão do big bang, o universo primordial cresceria de forma calma e constante — por exemplo, dobrando de tamanho ao ter sua idade aumentada por um fator de quatro. Mas, numa época inflacionária, uma parte do céu passou por uma expansão incrivelmente rápida, crescendo de modo exponencial com o tempo. O universo dobrou de tamanho num período fixo de tempo, depois dobrou de novo em outro período de mesma duração e continuou dobrando por pelo menos noventa vezes seguidas, até que a época inflacionária terminou e o universo ficou tão uniforme quanto aquele que vemos hoje. Essa expansão exponencial significa, por exemplo, que, quando a idade do universo se multiplicou por sessenta, o tamanho do universo havia aumentado mais de 1 trilhão de trilhão de trilhão de vezes. Sem a inflação, ele teria aumentado apenas por um fator de oito. Em certo sentido, a inflação foi o início de nossa história evolutiva do pequeno ao grande — ela é, pelo menos, a parte que podemos tentar entender por observações. A enorme expansão inflacionária inicial teria diluído o conteúdo de matéria e radiação do universo a praticamente nada. Tudo o que observamos hoje no universo deve ter surgido, então, logo após a inflação, quando a energia que impulsionou a explosão inflacionária se converteu em matéria e radiação. A essa altura, a evolução convencional do big bang passou a dominar — e o universo começou a se expandir mais, até se tornar a enorme estrutura que vemos hoje.

Podemos pensar na explosão inflacionária como o "bang"

precursor da evolução do universo de acordo com a teoria padrão do big bang. Ele não é o verdadeiro início — não sabemos o que aconteceu quando a gravidade quântica estava em cena —, mas é o momento em que teve início o estágio de evolução tipo big bang, com a matéria resfriando e, depois, se agregando.

A inflação também responde, em parte, por que existe alguma coisa, e não o nada. Uma porção da enorme densidade de energia armazenada durante a inflação foi convertida em matéria (consistentemente com $E = mc^2$), e essa é a matéria que evoluiu para se tornar o que vemos hoje. Como afirmo no encerramento deste capítulo, nós, físicos, ainda gostaríamos de saber por que há mais matéria do que antimatéria no universo. Mas, qualquer que seja a resposta para essa pergunta, a matéria que conhecemos começou a evoluir de acordo com as previsões da teoria do big bang assim que a inflação cosmológica terminou.

A inflação foi derivada de uma teoria "de baixo para cima". Ela resolveu problemas importantes embutidos na explosão convencional do big bang, mas poucos acreditavam de fato em qualquer um dos modelos que tentavam explicar como ela surgiu. Nenhuma teoria convincente sobre altas energias parecia ter a inflação como uma implicação óbvia. Como a construção de um modelo crível era difícil demais, muitos físicos (incluindo aqueles que estavam em Harvard quando eu fazia pós-graduação) duvidavam que a ideia pudesse estar correta. Por outro lado, Andrei Linde, um físico russo que hoje está em Stanford, um dos primeiros a trabalhar com inflação, acreditava que ela deveria estar correta apenas porque ninguém tinha encontrado outra solução para os quebra-cabeças sobre o tamanho, a forma e a uniformidade do universo com os quais a inflação lidava.

A inflação foi um exemplo interessante da conexão entre beleza e verdade — ou da falta dela. Apesar de a expansão exponencial do universo explicar muitos fenômenos sobre seu início de maneira bela e sucinta, a busca por uma teoria que resultasse naturalmente em uma expansão exponencial levou à criação de vários modelos não muito bonitos.

Há pouco tempo, porém, a maior parte dos físicos — mesmo que ainda não esteja de todo satisfeita com a maioria dos modelos — se convenceu de que a inflação, ou algo muito similar, de fato ocorreu. As observações dos últimos anos confirmaram um retrato da cosmologia do big bang precedido pela inflação. Muitos físicos acreditam agora que a evolução do big bang e a inflação ocorreram, pois as previsões baseadas nessas teorias foram confirmadas com uma precisão impressionante. O verdadeiro modelo subjacente à inflação ainda é uma questão em aberto. Mas, a esta altura, já há um bocado de evidências em favor da expansão exponencial.

Um tipo de evidência para a inflação cosmológica tem a ver com desvios na uniformidade da radiação cósmica de fundo de micro-ondas, apresentada no capítulo anterior. A radiação de fundo não diz apenas que o big bang ocorreu. Sua beleza está no fato de que, por ser, em essência, uma fotografia do universo muito jovem — de antes de as estrelas terem tido tempo de se formar —, ela nos permite olhar para trás e ver o início das estruturas num tempo em que o universo ainda era muito homogêneo. O fundo cósmico de micro-ondas também revelou pequenas imperfeições nessa homogeneidade. A inflação prevê isso porque flutuações quânticas fizeram a inflação terminar em tempos ligeiramente diferentes em regiões diferentes do universo, originando pequenos desvios na uniformidade absoluta. A sonda WMAP (sigla de Wilkinson Microwave Anisotropy Probe [Wilkinson para a Anisotropia de Micro-ondas]), assim batizada em homenagem a David Wilkinson, físico de Princeton que idealizou o projeto, fez medições detalhadas que distinguiam previsões inflacionárias de outras possibilidades. Embora a inflação tenha acontecido muito tempo atrás, a altíssimas temperaturas, a teoria baseada na inflação cosmológica prevê exatamente as propriedades estatísticas de padrões de variação de temperatura que deveriam ter deixado suas marcas na radiação vista no céu de hoje. A WMAP mediu as pequenas inomogeneidades em densidade de temperatura e energia com mais acurácia e em escalas angulares menores que as medições anteriores. O padrão se encaixou nas expectativas inflacionárias.

A principal confirmação da inflação oferecida pela WMAP foi mostrar que o universo é extremamente achatado. Einstein acreditava que o espaço poderia ser encurvado. (Veja a figura 73 para exemplos de superfícies bidimensionais encurvadas.) A curvatura depende da densidade de energia no universo. Na época em que a inflação foi proposta, sabia-se que o universo era bem mais achatado do que expectativas ingênuas sugeriam, mas as medições eram imprecisas demais para testar a previsão inflacionária de que o universo iria se expandir a ponto de a curvatura acabar sendo esticada. As medições do fundo de micro-ondas demonstraram agora que o universo é achatado a um nível de 1%, algo que seria difícil de entender sem nenhuma explanação física subjacente.

Esse achatamento do universo foi uma grande vitória da cosmologia inflacionária. Se ele não fosse real, a inflação teria de ser descartada. As medições da WMAP também foram uma vitória da ciência. Quando teóricos propuseram as medições detalhadas do fundo de micro-ondas que iriam por fim nos dizer qual é a geometria do universo, todos acharam que seria interessante fornecer esses dados à comunidade científica, mas isso parecia ser algo difícil demais, sob o aspecto técnico, para se atingir tão cedo. Ao longo de uma década, contrariando todas as expectativas, cosmólogos observacionais fizeram as medições necessárias e nos permitiram vislumbrar como o universo evoluiu. A WMAP ainda está fornecendo novos resultados, realizando medições detalhadas da variação de temperatura ao longo do céu. O satélite Planck, em operação agora, está medindo essas flutuações de maneira mais precisa. As medições

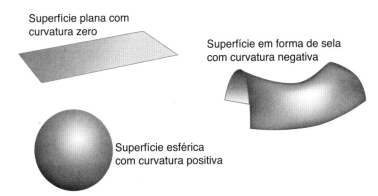

Figura 73. Curvaturas zero, positiva e negativa em superfícies bidimensionais. O universo também pode ser encurvado, mas dentro de um espaço quadridimensional, difícil de desenhar.

de CMB foram um recurso fundamental para vislumbrar o universo primordial, e é provável que continuem sendo.

Recentes estudos minuciosos da radiação cósmica deixada pelo céu levaram a outros grandes saltos em nosso conhecimento quantitativo sobre o universo e sua evolução. Os detalhes da radiação forneceram informações preciosas a respeito da matéria e da energia ao nosso redor. Além de mostrar as condições existentes quando a primeira luz iniciou sua trajetória em nossa direção, o CMB nos revela propriedades do universo ao longo do qual a luz trafegou. A relatividade nos diz que, se o universo tivesse mudado nos últimos 13,75 bilhões de anos, ou se sua energia fosse diferente da esperada, ela teria afetado a trajetória dos raios de luz e, portanto, a medição das propriedades da radiação investigada. Por ser um registro tão sensível do conteúdo de energia do universo atual, o fundo de micro-ondas tem informações sobre o que o universo contém. Isso inclui a matéria escura e a energia escura, que discutiremos agora.

O CERNE DA ESCURIDÃO

Além de confirmar a teoria inflacionária, as medições de CMB introduziram alguns grandes mistérios que cosmólogos, astrônomos e físicos de partículas querem abordar agora. A inflação nos diz que o universo deveria ser achatado, mas não diz onde está agora a energia necessária para achatá-lo. Contudo, tendo como base as equações da relatividade geral de Einstein, podemos calcular qual é a energia necessária para o universo ser achatado hoje. E ficou claro que a matéria visível conhecida contém apenas 4% da energia requerida.

Um quebra-cabeça adicional, que já tinha indicado a necessidade de algo novo, diz respeito à sutileza das flutuações de temperatura e densidade que o COBE havia medido. Contando apenas com a matéria visível e com perturbações tão pequenas, o universo não teria ainda idade suficiente para que as perturbações houvessem crescido a ponto de formar estruturas. A existência de galáxias e aglomerados de galáxias, diante da medição de flutuações tão pequenas, sugere a existência de matéria que ninguém viu diretamente.

Na verdade, bem antes dos resultados do COBE sobre a radiação de micro-ondas, os cientistas já sabiam que deveria existir um novo tipo de matéria. Outras observações que discutiremos em breve já indicavam que uma matéria adicional, ainda não vista, deveria existir. Essa coisa misteriosa, que ficou conhecida como matéria escura, exerce força gravitacional, mas não interage com a luz. Como nem emite nem absorve luz, ela é invisível — não escura. Mas continuaremos usando a designação matéria escura. Por enquanto, conhecemos poucos aspectos de identificação palpáveis para ela, além de sua influência gravitacional e de sua interação tênue.

Ademais, medições da influência gravitacional indicam a presença de algo ainda mais misterioso do que a matéria escura, conhecido como energia escura. Essa é uma energia que permeia o universo, mas não se agrega como matéria ordinária nem se dilui com a expansão. Ela é bem parecida com a energia que desencadeou a inflação, mas sua densidade é muito menor hoje do que era naquela época.

Apesar de a cosmologia viver hoje uma era de renascença, na qual teorias e observações avançaram a um ponto em que ideias podem ser testadas com precisão, também vivemos uma idade das trevas. Cerca de 23% da energia do universo está contida na matéria escura, e cerca de outros 73% são a misteriosa energia escura, como ilustra o gráfico circular. (Veja a figura 74.)

Na última vez que alguma coisa recebeu o nome de "escura" na física, estávamos no meio do século XVIII, quando o francês Urbain Jean Joseph Le Verrier propôs a existência de um planeta escuro, batizado por ele de Vulcano. O objetivo de Le Verrier era explicar a trajetória peculiar de Mercúrio. Junto com o inglês John C. Adams, ele já havia deduzido a existência de Netuno a partir dos efeitos que esse planeta tinha sobre Urano. Mas ele estava er-

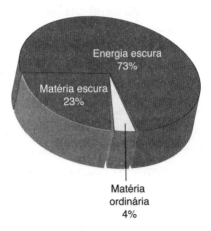

Figura 74. Gráfico circular ilustrando as quantidades relativas de matéria visível, matéria escura e energia escura das quais o universo é composto.

479

rado sobre Mercúrio. Descobriu-se por fim que a razão para a órbita estranha de Mercúrio era muito mais interessante do que a existência de outro planeta. A explicação só pôde ser encontrada com a teoria da relatividade de Einstein. A primeira confirmação de que sua teoria da relatividade geral estava correta foi que ela podia ser usada para prever a órbita de Mercúrio com acurácia.

Pode ser que a matéria escura e a energia escura sejam consequências de teorias conhecidas. Mas pode ser que esses elementos ausentes do universo sejam presságio para uma mudança de paradigma similar. Só o tempo dirá quais dessas opções vão solucionar os problemas da matéria e da energia escuras.

Ainda assim, eu diria que é bem provável que a matéria escura ganhe uma explanação mais convencional, consistente com o tipo de leis físicas que conhecemos hoje. Afinal de contas, mesmo que a nova matéria aja de acordo com leis de força similares àquelas que conhecemos, por que toda matéria teria de se comportar exatamente como a matéria que nos é familiar? Resumindo, por que toda matéria teria de interagir com a luz? A história da ciência nos ensinou algo: que é fruto de miopia acreditar que aquilo que vemos é tudo o que existe.

Muitos pensam de modo diferente. Eles acham a existência da matéria escura muito misteriosa e se perguntam por que a maior parte da matéria — cerca de seis vezes a quantidade que vemos — é algo que os telescópios convencionais não detectam. Alguns até suspeitam que a matéria escura seja algum tipo de erro. Pessoalmente, penso que é o oposto (ainda que reconheça que nem todos os físicos veem isso dessa forma). Se a matéria que vemos com os olhos representasse tudo o que existe, talvez isso fosse um mistério ainda maior. Por que deveríamos possuir sentidos tão perfeitos, capazes de perceber tudo? De novo, a lição da física através dos séculos foi mostrar o quanto está escondido de nossa vista. A partir dessa perspectiva, é um mistério que as coisas que de fato conhecemos pareçam constituir um sexto da energia de toda a matéria, uma aparente coincidência que meus colegas e eu estamos tentando entender.

Sabemos que algo com as propriedades da matéria escura precisa estar ali. Apesar de não a estarmos propriamente "vendo", detectamos sem dúvida sua influência gravitacional. Sabemos que a matéria escura existe em razão de evidências observacionais abundantes de seus efeitos gravitacionais no cosmo. A primeira pista de que ela existia veio da velocidade com que as estrelas giram em aglomerados de galáxias. Em 1933, Fritz Zwicky observou que galáxias em aglomerados de galáxias orbitavam com velocidade maior do que aquela que a massa visível permitiria, e logo depois Jan Oort constatou um fenômeno similar na Via Láctea. O trabalho de Zwicky o convencera a conjecturar a existência de uma matéria escura que ninguém poderia ver diretamente. Mas nenhuma dessas observações foi conclusiva. Uma medida defeituosa ou alguma outra dinâmica nas galáxias parecia ser uma explicação bem mais plausível do que uma substância invisível inventada apenas para adicionar atração gravitacional.

Na época em que Zwicky fez suas medições, elas não tinham resolução para ver estrelas individuais. Evidências muito mais sólidas para a matéria escura vieram de Vera Rubin, uma astrônoma observacional que, muito mais tarde — no fim dos anos 1960 e início dos 1970 —, fez medições quantitativas detalhadas de estrelas em galáxias. Aquilo que no início pareceu ser um estudo "tedioso" sobre estrelas orbitando uma galáxia — um trabalho ao qual Vera se dedicou por ser um território menos explorado do que outras atividades astronômicas da época — emergiu como a primeira evidência sólida de matéria escura no universo. As observações de Rubin feitas com Kent Ford renderam evidência incontroversa de que a conclusão de Zwicky, anos antes, estava correta.

Talvez você esteja se perguntando como é possível alguém olhar através de um telescópio e ver algo escuro. A resposta é que Rubin podia ver suas consequências gravitacionais. As propriedades de uma galáxia, como a velocidade com que suas estrelas a orbitam, são influenciadas pela quantidade de matéria que ela contém. Se houvesse apenas matéria visível presente, esperaríamos que estrelas muito distantes fossem bastante insensíveis à influência gravitacional da galáxia. Ainda assim, estrelas a distâncias dez vezes maiores do que o centro luminoso de matéria circulavam com a mesma velocidade que estrelas próximas do centro da galáxia. Isso significava que a densidade da massa não diminuiria com a distância, pelo menos para estrelas até dez vezes mais distantes do centro luminoso. Os astrônomos concluíram que as galáxias consistem primariamente em matéria não avistada. A matéria luminosa que vemos é uma fração significativa, mas a maior parte da galáxia é invisível, pelo menos no sentido comum da palavra.

Temos agora um bocado de outras evidências adicionais para a existência da matéria escura. Algumas das mais diretas são obtidas por lente gravitacional, como ilustrado na figura 75. Lentes gravitacionais são o fenômeno que ocorre quando a luz passa perto de um objeto maciço. Mesmo que o objeto em si não emita luz, ele exerce força gravitacional, e essa força pode desviar a luz emitida por um objeto não escuro atrás dele (visto a partir de nossa perspectiva). Como a luz faz curvas em diferentes direções de acordo com a trajetória ao redor do objeto escuro, e como projetamos de maneira intuitiva linhas retas para a luz, as lentes gravitacionais podem produzir imagens múltiplas do objeto original brilhante no céu. Essas imagens múltiplas nos permitem "ver" o objeto escuro — ou ao menos inferir sua existência e suas propriedades ao deduzir a gravidade necessária para desviar a luz observada.

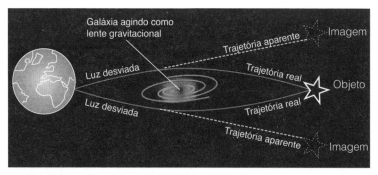

Figura 75. A luz passando por um objeto maciço pode ser desviada e criar múltiplas imagens do objeto original a partir da perspectiva do observador.

Talvez a mais forte evidência obtida até hoje de que a matéria escura (e não as teorias modificadas de gravidade) explica esse fenômeno venha do *Aglomerado da Bala*, que consiste em dois aglomerados de galáxias que colidiram. (Veja a figura 76.) A colisão demonstrou que os dois aglomerados contêm estrelas, gás e matéria escura. O gás quente no aglomerado interage fortemente — tão fortemente que o gás continua concentrado na região central da colisão. A matéria escura, por outro lado, não interage — pelo menos não muito. Por isso, ela continuou se deslocando após a colisão. As medições por lente gravitacional mostraram que a matéria, de fato, foi separada do gás quente precisamente da maneira prevista por um modelo com matéria escura de interação fraca e matéria ordinária de interação forte.

Temos mais evidências para a existência da matéria escura vindo do fundo de micro-ondas, já discutido. Diferentemente da lente gravitacional, as medições de radiação não nos dizem nada sobre a distribuição da matéria escura. Elas dizem, porém, qual é o saldo de energia contido na matéria escura — quão grande é a fatia da torta cósmica constituída pela energia que ela contém.

Medições de CMB nos dizem um bocado sobre o universo primordial e nos dão informações detalhadas sobre suas proprie-

Figura 76. O Aglomerado da Bala indica que aglomerados de galáxia contêm matéria escura, e é improvável que leis de gravidade modificadas expliquem sua dinâmica. Isso ocorre porque vemos uma separação entre a matéria ordinária de interação mais forte que fica bloqueada no meio dos dois aglomerados que colidiram, enquanto a matéria escura de interação mais fraca passa direto e é detectada por lente gravitacional.

dades. Essas medições não são um argumento apenas em favor da matéria escura. Elas também apoiam a existência da energia escura. De acordo com as equações da relatividade geral de Einstein, o universo só pode ser achatado se tiver a quantidade certa de energia. A matéria, mesmo levando em conta a matéria escura, simplesmente não dá conta de explicar o achatamento medido pela WMAP e por detectores instalados em balões. É preciso que exista outra energia. A energia escura é a única maneira de explicar o universo achatado — aquele com uma curvatura do espaço tridimensional pequena demais para ser medida e que até agora está de acordo com as medições.

A energia escura, que carrega a maior parte da energia do

universo — cerca de 70% —, é ainda mais intrigante do que a matéria escura. A evidência que convenceu a comunidade física da existência dela foi a descoberta de que a expansão do universo está atualmente se acelerando — de modo parecido com o que ocorreu durante a inflação no início, mas a uma taxa muito menor. No fim dos anos 1990, dois grupos separados de cientistas, o Projeto de Cosmologia Supernova e a Equipe de Pesquisa High-z Supernova, surpreenderam a comunidade física quando descobriram que a taxa de expansão do universo não está mais diminuindo, e está até se acelerando.

Antes das medições com supernovas, algumas pistas tinham indicado a existência de energia ausente, porém a evidência era fraca. Mas medições cuidadosas nos anos 1990 mostraram que supernovas distantes eram mais tênues do que se esperava. Como esse tipo particular de supernova tem emissão bastante uniforme e previsível, isso só poderia ser explicado por algo novo. E essa novidade parece ser uma expansão acelerada do universo — ou seja, ele se expande com uma velocidade cada vez maior.

Essa aceleração não pode estar surgindo da matéria comum, cuja atração gravitacional frearia a expansão do universo. A única explicação é que o universo deve estar agindo como se estivesse em inflação, mas com uma energia muito menor que a da fase inflacionária do universo primordial. Essa aceleração só pode ocorrer como consequência de algo que atue como a constante cosmológica idealizada por Einstein — ou energia escura, como ficou conhecida.

Diferentemente da matéria, a energia escura exerce pressão negativa sobre seu ambiente. A forma de pressão comum, positiva, favorece o colapso de fora para dentro, enquanto a pressão negativa leva a uma expansão acelerada.[1] A candidata mais óbvia a criar pressão negativa — aquela que se encaixa nas medições até agora — é a constante cosmológica de Einstein, representando uma energia e uma pressão que permeiam o universo, mas não são carregadas pela matéria. A energia escura é a expressão mais genérica que usamos agora, pois é possível que a relação entre energia e pressão postulada pela constante cosmológica não seja exatamente verdadeira, apenas aproximada.

Hoje, a energia escura é o componente dominante da energia do universo. Isso é ainda mais incrível quando se imagina que o valor da densidade de energia escura é extraordinariamente pequeno. Ela se tornou dominante apenas durante os últimos bilhões de anos. No início da evolução do universo, a radiação e, em seguida, a matéria eram dominantes. Mas radiação e matéria, que são compartilhadas ao longo do volume de um universo cada vez maior, ficaram diluídas. A densidade de energia escura, por outro lado, permaneceu constante, mesmo após o universo ter crescido. Com o universo tendo durado tanto tempo quanto durou, a densidade de energia da radiação e da matéria diminuiu tanto que a energia escura, que não se dissipa, enfim as superou. Apesar de seu incrível tamanho pequeno, ela estava destinada a predominar. Após 10 bilhões de anos se expandindo a uma velocidade que estava diminuindo, seu impacto afinal passou a fazer diferença e acelerou sua expansão. Algum dia, o universo terá seu fim, abrigando nada além da energia do vácuo, e sua expansão vai se acelerar de acordo com isso. (Veja a figura 77.) Essa energia pífia pode não ter a Terra como herança, mas está em vias de herdar o universo inteiro.

MAIS MISTÉRIOS

A necessidade de explicar a energia escura e a matéria escura nos diz que não podemos ficar tão satisfeitos com nossa compreensão da energia do universo, incentivados pela incrível coe-

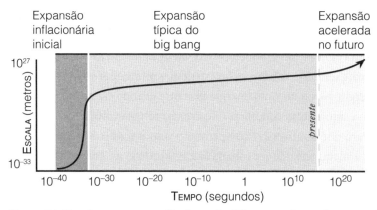

Figura 77. O universo se expandiu de modo diferente ao longo do tempo. Durante a fase inflacionária, ele cresceu de forma exponencial. A expansão convencional do big bang tomou conta do processo após o fim da inflação. A energia escura agora faz a taxa de expansão se acelerar de novo.

rência da teoria cosmológica que os dados cosmológicos sugerem. A maior parte do universo é composta de coisas cuja identidade permanece um mistério. Daqui a vinte anos, pode ser que as pessoas riam de nossa ignorância.

E esses não são os únicos quebra-cabeças trazidos pela energia do universo. O valor da energia escura, em particular, é apenas a ponta de um mistério muito maior: por que a energia que permeia o universo é tão pequena? Se o valor da energia escura fosse maior, ela teria superado a radiação e a matéria muito antes na história evolutiva do universo, e a estrutura (e a vida) não teria tido tempo de surgir. Além disso, ninguém sabe o que foi responsável pela alta densidade de energia que alimentou a inflação no início de tudo. Mas o maior problema com a energia do universo é o *problema da constante cosmológica*.

Com base na mecânica quântica, deveríamos esperar um valor muito maior para a energia escura — tanto durante a inflação quanto agora. A mecânica quântica nos diz que o vácuo — o estado sem partículas permanentes presentes — está na verdade cheio de partículas efêmeras que aparecem e desaparecem. Essas partículas de vida curta podem ter qualquer energia. Às vezes elas têm uma energia tão grande que seus efeitos gravitacionais não podem mais ser desprezados. Essas partículas altamente energéticas conferem ao vácuo uma energia bastante grande — muito maior do que aquela que poderia se encaixar na longa evolução do universo. Para que o universo ficasse como o vemos hoje, o valor da energia do vácuo teria de ser espantosas 120 ordens de magnitude menor do que aquilo que a energia da mecânica quântica nos levaria a crer.

E ainda há outro desafio associado a esse problema. Por que estamos vivendo em um tempo em que as densidades de energia da matéria ordinária, da matéria escura e da energia escura são comparáveis? A energia escura decerto supera a matéria, mas é por um fator menor que três. Como essas energias têm, em princípio, origens inteiramente diferentes, e qualquer uma delas poderia ter superado as outras, o fato de suas densidades serem tão semelhantes parece ser bem misterioso. A peculiaridade dessa coincidência chama a atenção em especial por ela existir (grosso modo) apenas em nosso tempo. No início do universo, a energia escura era uma fração muito menor do todo. E, no futuro, será uma fração muito maior. Apenas nos dias atuais esses três componentes — matéria ordinária, matéria escura e energia escura — são comparáveis.

Ainda não há nenhuma solução para as questões de por que a densidade de energia é tão extraordinariamente pequena e por que essas diferentes fontes de energia contribuem com valores similares hoje. Alguns físicos, na verdade, não acreditam que haja uma explicação para valer. Eles creem que vivemos num universo com um valor de energia do vácuo muitíssimo improvável porque qualquer valor mais alto teria impedido a formação de galáxias e de estruturas — e de pessoas — no universo. Não estaríamos aqui para perguntar sobre o valor da energia em qualquer universo com um valor um pouco maior para a constante cosmológica. Esses físicos acreditam que existem muitos universos, e que cada um contém um valor diferente para a energia escura. Dos vários universos possíveis, só aqueles capazes de originar estruturas poderiam conter a nós, humanos. O valor de energia deste universo é ridiculamente pequeno, mas só poderíamos existir num universo que tenha justo esse valor. Esse raciocínio é o *princípio antrópico* que discutimos no capítulo 18. Como eu já havia dito, não estou convicta disso. De qualquer forma, nem eu nem ninguém tem uma resposta melhor. A explicação para o valor da energia escura talvez seja o maior mistério que a física de partículas e a cosmologia encaram hoje.

Além dos quebra-cabeças sobre energia, também temos mais um mistério cosmológico sobre a matéria: por que, afinal de contas, ela existe no universo? Nossas equações tratam matéria e antimatéria com as mesmas medidas. Elas se aniquilam quando uma encontra a outra, e ambas desaparecem. Nem a matéria nem a antimatéria deveriam ter sobrevivido quando o universo se resfriou.

Apesar de a matéria escura não interagir muito, e por isso ter ficado por aí, a matéria ordinária interage um bocado por meio da força nuclear forte. Sem uma emenda exótica ao Modelo Padrão, quase toda a nossa matéria comum teria desaparecido na época em que o universo se resfriou até sua temperatura atual. A única razão para que alguma matéria tenha sobrado seria a existência de uma predominância de matéria sobre a antimatéria. Mas as versões mais simples de nossas teorias não conseguem incluir isso. Precisamos descobrir por que os prótons existem mas não podem encontrar antiprótons com os quais se aniquilam. Em algum lugar deve haver alguma assimetria entre matéria e antimatéria.

A quantidade de matéria restante é menor do que a quantidade de matéria escura, mas ainda é uma porção considerável do universo — sem contar que ela é a origem de tudo aquilo que conhecemos e apreciamos. Entender como e quando essa assimetria entre matéria e antimatéria surgiu é outra grande questão que físicos de partículas e cosmólogos adorariam resolver.

A questão sobre o que constitui a matéria escura, claro, continua sendo crítica também. Talvez um dia encontremos o modelo subjacente que conecta a densidade de matéria escura à da matéria, como sugerem pesquisas recentes. De qualquer forma, em breve esperamos aprender muito sobre a matéria escura a partir de experimentos, dos quais vamos agora explorar uma amostra.

21. Visitantes das trevas

Quando o engenheiro-chefe do Grande Colisor de Hádrons, Lyn Evans, esteve no congresso sobre o LHC e a matéria escura realizado na Califórnia em janeiro de 2010, encerrou sua fala provocando a audiência sobre o que ocorrera nas últimas décadas: "Vocês, teóricos, estavam se digladiando no escuro (no setor escuro)". E depois acrescentou um porém: "Agora entendo por que passei os últimos quinze anos construindo o LHC". Os comentários de Lyn se referiam à escassez de dados sobre altas energias ao longo dos anos anteriores. Mas eles também eram uma dica sobre a possibilidade de as descobertas no colisor jogarem luz sobre a matéria escura.

Há muitas conexões entre a física de partículas e a cosmologia, mas uma das mais intrigantes é que talvez seja possível produzir matéria escura com as energias exploradas pelo LHC. O fato notável é que, caso exista uma espécie de partícula estável com massa na escala fraca, a quantidade de energia carregada por partículas desse tipo que sobreviveram desde o universo inicial até hoje seria mais ou menos a necessária para explicar a matéria escura. O resultado de cálculos sobre a quantidade de matéria escura remanescente de um universo no início quente — mas que esfria — demonstra que pode ser esse o caso. Isso significa que não só a matéria escura está literalmente debaixo de nosso nariz, mas que sua identidade talvez também esteja. Se a matéria escura é de fato composta de uma partícula de massa fraca, além de nos oferecer insights sobre questões da física de partículas, o LHC pode nos dar pistas sobre o que existe universo afora e sobre como tudo começou — questões que estão embutidas na ciência da cosmologia.

Mas os experimentos do LHC não são a única maneira de procurar matéria escura. O fato é que a física entrou agora em uma era de dados empolgantes, não apenas para a física de partículas, mas para a astronomia e a cosmologia. Este capítulo explica como experimentos na próxima década vão procurar matéria escura usando uma abordagem de três pontas. Primeiro, ele discute por que partículas de matéria escura com massas na escala fraca são favoritas. Depois, explora como o LHC pode produzir e identificar partículas de matéria escura caso a hipótese esteja correta. Veremos então como experimentos dedicados, especialmente projetados para procurar partículas de matéria escura, buscam sua chegada à Terra e tentam registrar suas interações tênues embora potencialmente detectáveis. Por fim, discutiremos as maneiras como telescópios e detectores, em terra ou no espaço, procuram produtos de partículas de matéria escura que se aniquilam no céu. Essas três diferentes formas de procurar a matéria escura estão ilustradas na figura 78.

MATÉRIA TRANSPARENTE

Sabemos qual é a densidade da matéria escura, sabemos que ela é fria (move-se devagar em relação à velocidade da luz) e que interage fracamente, quando interage — decerto ela não tem inte-

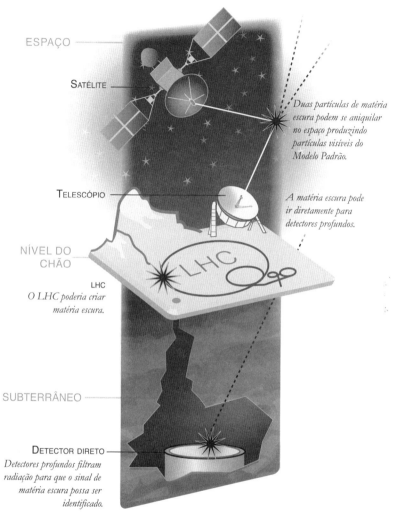

Figura 78. As buscas pela matéria escura têm uma abordagem de três pontas. Detectores subterrâneos procuram a matéria escura que atinge núcleos diretamente. O LHC pode criar matéria escura que deixa evidências em seus aparatos experimentais. E satélites ou telescópios podem encontrar evidência de partículas de matéria escura se aniquilando e produzindo matéria visível no espaço.

ração significativa com a luz. E isso é quase tudo. A matéria escura é transparente. Não conhecemos sua massa. Não sabemos se ela tem alguma interação não gravitacional e não entendemos como ela foi criada no universo primordial. Conhecemos sua densidade média, mas isso pode significar tanto que existe uma massa de um próton em cada centímetro cúbico quanto que existe uma massa mil trilhões de vezes a do próton armazenada num objeto compacto que está distribuído pelo universo a cada quilômetro cúbico. Ambos os cenários resultam na mesma densidade média de matéria escura, e ambos podem ter semeado a formação de estruturas.

Então, apesar de sabermos que ela está lá, ainda não conhecemos a natureza da matéria escura. Ela pode ser composta de pequenos buracos negros ou objetos de outras dimensões. É provável que se trate simplesmente de uma nova partícula elementar que não tem as interações convencionais do Modelo Padrão — talvez uma remanescente neutra estável de uma teoria física ainda a ser descoberta, que aparecerá na escala fraca de massas. Mesmo que seja esse o caso, desejaríamos saber quais são as propriedades da partícula de matéria escura — sua massa, suas interações e sua possível inclusão num setor maior de novas partículas.

Uma razão de a explicação da partícula elementar hoje em dia ser a favorita é que o ponto mencionado acima — a abundância de matéria escura, a fração de energia que ela carrega — fortalece essa hipótese. O fato surpreendente é que uma partícula estável cuja massa esteja aproximadamente na escala fraca de energia que o LHC vai explorar (de novo, via $E = mc^2$) tem hoje uma *densidade-relíquia* — a fração de energia armazenada nas partículas do universo — dentro da faixa de valores para ser a matéria escura.

A lógica é a seguinte. À medida que o universo evoluiu, sua temperatura caiu. Partículas mais pesadas que eram abundantes quando o universo era mais quente foram muito mais dispersadas no universo tardio mais frio, pois a energia a temperaturas baixas era insuficiente para criá-las. Quando a temperatura caiu o suficiente, partículas pesadas se aniquilaram com antipartículas pesadas de forma que ambas desapareceram, mas o processo inverso no qual elas haviam sido criadas não ocorria mais a uma taxa significativa. Portanto, devido à aniquilação, a densidade do número de partículas pesadas diminuiu com rapidez conforme o universo se resfriava.

Para se aniquilar, é claro, partículas e antipartículas precisariam primeiro encontrar umas às outras.[1] Mas, à medida que seu número diminuía e elas ficavam mais difusas, a probabilidade de isso ocorrer se reduzia. Como consequência, na evolução recente do universo essas partículas não se aniquilavam com tanta eficiência, pois elas só dançam aos pares.

O resultado é que o número de partículas estáveis com massa na escala fraca que podem ter sobrevivido até hoje é muitíssimo maior do que sugere uma aplicação ingênua da termodinâmica — em dado ponto, tanto partículas quanto antipartículas ficaram tão diluídas que não conseguiriam encontrar umas às outras para se eliminarem. O número de partículas sobreviventes hoje depende da massa e das interações da candidata a se tornar matéria escura. Os físicos sabem calcular a abundância remanescente se souberem essas quantidades. O fato notável e intrigante é que partículas estáveis com massa na escala fraca acabariam ficando com uma abundância mais ou menos certa para constituírem a matéria escura.

Como não conhecemos nem a massa da partícula nem suas interações precisas (sem falar num modelo no qual essa partícula estável se encaixaria), é evidente que não sabemos ainda se os números funcionam com exatidão. Mas é intrigante ver essa coincidência fortuita, apesar de aproximada, entre os números associados a fenômenos que na superfície parecem ser diferentes. Isso bem pode ser um sinal de que a física da escala fraca explicará a matéria escura no universo.

Esse tipo de candidata a matéria escura ficou genericamente conhecido como *partícula maciça fracamente interativa* (*weakly interacting massive particle*, WIMP). A palavra "fracamente" aqui é um termo descritivo e não uma referência à força fraca — uma WIMP interagiria ainda mais fracamente do que os neutrinos de interação fraca do Modelo Padrão. Sem mais evidências diretas para a matéria escura e suas propriedades do tipo que o LHC pode revelar, não saberemos se a matéria escura de fato consiste em WIMPS. É por isso que precisamos de buscas experimentais como as que consideramos agora.

MATÉRIA ESCURA NO LHC

A intrigante possibilidade de produção da matéria escura é uma razão pela qual os cosmólogos estão curiosos sobre a física na energia em escala fraca e naquilo que o LHC pode encontrar. Ele tem precisamente a energia correta para procurar uma WIMP. Se a matéria escura for mesmo composta de partículas associadas à escala fraca de energia, como sugere o cálculo acima, ela bem pode ser criada no LHC.

Mesmo que seja esse o caso, porém, a partícula de matéria escura não necessariamente será descoberta. Afinal de contas, a matéria escura não interage muito. Por causa de sua limitada interação com a matéria do Modelo Padrão, partículas de matéria escura decerto não serão produzidas de maneira direta nem encontradas num detector. Ainda que sejam produzidas, elas simplesmente voarão para fora. No entanto, nem tudo está perdido (mesmo que a partícula de matéria escura se perca). Qualquer solução para o problema da hierarquia deve conter outras partículas — a maioria, com interações fortes. Algumas delas podem ser produzidas aos montes para depois decaírem em matéria escura, que então levaria embora consigo o momento linear e a energia não detectados.

Os modelos supersimétricos são os mais bem estudados modelos de escala fraca desse tipo que contêm naturalmente uma candidata viável a matéria escura. Se a supersimetria se aplica ao mundo, a partícula supersimétrica mais leve (*lightest supersymmetric particle*, LSP) pode constituir a matéria escura. Essa partícula mais leve, que possui carga elétrica zero, interage de modo fraco demais para ser produzida por conta própria com frequência suficiente para ser encontrada. Ainda assim, seriam criados gluínos — parceiros supersimétricos dos glúons, que comunicam a força forte — e squarks — parceiros supersimétricos dos quarks —, caso eles existam e estejam na faixa de massas correta. E, como vimos no capítulo 17, ambas essas partículas supersimétricas decairiam em algum momento para formar a LSP. Então, mesmo que uma partícula de matéria escura não seja produzida diretamente, o decaimento de outras partículas criadas com mais profusão pode, em princípio, criar LSPS a uma taxa observável.

Outros cenários com a matéria escura na escala fraca que tenham consequências testáveis seriam produzidos e detectados da mesma maneira. A massa da partícula de matéria escura deve estar em torno da energia de escala fraca que o LHC vai estudar. Essas partículas não serão produzidas diretamente, por causa de sua tênue força de interação, mas muitos modelos contêm outras novas partículas que podem decair para formá-las. Então, pode ser que descubramos a existência de partículas de matéria escura, e talvez sua massa, por meio do momento linear ausente, que elas carregam para fora.

Encontrar matéria escura no Grande Colisor de Hádrons seria sem dúvida uma enorme realização. Se ela for encontrada, os experimentalistas poderão até estudar em detalhe algumas de suas propriedades. Porém, será preciso obter evidência suplementar para confirmar que uma partícula encontrada no LHC seja de fato a matéria escura.

EXPERIMENTOS DE DETECÇÃO DIRETA DE MATÉRIA ESCURA

A possibilidade de criar matéria escura no LHC sem dúvida é intrigante. Mas a maioria dos experimentos em cosmologia não ocorre em aceleradores. Os experimentos dedicados a buscas astronômicas e de matéria escura, estejam na Terra ou no espaço, são primariamente responsáveis por abordar e impulsionar nossa compreensão de possíveis soluções para questões cosmológicas.

É evidente que as interações da matéria escura com a matéria são muito fracas, e as investigações atuais dependem de um salto de fé em que a matéria escura interaja de modo tênue — mas não impossível — com a matéria que conhecemos (aquela com a qual construímos detectores), apesar de sua invisibilidade. Isso não é apenas um chute esperançoso. É algo baseado no mesmo cálculo da densidade-relíquia já mencionado. Ele mostra que, se a matéria escura está relacionada a modelos propostos para explicar o problema de hierarquia, a densidade de partículas que resta é o valor correto para explicar as observações de matéria escura. Muitas das WIMPs candidatas a matéria escura sugeridas por esse cálculo interagem com partículas do Modelo Padrão a taxas que podem ser detectáveis com a geração atual de detectores de matéria escura.

Ainda assim, por causa das interações tênues da matéria escura, a busca requer detectores enormes em terra ou, então, detectores muito sensíveis que procurem os subprodutos de matéria escura que se encontram, se aniquilam e criam novas partículas e antipartículas na Terra ou no espaço. É provável que você não ganhe na loteria comprando um único bilhete, mas, se puder comprar mais da metade dos bilhetes disponíveis, terá uma chance bastante boa. De modo similar, detectores muito grandes têm uma chance razoável de encontrar matéria escura, mesmo que a interação da matéria com qualquer núcleon no detector seja extremamente pequena.

A tarefa desafiadora para os detectores de matéria escura é detectar as partículas neutras — sem carga — de matéria escura, e depois distingui-las de raios cósmicos ou outra radiação de fundo. Partículas sem carga não interagem com detectores de modo convencional. O único sinal de uma partícula passando por um detector viria como consequência de ela atingir núcleos no detector e causar mudanças minúsculas em suas energias. Como essa é a única consequência observável, os detectores de matéria escura não têm escolha a não ser buscar evidências de pequenas quantidades de calor ou energia de reação que são criadas quando partículas de matéria escura os atravessam. Os detectores, então, são projetados para serem muito frios ou muito sensíveis, de forma que possam registrar a pequena quantidade de calor ou energia que as partículas de matéria escura depositam quando ricocheteiam sutilmente.

Os dispositivos muito frios, conhecidos como *detectores criogênicos*, registram a pequena quantidade de calor emitida quando uma partícula de matéria escura entra no aparato. Um pequeno aumento de calor em um detector que já esteja quente seria muito difícil de notar, mas com detectores frios especialmente projetados a pequena deposição de calor pode ser absorvida e registrada. Os detectores criogênicos são feitos com um material de absorção cristalino, como o germânio. Os experimentos desse tipo incluem a Busca Criogênica de Matéria Escura (Cryogenic Dark Matter Search, CDMS), a Busca Criogênica de Eventos Raros com Termômetros Supercondutores (Cryogenic Rare Event Search with Superconducting Thermometers, CRESST) e o Experimento Subterrâneo para Detecção de Wimps (Expérience pour Detecter Les Wimps En Site Souterrain, EDELWEISS).

A outra classe de experimentos de detecção direta envolve detectores com líquidos nobres. Mesmo que a matéria escura não interaja diretamente com a luz, a energia adicionada a um átomo de xenônio ou argônio quando uma partícula de matéria escura o atinge pode criar um flash com cintilação característica. Experimentos com xenônio incluem o Xenon100 e o Grande Detector Subterrâneo de Xenônio (Large Underground Xenon Detector, LUX). Outros líquidos nobres são usados na Cintilação Proporcional em Zonas em Gases Líquidos Nobres (ZonEd Proportional Scintillation in Liquid Noble Gases, ZEPLIN) e no Detector de Matéria Escura com Argônio (Argon Dark Matter, ARDM).

Todos nas comunidades teóricas e experimentais estão ansiosos por saber quais serão os resultados desses experimentos. Tive a sorte de estar presente em um congresso sobre matéria escura no Instituto Kavli de Física Teórica em Santa Barbara, organizado em dezembro de 2009 por dois especialistas líderes em matéria escura, Doug Finkbeiner e Neal Weiner, quando o CDMS, um dos mais sensíveis experimentos para detecção de matéria escura, estava prestes a divulgar novos resultados. Além de serem jovens, altos e ex-colegas de doutorado em Berkeley, Doug e Neal possuem uma grande compreensão sobre os experimentos de matéria escura e sobre quais podem ser suas implicações. Neal tinha uma formação voltada para a física de partículas, e Doug havia se dedicado mais a pesquisas em astrofísica, mas os dois convergiram no tópico da matéria escura quando ficou claro que os estudos desse campo deveriam envolver ambas as especialidades. No congresso, eles haviam agregado expertise teórica e experimental de ponta sobre o assunto.

A apresentação mais badalada do dia ocorreu na manhã em que eu chegara. Harry Nelson, professor da Universidade da Califórnia em Santa Barbara, falou sobre os resultados do CDMS de um ano antes. Por que uma palestra sobre resultados velhos estava recebendo tanta atenção? A razão era que todos no congresso sabiam que apenas três dias depois o experimento divulgaria novos dados. E havia rumores de que os cientistas do CDMS tinham mesmo visto evidências convincentes de uma descoberta, então todos queriam entender melhor o experimento. Durante anos, teóricos vinham assistindo a palestras sobre detecção de matéria escura, mas ouviam em primeiro lugar seus resultados, dando pouca atenção a detalhes. Mas, com uma possível detecção de matéria escura iminente, os teóricos estavam ansiosos por aprender mais. No fim da semana, os resultados foram divulgados e frustraram as expectativas exageradas da audiência. Mas na hora da apresentação todos estavam atentos. Harry conseguiu se manter firme em sua palestra, apesar das muitas perguntas intrometidas sobre os resultados prestes a serem revelados.

Como foi uma apresentação informal de duas horas, os que compareceram puderam interrompê-lo sempre que necessário para tentar entender o máximo possível do que estava sendo exposto. A palestra abordou muito bem questões que a audiência, composta sobretudo de físicos de partículas, consideraria confusas. Harry, que havia se formado físico de partículas — não astrônomo —, falava a mesma língua que nós.

Nesses dificílimos experimentos de matéria escura, o diabo está nos detalhes. Harry deixou isso muito claro. O experimento CDMS é baseado em tecnologia avançada de física de baixas energias — aquela mais convencionalmente associada aos chamados físicos de matéria condensada ou do estado sólido. Harry nos contou que antes de se juntar à colaboração ele nunca acreditara que detecções tão delicadas pudessem funcionar. E fez piada dizendo que seus colegas experimentais deveriam estar gratos pelo fato de ele não ter sido incluído no comitê julgador da proposta original.

O CDMS funciona de maneira muito diferente daquela dos experimentos de detecção por cintilação de xenônio ou iodeto de sódio. Ele tem peças de germânio ou silício, do tamanho de discos de hóquei, cobertas com um delicado dispositivo de registro, que é um sensor de fônons. O detector opera a uma temperatura muito baixa — fria o suficiente para estar no limite entre a supercondutividade e a não supercondutividade. Se uma quantidade pequena de energia dos fônons — unidades de som que carregam a energia pelo germânio ou silício, da mesma maneira que fótons são as unidades de luz — atinge o detector, ela pode ser suficiente para fazer o equipamento perder a supercondutividade e registrar um potencial evento de matéria escura por meio de um aparelho, o *dispositivo supercondutor de interferência quântica*. Esses dispositivos têm uma sensibilidade extraordinária e medem a deposição de energia extremamente bem.

Mas a história não termina com o registro do evento. Os experimentalistas precisam saber se o detector está registrando matéria escura, e não apenas radiação de fundo. O problema é que tudo — nós, o computador em que estou digitando, o livro (ou dispositivo eletrônico) que você está lendo — emite radiação. O suor do dedo de um único experimentalista é suficiente para ofuscar qualquer sinal de matéria escura. E isso não leva em conta todas as substâncias radioativas primordiais e feitas pelo homem. O ambiente e o ar, bem como o próprio detector, possuem radiação. Raios cósmicos podem atingir o detector. Nêutrons de baixa energia na rocha podem se fazer passar por matéria escura. Múons de raios cósmicos podem atingir a rocha e criar um espalhamento de material, incluindo nêutrons que podem ser confundidos com matéria escura. Há cerca de mil vezes mais eventos eletromagnéticos de fundo do que eventos com sinais previstos, mesmo com premissas otimistas sobre a massa e a força de interação das partículas de matéria escura.

O lema dos experimentos de matéria escura, portanto, é "blindagem e discriminação". (Esses são os termos dos astrofísicos. Os físicos de partículas usam a expressão mais politicamente correta *identificação de partículas*, mas não sei se isso também soa bem nos dias de hoje.) Os experimentalistas precisam proteger seu detector o máximo possível para evitar radiação e discriminar potenciais eventos de matéria escura do espalhamento de radiação desinteressante nos detectores. A blindagem é realizada em parte com a instalação dos experimentos em minas profundas. A ideia é que os raios cósmicos atinjam a rocha ao redor do detector antes de chegar ao equipamento propriamente dito. A matéria escura, que tem muito menos interações, deve chegar até ele desimpedida.

Felizmente, para a detecção de matéria escura, existem muitas minas e túneis. O experimento Matéria Escura (DArk MAtter, DAMA), junto com os experimentos Xenon10 e sua versão maior Xenon100, bem como o CRESST, um detector que usa tungstênio, tem como sede o laboratório Gran Sasso, situado em um túnel 3 mil metros abaixo do chão na Itália. Uma caverna de 1500 metros de profundidade na mina Homestake, na Dakota do Sul, originalmente construída para extração de ouro, vai abrigar o LUX, outro experimento baseado em xenônio. Ele funcionará na mesma cavidade onde Ray Davis descobriu neutrinos a partir das reações nucleares do Sol. O experimento CDMS fica na mina Soudan, 750 metros abaixo do chão.

Mesmo com toda essa rocha sobre as minas e túneis, porém, não é possível garantir que os detectores estejam livres de radiação. Os experimentos incrementam a proteção de seus detectores de várias outras maneiras. O CDMS tem uma camada de polietileno ao seu redor, que se ilumina quando algo com interação forte demais para ser matéria escura vem do lado de fora. Ainda mais notável é o chumbo retirado de um galeão francês naufragado no século XVIII. Esse chumbo mais antigo que ficou embaixo d'água por séculos teve tempo de gastar sua radioatividade. Ele é um denso material de absorção, perfeito para blindar o detector da radiação externa.

Apesar de todas essas precauções, ainda há um bocado de radiação eletromagnética que sobrevive. Separar a radiação de potenciais candidatos a matéria escura requer ainda mais discriminação. As interações da matéria escura lembram reações nucleares que ocorrem quando um nêutron atinge seu alvo. Assim, do lado oposto do sistema de leitura por fônons fica um detector de física de partículas mais convencional, que mede a ionização criada quando a suposta partícula de matéria escura passa pelo germânio ou pelo silício. Juntas, as duas medições, a ionização e a energia de fônons, distinguem os eventos nucleares — os processos bons que podem ser o resultado de matéria escura — dos eventos ligados a elétrons, que são apenas radioatividade induzida.

Outros belos aspectos do experimento CDMS são as excelentes medições de posição e tempo que ele pode fazer. Isso é bom porque, apesar de a posição ser medida diretamente em apenas duas direções, o tempo dos fônons dá a posição na terceira coordenada. Os experimentalistas podem então localizar com exatidão onde um evento ocorreu e descartar eventos de fundo na superfície. Outra particularidade interessante é a segmentação do experimento em detectores do tamanho de discos de hóquei. Um evento verdadeiro ocorrerá em um desses detectores. A radiação induzida localmente, por outro lado, não precisará ficar confinada a um único detector. Com todas essas características, e um projeto ainda melhor por vir, o CDMS tem boas chances de encontrar matéria escura.

Ainda assim, não importa quão impressionante seja o CDMS, ele não é o único detector de matéria escura, e detectores criogênicos não são o único tipo de equipamento com essa finalidade. No fim daquela semana, Elena Aprile, uma das pioneiras dos projetos com xenônio, forneceu detalhes comparáveis sobre seus experimentos (Xenon10 e Xenon100), bem como de outros realizados com líquidos nobres. Como esses devem ser em breve os mais sensíveis detectores para matéria escura, a audiência ficou atenta à sua apresentação também.

Os experimentos de xenônio registram eventos de matéria escura por meio de sua cintilação. O xenônio líquido é denso e homogêneo, tem uma grande massa por átomo (aumentando a taxa de interação com a matéria escura), cintila bem e ioniza com muita rapidez quando há deposição de energia. Esses dois tipos de sinais podem ser discriminados de eventos eletromagnéticos com eficiência. Além disso, o xenônio é relativamente barato quando comparado a outros potenciais materiais — embora o preço tenha flutuado por um fator de seis durante a década. Os experimentos de gases nobres desse tipo se tornaram muito melhores quando ficaram maiores, e devem continuar a crescer. Com mais material, não apenas há mais chance de detecção, mas a parte externa do detector pode isolar a parte interna com mais eficácia, ajudando a assegurar a significância do resultado.

Ao medir tanto a ionização quanto a cintilação inicial, os experimentalistas separam sinais da radiação de fundo. O experimento Xenon100 usa fototubos muito especiais, projetados para funcionar no ambiente de baixa temperatura e alta pressão do detector, para medir a cintilação. Os detectores de argônio podem fornecer ainda mais informação de cintilação no futuro, pois a forma detalhada do pulso de cintilação pode ser usada como uma função de tempo, e isso também ajuda a separar o joio do trigo.

Na estranha conjuntura atual (ainda que isso possa mudar logo), um experimento de cintilação — o DAMA, no laboratório Gran Sasso, na Itália — de fato viu um sinal. Diferentemente dos experimentos que acabei de descrever, o DAMA não tem discrimi-

505

nação interna entre sinal e contexto de fundo. Ele procura identificar os sinais de eventos da matéria escura apenas em função do tempo. Para distingui-los, usa a dependência da velocidade da órbita da Terra ao redor do Sol.

A razão para a relevância da velocidade das partículas de matéria escura incidentes é que ela determina quanta energia é depositada no detector. Se a energia for muito baixa, o experimento não é sensível o bastante para saber se alguma coisa o atingiu. Mais energia significa que o experimento tem mais chance de registrar o evento. Devido à velocidade orbital da Terra, a velocidade da matéria escura em relação a nós (e portanto a energia depositada) depende da época do ano, tornando mais fácil ver um sinal em alguns momentos do ano (verão) do que em outros (inverno). O experimento DAMA procura uma modulação anual na taxa de eventos que se encaixe nessa previsão. E seus dados indicam que eles acharam tal sinal. (Veja na figura 79 os dados de oscilação do DAMA.)

Até agora ninguém sabe com certeza se o sinal do DAMA representa a matéria escura ou se surgiu de algum possível mau entendimento sobre o detector e seu ambiente. As pessoas estão céticas porque outros experimentos não viram nada ainda. Essa ausência

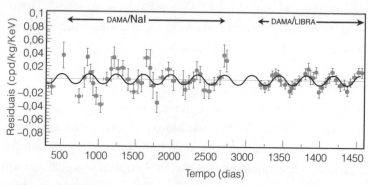

Figura 79. Dados do experimento DAMA mostrando a modulação de sinal ao longo do tempo.

de outros sinais é inconsistente com as previsões da maioria dos modelos de matéria escura.

Apesar da confusão atual, esse é o tipo de coisa que torna a ciência interessante. Os resultados nos encorajam a pensar sobre quais diferentes tipos de matéria escura podem existir, e sobre se ela pode ter propriedades que a tornam mais fácil de ser vista pelo DAMA do que por outros experimentos de detecção de matéria escura. Esses resultados também nos forçam a entender melhor os detectores, de forma que possamos identificar sinais espúrios e dizer se os dados significam aquilo que os experimentalistas alegam.

Outros experimentos mundo afora estão trabalhando para atingir uma maior sensibilidade. Eles podem tanto descartar quanto confirmar a descoberta de matéria escura pelo DAMA. Ou, então, podem descobrir de modo independente um tipo diferente de matéria escura. Todos concordariam que a matéria escura foi descoberta se ao menos algum outro experimento confirmasse o que o DAMA viu, mas isso ainda não ocorreu. Contudo, respostas devem surgir logo. Mesmo que os resultados apresentados aqui estejam desatualizados quando você os ler, a natureza dos experimentos provavelmente não estará.

DETECÇÃO INDIRETA DE MATÉRIA ESCURA

Os experimentos do Grande Colisor de Hádrons e os detectores terrestres (criogênicos ou de líquidos nobres) são duas das três maneiras de determinar a natureza da matéria escura. A terceira se dá pela detecção indireta de matéria escura no céu ou na Terra.

A matéria escura é diluída, mas, vez ou outra, aniquila a si própria ou sua antipartícula. Isso não acontece o bastante para afetar de maneira significativa sua densidade total, mas pode ocorrer com frequência suficiente para produzir um sinal mensurável. A razão é que, quando partículas de matéria escura se aniquilam, são produzidas novas partículas que carregam sua energia. Dependendo de sua natureza, a aniquilação da matéria escura pode às vezes criar partículas e antipartículas do Modelo Padrão detectáveis, como elétrons e pósitrons, ou pares de fótons. Os detectores astrofísicos que medem antipartículas ou fótons podem então ver sinais dessas aniquilações.

Os instrumentos que buscam os produtos de Modelo Padrão da aniquilação da matéria escura de início não foram projetados com esse objetivo. Eles foram concebidos como telescópios ou detectores espaciais ou terrestres para capturar luz ou partículas que nos ajudem a entender melhor o que está no céu. Ao analisar quais tipos de coisas são emitidos por estrelas, galáxias e objetos exóticos entre elas, os cientistas podem aprender sobre a composição química de objetos astronômicos e deduzir as propriedades e a natureza das estrelas.

Em 1835, o filósofo Augusto Comte disse sobre as estrelas, erroneamente, que "jamais poderemos investigar sua composição química, de modo algum", algo que ele acreditava estar além do conhecimento atingível. Mas, não muito depois de ele ter dito essas palavras, a descoberta e a interpretação de espectros do Sol — a luz que era emitida ou absorvida — nos ensinaram sobre a composição desse astro e mostraram que Comte com certeza estava errado.

Os experimentalistas continuam essa missão hoje quando tentam deduzir a composição de outros objetos celestes. Os telescópios de hoje são muito sensíveis, e a cada poucos meses aprendemos mais sobre o que está lá fora.

Por sorte, para as buscas de matéria escura, as observações de luz e de partículas das quais esses experimentos já se ocupam também podem iluminar a natureza da matéria escura. Como as antipartículas são relativamente raras no universo e a distribuição de energias de fótons pode exibir propriedades identificáveis e distintas, tal detecção poderá algum dia ser associada à matéria escura. A distribuição espacial dessas partículas também poderá ajudar a distinguir tais produtos de aniquilações do contexto de fundo mais comum da astrofísica.

O Sistema Estereoscópico de Alta Energia (High Energy Stereoscopic System, HESS), localizado na Namíbia, e o Sistema de Rede de Telescópios de Imageamento de Radiação Muito Energética (Very Energetic Radiation Imaging Telescopic Array System, VERITAS), no Arizona, são grandes arranjos de telescópios na Terra que buscam fótons de alta energia vindos do centro da galáxia. E a próxima geração do observatório de raios gama de energias muito altas, a Rede de Telescópios Cherenkov (Cherenkov Telescope Array, CTA), promete ser ainda mais sensível. O Telescópio Espacial Fermi de Raios Gama, por outro lado, orbita a Terra a 550 quilômetros de altitude a cada 95 minutos num satélite lançado no começo de 2008. Os detectores de fótons na Terra têm a vantagem de possuir enormes áreas de coleta. Já os instrumentos muito precisos do satélite Fermi apresentam melhor resolução de energia e de informação direcional, são sensíveis a fótons com baixa energia e têm campo de visão cerca de duzentas vezes maior.

Cada um desses tipos de experimento poderia ver fótons emitidos por matéria escura que se aniquila, ou aqueles da radiação produzida por elétrons e pósitrons resultantes da aniquilação da matéria escura. Se virmos ambos, esperamos aprender bastante sobre a identidade e as propriedades da matéria escura.

Outros detectores buscam sobretudo pósitrons, as antipartículas dos elétrons. Os físicos que trabalham no experimento de satélite Carga para Astrofísica de Núcleos Leves e Exploração de Matéria-Antimatéria (Payload for Antimatter Matter Exploration and Light-nuclei Astrophysics, PAMELA), liderado pela Itália, já relataram suas descobertas, e elas não se parecem em nada com aquilo que havia sido previsto. (Veja a figura 80.) O acrônimo PA-MELA suaviza um pouco o nome comprido do projeto, já que soa bem quando pronunciado com sotaque italiano. Ainda não sabemos se os eventos em excesso no experimento ocorreram em razão da matéria escura ou por causa de estimativas erradas de objetos astronômicos como os pulsares. De um jeito ou de outro, os resultados atraíram a atenção de astrofísicos e de físicos de partículas.

A matéria escura também pode se aniquilar para formar prótons e antiprótons. De fato, muitos modelos preveem que isso deve acontecer com mais frequência se as partículas de matéria escura de fato se encontram e se aniquilam. Entretanto, o grande número de antiprótons vagando na galáxia originados em processos astronômicos conhecidos pode mascarar o sinal da matéria escura. Mesmo assim, ainda podemos ter a chance de ver tal matéria escura por meio de antidêuterons, estados interligados muito fracos de um antipróton e um antinêutron, que também podem se

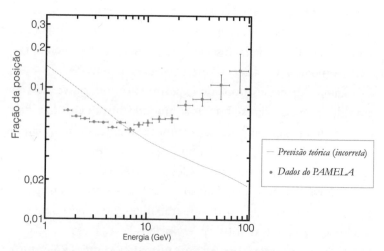

Figura 80. Dados do experimento PAMELA, mostrando quão mal os dados experimentais (as cruzes) se encaixam nas previsões teóricas (a curva pontilhada).

formar quando a matéria escura se aniquila. O Espectrômetro Magnético Alfa, hoje na Estação Espacial Internacional, assim como outros experimentos operando em satélites, como o Espectrômetro Geral de Antipartículas, podem um dia encontrar esse antidêuterons e então descobrir a matéria escura.

Por fim, as partículas sem carga denominadas neutrinos, que interagem apenas por meio da força fraca, podem ser a chave para a detecção indireta da matéria escura. Esta pode ser aprisionada pelo centro do Sol ou da Terra. O único sinal que sairia desses locais, no caso, seriam os neutrinos, uma vez que, diferentemente de outras partículas, eles não seriam barrados por suas interações quando escapassem. Detectores chamados AMANDA, IceCube e ANTARES estão procurando esses neutrinos de alta energia.

Se algum dos sinais mencionados for observado, ou mesmo que não seja, aprenderemos mais sobre a natureza da matéria escura — suas interações e sua massa. Enquanto isso, os físicos têm pensado sobre qual sinal esperar de acordo com as previsões de vários modelos possíveis para matéria escura. E, é claro, perguntamo-nos o que as medições existentes podem implicar. A matéria escura é cheia de truques, pois interage muito fracamente. Mas a esperança é que, com muitos tipos diferentes de experimento em operação hoje em dia, a detecção da matéria escura possa estar ao alcance iminente. Junto com os resultados do LHC e de outros tipos de experimento, isso nos fornecerá uma noção melhor sobre o que está lá fora no universo e sobre como tudo se encaixa.

PARTE VI

RECAPITULAÇÃO

22. Pensar globalmente e agir localmente

Este livro apresentou ideias de como a mente humana pode explorar a estrutura interna da matéria e os limites externos do cosmo. Em ambas as empreitadas, o falecido professor de Harvard Sidney Coleman foi considerado um dos mais sábios físicos de sua época. Segundo a história que estudantes contavam, quando Sidney se candidatou a uma bolsa de pós-doutoramento ao fim de sua pós-graduação, os autores de suas cartas de recomendação, exceto um, o descreviam como o físico mais inteligente que haviam conhecido depois de Richard Feynman. A última carta era do próprio Feynman, que escreveu que Sidney era o melhor dos físicos — apesar de ele não estar contando a si próprio.

Quando fui convidada para uma cerimônia em homenagem a Sidney (uma "celebração *Festschrift*"), em comemoração a seu sexagésimo aniversário, discursaram muitos dos mais notáveis físicos de sua geração. Howard Georgi, ótimo físico de partículas e colega de Sidney em Harvard por muitos anos, comentou que o que o impressionara ao assistir à série de discursos de todos aque-

515

les físicos teóricos tão bem-sucedidos eram as diferenças no modo de pensar de todos eles.

Georgi estava certo. Cada um (todos eram homens) tinha uma maneira particular de abordar a ciência e dera contribuições significativas por meio de suas habilidades diferenciadas. Alguns se destacavam pelo talento visual, outros pelo talento matemático, e alguns eram simplesmente dotados de uma capacidade prodigiosa de absorver e avaliar informações. Estavam representados entre os presentes tanto os estilos "de baixo para cima" quanto os "de cima para baixo". Suas realizações iam desde a compreensão da força nuclear forte no interior da matéria até a matemática que poderia ser derivada usando teoria de cordas como uma ferramenta.

Púchkin tinha razão quando escreveu que "a inspiração é tão necessária em geometria quanto na poesia". A criatividade é essencial à física de partículas, à cosmologia, à matemática e a outras áreas da ciência, bem como a seus beneficiários mais reconhecidos — as artes e humanidades. A ciência é o epítome da riqueza extra que pode aprimorar empreitadas criativas dentro de cenários limitados. A inspiração e a imaginação envolvidas são facilmente desprezadas diante das regras lógicas. A matemática e a tecnologia, porém, foram elas próprias descobertas e formuladas por pessoas que estavam pensando de forma criativa sobre como sintetizar ideias — e por pessoas que se depararam por acaso com um resultado interessante e tinham a criatividade alerta para reconhecer seu valor.

Nos últimos anos, tive a sorte de encontrar e trabalhar com pessoas criativas de diferentes papéis sociais em várias oportunidades. É interessante refletir sobre o que elas têm em comum. Cientistas, escritores, artistas e músicos podem parecer muito diferentes à primeira vista, mas a natureza de suas habilidades, seus talentos e temperamentos nem sempre é tão distinta quanto se esperaria. Vou recapitular agora nossa história da ciência e do pensamento científico com algumas das qualidades que considero mais incríveis.

TALENTO VISÍVEL

É provável que nem cientistas nem artistas pensem sobre a criatividade em si quando estão fazendo algo significativo. Poucas pessoas bem-sucedidas sentam-se à escrivaninha e dizem "Vou ser criativo hoje", se é que alguém o faz. Em vez disso, elas se concentram em um problema. E quando digo se concentram, quero dizer que ficam concentradas de maneira exclusiva, inevitável e intencional.

Em geral, vemos o produto final de um esforço criativo sem testemunhar a enorme dedicação e a especialidade técnica que estão por trás dele. Em 2008, assisti ao filme *O equilibrista*, que celebrava a travessia de Philippe Petit numa corda bamba estendida entre as torres gêmeas do World Trade Center, a uma altitude de quatrocentos metros, em 1974. Foi uma façanha que atraiu a atenção da maioria dos nova-iorquinos como eu, mas também de outras pessoas ao redor do mundo. Apreciei o senso de aventura, diversão e habilidade de Philippe mostrado no filme, mas ele não estava apenas amarrando uma corda entre duas paredes para se sacudir nela. A coreógrafa Elizabeth Streb me mostrou o livro de 2,5 centímetros de espessura com os muitos desenhos e cálculos que ele fez antes de instalar uma corda bamba no estúdio dela. Só então compreendi a preparação e a concentração que garantiram a estabilidade de sua empreitada. Philippe era um "engenheiro autodidata", como ele mesmo brincava ao se descrever. Só após um cuidadoso estudo e uma aplicação de leis conhecidas da física para entender as propriedades mecânicas de seus materiais ele sentiu-se preparado para caminhar em sua corda bamba. Antes de efetivamente fazê-lo, claro, ele não podia ter certeza absoluta de que tinha levado em conta todas as coisas — apenas aquelas que ele pôde antecipar, o que, como se esperava, foram suficientes. Se você acha difícil acreditar nesse nível de concentração, olhe em volta. As pessoas com frequência estão transfixadas por suas atividades — sejam elas de grande ou pequena importância. Seu vizinho faz palavras cruzadas, seus amigos assistem hipnotizados a esportes na TV, alguém no metrô está tão absorvido por um livro que perde sua estação — sem falar naqueles que passam horas intermináveis jogando video games.

As pessoas preocupadas com pesquisas estão na feliz situação em que o que fazem para viver coincide com o que amam — ou ao menos com o que não suportam negligenciar. Os profissionais dessa categoria em geral têm a ideia confortante (talvez ilusória) de que o que fazem pode ter importância duradoura. Nós, cientistas, preferimos pensar que somos parte de uma missão maior para determinar as verdades sobre o mundo. Talvez não tenhamos tempo para fazer palavras cruzadas num determinado dia, mas é provável que desejemos passar mais tempo em um projeto de pesquisa — sobretudo se for ligado a cenários abrangentes e grandes objetivos. O ato em si pode envolver o mesmo tipo de absorção que se observa em alguém que participa de um jogo ou assiste a esportes na TV.[1] Mas um cientista provavelmente continua a pensar sobre pesquisa quando está dirigindo um carro ou na hora de deitar. A habilidade de manter-se comprometido com o projeto por dias, meses ou anos está sem dúvida ligada à crença de que sua busca é importante — mesmo que poucos a compreendam (ao menos no início) ou que a trajetória acabe se revelando errada no final.

De uns tempos para cá, virou moda questionar a criatividade inata e o talento, para atribuir o sucesso exclusivamente à vivência e à prática anteriores. Em uma coluna no *New York Times*, David Brooks resumiu desta maneira alguns livros recentes sobre o assunto: "Aquilo que Mozart tinha, acreditamos hoje, é o mesmo que Tiger Woods tem — a habilidade de se concentrar por longos períodos de tempo e um pai determinado a aprimorar suas habilidades".[2] Picasso foi outro exemplo que ele usou. Picasso era filho de um artista clássico e, num ambiente privilegiado, já fazia pinturas magníficas quando criança. Bill Gates também teve oportunidades excepcionais. Em seu recente livro *Fora de série*,[3] Malcolm Gladwell conta como a escola de ensino médio de Bill Gates em Seattle era uma das poucas a ter um clube de computação, e como ele teve a oportunidade de usar computadores por horas a fio na Universidade de Washington. Gladwell chega a sugerir que as oportunidades de Gates foram mais importantes para seu sucesso do que sua determinação e seu talento.

É claro que a concentração e a prática em estágios iniciais, algo que ajuda a consolidar métodos e técnicas, são parte inquestionável de muitas formações criativas. Se você tem um problema difícil para resolver, seu desejo é passar o mínimo de tempo nas etapas básicas. Uma vez que as habilidades (ou a matemática, ou o conhecimento) são incorporadas à sua natureza, você pode evocá-las com muito mais facilidade quando precisa delas. Essas habilidades embutidas com frequência continuam operando no plano de fundo — mesmo antes de trazerem ideias à sua mente consciente. Há mais de um caso em que pessoas solucionaram problemas enquanto dormiam. Larry Page me contou que a ideia da qual brotou o Google lhe ocorreu durante um sonho — mas isso só aconteceu depois de ele ter ficado absorvido pelo assunto por meses. As pessoas muitas vezes atribuem insights à "intuição", sem reconhecer o tempo que passaram em estudos detalhados antes do momento da revelação.

Brooks e Gladwell, portanto, sem dúvida estão corretos em alguns aspectos. Embora a habilidade e o talento importem, eles não nos levam muito longe se as habilidades não forem aperfeiçoadas e se não houver dedicação e prática frequentes. Mas oportunidades em idade precoce e a preparação sistemática não são toda a história. Essa descrição despreza o fato de a capacidade de concentração e de prática intensiva ser uma habilidade em si. As pessoas extraordinárias que aprendem com aquilo que fizeram antes e que podem preservar na mente as lições acumuladas são mais propensas a se beneficiar do estudo e da repetição. Essa tenacidade ajuda na concentração e no foco que, ao final, renderão seus frutos — em pesquisas científicas ou em qualquer outra atividade criativa.

O nome do perfume "Obsession", de Calvin Klein, não surgiu por acaso: o estilista obteve sucesso porque (em suas próprias palavras) estava obcecado. Mesmo que golfistas profissionais aperfeiçoem suas tacadas ao longo de incontáveis tentativas sucessivas, não creio que todos consigam golpear uma bola mil vezes sem ficar entediados ou frustrados ao extremo. Meu amigo alpinista Kai Zinn, que faz rotas difíceis — as 5.13, para quem entende —, lembra-se dos detalhes e dos movimentos nelas envolvidos muito melhor do que eu. Quando repete uma rota dez vezes, ele se beneficia muito mais. Isso, por sua vez, o torna muito mais propenso a perseverar. Vou me aborrecer e continuar sendo uma alpinista de nível médio enquanto Kai, que sabe como aprender de maneira eficiente a partir da repetição, continuará se aprimorando. Georges-Louis Leclerc, naturalista, matemático e escritor do século XVIII, resumiu brevemente essa habilidade: "A genialidade é apenas uma aptidão maior para a paciência". Mas eu acrescentaria que ela também se origina da impaciência com a falta de avanço.

ESCALANDO UMA MONTANHA DE FEIJÃO

A prática, o treinamento técnico e a motivação são essenciais à pesquisa científica. Mas isso não é tudo. Autistas — sem falar de alguns acadêmicos e de muitos burocratas — com frequência demonstram habilidades de alto nível técnico, mas carecem de criatividade e imaginação. Basta uma ida ao cinema hoje em dia para testemunhar as limitações da motivação e das realizações técnicas sem o apoio dessas outras qualidades. Cenas em que criaturas animadas lutam umas contra as outras em sequências difíceis de acompanhar podem ser realizações impressionantes em si mesmas, mas quase nunca possuem a energia criativa necessária para envolver muitos de nós — mesmo com a luz e o barulho, costumo cair no sono.

Os filmes que mais me absorvem são aqueles que tratam de grandes questões e ideias reais, mas as encarnam em pequenos exemplos que podemos apreciar e compreender. *Casablanca* pode falar sobre patriotismo, amor, guerra e lealdade, mas, mesmo que Rick avise Ilsa de que "não é tão difícil ver que os problemas de três pessoas comuns não chegam a formar nem um montinho de feijão neste mundo louco", essas três pessoas são o motivo pelo qual o filme me cativou (além de Peter Lorre e Claude Rains, claro).

Em ciência, também, as perguntas certas com frequência vêm tanto das coisas grandes quanto das pequenas, cultivadas na mente. Há grandes perguntas às quais todos queremos responder, e há os pequenos problemas que acreditamos serem manejáveis. Identificar as grandes questões raramente é o bastante, já que na maioria das vezes é a solução das pequenas que leva ao progresso. Um grão de areia pode de fato revelar um mundo inteiro, como nos lembra o título do congresso de Salt Lake City sobre escala (mencionado no capítulo 3) — e o verso do poema de William Blake ao qual ele se refere —, e Galileu compreendeu isso muito cedo.

Uma habilidade quase indispensável para qualquer pessoa criativa é fazer as perguntas certas. As pessoas criativas identificam rotas para o progresso promissoras, empolgantes e, sobretudo, acessíveis — formulando as perguntas corretas em algum momento. A melhor ciência muitas vezes combina a consciência sobre problemas abrangentes e significativos com o foco num aspecto ou num detalhe aparentemente pequeno que alguém deseja muito compreender ou solucionar. Às vezes, esses pequenos problemas ou inconsistências acabam sendo pistas para grandes avanços.

As ideias revolucionárias de Darwin cresceram, em parte, de observações minuciosas de aves e plantas. A precessão do periélio de Mercúrio não foi uma medição incorreta — foi uma indicação de que as leis físicas de Newton eram limitadas. Essa medição acabou se revelando uma das confirmações da teoria de gravidade de Einstein. As rachaduras e discrepâncias que, para alguns, parecem ser pequenas ou obscuras demais podem, para outros, ser um portal de entrada para novos conceitos e ideias, quando se analisa o problema do modo correto.

De início, Einstein não estava procurando entender a gravidade. Ele estava tentando entender as implicações da teoria do eletromagnetismo, que havia sido desenvolvida pouco tempo antes. Ele se concentrou em aspectos peculiares ou mesmo inconsistentes com aquilo que todos acreditavam serem simetrias de espaço e tempo. No fim, acabou revolucionando nossa maneira de pensar. Einstein acreditava que tudo tinha de fazer sentido, e ele possuía a grandeza de visão e a persistência para descobrir como isso era possível.

Pesquisas mais recentes ilustram essa reciprocidade também. Compreender por que certas interações não deveriam ocorrer em teorias supersimétricas pode soar como um detalhe para alguns. Meu colega David B. Kaplan foi ridicularizado quando falou sobre tais problemas na Europa nos anos 1980. Mas esse problema acabou se revelando uma rica fonte de novos insights sobre a supersimetria e a quebra de supersimetria, levando a novas ideias que os experimentalistas do LHC estão preparados para testar agora.

Acredito piamente que o universo é coerente e que qualquer desvio implica algo interessante ainda a ser descoberto. Quando fiz essa afirmação numa apresentação na Creativity Foundation em Washington, DC, um blogueiro entendeu que eu estava querendo dizer que sou muito perfeccionista. Mas, na verdade, a crença na coerência do universo talvez seja a principal força motriz para diversos cientistas que buscam saber quais questões estudar.

Muitas das pessoas criativas que conheço também têm a habilidade de preservar na mente várias questões e ideias ao mesmo tempo. Qualquer um pode procurar coisas no Google, mas quem não consegue conectar fatos e ideias de maneiras interessantes não tem muita chance de descobrir nada novo. É a justaposição ligeiramente dissonante de ideias saídas de direções distintas que costuma levar a novas conexões, insights ou poesia (que é aquilo a que, na origem, o termo criatividade se aplicava).

Bastante gente prefere trabalhar de maneira linear. Mas isso significa que, quando elas ficam emperradas ou acham que o caminho é incerto, a busca se encerra. Assim como ocorre com muitos escritores e artistas, o progresso dos cientistas é fragmentado. O processo nem sempre é linear. Podemos entender alguns pedaços de um enigma e colocar de lado por algum tempo aqueles que não entendemos, esperando preencher as lacunas depois. Só alguns poucos compreendem tudo sobre uma teoria a partir de uma única leitura contínua. Temos de acreditar que vamos encaixar tudo no final, de forma que possamos pular alguma coisa e depois retornar a ela, armados com mais conhecimento ou com um contexto mais abrangente. Estudos ou resultados podem parecer incompreensíveis no início, mas, de qualquer jeito, continuaremos a lê-los. Quando achamos algo que não compreendemos, pulamos, vamos ao final, formulamos o problema do nosso próprio jeito, e só depois retornamos para o ponto em que tínhamos ficado intrigados. Precisamos estar envolvidos o suficiente para prosseguir — digerindo aquilo que faz sentido e aquilo que não faz.

Uma famosa frase de Thomas Edison afirma que "genialidade é 1% inspiração e 99% transpiração". E, como disse Louis Pasteur, "nos campos da observação, a sorte ajuda a mente preparada". Cientistas dedicados às vezes encontram desse modo as respostas que estão procurando. Mas eles também podem encontrar soluções para problemas que não fazem parte do objetivo principal da investigação. Alexander Fleming não estava tentando encontrar uma cura para doenças infecciosas. Ele notou que um fungo tinha matado colônias de estafilococos que ele estava investigando e reconheceu seus potenciais benefícios terapêuticos — apesar de ainda ter sido necessária uma década para que a penicilina fosse desenvolvida, com o envolvimento de outros, e se tornasse um remédio que mudou o mundo.

Benefícios secundários com frequência surgem do estoque de uma vasta reserva de perguntas. Quando Raman Sundrum e eu trabalhamos com a supersimetria, acabamos encontrando uma dimensão extra encurvada que poderia solucionar o problema da hierarquia. Depois disso, ao encarar as equações e colocá-las em um contexto mais amplo, também descobrimos que uma dimensão encurvada de espaço infinita poderia existir sem contradizer quaisquer observações ou leis da física conhecidas. Estávamos estudando física de partículas — um tópico totalmente diferente. Mas tínhamos na cabeça tanto o cenário geral quanto o particular. Sabíamos das grandes questões sobre a natureza do espaço, mesmo que estivéssemos nos concentrando em assuntos fenomenológicos como a compreensão da hierarquia de escalas de massa no Modelo Padrão.

Outro aspecto importante desse trabalho em particular é que nem Raman nem eu éramos especialistas em relatividade, de forma que chegamos à nossa pesquisa com a mente aberta. Nenhum de nós (nem ninguém mais) teria conjecturado que a teoria da gravidade de Einstein acomodaria uma dimensão infinita invisível, a menos que as equações nos mostrassem que aquilo era possível. Perseguimos com obstinação as consequências de nossas equações, sem saber que uma dimensão extra infinita era tida como impossível. Ainda assim, não nos convencemos de imediato de que estávamos certos. E Raman e eu não mergulhamos cegamente na ideia radical de dimensões extras. Foi só depois que nós e outros tentamos empregar ideias mais convencionais que passou a fazer sentido desatar nossas amarras do espaço-tempo. Apesar de uma dimensão extra ser uma sugestão nova e exótica, a teoria da relatividade de Einstein ainda vale. Portanto, tínhamos as equações e os métodos matemáticos para entender o que aconteceria em nosso universo hipotético.

Mais tarde, pessoas usaram os resultados dessa pesquisa tomando as dimensões extras como ponto de partida para descobrir novas ideias físicas que pudessem se aplicar a um universo sem nenhuma dimensão extra. Ao pensar sobre o problema de modo ortogonal (aqui, literalmente ortogonal), físicos reconheceram possibilidades que antes ignoravam por completo. Aquilo os ajudara a pensar da forma criativa, livres da prisão do espaço tridimensional.

Qualquer um em território novo não tem escolha a não ser conviver com a incerteza que existe antes de um problema ser completamente solucionado. Mesmo partindo de uma firme plataforma de conhecimento existente, é inevitável que quem investiga um fenômeno novo encontra coisas desconhecidas e a incerteza que as acompanha — mas com menos risco para sua integridade física do que o enfrentado por um equilibrista. Aventureiros espaciais tentam ir "corajosamente aonde ninguém jamais foi", mas artistas e cientistas também. Só que a coragem não é aleatória ou acidental e não ignora realizações anteriores, mesmo quando o novo território envolve novas ideias ou antecipa experimentos aparentemente malucos que não parecem realistas à primeira vista. Investigadores dão o melhor de si para se preparar. É para isso que servem as regras, as equações e o instinto sobre coerência. Essas são as amarras que nos protegem quando atravessamos novos domínios. Nas palavras de meu colega Marc Kamionkowski, "é bom ser ambicioso e futurista". Mas o truque ainda está em determinar objetivos realistas. Um premiado estudante de administração presente ao evento da Creativity Foundation do qual participei comentou que o recente crescimento econômico que transformou numa bolha econômica surgiu em parte da criatividade. Mas ele também notou que uma falta de restrições fez a bolha explodir.

Algumas das pesquisas mais inovadoras do passado exemplificam os impulsos contraditórios de confiança e cautela. O jornalista científico Gary Taubes me disse certa vez que os acadêmicos são ao mesmo tempo as pessoas mais confiantes e as mais inseguras que ele conhece. E é essa contradição que os impulsiona — a crença de que eles estão avançando acoplada ao rigor criterioso que usam para se certificar de que estão corretos. As pessoas criativas precisam acreditar que estão num lugar único para dar sua contribuição — e manter em mente o tempo todo as muitas razões pelas quais outros podem ter pensado em ideias similares que acabaram descartadas.

Os cientistas muito aventurosos em suas ideias podem também ser muito cautelosos quando as apresentam. Dois dos mais influentes deles, Isaac Newton e Charles Darwin, esperaram um bom tempo antes de compartilhar suas grandes ideias com o mundo. A pesquisa de Darwin durou muitos anos, e ele só publicou *A origem das espécies* depois de completar um extenso levantamento observacional. A obra *Principia*, de Newton, apresentou uma teoria sobre a gravidade desenvolvida ao longo de uma década. Ele esperou para publicá-la até que tivesse concluído uma prova satisfatória de que corpos com extensão espacial arbitrária (não apenas objetos pontuais) obedeciam à lei do inverso do quadrado. A prova dessa lei, segundo a qual a gravidade diminui na proporção do inverso do quadrado da distância do centro de um objeto, levou Newton a desenvolver a matemática do cálculo.

Às vezes é preciso que um problema ganhe uma nova formulação para que possa ser enxergado da maneira correta e para que as fronteiras sejam redefinidas de forma que se encontre uma solução onde, superficialmente, não parece haver nenhuma possível. A perseverança e a fé com frequência fazem grande diferença no resultado — não a fé religiosa, mas a fé na existência de alguma solução. Cientistas de sucesso — e pessoas criativas de todos os tipos — recusam-se a ficar presos em becos sem saída. Se não podemos solucionar um problema de um jeito, tentamos uma rota alternativa. Se nos deparamos com um bloqueio, cavamos um túnel, achamos outra direção, ou sobrevoamos e obtemos a configuração do terreno. É nesse ponto que entram a imaginação e as ideias aparentemente malucas. Para prosseguir, temos de acreditar na realidade de uma resposta e confiar que, em última instância, o mundo tem uma lógica interna consistente que podemos descobrir algum dia. Se pensamos sobre algo a partir da perspectiva certa, com frequência conseguimos encontrar conexões que de outra maneira ignoraríamos.

A expressão "pensar fora da caixa" não significa sair do cubículo onde você trabalha (como já acreditei ser o caso). Ela surgiu do problema dos nove pontos, que consiste em achar um jeito de conectar nove pontos com quatro linhas retas sem levantar a caneta (veja a figura 81). Não existe nenhuma solução para o problema dos nove pontos se tentamos manter a caneta dentro dos limi-

Figura 81. O problema dos nove pontos consiste em conectar todos eles usando apenas quatro linhas sem levantar a caneta.

tes do quadrado, mas o problema não diz que isso é obrigatório. Ir "para fora da caixa" permite uma solução (veja a figura 82). A esta altura, você deve ter se dado conta de que o problema pode ser formulado de várias outras maneiras também. Se você usar pontos gordos, pode usar três linhas. Se você dobrar o papel (ou usar uma linha grossa, como uma menina aparentemente sugeriu ao criador do problema), é possível usar uma única linha.

Essas soluções não são trapaças. Só o seriam caso fossem impostas restrições adicionais. Infelizmente, às vezes a educação não encoraja só a aprender a resolver problemas, mas também a tentar adivinhar a intenção do professor — estreitando a gama de res-

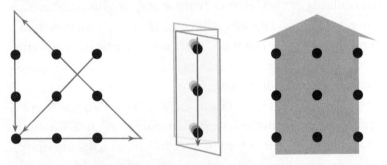

Figura 82. Possíveis soluções criativas para o problema dos nove pontos incluem "pensar fora da caixa", dobrar o papel de modo que os pontos se alinhem ou usar uma caneta de ponta muito grossa.

postas corretas e, talvez, a mente dos estudantes. Em *O quark e o jaguar*,[4] Murray Gell-Mann cita a "história do barômetro",[5] de Alexander Calandra, professor de física da Universidade de Washington, sobre outro professor que não tinha certeza de que nota dar a um aluno. O professor havia perguntado à classe como se poderia usar um barômetro para determinar a altura de um edifício. Aquele aluno em particular afirmou que poderia amarrar o barômetro em um cordão, baixá-lo até o térreo e medir o comprimento do cordão. Quando o professor lhe pediu para usar a física, ele sugeriu largar o barômetro do topo do prédio e contar o tempo que ele levava para atingir o chão, ou então medir a sombra do prédio em determinada hora do dia. O estudante também propôs a solução não física de oferecer o barômetro ao zelador em troca da informação sobre a altura do prédio. Essas respostas podiam não ser aquelas que o professor esperava receber. Mas o estudante reconheceu de maneira astuta — e bem-humorada — que as limitações do professor não eram parte do problema.

Quando outros físicos e eu começamos a pensar sobre dimensões extras de espaço nos anos 1990, não saímos da caixa apenas, saímos do próprio espaço tridimensional. Imaginamos um mundo no qual o próprio palco onde solucionamos o problema era maior do que aquele que se assumia originalmente. Ao fazê-lo, encontramos potenciais soluções para problemas que contaminaram a física de partículas por anos.

Ainda assim, a pesquisa não surge do vácuo. Ela é enriquecida pelas muitas ideias e pelos muitos insights que outros tiveram antes. Os bons cientistas ouvem uns aos outros. Às vezes encontramos o problema ou a solução correta apenas observando, ouvindo ou lendo com cuidado o trabalho de outra pessoa. Com frequência, colaboramos uns com os outros para unir diferentes talentos, e também para nos mantermos honestos.

Mesmo que todos queiram ser os primeiros a resolver problemas importantes, os cientistas ainda aprendem uns com os outros, compartilham e trabalham em temas em comum. Às vezes, outros cientistas dizem coisas que contêm as pistas para problemas ou soluções interessantes — até involuntariamente. Os cientistas podem ter suas próprias inspirações, mas eles com frequência também trocam ideias, formulam conclusões e fazem ajustes ou começam de novo quando uma ideia original não funciona. Imaginar novas ideias, manter algumas e descartar outras é nosso ganha-pão. É assim que avançamos. Não é ruim. É o progresso.

Um dos papéis mais importantes que posso desempenhar como orientadora de estudantes de pós-graduação é estar alerta para suas boas ideias, mesmo quando eles ainda não aprenderam a expressá-las — e escutar quando eles encontram falhas em minhas sugestões. Essa troca talvez seja uma das melhores maneiras de ensinar, ou pelo menos estimular, a criatividade.

A competição também tem um papel importante — na ciência e na maioria das outras atividades criativas. Em uma discussão sobre criatividade, o artista plástico Jeff Koons simplesmente disse aos presentes que, quando ele era jovem, sua irmã mexia com arte — e ele se deu conta de que poderia fazer aquilo melhor. Um jovem cineasta explicou como a competição dá a ele e a seus colegas o estímulo para absorver técnicas e ideias uns dos outros e desse modo refinar e desenvolver suas próprias técnicas. O chef de cozinha David Chang expressou um pensamento similar de modo um pouco mais rude. Sua reação após ir a um novo restaurante é se perguntar: "Está delicioso. Por que não pensei nisso?".

Newton esperou para publicar seus resultados até que estivessem completos. Porém, também devia estar ciente de seu concorrente Robert Hooke, que igualmente sabia da lei do inverso do quadrado, mas não tinha os cálculos para fundamentá-la. Contudo, a publicação de Newton parece ter sido precipitada em parte por uma pergunta transmitida a ele sobre a pesquisa similar de Hooke. Também Darwin claramente foi motivado a apresentar seus resultados ao ficar sabendo que Alfred Russel Wallace estava trabalhando em ideias evolucionárias semelhantes — e talvez ofuscasse seu brilho se ele permanecesse quieto por muito mais tempo. Tanto Darwin quanto Newton queriam aperfeiçoar suas pesquisas antes de apresentar seus resultados revolucionários e as desenvolveram até que estivessem bastante convictos de que estavam certos — ou pelo menos até começarem a temer que seriam ultrapassados. O universo tem se revelado, repetidamente, mais esperto que nós. Equações ou observações revelam ideias com as quais ninguém havia sonhado — e só os questionamentos criativos, de mente aberta, desenterrarão no futuro esses fenômenos escondidos. Sem evidências incontroversas, nenhum cientista teria inventado a mecânica quântica, e suspeito que antecipar a estrutura precisa do DNA e da miríade de fenômenos que produz a vida teria sido quase impossível se não tivéssemos nos deparado com os fenômenos ou equações que nos disseram o que estava lá. O mecanismo de Higgs é engenhoso, assim como são o funcionamento interno do átomo e o comportamento das partículas que compõem tudo que vemos.

A pesquisa é um processo orgânico. Não sabemos necessariamente para onde estamos indo, mas experimentos e teorias são guias valiosos. A preparação e a habilidade, a concentração e a perseverança, a formulação das perguntas certas e a confiança em nossa imaginação, mantendo a cautela, sempre nos ajudarão em nossa busca do conhecimento. Também é importante ter a mente aberta, conversar com outros, querer superar nossos predecessores ou pares e acreditar que existem respostas. Não importa a motivação, e sejam quais forem as habilidades específicas que podem entrar em ação, os cientistas continuarão a investigar o interior e o exterior — e a aguardar ansiosamente para aprender sobre os outros mecanismos engenhosos que o universo nos reserva.

Conclusão

Quando li pela primeira vez algumas traduções de reportagens da imprensa alemã sobre minhas pesquisas em física e sobre meu livro *Warped Passages*,[1] fiquei surpresa com a presença recorrente da expressão "borda do universo". A explicação para sua aparição plausível mas aparentemente aleatória não ficou tão óbvia a princípio — ela era a tradução que computadores faziam do meu sobrenome para o alemão.[2]

Ainda assim, estamos de fato na borda do universo, tanto nas escalas pequenas quanto nas grandes. Cientistas já exploraram distâncias desde a escala fraca dos 10^{-17} centímetros até o tamanho do universo, 10^{30} centímetros. Não temos certeza de quais escalas marcarão mudanças de paradigmas no futuro, mas muitos olhares científicos estão agora focados na escala fraca, que vem sendo explorada experimentalmente pelo LHC e pelas pesquisas sobre matéria escura. Ao mesmo tempo, trabalhos teóricos continuam a investigar escalas desde a fraca até as energias de Planck, e até as escalas maiores também, como uma tentativa de preencher lacunas em nossa compreensão. Pensar que já vimos tudo que existe é arrogância. Novas descobertas decerto estão por vir.

A era da ciência moderna representa um mísero ponto na linha do tempo da história. Mas as notáveis ideias oferecidas pelos avanços em tecnologia e matemática desde o início desta era, no século XVII, nos levou a um caminho impressionantemente longo em direção à compreensão do mundo.

Este livro mostrou como físicos de altas energias e cosmólogos determinam seu curso hoje em dia e como uma combinação de teoria e experimentos pode jogar luz sobre algumas questões profundas e fundamentais. A teoria do big bang descreve a expansão atual do universo, mas deixa em aberto perguntas sobre o que aconteceu antes e sobre qual é a natureza da energia escura e da matéria escura. O Modelo Padrão prevê interações de partículas elementares, mas permanecem sem solução questões sobre o porquê de suas propriedades serem como são. A matéria escura e o bóson de Higgs podem estar logo à frente — assim como podem estar as evidências de novas simetrias do espaço-tempo ou mesmo de novas dimensões de espaço. Podemos ter sorte e obter as respostas logo. Ou, se as quantidades relevantes forem pesadas demais ou interagirem muito fracamente, pode ser que levemos algum tempo. Só saberemos se perguntarmos e observarmos.

Também apresentei especulações sobre algumas ideias ainda mais difíceis de testar. Embora elas expandam a imaginação e possam por fim se conectar com a realidade, talvez elas continuem no domínio da filosofia ou da religião. A ciência não tem como provar a inexistência de um panorama de múltiplos universos — nem a inexistência de Deus, para quem se importa —, mas é difícil ela provar sua existência também. Ainda assim, alguns aspectos do multiverso, como aqueles que podem explicar a hierarquia, de fato têm consequências testáveis. Cabe aos cientistas deslindá-las.

O outro grande tema de *Batendo à porta do céu* foram os conceitos que informam sobre o pensamento científico, tais como escala, incerteza, criatividade e reflexão racional crítica. Podemos acreditar que a ciência fará progresso em direção a respostas e que a complexidade pode emergir ao longo do tempo, mesmo antes de termos uma explicação totalmente destrinchada. As respostas podem ser complicadas, mas isso não justifica abdicar da fé na razão.

A compreensão da natureza, da vida e do universo apresenta problemas extraordinariamente difíceis. Todos gostaríamos de entender melhor quem somos, de onde viemos e para onde vamos — e gostaríamos de nos concentrar em coisas maiores que nós mesmos, mais permanentes do que a moda ou o último aparelho eletrônico. É fácil entender por que alguns de nós se voltam para a religião para ter explicações. Sem os fatos e as interpretações inspiradas que demonstram conexões surpreendentes, as respostas às quais os cientistas chegaram até agora seriam muitíssimo difíceis de adivinhar. Pessoas que pensam de forma científica fazem nosso conhecimento do mundo avançar. O desafio é entender o máximo que conseguirmos, e é preciso ter curiosidade — sem as amarras do dogma.

A fronteira entre o questionamento legítimo e a arrogância pode ser assunto para algumas pessoas, mas no final o pensamento científico crítico é o único modo confiável de responder a perguntas sobre a constituição do universo. Correntes anti-intelectuais extremistas dentro de alguns movimentos religiosos atuais estão em conflito com a herança cristã tradicional, além de estarem contra o progresso e a ciência, mas por sorte não representam todas as perspectivas religiosas ou intelectuais. Muitas maneiras de pensar — mesmo as religiosas — incorporam desafios a paradigmas existentes e abrem espaço para a evolução de ideias. O progresso, para cada um de nós, envolve substituir ideias erradas e construir sobre aquelas que estão certas.

Apreciei o sentimento contido numa palestra recente de Bruce Alberts, ex-presidente da Academia Nacional de Ciências dos Estados Unidos e ex-editor-chefe da revista *Science*, que realçou a necessidade da criatividade, da racionalidade, da abertura e da tolerância inerentes à ciência — a combinação robusta que Jawaharlal Nehru, o primeiro primeiro-ministro da Índia, chamava de "temperamento científico".[3] Modos científicos de pensar são críticos no mundo atual, oferecendo ferramentas essenciais para lidar com muitos problemas difíceis — sociais, práticos e políticos. Eu gostaria de encerrar com algumas reflexões adicionais sobre a relevância da ciência e do pensamento científico.

Alguns dos desafios complexos de hoje podem ser resolvidos com uma combinação de tecnologia, informações sobre grandes populações e poder computacional bruto. Mas muitos grandes avanços, científicos ou não, simplesmente requerem um bocado de ideias vindas de grupos isolados de indivíduos inspirados trabalhando em problemas difíceis por um longo tempo. Apesar de este livro ter enfocado apenas a natureza e o valor da ciência básica, as pesquisas puras e instigadas pela criatividade têm levado a inovações tecnológicas que mudaram por completo nossa maneira de viver e impulsionaram a ciência em si. Além de nos fornecer importantes modos de pensar sobre problemas difíceis, a ciência básica pode levar hoje a ferramentas tecnológicas que, quando aliadas a mais pensamento científico que absorva a criatividade e os princípios que discutimos, nos ajudarão a encontrar soluções amanhã.

A pergunta agora é como abordar as grandes questões nesse contexto. Como devemos levar a tecnologia além dos meros objetivos de curto prazo? Mesmo em um mundo repleto de tecnologia, precisamos tanto de ideias quanto de incentivos. Uma empresa que fabrica um aparelho eletrônico imprescindível pode fazer muito sucesso, e é fácil nos pegarmos buscando outro novo. Mas isso pode nos distrair dos assuntos reais que gostaríamos de ver a tecnologia abordar. Embora iPods sejam divertidos, o estilo de vida iPod não vai resolver os grandes problemas do mundo de hoje.

Kevin Kelly, um dos fundadores da revista *Wired*, disse num painel em que estávamos juntos, num congresso sobre tecnologia e progresso: "A tecnologia é a maior força no universo". Se for esse o caso, a ciência é responsável pela maior força, uma vez que a ciência básica foi essencial para a revolução da tecnologia. O elétron foi descoberto sem nenhuma intenção futura, e ainda assim a eletrônica redefiniu nosso mundo. A eletricidade também foi uma descoberta puramente intelectual, e o planeta está agora vibrando com fios e cabos elétricos. Mesmo a mecânica quântica, a esotérica teoria do átomo, tornou-se a chave para os cientistas dos Laboratórios Bell desenvolverem o transistor — o material por trás da revolução tecnológica. Contudo, nenhum dos primeiros cientistas a investigar o átomo teria acreditado que a pesquisa que eles faziam poderia um dia resultar numa aplicação, muito menos em algo tão importante quanto o computador e a revolução da informação. Tanto o conhecimento científico básico quanto as maneiras científicas de pensar foram necessários para insights profundos sobre a natureza da realidade que acabaram levando a essas inovações.

Não há poder de computação ou rede social que pudesse ter ajudado Einstein a desenvolver a teoria da relatividade mais rápido do que ele o fez. Os cientistas talvez não tivessem compreendido a mecânica quântica mais rápido também. Isso não significa negar que, uma vez que haja uma ideia ou uma nova compreensão sobre um fenômeno, a tecnologia não acelere o avanço. E alguns problemas requerem apenas a filtragem de grandes quantidades de dados. Mas normalmente é preciso ter uma ideia central. As ideias sobre a natureza da realidade que a ciência nos dá podem levar enfim a rupturas transformativas que nos afetarão de maneiras imprevisíveis. É vital que continuemos a buscá-las.

A centralidade da tecnologia é hoje fato consumado. Isso é verdade no sentido de que a maioria dos novos desenvolvimentos emprega a tecnologia de modo crítico. Mas eu acrescentaria que ela é central no sentido de não estar nem no início nem no fim, mas ser um meio de realizar coisas, de comunicar e conectar desenvolvimentos. Cabe a nós escolher para que vamos usá-la. E os insights necessários para a solução de problemas ou para novos desenvolvimentos podem surgir de muitas formas de pensamento criativo.

A tecnologia também faz de cada um de nós o centro do universo, como vemos fisicamente no MapQuest ou metaforicamente em qualquer site de rede social. Mas os problemas do mundo são muito mais extensos e globais. A tecnologia pode permitir soluções, mas é provável que elas venham quando também forem despertadas pelo pensamento claro e criativo — o tipo de pensamento que vemos nos melhores trabalhos científicos.

No passado, a atenção que nossa nação dava à ciência e à tecnologia — junto com o reconhecimento de que precisamos adotar e honrar compromissos de longo prazo — provou ser uma estratégia bem-sucedida para nos manter na linha de frente de novos desenvolvimentos e ideias. Agora parecemos estar em risco de perder esses valores que funcionaram tão bem para nós até aqui. Temos de nos comprometer de novo com esses princípios enquanto buscamos avanços que não sejam apenas de curto prazo, mas também precisamos entender os custos e os benefícios a longo prazo.

A investigação racional do mundo merece mais crédito para que possamos usá-la para resolver alguns dos desafios mais sérios que temos à frente. Em sua palestra, Bruce Alberts também defendeu o pensamento científico como uma maneira de armar as pessoas contra bravatas, contra o telejornalismo simplificado e os programas de rádio com debates exageradamente subjetivos. Não queremos que as pessoas se afastem do método científico, uma vez que ele é essencial para se chegar a conclusões importantes sobre os muitos sistemas complexos com que as sociedades precisam lidar hoje — entre os quais o sistema financeiro, o meio ambiente, a avaliação de riscos e a assistência médica.

Um dos elementos-chave para progredir e resolver problemas, científicos ou não, foi e sempre será a noção de escala. Categorizar e entender por escala aquilo que foi observado nos levou muito longe em nossa compreensão da física e do mundo — sejam as unidades escalas físicas, grupos populacionais ou intervalos de tempo. Não só os cientistas, mas também líderes políticos, econômicos e administrativos, precisam manter em mente tais conceitos.

Anthony Kennedy, juiz da Suprema Corte dos Estados Unidos, num pronunciamento no Nono Distrito Judicial, referiu-se não apenas ao pensamento científico, mas ao importante contraste entre os pensamentos "micro" e "macro" — palavras que se aplicam tanto aos elementos de pequena e grande escala do universo e também aos modos detalhado e global de pensar sobre o mundo. Como vimos neste livro, um dos fatores para tratar de problemas, tanto científicos como práticos e políticos, é a interação entre as duas escalas do pensamento. A consciência sobre ambos é um dos fatores que contribuem para ideias criativas.

O juiz Kennedy também notou que entre os elementos da ciência que ele gosta estão "as soluções ridículas que com frequência acabam se revelando corretas". E isso de fato ocorre às vezes. Ainda assim, a boa ciência, mesmo quando leva a conclusões superficialmente forçadas ou contraintuitivas, está enraizada em medições que mostram que essas conclusões são verdadeiras, ou em problemas que pedem aquelas soluções à primeira vista malucas que conjecturamos como sendo reais.

Muitos elementos se combinam para formar a fundação do bom pensamento científico. Em *Batendo à porta do céu*, tentei transmitir o significado do pensamento científico racional e de suas premissas materialistas, bem como as maneiras de ele testar ideias em experimentos e as descartar quando elas não se sustentam. O pensamento científico reconhece que a incerteza não é fracasso. Ele avalia os riscos de maneira apropriada e leva em conta tanto influências de curto prazo quanto de longo prazo. Ele acomoda o pensamento criativo na busca de soluções. Todos esses modos de pensamento podem levar a avanços, dentro e fora de laboratórios e escritórios. O método científico nos ajuda a entender os limites do universo, mas também pode nos guiar em decisões críticas para este mundo em que vivemos. Nossa sociedade precisa absorver tais princípios e ensiná-los às futuras gerações.

Não deveríamos ter medo de fazer perguntas importantes ou de debater grandes conceitos. Um de meus colaboradores físicos, Matthew Johnson, acertou ao afirmar que "nunca antes existiu um arsenal de ideias como este". Mas ainda não sabemos as respostas e estamos aguardando os testes experimentais. Às vezes, as respostas podem vir mais rápido do que o esperado, como quando o fundo cósmico de micro-ondas nos ensinou sobre a expansão exponencial do universo inicial. Às vezes elas levam mais tempo, como no caso do LHC, o que ainda nos deixa em compasso de espera.

Em breve deveremos saber mais sobre a constituição e as forças do universo, e sobre o porquê de a matéria ter as propriedades que tem. Também esperamos aprender mais sobre as coisas ausentes que chamamos de "escuras". Então, com o fim de nossa "prequel", vamos retornar ao verso de uma canção dos Beatles que acompanhou a introdução de meu livro anterior, *Warped Passages*: "Ele deve ser bonito, pois é difícil demais de ver" [*"Got to be good-looking 'cause he's so hard to see"*]. Novos fenômenos e uma nova compreensão podem ser difíceis de encontrar, mas eles compensarão a espera e os desafios.

Agradecimentos

Este livro cobre muitos tópicos, e ao abordar todos eles tive a alegria de contar com a orientação de muitas pessoas generosas e amáveis. Saber que poderia contar com mentes perspicazes para refletir até mesmo sobre as encarnações iniciais deste trabalho foi um poderoso incentivo para prosseguir. Sou grata em especial a Andreas Machl, Luboš Motl e Cormac McCarthy, que leram mais de um esboço do livro e ofereceram valiosas opiniões durante diferentes estágios. O rigor, a paciência e a fé de Cormac em "meu projeto", a precisão de Luboš como físico e seu apreço pela comunicação da ciência, e a sabedoria, a inspiração e o apoio consistente de Andreas tiveram valor inestimável.

As modificações, sugestões e o entusiasmo de outros também tiveram grande importância. Anna Christina Büchmann foi inspirada, sagaz e gentil com suas sugestões e contribuições; Jen Sacks me socorreu com sabedoria e carinho em momentos de indecisão; Polly Shulman me ofereceu direcionamento e coragem no início; o interesse e a perspicácia editorial de Brad Farkas ajudaram a solidificar minha empreitada; e o olhar afiado e a habilidade arrasadora de meu editor britânico, Will Sulkin, melhoraram alguns capítulos-chave num estágio crítico. Devo agradecimentos também a Bob Cahn, Kevin Herwig, Dilani Kahawala, David Krohn e Jim Stone pela leitura das provas e por suas sugestões após lerem mais de um esboço final.

Por me ajudar a entender corretamente os detalhes tanto da máquina do LHC quanto dos experimentos ATLAS e CMS, sou muito grata aos físicos Fabiola Gianotti e Tiziano Camporesi, que conhecem seus detectores tão bem quanto é humanamente possível. E quem melhor do que Lyn Evans poderia ler meu texto sobre o LHC e sua história? Obrigada também a Doug Finkbeiner, Howie Haber, John Huth, Tom Imbo, Ami Katz, Matthew Kleban, Albion Lawrence, Joe Lykken, John Mason, Rene Ong, Brian Shuve, Robert Wilson e Fabio Zwirner, que também teceram generosos comentários acerca de algumas das seções sobre física. Sou grata também às minhas classes de seminário de calouros de 2010 e 2011 em Harvard por suas informações sobre seu conhecimento do LHC.

Religião e ciência eram um território um pouco novo para mim, sobre o qual pude caminhar com muito mais confiança graças aos conselhos e à sabedoria de Owen Gingerich, Linda Gregerson, Sam Haselby e Dave Thom. Também sou grata a outros que me ajudaram com história da ciência — Ann Blair, Sofia Talas e Tom Levenson —, tornando meu texto mais preciso.

Tópicos como risco e incerteza podem ser bastante arriscados (e incertos). Obrigada a Noah Feldman, Joe Fragola, Victoria Gray, Joe Kroll, Curt McMullen, Jamie Robins, Jeannie Suk, participantes do Colóquio da Escola de Direito de Harvard, e particularmente a Jonathan Wiener, por compartilharem sua expertise, e também a Cass Sunstein por nossas conversas iniciais. A criatividade pode ser outro tópico escorregadio, e agradeço a Karen Barbarossa, Paul Graham, Lia Halloran, Gary Lauder, Liz Lerman,

542

Peter Mays e Elizabeth Streb por compartilharem suas ideias. Um agradecimento especial a Scott Derrickson pelas conversas que foram cruciais para o primeiro capítulo e por me corrigir quando sua memória era melhor que a minha. Obrigada aos organizadores do Techonomy 2010 por terem me convidado a participar do painel de abertura — preparar-me para ele contribuiu para as conclusões do livro. Sou grata também àqueles outros com os quais tive as conversas mencionadas no texto. Obrigada, ainda, a Alfred Assin, Rodney Brooks, David Fenton, Kevin McGarvey, Sesha Pratap, Dana Randall, Andy Singleton e Kevin Slavin por suas generosas opiniões e sugestões, e a A. M. Homes e Rick Kot pelos conselhos e pelo encorajamento.

Sou grata a muitos outros por terem me incentivado logo no início da empreitada um tanto quanto desafiadora na qual eu me lançara. John Brockman e Dan Halpern, da Ecco, puseram o projeto em andamento, e Matt Weiland e sua assistente Shanna Milkey ajudaram a juntar as partes. Obrigada também aos outros profissionais da Ecco que contribuíram para tornar este livro uma realidade e a Andrew Wylie por acompanhar os estágios finais. Também tive o prazer de ter trabalhado com a grande equipe de ilustradores de Tommy McCall, Ana Becker e Richert Schnorr, que transmitiram ideias complicadas em figuras claras e precisas.

Por fim, agradeço a meus colaboradores de pesquisa e a meus colegas físicos por tudo o que me ensinaram. Obrigada à minha família por incentivar meu amor pela racionalidade. Obrigada a meus amigos por sua paciência e seu apoio. E obrigada àqueles que, mencionados ou não, ajudaram a dar forma às minhas ideias ao longo do caminho.

Notas

INTRODUÇÃO [pp. 17-30]

1. Com frequência arredondarei essa medida para 27 quilômetros.

2. O Grande Colisor de Hádrons é bem grande, mas é usado para estudar distâncias infinitesimais. Os motivos para esse tamanho serão descritos depois, quando discutiremos o LHC em detalhe.

3. Diferentemente do que aparece no filme *Casablanca*, a famosa canção "As Time Goes By", de Herman Hupfield, escrita em 1931, começa com uma inconfundível referência à familiaridade das pessoas com os últimos desenvolvimentos da física: "Os dias e a época em que vivemos/ Dão motivo para apreensão/ Com velocidade e novas invenções/ E coisas como a quarta dimensão/ Mas ficamos um pouco esgotados/ Com a teoria do sr. Einstein".

1. O QUE É TÃO PEQUENO PARA VOCÊ É TÃO GRANDE PARA MIM [pp. 33-61]

1. Henry Fielding, *Tom Jones*. Oxford: Oxford World Classics, 1986.

2. A mecânica quântica pode ter efeitos macroscópicos em sistemas cuidadosamente preparados, em medições que se aplicam a situações de alta estatística ou em dispositivos muito precisos com os quais podem surgir efeitos pequenos. Isso não invalida, porém, o uso de uma teoria clássica aproximada na maioria

dos fenômenos ordinários. Isso depende da precisão, como o capítulo 12 vai discutir. A abordagem da teoria efetiva permite aproximações e deixa claro quando elas são inadequadas.

3. Algumas vezes, usarei notação exponencial, o que aqui servirá para explicar o que quero dizer com "intermediário" em termos de potências de dez. O tamanho do universo é 10^{27} metros. Esse número é o algarismo 1 seguido de 27 zeros, ou mil trilhões de trilhões. A menor escala imaginável é de 10^{-35} metros. Esse número é o zero com uma vírgula seguida por 34 zeros, e depois um algarismo 1, o equivalente a um centésimo de bilionésimo de trilionésimo de trilionésimo. (Dá para ver por que a notação exponencial é mais fácil.) Nosso tamanho é de cerca de 10^1. O expoente aqui é 1, que fica razoavelmente próximo do meio entre 27 e –35.

2. DESTRANCANDO SEGREDOS [pp. 62-78]

1. Tom Levenson, *Measure for Measure: A Musical History of Science*. Nova York: Simon & Schuster, 1994.

2. Durante a Inquisição, os romanos não incluíram os livros de Tycho Brahe em seu *Index*, como se esperava em razão de sua fé luterana. Eles queriam que seu arcabouço mantivesse a Terra estacionária e ao mesmo tempo consistente com as observações de Galileu.

2. Robert Hooke, *An Attempt to Prove the Motion of the Earth from Observations* (1674), citado em Owen Gingerich, "Truth in Science: Proof, Persuasion, and the Galileo Affair". *Perspectives on Science and Christian Faith*, Ipswich, v. 55, n. 2, pp. 80-7, jun. 2003.

3. VIVENDO NUM MUNDO MATERIAL [pp. 79-101]

1. Rainer Maria Rilke, *Duino Elegies* (1922).

2. Arthur Conan Doyle, *O signo dos quatro* (originalmente publicado em 1890 na *Lippincott's Monthly Magazine*, capítulo 1), em que Sherlock Holmes comenta sobre o panfleto "Um estudo em vermelho", de Watson.

3. Sir Thomas Browne, *Religio Medici*, 1643, parte 1, seção 9.

4. Santo Agostinho, *The Literal Meaning of Genesis*, v. 1, livros 1-6, trad. e org. de John Hammond Taylor. Nova York: Newman Press, 1982. Livro 1, caps. 19, 38, pp. 42-3.

5. Id., *On Christian Doctrine*. Trad. de D. W. Robertson. Basingstoke: Macmillan, 1958.

6. Id., *Confessions*. Trad. De R. S. Pine-Coffin. Harmondsworth: Penguin, 1961.

7. Drake Stillman, *Discoveries and Opinions of Galileo*. Garden City: Doubleday Anchor Books, 1957. p. 181.

8. Id., pp. 179-80.

9. Id., p. 186.

10. Galileu, *Science & Religion: Opposing Viewpoints*. (1632) Org. de Janelle Rohr. Farmington Hills: Greenhaven Press, 1988. p. 21.

11. Ver, por exemplo, Alison Gopnik, *The Philosophical Baby*. Nova York: Picador, 2010.

4. PROCURANDO RESPOSTAS [pp. 102-12]

1. Mateus 7,7-8.

2. Richard J. Blackwell, *Galileo, Bellarmine, and the Bible*. Notre Dame: University of Notre Dame Press, 1991.

3. Citado em Gerald Holton, "Johannes Kepler's Universe: Its Physics and Metaphysics". *American Journal of Physics*, Nova York, n. 24, pp. 340-51, maio 1956.

4. João Calvino, *Institutes of Christian Religion*. Trad. de F. L. Battles. In: JANZ, Denis R. (Org.). *A Reformation Reader*. Minneapolis: Fortress Press, 1999.

5. *MAGICAL MISTERY TOUR* [pp. 115-44]

1. Na Grécia antiga, por exemplo, estádios não tinham um comprimento fixo, pois eram baseados no comprimento de diferentes partes do corpo, em diferentes regiões e em diferentes épocas.

2. Existe, é claro, um campo eletromagnético, mas virtualmente quase não há matéria real.

3. Momento linear é a quantidade que, em velocidades pequenas, é obtida pelo valor aproximado da massa multiplicada pela velocidade. Para objetos em velocidades relativísticas, o valor é obtido pela energia dividida pela velocidade da luz.

4. George Gamow, *One, Two, Three... Infinity: Facts and Speculations of Science*. Nova York: Viking Adult, 1947.

5. Note que essa figura corresponde a uma versão mais precisa da unificação do que a teoria original de Georgi-Glashow, na qual as linhas quase convergiam, mas não chegavam a se encontrar. Essa unificação imperfeita só foi demonstrada depois, com melhores medições da intensidade de interação das forças.

6. Sabemos hoje que a unificação não ocorre dentro do Modelo Padrão, apesar de chegar perto. Porém, ela pode acontecer dentro de modificações do Modelo Padrão, como os modelos supersimétricos discutidos no capítulo 17.

6. "VER" PARA CRER [pp. 145-66]

1. Richard Feynman, palestra QED na Universidade de Auckland (Nova Zelândia, 1979). Ver também: Richard Feynman Lectures, Proving the Obviously Untrue.

2. Citado, por exemplo, em Richard Rhodes, *The Making of the Atomic Bomb*. Nova York: Simon & Schuster, 1986.

3. Os físicos de partículas medem a energia em unidades de elétrons-volt, as unidades que usarei ao longo do livro. Um elétron-volt (eV) é a energia adquirida por um elétron livre quando acelerado a um potencial elétrico com diferença de um volt. Em geral, vou me referir às unidades do gigaelétron-volt (GeV), que corresponde a 1 bilhão de elétrons-volt, ou do teraelétron-volt (TeV), que corresponde a 1 trilhão de elétrons-volt.

4. Por ironia, a trama de *Anjos e demônios*, de Dan Brown, está centrada na antimatéria, apesar de o LHC ser o primeiro colisor do CERN no qual os estados iniciais são puramente matéria.

7. A BORDA DO UNIVERSO [pp. 167-81]

1. Dennis Overbye, "Collider Sets Record and Europe Takes U. S. Lead". *New York Times*, 9 dez. 2009.

2. Em 1997, a Sociedade Europeia de Física premiou Robert Brout, François Englert e Peter Higgs por suas realizações, e em 2004 os três foram laureados, de novo, com o prêmio Wolf de física. François Englert, Robert Brout, Peter Higgs, Gerald Guralnik, C. R. Hagen e Tom Kibble receberam todos o prêmio J. J. Sakurai de física teórica de partículas, da Sociedade Americana de Física, em 2010. Ao longo do texto, vou me referir apenas a Higgs e a Peter Higgs, pois meu foco é o mecanismo, e não as personalidades. Se o Higgs for descoberto, é claro,

no máximo três deles receberão um prêmio Nobel, e a discussão de prioridade será importante. Para um resumo sobre a situação, leia, por exemplo "Eyes on a Prize Particle", de Luis Álvarez-Gaumé e John Ellis, *Nature Physics*, v. 7, jan. 2011.

3. Ainda não está claro se o Modelo Padrão também deveria incluir os pesadíssimos neutrinos destros, que provavelmente existem e influenciam as massas dos neutrinos.

8. UM ANEL PARA A TODOS GOVERNAR [pp. 185-203]

1. Seu propósito original era acelerar prótons e antiprótons, mas hoje em dia trabalha apenas com prótons em seu papel como o acelerador SPS (sigla de Super Proton Synchrotron [Supersíncrotron de Prótons]) do LHC.

10. BURACOS NEGROS QUE DEVORARÃO O MUNDO [pp. 232-45]

1. *Physical Review D*, 035009, v. 78, n. 3, 2008.
2. <lsag.web.cern.ch/lsag/LSAG-Report.pdf>.

11. NEGÓCIO ARRISCADO [pp. 246-74]

1. Ver, por exemplo, Matt Taibbi, "The Big Takeover: How Wall Street Insiders are Using the Bailout to Stage a Revolution". *Rolling Stone*, mar. 2009.

2. Esse ponto é abordado, por exemplo, em *Risk versus Risk: Tradeoffs in Protecting Health and Environment* (Cambridge: Harvard University Press, 1995), de J. D. Graham e J. B. Wiener, sobretudo no capítulo 11.

3. Ver, por exemplo, Paul Slovic, "Perception of Risk". *Science*, Nova York, v. 236, n. 4799, pp. 280-5, 1987. Amos Tversky e Daniel Kahneman, "Availability: A Heuristic for Judging Frequency and Probability". *Cognitive Psychology*, Nova York, v. 5, n. 2, pp. 207-32, 1973. Cass R. Sunstein e Timur Kuran, "Availability Cascades and Risk Regulation". *Stanford Law Review*, Stanford, n. 51, pp. 683--768, 1999. Paul Slovic, "If I Look at the Mass I Will Never Act: Psychic Numbing and Genocide". *Judgment and Decision Making*, Berwin, v. 2, n. 2, pp. 79-95, 2007.

4. Ver, por exemplo, Carolyn Kousky e Roger Cooke, *The Unholy Trinity: Fat Tails, Tail Dependence, and Micro-Correlations*, RFF Discussion Paper 09-36-REV, nov. 2009. Howard Kunreuther e M. Useem, *Learning from Catastrophes: Strategies for Reaction and Response*. Upper Saddle River, NJ: Wharton

School Publishing, 2010. Howard Kunreuther, "Reflections and Guiding Principles for Dealing with Societal Risks". In: MICHEL-KERJAN, E.; SLOVIC, P. (Orgs.). *The Irrational Economist: Making Decisions in a Dangerous World*. Nova York: Public Affairs, 2010. Martin L. Weitzman, "On Modeling and Interpreting the Economics of Catastrophic Climate Change". *The Review of Economics and Statistics*, Cambridge, v. 91, n. 1, pp. 1-19, 2009.

5. Ver, por exemplo, a reportagem de capa "Risk Mismanagement", de John Nocera, na *New York Times Sunday Magazine*, 4 jan. 2009.

6. O problema da irreversibilidade foi abordado por alguns economistas, incluindo Kenneth J. Arrow e Anthony C. Fisher, "Environmental Preservation, Uncertainty, and Irreversibility". *Quarterly Journal of Economics*, 88, pp. 312-9, 1974. Christian Gollier e Nicolas Treich, "Decision Making under Uncertainty: The Economics of the Precautionary Principle". *Journal of Risk and Uncertainty* 27, n. 7, 2003. Jonathan B. Wiener, "Global Environmental Regulation". *Yale Law Journal* 108, pp. 677-800, 1999.

7. Por exemplo, Richard Posner, *Catastrophe: Risk and Response*. Oxford: Oxford University Press, 2004.

8. David Leonhardt, "The Fed Missed This Bubble: Will It See a New One?". *New York Times*, 5 jan. 2010.

12. MEDIDA E INCERTEZA [pp. 275-91]

1. Neste livro uso o termo "incerteza sistemática" em vez de "erro sistemático", mais comumente usado. Em um dado aparato, um erro costuma ser associado a uma falha, enquanto a incerteza se refere ao nível inevitável de imprecisão.

2. Novamente, as pessoas costumam falar em erro estatístico para se referir a uma medição que esteja incerta por causa da estatística finita.

3. Nicholas Kristof, "New Alarm Bells About Chemicals and Cancer". *New York Times*, 6 maio 2010.

13. OS EXPERIMENTOS CMS E ATLAS [pp. 292-323]

1. Essa citação também já foi atribuída a Robert Storm Peterson e a Niels Bohr.

550

14. IDENTIFICANDO PARTÍCULAS [pp. 324-41]

1. A tabela inclui entradas separadas para partículas canhotas e destras. Essas partículas se distinguem por sua quiralidade, que para partículas sem massa indica o spin ao longo da direção de movimento. Aquelas com massa mesclam as duas — como o elétron canhoto e destro. O exato aspecto distintivo é menos importante para esta tabela do que a diferença entre suas interações. Se todas as partículas fossem desprovidas de massa, a força fraca que transformou quarks de tipo up em outros de tipo down, além de ter dado carga a léptons neutros, agiria apenas sobre partículas canhotas. As forças forte e eletromagnética, por outro lado, agem sobre ambas, e apenas os quarks possuem carga sob a força forte.

2. Os três tipos de neutrinos são pareados por meio da força fraca com os três léptons carregados. Uma vez que são produzidos, porém, os neutrinos podem se alternar entre uns e outros, e deixam de se identificar apenas pelos léptons carregados com os quais são pareados. Às vezes os neutrinos são classificados simplesmente de acordo com os números que se referem à sua massa relativa, e às vezes com classificações que se referem ao lépton carregado, de acordo com o contexto.

3. Se o méson *b* inicial for neutro, vemos em vez disso um rastro que se origina do ponto de decaimento, sem rastro precursor a partir do estado inicial neutro.

4. A interação entre o *W*, o quark top e o quark bottom, porém, é a razão pela qual o top pode decair em um bottom e um *W*.

5. Também é possível definir a massa relativística como dependente do momento linear e da energia, mas a implicação é a mesma.

6. Note que esse esquema distingue bósons de férmions, classes de partículas separadas pela mecânica quântica. As partículas transmissoras de forças e o hipotético Higgs são bósons. Todas as outras partículas do Modelo Padrão são férmions.

15. VERDADE, BELEZA E OUTROS EQUÍVOCOS CIENTÍFICOS [pp. 345-65]

1. Citado em Ian Stewart, *Why Beauty Is Truth*. Nova York: Basic Books, 2007.

16. O BÓSON DE HIGGS [pp. 366-95]

1. Em *The Takeaway*, na WNYC Radio, 31 mar. 2007.

2. As pessoas às vezes discutem se os neutrinos destros também existem no Modelo Padrão. Mesmo que estejam presentes, é provável que eles sejam extremamente pesados e não muito importantes para processos de baixas energias.

17. O PRÓXIMO MODELO Nº 1 [pp. 396-435]

1. <xxx.lanl.gov/ps_cache/arxiv/pdf/1101/1101.1628v1.pdf>.

2. Isso foi discutido com muito mais detalhes em *Warped Passages*.

3. De novo, isso foi discutido longamente em *Warped Passages*. O estudo original, meu e de Raman Sundrum, está em *Physical Review Letters*, Nova York, n. 83, pp. 4690-3, 1999.

4. Nima Arkani-Hamed, Savas Dimopoulos e Gia Dvali, *Physics Letters B*, Amsterdam, n. 429, pp. 263-72, 1998; Nima Arkani-Hamed, Savas Dimopoulos e Gia Dvali, *Physical Review D*, Nova York, n. 59, 086004, 1999.

5. Lisa Randall e Raman Sundrum, *Physical Review Letters*, Nova York, n. 83, pp. 3370-3, 1999.

19. DE DENTRO PARA FORA [pp. 451-69]

1. Curta-metragem original *Powers of Ten*, de Charles e Ray Eames, 1968; *Powers of Ten: A Flipbook*, de Charles e Ray Eames (San Francisco: W. H. Freeman, 1998); também *Powers of Ten: A Book about the Relative Size of Things in the Universe and the Effort of Adding Another Zero* (San Francisco: W. H. Freeman, 1982), de Philip e Phylis Morrison e o escritório de Charles e Ray Eames.

20. O QUE É TÃO GRANDE PARA VOCÊ É TÃO PEQUENO PARA MIM [pp. 470-90]

1. Ver, por exemplo, *The Inflationary Universe* (Reading: Addison-Wesley, 1997), de Alan Guth, para uma discussão mais longa sobre esse assunto.

21. VISITANTES DAS TREVAS [pp. 491-511]

1. Algumas partículas de matéria escura são suas próprias antipartículas, caso em que elas precisariam encontrar outras partículas similares.

22. PENSAR GLOBALMENTE E AGIR LOCALMENTE [pp. 515-31]

1. Mihaly Csikszentmihalyi criou o conceito de fluxo para descrever esse fenômeno em seu livro *Flow: The Psychology of Optimal Experience*. Nova York: Random House, 2002.

2. David Brooks, "Genius: The Modern View". *New York Times*, 30 abr. 2009.

3. Malcolm Gladwell, *Fora de série*. Rio de Janeiro: Sextante, 2008.

4. Murray Gell-Mann, *O quark e o jaguar*. Rio de Janeiro: Rocco, 1996.

5. *Teacher's Edition of Current Science*, [s.l.], v. 49, n. 14, 6-10 jan. 1964.

CONCLUSÃO [pp. 532-9]

1. *Verborgene Universen* em alemão.

2. Em alemão, *rand* significa "borda", e *all*, "universo".

3. Ver, por exemplo, Susan Jacoby, *The Age of American Unreason*. Nova York: Pantheon, 2008.

Índice remissivo

Números em *itálico* referem-se a figuras.

Academia Francesa de Ciências, 117
aceleração, 67, 156, 161, 168, 179, 192-3, 195-6, 229, 300, 366, 463, 485
acelerador linear, 152, 192
aço, 198, 312, 315
acurácia: em física de partículas, 285-7; uso do termo, 278
Adams, John C., 479
Adler, Fred, 79
Adoração dos magos (Giotto), 65
Aglomerado da Bala, 483, *484*
Agostinho, 88-90, 546
Alberts, Bruce, 535, 537
Alda, Alan, 186
ALICE (Experimento do Grande Colisor de Íons), 228, 295
Al-Kindi, 58
altas energias, 27, *136*, 139, 141, 147-8, 154, 156, 158, 160, 162, 167, 193, 196-7, 224-5, 232, 237, 253, 291, 295-6, 299-300, 319, 323-4, 350, 359, 369-70, 374-7, 380, 399, 419, 437, 442, 448, 472, 474, 491, 533; *ver também* energia
AMANDA (Rede de Detectores Antárticos de Múons e Neutrinos), 511
American Heritage Dictionary, 86
American International Group (AIG), 253-4, 272
Amor, sublime amor (musical), 331
análise de custo-benefício, 25, 260, 262
analogia do balão, *462*, 463
anãs brancas *ver* estrelas
Anderson, Carl, 151
Anjos e demônios (filme), 25
ANTARES (detector de neutrinos), 511
antimatéria, 151-2, 474, 489-90, 548
antipartículas, 135, 152, 160-2, 189, 327, 386, 495, 498, 508-9, 552; antimúon, 327; antinêutron, 151, 510; antiprótons, 151-2, 161-6, 489, 510, 549; antiquark, 134-5,

136, 164-6, 319, 384, 387; antitau, 327, 387

Aparato com Toroides Supercondutores *ver* ASCOT

Applied Minds, 396

Aprile, Elena, 505

ArDM (Detector de Matéria Escura com Argônio), 500

argônio, 311, 315-6, 500, 505

Aristóteles, 357

Arkani-Hamed, Nima, 419, 552

Armstrong, Karen, 88

arte: ciência e religião, 80-6; e beleza, 352-5; islâmica, 354; japonesa, 355

"As Time Goes By" (canção), 30, 545

ASCOT (Aparato com Toroides Supercondutores), 298

assinaturas, 243-4, 365, 390, 405, 422, 432, 459

astrofísica, 468, 500, 509

AT&T, 465-6

ATLAS (Aparato Toroidal do LHC), 11, 186, 189, 194, 215, 228, 292, *293*, 294-8, 300-2, 304-6, 308, 311-2, 314, 316-8, 324, 388, 550; calorímetro eletromagnético, 310-2; calorímetro hadrônico, 312; detector de múons, 312-3; detectores, *299*, 300-2, *303*, 304; e a descoberta do bóson de Higgs, 387, 388; *endcaps*, *315*; ímãs, 303-4, 316-7; princípios gerais, 295-9; rastreadores, 305, 307-9

átomos, 47, 115, 125, *126-7*, 128-9, 131-5, 137, 149; *ver também* partículas

audiência parlamentar, 27

Auger (observatório de raios cósmicos), 243

Avatar (filme), 455

Aymar, Robert, 211

Bacon, Francis, 58

Baldo-Ceolin, Massimila, 64

Banco Barings, 253

barra de transmissão, 222, *223*

beleza, 347-8, 350-1; diante do sublime, 80; na arte, 351-5; na ciência, 355, 357-8

Bellarmine, Robert, 71, 547

Bernanke, Ben, 270

Berners-Lee, Tim, 29, 322, 431

Berra, Yogi, 318

Bevatron, 151

Bíblia, 89-90, 102

big bang, 18-9, 26, 87, 168, 178-9, 187, 457, 459-60, 463, 465-7, 473-5, *487*, 533; *ver também* universo

Biogen, 470

biologia, 49, 54, 88, 100, 123-4, 272, 282, 470; de sistemas, 54; marinha, 88

bisfenol-A *ver* BPA

Bjorken, James, 153

Blake, William, 521

blindagem, 503

Bohr, Niels, 42, 129-30, 328, 362, 550

bojo, 425, 427, 432-3

bola de pingue-pongue, 220

bolhas de mercado, 255, 269

Born, Brooksley, 269

bósons, *340*, 400, 402-3; bóson de calibre fraco (bóson fraco, portador da força fraca, bóson de vetor fraco), 162-3, *170*, 171, 189, 335-7, 339, 372-3, *386*; vetoriais, 163, 207; bóson W, 287, 330, 336-8, 383, 386; bóson Z, 162, 374 bóson de Higgs, 12-4, 26, 172, 320, 357, 366-7, 378-94, 400, *401*, 402-3, 409, 411, 427, 533; busca pelo, 378-81, 383, 385, 387-8; busca no LHC, 51, *170*, 172, 378-9; decaimento, 385, *386-7*, 389; e supersimetria, 381, 390, *401*, 402-3, 409; produção, 382-3, *384*, 389

BP, derramamento de petróleo da, 252

BPA (bisfenol-A), 283

Brahe, Tycho, 68-9, 75-7, 278, 546

branas, 414-7, 425, 427-8, 432, 443, 447, 459; Brana da Gravidade, *425*, 426; Brana de Planck, 426; Brana Fraca, 425-6

Brooks, David, 518, 553

Brooks, James L., 190

Brout, Robert, 171, 548

Browne, Thomas, 84, 546

Büchmann, Anna Christina, 33

Buckley, Matthew, 307

buracos negros, 25, 180, 232-48, 250, 256-7, 261, 266-8, 271, 433, 457, 494, 549; cálculos, 235, 237-9, 266; decaimento, 236, 238-40, 243, 267; no LHC, 232-5, 237-41, 243-5, 247-8, 268; *ver também* LHC

Burj Khalifa (Dubai), 455

Burke, Bernie, 466

Busca Criogênica de Matéria Escura (CDMS), 499-504

Byrne, Rhonda, 42

Calandra, Alexander, 529

cálculo de vetores, 57

calorímetros, 305, 310-2; calorímetro eletromagnético (ECAL), 299, 301, 309-12, 326, 333; calorímetro

hadrônico (HCAL), 299, 301, 312, 332-3, 406

Calvino, João, 108, 547

Cameron, James, 455

campo de Higgs, 172-3, 371-9, 382, 385, 389; e o bóson de Higgs, 378-9, 382

capela de Scrovegni (Pádua), 65, *66*

carga: e a força eletromagnética, 134, 162, 302, 304, 326-8, 405, 499; e a força forte, 157, 302, 330, 348, 405; e a força fraca, 328, 371-5, 377, 404; e a matéria escura, 499; e detectores, 302, 304-5, 307-9, 316, 326-8, 334-5, 499; e o Modelo Padrão, 326-9, 334; e os léptons, 326-9, 334

Casablanca (filme), 521

Cassano, Joseph, 253-4

catedral de Chartres, 354

cavidades de radiofrequência (RF), 195-6

CDMS *ver* Busca Criogênica de Matéria Escura

Centro Culturale Altinate (Pádua), 63

Centro do Acelerador Linear Stanford *ver* SLAC

cérebro e consciência, 95-6

CERN (Organização Europeia para Pesquisa Nuclear), 14, 25, 29, 159-60, 162-4, 188-90, 193, 195, 197, 206-7, 209-14, 216-21, 223, 225-6, 228, 233, 243, 259, 261, 292, 294, 297, 302, 322, 366, 431, 548-9; financiamento, 188, 208, 211-3, 261; história do, 205-10; *ver também* LEP; LHC

Chamberlain, Owen, 151

Chang, David, 530

cíclotron, 150-1

cintilação, experimento de, 505

circulação do sangue, 122

Clinton, Bill, 207

CMS (Solenoide Compacto de Múons), 11, 189, 194, 214-7, 227-9, 292, 294-7, 301-6, 308, 310, 312, 314-6, 324, 388, 396, 408, 550; calorímetro eletromagnético, 310, 312; calorímetro hadrônico, 312; detector de múons, 312-3; detectores, 299-304; e a descoberta do bóson de Higgs, 388; *endcaps*, 315; ímãs, 304, 315-6; princípios gerais, 295-9; rastreadores, 304-8

Coast to Coast (programa de rádio), 249

COBE (Cosmic Background Explorer), 468, 478

Coleman, Sidney, 515

Coles, Katherine, 79

colimadores de carbono, 201

colisores: alvo fixo e feixe contra feixe, 153, *154*, 156; colisões feixe contra feixe, *154*, 156; colisores de elétrons, 157; colisores de prótons, 70, 159, 331; comparação entre diferentes tipos, 163, *165*, 166; partículas ou antipartículas, 162-6; tipos de, 157-9; *ver também* LEP; LHC; SLAC; Tevatron

College Observatory de Dunsink (Dublin), 57

Comissão de Contratos Futuros de Commodities, 269

Comitê de Ciência e Tecnologia da Câmara dos Representantes, 28

Comitê de Política Científica do CERN, 210

comprimento de Planck, 141-2, 440

comprimentos de onda, 126, 146, 148

Comte, Auguste, 508

condensado, 376, 402

consciência, 95-6

Conseil Européen pour la Recherche Nucléaire *ver* CERN

Conselho do CERN, 210-2

constante cosmológica, 179, 463, 485, 487, 489

constante universal, 179

construção de modelos, 347, 359, 361, 411, 438, 446, 448; e teoria de cordas, 438, 444, 446-8

Conto de Genji (Murasaki Shikibu) *ver Genji Monogatari*

Contrarreforma, 104-5

contratos de débito colateralizados, 254

contribuições quânticas, 400, 403-4, 409, 418

Copérnico, sistema copernicano, 34, 72-5, *76*, 89, 105

cordas: abertas, 416; fechadas, 416

coreografia, 39, 49

corpos celestes, 49, 73

Cosme II de Médici, 71-2

cosmologia, 20-1, 26, 29-30, 54, 72, 176-7, 451, 465, 467, 470-1, 473, 475-6, 479, 489, 491-2, 498, 516

Couchepin, Pascal, 226

Creativity Foundation, 523, 526

crenças, 34, 85-6, 91, 101, 106, 109, 267, 352, 362; *ver também* religião

CRESST (Busca Criogênica de Eventos Raros com Termômetros Supercondutores), 499, 503

criatividade (pensamento criativo), 27, 38, 516-8, 521, 523, 526, 530, 534-5, 537, 539 crise financeira de 2008, 208, 226, 256, 264

cristais de tungstato de chumbo, 310

Cristina de Lorena, grã-duquesa da Toscana, 89

critérios estéticos: em arte, 351-5; em ciência, 356-8

cromodinâmica quântica, 348, 350

Csikszentmihalyi, Mihaly, 553

CTA (Rede de Telescópios Cherenkov), 509

curvatura, 52, 303, 316-7, 413, 429, 476-7, 484

Da Via, Cinzia, 294, *295*, *307*

DAMA (experimento Matéria Escura), 503, 505-7

dança e movimento, 39, 49

Darwin, Charles, 346, 522, 526, 531

Dattola, Domenico, *307*

Davi (Michelangelo), 352

Davis, Ray, 503

Dawkins, Richard, 108

decaimento beta, 169

dedos, 219-20, 282

dedução lógica, 44, 83

Deepwater Horizon: derramamento de petróleo da, 252

Demócrito, 115

Dennett, Dan, 108

densidade-relíquia, 176, 494, 498

Departamento de Energia dos Estados Unidos, 27, 233

Derrickson, Scott, 37, 84

Descartes, René, 67

design inteligente, 87, 91

desregulamentação, 268-9

desvios: para o azul, *461*; para o vermelho, 460, *461*, 464

DESY (Síncrotron de Elétrons Alemão), 199

detecção direta de matéria escura, 498-9, 501-3, 505-7

detecção indireta de matéria escura, 511

detectores criogênicos, 499, 504

detectores de múons, *294*, 299, 305, 312-4, 316, 388

detectores de ondas gravitacionais, 180

Deus, 35, 86-7, 89, 91-2, 98-102, 105-9, 379, 533

dia em que a Terra parou, O (filme), 84

Dicke, Robert, 466

dimensão extra encurvada, 423, 524

dimensões extras, 27, 39, *41*, 77, 142, 144, 233, 237, 244, 398, 412-4, 416-8, 420-4, 427-8, 430, 433, 436, 442-3, 459, 525, 529; e buracos negros, 237-8, 240-1; "empenadas", 424-5, 427, 429-32, 525; grandes dimensões extras e a hierarquia, 418-23

Dimopoulos, Savas, 419, 552

dinossauros, 88

Dirac, Paul, 151

diretor-geral do CERN, 210

discriminação, 503-5

dispositivo supercondutor de interferência quântica, 502

distância de monitoramento, 375

DNA, *120*, 121, 123, 531

Dona, Leonardo, 71

Doro, Michele, 75

Doyle, Sir Arthur Conan, 83, 546

Dvali, Gia, 419, 552

Dylan, Bob, 102

Dylan, Jesse, 186

$E = mc^2$, 133, 137, 148, 151, 155, 161, 176, 337, 368, 474, 494

EAGLE (Experimento para Medições Acuradas de Energia, Léptons e Gama), 298

EDELWEISS (Experimento Subterrâneo para Detecção de WIMPS), 500

Edison, Thomas, 524

educação liberal, 277

efeito Doppler, 460

Einstein, Albert, 30, 40, 109, 133, 137, 142, 144, 148, 154-5, 171, 179-80, 206, 238, 271, 284-5, 351, 414, 424, 427, 438-40, 463-4, 478, 484-5, 522, 525, 536, 545; e a curvatura do espaço, 476; e a energia escura, 179; e a gravidade, 52, 413, 522, 525; e a relatividade, 142-3, 337, 413, 438, 463, 480; equações de Einstein, 179, 424; *ver também* $E = mc^2$; relatividade geral; relatividade especial

elegância, 181, 347, 355-6, 438, 443, 447

eletrodinâmica quântica (QED), 60, 548

eletromagnetismo, 12, 132, 236, 369-70, 373, 376, 392, 417, 453, 522

elétrons: descoberta dos, 149-53; em átomos, 48, *127*, 128, 149; momento magnético dos, 288-9

elétron-volt (ev), 340, 548

emendas legislativas, 347

Empire State Building, 455

endcaps, 314-5

energia, 129, 135, 137, 140, 147-8, 151; e buracos negros, 236-8; e colisores de partículas, 154-9, 285; energia escura, 177-9, 469, 472, 477-80, 484-6, *487*, 488-9, 533; e momento linear, 329, 337; escala de energia

fraca, 174, 411, 418-9, 434; vácuo e, 486, 488; *ver também* altas energias

Englert, François, 171, 548

equações de Einstein, 179, 424, 428

equilibrista, O (filme), 517

Equipe de Pesquisa High-z Supernova, 485

equívocos científicos, 345-8, 350-5, 357-9, 361-4

erro sistemático, 550

escala, 35-6, 38-40, 42-5, 47, *48*, 49-51, 53-, 119, 121-3, 125-9, 253, 263, 521; atômica, *120*, 125-30, 440; de energia fraca, 174, 411, 418-9, 434; do desconhecido, 80-6; e Galileu, 74-5; e teorias efetivas, 44-5, 47, 49-55; e unificação, 138, 140; energia do LHC, 135, 137; escala de Planck, 116, 142-3, 392, 418, 438; grande, 116-7, 119, 453-5; humana, 39, 117, *120*, 125, 453, *454*; massa fraca, 391, 393, 419, 492, 495, 497; pequena, 119, *120*, 121-3; pequenos comprimentos de onda, 146-8; redimensionadas, 425, 427

escalares, 389-90; escalar de Higgs, 390

espaço-tempo, 142, 175, 398, 410, 413, 424-7, 429, 525, 533

especialistas, papel dos, 264-70

Espectrômetro Geral de Antipartículas, 511

Espectrômetro Magnético Alfa, 511

esquema de cobertura em pirâmide, 254

estádios, 547

estados assintóticos, 349

estatística, 13, 273, 275, 279-81, 286-7, 448, 476, 545, 550

estrelas, 19, 44, 69, 71-2, 88, 105, 109,

175, 242, 267, 417, 453, 460, 467-8, 475, 481-3, 508; anãs brancas, 242, 267; estrelas de nêutrons, 242, 267
estudos randomizados, 282
Euclides, 58, 83
Evans, Lyn, 211-7, 221, 225-7, 230-1, 491
eventos de fundo, 286, 325, 504
experimentos, 40, 103, 140; de alvo fixo contra colisores de partículas, 154, 156; Galileu e, 58, 62, 65-7, 77; imaginários, 438; modelos, 363-4

Fabricius, Hyeronymus, 122
fase de injeção, 193
fase superfluida, 200
fenômeno emergente, 95
Fermi, Enrico, 199, 328, 350
Fermilab (Laboratório do Acelerador Nacional Fermi), 27, 165, 199, 207, 217, 230, 234, 296
férmions, 340, 368, 370-1, 400-3, 551
Feynman, Richard, 60, 146, 153, 234, 266, 515, 548
fibra óptica, 322
Fielding, Henry, 33, 545
Fillon, François, 226
Finkbeiner, Doug, 500
Finnegans Wake (James Joyce), 132
Fish, Stanley, 107, 108
física atômica, 48, 49
física de partículas, 11-3, 17, 21, 25-6, 29, 35, 52, 54, 60, 96, 106, 115, 121, 137, 141, 144-5, 148, 151, 159, 163, 168-77, 189, 204, 207, 214, 233, 243, 247, 252, 265, 272, 285-6, 290, 298, 324-5, 346, 349-50, 360, 362, 368-9, 377, 391-3, 396, 414, 417, 429, 444, 446, 452, 459, 465, 471-2,

489, 492, 500, 504, 516, 524, 529; acurácia na, 285-7; e cosmologia, 470-1, 491-2; e visão materialista, 92-8; modelagem, 360-4; Modelo Padrão da ver Modelo Padrão; teorias efetivas, 54-5, 60
física nuclear, 27, 130, 465
fisiologia humana, 122-3, 125-6
FiveThirtyEight (blog), 246
Fleming, Alexander, 524
fluxo, 553
fônons, 502, 504
Fora de série (Gladwell), 519
forças: força forte, 132-4, 169, 302, 312, 319, 327, 331, 350, 405, 497, 551; força fraca, 159, 162-3, 169-71, 189, 307, 325, 330, 336, 357, 368, 371, 373-7, 428-9, 496, 511, 551; força unificada, 139-40; forças do Modelo Padrão, 390, 417; forças não gravitacionais, 12, 139, 417; ver também eletromagnetismo; gravidade
Ford, Kent, 481
Fossa das Marianas, 455
fósseis, 87
fotino, 402
fótons, 55, 59-60, 134-5, 150, 152, 170-1, 299, 302, 310-2, 316, 326, 336, 340, 351, 373-4, 376-9, 387-8, 391, 402, 502, 508-9; e a luz, 59-60; e o calorímetro eletromagnético, 310, 326, 387-8; e o mecanismo de Higgs, 373, 376-7
Fragola, Joe, 252, 258
Franklin, Benjamin, 29, 42
Freedman, Wendy, 464
Fresnel, Augustin-Jean, 59
Friedman, Jerome, 152-3

Friedrich, Caspar David, *82*
Fundação Nacional de Ciência, 233
"fundamental", uso do termo, 54
fundo cósmico de micro-ondas (CMB), 467, 469, 475, 477-8, 483, 539
fundos de cobertura, 262

Gabrielse, Gerald, 288-9
Gago, José Mariano, 226
galáxias, 19, 44, 65, 72, 175, 236, 417, 440, 444, 451, 453-4, 456-7, 460-2, 464, 467-8, 478, 481-3, *484*, 488, 508-10; aglomerados de galáxias, 451, 456, 468, 478, 481, 483
Galileu Galilei, 58, 62-78, 87, 89-90, 104-5, 145, 296, 521, 546-7
Gamow, George, 131, 547
gás, 53
"gastronomia molecular", 93
gatilhos, 227, 318, 320-1
Gell-Mann, Murray, 131-2, 345, 348, 349-50, 529, 553
genes, 98, 124
Genji Monogatari (Murasaki Shikibu), 33
geometria, 142-3, 198, 267, 307, 413-4, 424, 426-30, 432, 434, 459, 476, 516
geometria encurvada, 427, 430
Georgi, Howard, 139-40, 439, 515-6, 548
geração, 326
germânio, 499, 502, 504
Gianotti, Fabiola, 292, 297
Giddings, Steve, 240-2
Gilbert, Wally, 470
Giotto di Bondone, 65-6
Gladwell, Malcolm, 519, 553
Glashow, Sheldon, 139-40, 439, 548
gluíno, 399, 407, 497

glúons, 133-5, *136*, 137, 149, 158-9, 164-6, 319, 331-4, 336, 340, 383, 387, 399, 405, 497
Goldman Sachs (banco), 248, 263
Golfo do México: derramamento de óleo no, 252, 256, 266
Google, 46, 519, 523
Gosse, Philip, 87-8
Gould, Stephen Jay, 99
Grande Colisor de Hádrons *ver* LHC
Grande Colisor Elétron-Pósitron *ver* LEP
"grande demais para falhar", política, 262
Grande Teoria Unificada (GUT), 140, 393-4, 439
grandes dimensões extras, 418-23
grandes escalas, 49, 74, 93, 272, 452, *454*
Grateful Dead (banda), 102
gravidade: e a escala de Planck, 142-3, 417-8, 440-1; e a teoria de cordas, 440-1, 453; e buracos negros, 237-43; e dimensões extras, 417-20; e Galileu, 67, 105; e matéria escura, 175; e o LHC, 169; e o problema da hierarquia, 391-2; e teorias efetivas, 52; gravidade quântica, 39, 49, 97, 239, 267, 440, 445, 459, 474
gráviton, 340, 421, *422*, 425, 427, 429-32, 440
GRE (exame pré-requisito aos candidatos à pós-graduação em física), 56
Greenspan, Alan, 270
Gregerson, Linda, 79-81, 84
Gross, David, 109, 186, 350
Guerra do Iraque, 208
Guralnik, Gerald, 171, 548
GUT *ver* Grande Teoria Unificada

Guth, Alan, 470, 472-3, 552

Habsburg, Francesca von, 186
hádrons, 18, 165, 186, 299, 312-3, 316-7, 329-31, 333-4, 411; *ver também* LHC
Hagen, C. R., 171, 548
Halley, cometa, 65-6
Hamilton, Sir William Rowan, 56
Harris, Sam, 108
Harvey, William, 122-3
Hawking, Stephen, 12, 63, 67, 238, 240, 266-7
HCAL *ver* calorímetro hadrônico
Heisenberg, Werner, 128
hélio, 149-50, 198-201, 216, 222-5, 261, 465
Herbert, George, 107-9
herméticos, aparatos (medição hermética), 314
Herschel, satélite, 18
HESS (Sistema Estereoscópico de Alta Energia), 509
heterogeneidade, 280, 284
Higgs, Peter, 171, 368, 378, 548; *ver também* bóson de Higgs; campo de Higgs
higgsinos, 399, 403
Hillis, Danny, 396
hipotecas *subprime*, 254
hipóteses, 103, 277; e Galileu, 68-9; hipótese do deserto, 138
Hirst, Damien, 347
Hitchens, Christopher, 108
Holmes, Sherlock (personagem), 83
Homero, 34
Hooke, Robert, 59, 76, 530-1, 546
horizonte, 458
horizonte de eventos, 235

Hoyle, Fred, 460
Hubble, Edwin, 179, 460, 463-4
Huckabee, Mike, 34
humanidades, 80-6, 516
Hupfield, Herman, 545
Huxley, Thomas, 346
Huygens, Christian, 59

Ibn Sahl, 58
IceCube (detector de neutrinos), 511
identificação de partículas, 503
Igreja Católica, 87, 104-5
ilusão de óptica, 70
ímãs (campos magnéticos): ATLAS, 304, 316-7; CMS, 303, 315-6; LHC, 187-8, 196-200, 211, 216-8; ímãs criogênicos, 199, 217-8; ímãs dipolos, 188, 196-7, 218, 300; ímãs quadrupolos, 202, 217, 224, 300
incerteza: científica, 25, 277-8, 280-2, 534; estatística, 279; sistemática, 278-9, 550
indução, 58, 83
inflação cosmológica, 177-8, 469, 472, 474-6
Instituto de Tecnologia de Massachusetts *ver* MIT
intensificador síncrotron de prótons, 193-4
internet, 14, 29, 121, 187, 208, 221, 259, 262, 271, 322, 397, 431, 466
intuição, 42, 49, 111, 117, 431, 519
ionização, 309, 504-5
irreversibilidade, 550

Janssen, Zacharias, 75
Jardim do Éden, 357
jatos, 302, 331-3
Jenni, Peter, 292

João Paulo II, papa, 90
Johnson, Matthew, 539
Jornada nas estrelas (filme), 236
Joyce, James, 132
Júpiter, 72
Jura, montanhas, 18, *194*, 195, 206, 218

Kaluza, Theodor, 414, 421
Kaluza-Klein, modo/partícula de, (KK), 175, 421-2, 429
Kamionkowski, Marc, 526
Kant, Immanuel, 81
Kaplan, David B., 522
Keats, John, 345
Kelly, Ellsworth, 354
Kelly, Kevin, 536
Kendall, Henry, 152-3
Kennedy, Anthony, 538
Kepler, Johannes, 67, 69, 105
Kibble, Tom, 171, 548
Klein, Calvin, 520
Klein, Oskar, 413-4, 421
Koerner, Joseph, 73
Koons, Jeff, 530
Kosslyn, Stephen, 45
Kovar, Dennis, 27
Kristof, Nicholas, 283, 550

Laboratório Lawrence Berkeley, 151
Laboratórios Bell, 465-7, 536
latão, 71, 312, 315
Lawrence, Ernest, 150
Le Verrier, Urbain Jean Joseph, 479
Leclerc, Georges-Louis, 520
Lederman, Leon, 379
Lehmann, Harry V., 234
lei da força gravitacional, 67, 76, 457, 527
lei do inverso do quadrado, 527, 530

Lemaître, Georges, 87
lente gravitacional, 482, *483-4*
Leonhardt, David, 270, 550
LEP (Grande Colisor Elétron-Pósitron), 159-60, 162, 165, 189-90, 193-4, 197, 211, 213, 227-8, 381
léptons, 12, 140, 168-9, *170*, 171, 299, 325-7, 329-31, 336-7, 340, 368, 370-2, 381, 387, 401, 412, 551
Levenson, Tom, 71, 546
LHC (Grande Colisor de Hádrons): breve história do, 188-9, 210-31, *228*; buracos negros no, 232-48, 268; busca pelo bóson de Higgs, 378-90; comparação com outros colisores, 164, *165*, 166; custos e financiamento, 188, 208, 211-3, 261; e escala de energia, 136-7; e matéria escura, 174-6, 178, 491, 492, *493*, 496-7; e medições, 288-91; e princípios gerais, 295-8; grandes temas e objetivos da física e, 396; Grid de Computadores do, 322; Grupo de Avaliação de Segurança, 234, 240-1; ímãs criodipolos, 188, 196-7, *198*, 199-200; instalações, *191*; poder computacional do, 318-22; previsões, 271-3; vácuo, 188, 201, 203; *ver também* ATLAS; CMS
LINAC (acelerador de partículas linear), 192, 194
Linde, Andrei, 474
linhas espectrais, 245
Lipinski, Daniel, 28
Lippershey, Hans, 69, 75
líquidos nobres, detectores com, 500, 505, 507
lítio, 465
Llewellyn Smith, Christopher, 212

Lloyd, Humphrey, 58

lógica, 38, 42, 77, 83-4, 90, 99-100, 103, 107, 110, 175, 240, 267, 296, 329, 351, 358, 368, 370, 380, 403, 494, 527

LSP *ver* partícula supersimétrica mais leve

Lua, 72-3, 76, 285, 456-7

Luís XVI, rei da França, 42

luminosidade, 156, 166, 367, 388, 456

Lutero, Martinho, 104-5

LUX (Grande Detector Subterrâneo de Xenônio), 500, 503

luz: e escalas atômicas, 125-6; e matéria escura, 175; e pequenos comprimentos de onda, 146-8; teorias sobre a, 56-60; velocidade da, 156, 172, 193, 309, 329, 335, 367, 372-3, 456-7, 492, 547; violeta, *126*; visível, 126, 242

Mad Men (programa de TV), 84

Maestlin, Michael, 105

"magnetismo animal", 41-2

Malpighi, Marcello, 122

Mangano, Michelangelo, 240-2

mapas, 47

mar de prótons, 134, 137

mar de quarks, 164

massa, 170-4; massa de Planck, 391-4, 418, 426, 441; massa invariante, 155

matemática, 33, 56-8, 65, 77, 144, 239, 275, 348, 358, 378, 437-9, 445, 516, 519, 527, 533

matéria, 115, 116, 488-9; matéria condensada, 54, 501

matéria escura, 21, 27, 175-8, 205, 225, 230, 396, 398, 469, 472, 477-83,

484, 485-6, 488-511, 532-3, 552; detecção direta, 497-507; detecção indireta, 507-11; no LHC, 491-2, *493*, 496-7; transparência da, 492-5

Matisse, Henri, 355

Maxwell, James Clerk, 58

Meade, Patrick, 243, 433

Measure for Measure (Levenson), 71, 546

mecânica clássica, 67, *120*, 143, 266

mecânica quântica, 14, 42-3, 50, 59-60, 93, 116, 118, 123, 128-30, 133, 140-1, 143, 147-8, 169, 173-4, 234, 236, 238-9, 245, 251, 266-7, 286-8, 319, 337, 350, 362, 369, 375-6, 381, 383, 393, 400, 403, 410, 414, 440-1, 472-3, 487-8, 531, 536, 545, 551; e comprimento de Planck, 142-3; e decaimento de buracos negros, 238-9, 266; e energia escura, 487-8; e escala atômica, *120*, 127-9; e gravidade, 142-3, 440-1; e incerteza de medição, 286-7; e relações de ondas, 147, 187; e relatividade geral, 337; e supersimetria, 398, 400, 402-4

mecanismo de Higgs, 12-4, 26, 171-3, 336, 356, 368, 372-80, 382, 385, 390, 395, 531

mecanismos de retroalimentação, 54, 124, 272

medições, 13, 275-91; acurácia em física de partículas, 285-7; eletrofracas, 159; e incerteza científica, 277-82; e o LHC, 288-91; objetivo das, 283, 285; precisas, 50, 189, 451

Mercúrio, 118, 457, 479-80, 522

Mesa-Redonda de Ciência, Arte e Religião de Cambridge, 107-9

metaprevisão, 274

meteorologia, 73

metro, 116-7

Meyrin (Suíça), 302

Michelangelo, 352

microscópios, 56, 75, 78, 123, 296

Milton, John, 109

MIT (Massachusetts Institute of Technology), 107, 109, 466, 470

Modelo Padrão, 12-3, 15, 106, 148, 153, 159, 161, 163, 169-75, 189, 232, 250, 286, 289-91, 295, 302, 320-1, 324-40, 358-60, 362-3, 365, 368-72, 377, 380-2, 386, 389, 394-5, 399-405, 409, 418, 430, 433-4, 439, 447, 489, 493-8, 508, 524, 533, 548-52; busca pelo bóson de Higgs, 378-90; e eventos de fundo, 230, 286; e supersimetria, *399*, *401*; elementos do, 168-70, 325; indo além com o LHC, 168-74; medidas do LHC, 289, 291; partículas, 302, 324-39; resumo gráfico do, *340-1*

modelo versus teoria, 361

moléculas, 47, 53-4, 94, 124, 201, 362

momento: angular, 129, 248; linear, 148, 155, 163-4, 302-3, 314-7, 329-30, 337, 406, 408, 421-2, 497, 551; magnético, 288-9

Mont Blanc (Alpes), 455

Monte Everest (Himalaia), 455

Montgomery, Hugh, 27

Motl, Luboš, 271

mudança climática, 246, 250, 255, 258, 260-1

multiverso, 428, 444, 459, 533

mundo brana, *417*

múons, 157, 168, 170, 299, 301-2, 304-5, 312-3, 315, 317-8, 321, 325-7, 329-30, 332-3, 336, 340, 399

Murasaki Shikibu, 34

música, 81-2, 94, 96, 102, 225

Musk, Elon, 186

NASA, 252

Natcher, William, 207

Nehru, Jawaharlal, 535

Nelson, Harry, 500

Netuno, 479

neutrinos, 169-70, 325, 327-30, 336-7, 340, 399, 406, 496, 503, 511, 549, 551-2

nêutrons, 48, *127*, 131-3, 149-50, 152-3, 169, 242, 328-9, 331, 333, 502, 504

New York Times, 167, 270, 283, 397, 518, 548, 550, 553

Newton, Isaac (Leis de Newton), 34, 40, 48-9, 56, 59-60, 67, 72, 76, 105, 118-9, 129-30, 457, 522, 527, 530-1; e a lei do inverso do quadrado, 526, 530; e a luz, 59; e gravidade, 67, 76, 93, 457, 526; e leis de movimento, 48, 118-9

nó, *334*, 335

No Canary in the Quanta: Who Gets to Decide If the Large Hadron Collider Is Worth Gambling Our Planet? (Lehmann), 234

Noah, Joakim, 118

notação exponencial, 546

Novos Ateus, 107-8

Nowak, Martin, 55

núcleo atômico, 126, *127*, 149-50

núcleons, 131-2, 499

nucleotídeos, 123-4

Obama, Barack, 100

objetividade, 82-5

observação, 452, 522; e Galileu, 68-77, 104; observações indiretas, 69, 77, 145

oceano Pacífico, 455
Oddone, Pier, 27
Odisseia (Homero), 34
Oito séculos de delírios financeiros: Desta vez é diferente (Reinhart e Rogoff), 269
Oliver, John, 250
Omphalos (Gosse), 87
ondas eletromagnéticas, *59*, 70, 125, 126
Oort, Jan, 481
óptica, 56-60, 218, 227; clássica, 56-60; geométrica, 56, 58, *59*; quântica, 60
Opticks (Newton), 56
órbitas elípticas, 69
órbitas planetárias, 49, 76, 457
Organização Europeia para Pesquisa Nuclear *ver* CERN
origem das espécies, A (Darwin), 526
osella, 64
Overbye, Dennis, 397, 548

Pádua (Itália), 62-5, 75, 78, 122, 166
Page, Larry, 519
PAMELA (Carga para Astrofísica de Núcleos Leves e Exploração de Matéria-Antimatéria), 509-10
panorama, 443-4, 533
Paraíso perdido (Milton), 109
parâmetros universais, 51
paridade, simetria de, 351, 371
partículas, 161-6, 171, 173-4, 324-39, *340*; detecção de, 292-339; "partícula Deus", 379; partícula supersimétrica mais leve (LSP), 405-7, 497; partículas alfa, 149-50; partículas intermediárias, 394; partículas virtuais, 134-7, 166, 381, 394, 401; *ver também* Modelo Padrão
Pasteur, Louis, 524

Pauli, Wolfgang, 206, 328-9, 401
Peebles, Jim, 466
pensamento crítico, 534-9
"pensar fora da caixa", 527
Penzias, Arno, 465-8
Perez, Gilad, 294
perigos morais, 262
permuta financeira de crédito, 254
perturbações, 468, 478
Petit, Philippe, 517
Picasso, Pablo, 519
Pierini, Maurizio, 227
PIMS (módulos *plug-in*), 219
píons, 327, 331, 333
pixels, 130, 306-8, 315
Planck, Max, 271, 351
plano inclinado, *68*
Platão, 357
Plêiades, 71
Polchinski, Joe, 414
políticas públicas, 283-4
Politzer, David, 350
Pollock, Jackson, 355
Ponte Broom (Dublin), 57
portador da força fraca *ver* bóson de calibre fraco
pósitrons, 29, 151, 162, 165, 189-90, 199, 213, 227, 327, 430, 508-9
Power, Clement, 81
Powers of Ten (livro e filme), 453, 552
prática, 518, 520
precisão, uso do termo, 279
pressão, 53-4, 200-1, 217, 222, 224-5, 318, 362, 485, 505
previsões, 13, 29, 35, 38-9, 42, 48, 50-4, 57, 60, 67-8, 75, 111, 130, 135, 142-3, 153, 159, 168, 171-2, 245-53, 256, 264-7, 271-4, 277, 285, 288-91, 318, 320, 348, 350, 356, 360-2, 368-71, 374, 377, 380-1, 389, 393, 410, 414,

422, 431, 433, 440-3, 446, 448, 465, 468, 474-5, 507, 510-1
princípio: anárquico, 410; antrópico, 444-5, 459, 489; da incerteza, 43, 127-8, 287; princípio de exclusão de Pauli, 401
probabilidade (pensamento probabilístico), 250, 275-6, 279
problema da hierarquia, 26, 173-5, 391-4, 398-400, 403-4, 409-12, 416, 418-9, 422-3, 426-7, 429, 447, 496, 524; e dimensões extras, 412-3, 417-23; e supersimetria, 398, 400, 403-4, 408-10, 412; e tecnicolor, 411
problema dos nove pontos, 527, *528*
Projeto de Cosmologia Supernova, 485
proliferação nuclear, 261
protestantismo, 108
Protocolo de Kyoto, 260
prótons, 18, 25, 48, *127*, 131-5, *136*, 137, 140, 149-53, 156-69, 185, 188, 190, 192-8, 201-4, 211-2, 217, 219-22, 226-9, 238, 253, 295, 300-1, 304, 319-21, 323, 329, 331, 334, 367, 383, 387-8, 405, 407, 439, 489, 510, 549; decaimento de, 140
psicologia do desenvolvimento, 95
Ptolomeu, 76-7
Púchkin, Aleksandr, 516

QED *ver* eletrodinâmica quântica
quantização, 129
quark e o jaguar, O (Gell-Mann), 529
quarks, 12, 48-9, 54, 96, 126, 132-5, *136*, 137, 140, 149, 151-3, 157-9, 164-6, 169-71, 319, 324-5, 331-7, 340, 345, 348-9, 368, 370-2, 381, 383, 385-9, 394, 400-1, 405, 407-8,

412-3, 497, 551; de valência, 164-5; descoberta dos, 132, 150-3; e Gell- -Mann, 132, 348, 350; e o LHC, *136*, 137; Modelo Padrão no LHC, 168-74; quark bottom, 295, 334-5, 386-7, 551; quark charm, 170, 325, 331, 335-7, 340, 399; quark down, *132*, 135, 137, 164, 334; quark leve, 133, 169, 383; quark strange, 331, 334; quark top, *120*, 157, 163, 251, 335-6, 372, 383, 385-6, 393, 551; quark up, 336-7, 372
quartzo, 315
quatérnios, 57
quebra de simetria, 351, 355-6, 374, 379, 412
Quem somos nós (filme), 43
quiralidade, 551

Rabi, Isidor Isaac, 205, 326
raciocínio: clássico, 42; empírico, 277
radiação: de transição, 308; eletromagnética, 502-4; Hawking, 238-40; radiação-relíquia *ver* fundo cósmico de micro-ondas
raios cósmicos, 180, 227, 243, 366, 499, 502-3
Rastreador Semicondutor (SCT), 308
rastreadores: ATLAS, 304-9; CMS, 304-8; internos, 305, 307
Reagan, Ronald, 207
redimensionamento, 427
reducionismo, 96
referencial, 154
refração cônica, 58
reguladores, regulações, 254, 256-7, 263-4, 269
Reinhart, Carmen, 269
relatividade, 142-3; relatividade especial, 60, 140, 148, 173, 288, 337,

350, 369, 376, 393, 438, 465, 473; relatividade geral, 29-30, 48, 118, 142, 144, 267, 285, 351, 414, 427, 439-40, 452, 457-8, 463, 471, 478, 480, 484
religião, 20, 24, 30, 34, 80-1, 84-8, 91-3, 98-101, 104, 106-9, 111, 353, 533-4; e ciência (debate entre ciência e religião), 34, 80-98, 100-10, 357, 533
Religio Medici (Browne), 84
relógios atômicos, 284
resfriamento estocástico, 163
Riley, Bridget, 354
Rilke, 80
riscos, 234, 247-70, 537-8; sistêmicos, 251
Rogoff, Kenneth, 269
Rosenthal, Benjamin, 27
Rubbia, Carlo, 162, 212
Rubin, Vera, 481-2
Rutherford, Ernest, 149-52

sacos de feijão, 319-20
Salam, Abdus, 106
Sancho, Luis, 233-4
satélite Planck, 476
Sears, Richard, 252
Segrè, Emilio, 151
segredo, O (Byrne), 42
selétron, 399, 402, 404
sentidos, 44, 68, 82, 116, 125-6
Serra, Richard, 353
setor de Higgs, 363, 367, 390, 399
Shapley, Harlow, 460
Shell Oil Co., 252
Sidereus Nuncius (Galileu), 71
silício, 306-8, 334-5, 502, 504
Silver, Nate, 246, 272
simetria: e o mecanismo de Higgs, 368-70, 374-5, 377; em arte, 353-5;

simetria eletrofraca, 390; simetria quebrada *ver* quebra de simetria
simplicidade e beleza, 347, 355, 357
síncrotron de prótons, 193-6
singularidade, 267
sintonia fina, 173-4, 394, 409-10
sistema capilar, 122
sistema circulatório, 123
sistema ptolomaico, 74, 76
sistemas extensivos, 119
SLAC (Centro do Acelerador Linear Stanford), 152, 159-60
Sol, 49, 72-3, 74, 76, 90, 97, 118, 127, 129, 169, 179, 241, 267, 456-7, 466, 503, 506, 508, 511
Solenoide Compacto de Múons *ver* CMS
SpbarpS (colisor), 189
Spielberg, Steven, 41
Spiropulu, Maria, 396
squarks, 404-8, 497
SSC *ver* Supercolisor Supercondutor
Stelluti, Francesco, 75
Streb, Elizabeth, 38, 49, 453, 517
sublime, 79-81, 82, 465
suflê, 93, 94, 96
sufocamento, 200, 222, 316
Sundrum, Raman, 233, 237, 413, 423, 425, 430, 524, 552
Supercolisor Supercondutor (SSC), 197, 199, 207-8, 211, 298
supercondutividade, 198, 200-1, 222, 316, 376, 502
superparceiras, 400, 404, 409-10
supersimetria, 26, 144, 382, 398, 400-12, 418-9, 422, 436, 522, 524; e matéria escura, 497; e o bóson de Higgs, 381, 390, 401, 402-3, 409; e o problema da hierarquia, 398, 400, 403-4, 408-9; quebra da, 403, 409-10

569

supersíncrotron de prótons (sps), 193, 549

Taj Mahal, 354
talento e habilidade, 518, 520
Taubes, Gary, 526
taus, 168, 170, 302, 325-7, 329-30, 336, 340, 387-8, 399
Taylor, Richard, 152
tecnicolor, 398, 410-2, 418-9
tecnologia, 14, 18, 27-8, 35, 40, 43-4, 55, 65, 68-70, 74, 77, 91, 103, 115, 119, 121, 137, 141, 151, 153, 185, 188, 198-200, 208, 212, 217, 259, 278, 286, 296, 345, 465-6, 501, 516, 533, 535-7; e Galileu, 68-77; e progresso, 536-37
Tegmark, Max, 458
Telescópio Espacial Fermi de Raios Gama, 509
telescópios, 26, 56, 69-70, 168, 296-7, 452, 458, 468, 480, 492-3, 508-9
temperaturas, 53-4, 188, 199-200, 219, 238, 362, 423, 465, 468, 472, 475-6, 478, 489, 495, 502, 505
Tennyson, Alfred, 28
teoria corpuscular da luz, 59
teoria da gravidade quântica, 239
teoria de cordas, 20, 143-4, 170, 234, 239, 267-8, 412, 414, 416, 433, 437-8, 440-7, 459, 516; e a construção de modelos, 438, 444, 446-8; e a gravidade quântica, 97, 143, 440-1; e dimensões extras, 412-8; e o panorama, 443-4
teoria de forças, 368-70, 374-5
teoria heliocêntrica, 87, 105
teoria quântica de campos, 288-9, 350, 377, 393

teoria unificada, 358, 438; *ver também* Grande Teoria Unificada
teoria-M, 143, 443; *ver também* teoria de cordas
teorias científicas, 35, 44, 235, 248, 346; de cima para baixo versus de baixo para cima, 437-9, 464, 474
teorias efetivas, 44, 50, 54-5, 253, 290, 446; teorias de luz, 55-6, 58-60
termodinâmica, 53-4, 87, 362, 495
Terra, 19, 38, 67, 71-3, 74, 76, 84, 87-8, 90, 93, 104, 107, 117-8, 129, 136, 157, 169, 175, 177, 179, 187-8, 194, 201, 209, 233-4, 241-3, 250, 259, 265, 267, 326, 357, 392, 401, 452, 455-7, 472, 486, 492, 498, 506-7, 509, 511, 546
teste de eficácia de fármacos, 280
Tevatron, 163-4, 187, 199, 227, 230, 296, 318
Tom Jones (Fielding), 33, 545
Tonelli, Guido, 297
triggers ver gatilhos
Trinity College (Dublin), 57
trios internos, 217
Tucker-Smith, Dave, 408

Unesco, 205
unidades físicas, 117
unificação, 138, 140
Universidade da Califórnia, 150, 500
Universidade de Dublin, 56
Universidade de Pádua, 64, 122
Universidade de Utah, 79
Universidade de Washington, 519, 529
Universidade Harvard, 45, 56, 107, 109, 243, 252, 277, 288, 474, 515, 549
Universidade Princeton, 466
universo: borda do, 167-9, 171, 173-

570

80; medindo o, 116-9; teoria do big bang, 459-68, 473, 475; tour pelo, 452-8, *454*; visível, 442, 457-9; *ver também* cosmologia
Urano, 479

vácuo, 188, 198, 201, 222, 224, 371-3, 375, 377-8, 385, 486-8, 529; energia do, 486, 488
Van der Meer, Simon, 162
Vanity Fair, 186
velocidade da luz, 156, 172, 193, 309, 329, 335, 367, 372-3, 456-7, 492, 547
Vênus, 73, *74*
verdade: e beleza na ciência, 346-64; verdades objetivas, 82
VERITAS (Sistema de Rede de Telescópios de Imageamento de Radiação Muito Energética), 509
vértice deslocado, *334*
vetor fraco, bóson de *ver* bóson de calibre fraco
Via Láctea, 65, 117, 456, 460, 481
viajante sobre o mar de névoa, O (Friedrich), *82*
Vicente, Mark, 43, 276
visão, 145-8
visão materialista, 24, 94, 96-7
volume, 53
Vulcano, 479

Wagner, Walter, 233-4, 250
Wallace, Alfred Russel, 531
Warped Passages (Randall), 22, 30, 331, 443, 532, 539, 552
Weinberg, Steven, 63
Weiner, Neal, 500
Wilczek, Frank, 350
Wilkinson, David, 475
Wilson, Robert, 465, 467
WIMP (partícula maciça fracamente interativa), 496
Wino, *399*, 402
Witten, Edward, 63
World Wide Web (www), 322

Xenon10 (experimento de busca de matéria escura), 503, 505
Xenon100 (experimento de busca de matéria escura), 500, 503, 505
xenônio, 500, 502-3, 505

Young, Thomas, 59

Zanonato, Flavio, 63
ZEPLIN (Cintilação Proporcional em Zonas em Gases Líquidos Nobres), 500
Zinn, Kai, 520
Zweig, George, 132, 349
Zwicky, Fritz, 481
Zwirner, Fabio, 63